"博学而笃志,切问而近思。"
(《论语》)

博晓古今,可立一家之说;
学贯中西,或成经国之才。

复旦博学·复旦博学·复旦博学·复旦博学·复旦博学·复旦博学

作者简介

刘海贵，男，1950年9月出生于上海。现任复旦大学新闻学院教授（专业技术职务二级）、博士生导师、院学术委员会副主任、院学位评定委员会主席。

复旦大学新闻系毕业留校近四十年来，主要从事新闻传播实务教学和研究，先后主讲新闻采访写作、新闻心理学、当代新闻传播实务研究、新闻名家与名品研究等八门主干课程，主编《现代新闻采访学》、《中国现当代新闻业务史导论》、《中国报业集团发展战略》、《知名记者新闻业务讲稿》、《新闻传播精品导读》和合著《新闻心理学》、《新闻采访写作新编》、《深度报道探胜》等专著、教材近三十部。曾先后担任复旦大学新闻系新闻专业主任、副系主任、新闻学院副院长、中国新闻学会常务理事、中国新闻心理学会副会长、教育部新闻教育指导委员会委员等职；荣获上海市优秀新闻工作者、上海市"育才奖"等称号，兼任三十余所高校、媒体兼职教授、特约研究员和顾问，享受政府特殊津贴。

新闻与传播学系列教材／新世纪版

中国新闻采访写作学

（新修版）

刘海贵 著

复旦大学出版社

内容提要

本书是在《中国新闻采访写作教程》的基础上精心修订而成。新修版强化并凸显两大特征：一是充分彰显中国特色，不仅总结和继承本土新闻采访写作的优良传统，而且面向时代，吸收概括新经验、新观念；二是将采访写作的理论和实践系统化，即将应用新闻学的基本原理和规律高度凝练概括，与新闻报道的实践充分结合，体现学与术的融会贯通。

初版在2008年面市后，深得读者推崇，成为全国新闻传播院系的首选教材。《中国新闻采访写作学》（新修版）保持了初版的成熟框架，增加了关于新媒体时代的新经验，更新了大量案例，并对中国新闻采访写作简史作了提炼，因而更加贴近时代、贴近实践。

本教材适用于高校新闻传播专业课程，亦适于媒体从业人员进修提高之用。

目 录

序 …………………………………………………………………… 1

第一章　绪论 …………………………………………………… 1
　　第一节　新闻采访的定义 ………………………………… 1
　　第二节　新闻采访的特点 ………………………………… 3
　　第三节　新闻采访的活动方式 …………………………… 5
　　第四节　新闻体裁 ………………………………………… 13
　　第五节　新闻采访与新闻写作的关系 …………………… 16

第二章　新闻报道策划 ………………………………………… 18
　　第一节　新闻报道策划的缘起 …………………………… 18
　　第二节　新闻报道策划的作用 …………………………… 19
　　第三节　新闻报道策划的分类 …………………………… 21
　　第四节　新闻报道策划的流程 …………………………… 23

第三章　新闻采访前期活动 …………………………………… 27
　　第一节　新闻敏感的培养 ………………………………… 27
　　第二节　新闻价值的感知 ………………………………… 35
　　第三节　新闻政策的遵循 ………………………………… 39
　　第四节　报道思想的明确 ………………………………… 42
　　第五节　新闻线索的获取 ………………………………… 44
　　第六节　采访准备的周到 ………………………………… 51
　　第七节　对方心理的明晰 ………………………………… 58
　　第八节　网络传播的借力 ………………………………… 60

第四章 新闻采访中期活动 …………………………………… 63
- 第一节 访问条件的创造 ………………………………… 63
- 第二节 提问技能的掌握 ………………………………… 73
- 第三节 调查座谈的主持 ………………………………… 82
- 第四节 现场观察的注重 ………………………………… 85
- 第五节 听觉功能的协调 ………………………………… 93
- 第六节 当场笔录的强调 ………………………………… 96

第五章 新闻采访后期活动 …………………………………… 102
- 第一节 深入采访的细致 ………………………………… 102
- 第二节 验证材料的严密 ………………………………… 107
- 第三节 笔记整理的迅速 ………………………………… 109
- 第四节 剩余材料的积累 ………………………………… 111

第六章 新闻写作的八大环节 ………………………………… 114
- 第一节 新闻主题 ………………………………………… 114
- 第二节 新闻材料 ………………………………………… 120
- 第三节 新闻角度 ………………………………………… 122
- 第四节 新闻语言 ………………………………………… 123
- 第五节 新闻结构 ………………………………………… 126
- 第六节 新闻导语 ………………………………………… 129
- 第七节 新闻背景 ………………………………………… 136
- 第八节 新闻结尾 ………………………………………… 140

第七章 时事与政治类新闻的采访写作 ……………………… 142
- 第一节 政治新闻 ………………………………………… 142
- 第二节 外事新闻 ………………………………………… 144
- 第三节 会议新闻 ………………………………………… 146
- 第四节 军事新闻 ………………………………………… 151

第八章 经济与科技类新闻的采访写作 ……………………… 155
- 第一节 经济新闻 …………………………………………… 155
- 第二节 科技新闻 …………………………………………… 162

第九章 人物与事件类新闻的采访写作 ……………………… 170
- 第一节 人物新闻 …………………………………………… 170
- 第二节 人物通讯 …………………………………………… 176
- 第三节 专访 ………………………………………………… 179
- 第四节 事件通讯 …………………………………………… 184
- 第五节 连续性报道 ………………………………………… 187

第十章 教卫与文体类新闻的采访写作 ……………………… 193
- 第一节 教育新闻 …………………………………………… 193
- 第二节 卫生新闻 …………………………………………… 195
- 第三节 文艺新闻 …………………………………………… 198
- 第四节 体育新闻 …………………………………………… 202

第十一章 社会与生活类新闻的采访写作 …………………… 208
- 第一节 社会新闻 …………………………………………… 208
- 第二节 灾害新闻 …………………………………………… 214
- 第三节 风貌通讯 …………………………………………… 219
- 第四节 新闻小故事 ………………………………………… 222
- 第五节 特写 ………………………………………………… 225
- 第六节 批评性报道 ………………………………………… 229

第十二章 新闻报道的基本要求 ……………………………… 236
- 第一节 坚持真实性 ………………………………………… 236
- 第二节 坚持思想性 ………………………………………… 246
- 第三节 坚持时间性 ………………………………………… 253
- 第四节 坚持用事实说话 …………………………………… 259

第十三章 记者修养 …………………………………………… 264
第一节 作风修养 ……………………………………… 265
第二节 道德修养 ……………………………………… 269
第三节 知识修养 ……………………………………… 277
第四节 技能修养 ……………………………………… 281
第五节 情感修养 ……………………………………… 285
第六节 体质修养 ……………………………………… 288
第七节 公关修养 ……………………………………… 290

第十四章 近百年中国新闻采访写作史述略 ………………… 293
第一节 近百年中国新闻采访史述略 ………………… 293
第二节 近百年中国新闻写作史述略 ………………… 341

主要参考文献 …………………………………………………… 370

后　记 …………………………………………………………… 374

序

博士生导师刘海贵教授编撰的新著《中国新闻采访写作学》(新修版),是"十一五"国家级规划教材。新闻采访写作类教材和著作登上这个高峰,可喜可贺!

话得从新闻学说起,新闻学作为一门学科进行研究,若从德国学者普尔兹著作《德国新闻事业》(1845 年)算起,有 160 余年历史;而中国的应用新闻学,若从邵飘萍专著《实际应用新闻学》(又名《新闻材料采集法》,1923 年出版)算起,也已有 80 多年历史。但中国传统新闻学的学术研究与学科建设长期处于徘徊状态和是否有"学"的争论之中。可喜的是,我国改革开放的近 20 多年来,尤其是 1997 年 5 月国务院学位委员会确定新闻传播学为一级学科以来,中国的新闻传播事业、新闻教育事业与新闻传播学研究都取得了长足的进步与丰硕的成果。据不完全统计,我国改革开放以来,正式出版的各类新闻学教材、专著与新闻作品选评集已超过 2 000 种,正式出版的各类传播学著作与译著已超过 200 种。就是以"新闻采访写作"命名的教材或专著也有近百种。那么,最新出版的《中国新闻采访写作学》(新修版)有何特色?有何重大突破?

刘海贵教授有着丰富的新闻理论知识与新闻实践经验,从事新闻教学也近 40 年,一贯认真踏实,学风严谨,注重理论与实践的密切结合。他编著的这本新作,遵循的是"力求科学性、实用性与创新性"的原则,其在学科建设的道路上可谓呕心沥血,披荆斩棘。

作为最早阅读该著作的读者,本人感到它有如下突出的优点。

一、处理好继承与创新的关系,力求全面反映新闻采访写作学的新发展

本书的显著特色是:全面系统总结和继承了中国新闻采访写作学的精华与优良传统,开掘并阐释了新闻采访写作学的方方面面。其中"新闻报道策划","新闻采访前期、中期、后期活动","新闻写作的八大环节"、"近百年中国新闻采访写作史述略"等,都能反映新闻采访写作学的突破和发展。

尤其难能可贵的是,该著作学科体系完备,并始终坚持将新闻实务的理论、发展史与业务技法熔于一炉,字里行间随处可见创新和创见,这在同类著作与教材中尚不多见。具体表现在:

在第十四章中,加入了"近百年中国新闻采访史述略"、"近百年中国新闻写作史述略"两节。这是过去出版的新闻采访写作学著作从未有过的。

在第二章专论"新闻报道策划"中,全面论述新闻报道策划的崛起、作用、分类与流程。新闻报道策划虽说是 20 世纪 90 年代中期的热门业务课题,但仍属新闻采访的老话题,将新老话题结合起来阐释,推出新的见解,这也是本教材的独到之处。

系统梳理新闻采访写作活动的全过程:将"新闻采访前期活动"分为八方面,"中期活动"分为五方面,"后期活动"分为四方面;而对"新闻写作"则抓了八大环节,这是跳出同类教材的全新的精辟概括与布局。

科学阐释各类新闻采访写作:时事与政治类新闻,经济与科学类新闻,人物与事件类新闻,教卫与文体类新闻,社会与生活类新闻,分类合理,特点鲜明,都是继承与创新的成果。

在"记者修养"一章中,他在研究了作风、道德、知识、技能等修养的基础上,还增加了"情感修养"、"体质修养"、"公关修养"等,都是前人未涉及的研究领域和当代记者所必备的。

以上方面充分体现了作者与时俱进、开拓创新的治学精神。

二、处理好理论与实践的关系,力求贴近新闻报道实践并体现可操作性

本书的科学性与实用性,正体现在理论与实践的紧密结合上,体现在将应用新闻学的基本理论与知识、当代记者的新闻采访写作实践经验与优秀新闻作品的赏析紧密结合起来。

本书的科学性还体现在说理的逻辑性较强。应用新闻学的逻辑起点是新闻本源与新闻价值。新闻本源是客观事实;新闻价值对于记者、编辑来说,是衡量事实能否成为新闻、新闻能否传播的客观标准。这些都有较一致的共识。而如何深刻阐述新闻采访写作与新闻事实的关系、新闻采访与新闻写作的关系、新闻报道的基本要求等,却是本学科的重要环节。本著作较圆满地解答了这些问题。

至于本书阐述的各类新闻采访写作的具体原则、方法与技巧,都是经过实践反复检验过的,一些经典案例也是百里挑一的,都有很强的现实指导意义与可示范可操作性。这里不再赘述。

三、处理好现在与将来的关系,力求体现新闻采写新经验并展示前瞻性

我们处在一个革故鼎新、新生事物层出不穷、科技日新月异的"信息爆炸时代"、"知识经济时代"、"数字化时代",客观实践经常跑在思想认识与理论研究的前面。因此,在高校教材建设上,强调面向新世纪实际、面向现代化、面向未来。

而本著作正是体现了新时代的需求,力求在总结新闻采访写作新经验的基础上作一些前瞻性的思考。突出表现在对"各类新闻采访写作"的论述与对"记者修养"的思考上。尤其是对"各类新闻采访写作"的论述,着重总结了我国改革开放以来新闻业务改革的最新成果,展示了对一些经典作品的精到分析;对"记者修养"的论述,对培养新时期优秀的年轻记者会起到较大的现实指导作用。

作为国家级精编教材,它在每章后面还开列了一些思考题,有利于学员复习思考与实际操练,这也是为教学所必需的。

最后还要说几句:天道酬勤。刘海贵教授的学术成果来之不易,这是他近40年来一贯兢兢业业、认真踏实从事新闻采访写作课程教学与新闻实务科研的又一成果。作为一部国家级教材佳作,必将受到全国新闻传播学院师生、新闻宣传和媒体从业者及新闻爱好者的欢迎,必将在开展新闻教育与指导新闻实践中发挥更大的教学效果与社会效益。

匆匆呈上我阅读与学习本书的一些感想与体会,是为序,并再次表示衷心的祝贺!

复旦大学新闻学院教授、博士生导师　张骏德

第一章

绪　论

第一节　新闻采访的定义

新闻采访是新闻工作的主要组成部分,是新闻写作的基础、前提和保证,任何想办好报纸、广播、电视、通讯社、网络等新闻媒体的新闻从业人员,无不从加强、健全新闻采访着手。新闻采访学又是新闻学的主要分支,任何对新闻学的研究,也无不从新闻采访学开始。从一定意义上说,新闻采访是整个新闻工作的灵魂。

中国乃至国际新闻界对新闻采访所下的定义,众说纷纭,含混不清。譬如,英国有人曾对50名颇有资历的记者作专项调查:请给新闻采访下一定义。结果约有30名记者答不上来,其余记者答案也是五花八门,无一准确。因此,开宗明义,何谓采访,又何谓新闻采访,这是首先要弄清楚的。

"采访"一词始见于东晋史学家干宝的《搜神记序》,比"新闻"一词约早出现300多年。古代从事采访活动的,不仅仅是办邸报、小报的人(近代称"访员"、"访事"),史官等也常有此类性质的活动,如汉代司马迁著《史记》,其中相当一部分材料,是根据他亲自采访所得写就的。朝廷为了了解下情、外情,也常常派些官员下去采访,如唐代开元年间,曾专设"采访使",代表朝廷"考课诸道官人";宋朝也有派遣人员"前往江南采访"的记载(《宋史·太宗纪》)。但不管怎么说,这类采访还不是真正意义上的新闻采访,至多只是反映出早期采访有点类似收集情报和一般材料的特征而已。

作为新闻工作的专门术语,新闻采访一词则是在近代新闻事业发展的基础上才予以肯定,并赋予了充实、完整的内容。

然而,包括近年来出版的诸多新闻采访学著作在内,对所下的百余条新闻采访定义,都比较繁杂,大多数欠科学、欠准确。其中,具有代表性的诠释有两类——

一类是,新闻采访是记者认识客观实际的活动,或是主观认识客观的调查研究活动。这类定义虽有一定道理,如它说明了新闻采访是记者主观认识客观的活动,是一项具有某些或部分调查研究性质的活动。但问题在于,这类定义没有揭示新闻采访的个性特征:这是什么样的主观认识客观的调查研究活动?它调查研究的目的是什么?等等,都未能明确、清晰地得到概括和揭示。因为任何形式的调查研究活动,都有主观认识客观的共性,如司法人员审核案情、历史学家考古、机关干部下基层检查总结工作等,都具有这一共性。从一般道理上讲,给 A 所下的定义,就只能解释 A,若是拿到 B、C、D 等上都能用,那就不属 A 的定义。因此,显而易见,新闻采访的这一类定义,是欠科学、欠准确的,因而是不宜成立的。

另一类是,新闻采访是调查研究活动在新闻工作中的运用。这类定义犯的是与前一类定义同样的毛病,除了将新闻采访同调查研究放在同一概念看待而外,还因为新闻工作仍是个大概念,它包括采访、写作、编辑、发行等诸多方面,谁能说除了采访、写作、编辑、发行等就不叫新闻工作?因此,这一类定义也是欠科学、欠准确的,也不宜成立。

特别值得指出的是,调查研究只是一个一般概念,是社会学的一种工作方式,而新闻采访学却是一门有着专门研究对象、理论和方法的独立学科,两者没有从属关系,不可混为一谈。不少教材与著作均将新闻采访与调查研究等同起来,甚至认为新闻采访从属于调查研究,这一认识是错误的,应当立即摒弃。

在当前,对新闻采访比较科学、准确的诠释是:新闻工作者为搜集新闻素材所进行的活动。相比较而言,这一诠释比较明确地揭示和限制了新闻采访的个性特征,使新闻采访不仅区别于司法人员审核案情、历史学家考古等一般的调查研究活动,也区别于新闻写作、编辑、发行等新闻工作。就好比眼睛、鼻子等虽同属于五官,但眼睛就是眼睛,鼻子就是鼻子,五官就是五官,不能混为一谈。"眼睛是五官",好像讲得通,但反过来说,"五官是眼睛"显然讲不通。同样道理,"采访是新闻工作",勉强说得过去,但如果讲"新闻工作是采访",则不通也。

综上所述,新闻采访虽与调查研究活动有某种联系,活动方式上有某些相似之处,但分属两门学科,谁也涵盖不了谁;新闻采访虽属新闻工作,但只是其中某一阶段,不能替代整个新闻工作。

第二节 新闻采访的特点

在进行了上述分析后,将新闻采访与一般的调查研究相比较,新闻采访的特点就不难寻找和挖掘。具体为——

1. 目的的差异性

记者采访的目的是为了写出稿件、传播信息,以满足人们对新闻的需求,而其他形式的调查研究则目的各异,如司法人员审核案情是为了正确判案,机关干部是为了总结经验教训,以便促进、推动下阶段工作。

2. 时间的限制性

应该讲,各种形式的调查研究都存在一个时间性的问题,都希望尽快将事物真相弄清楚。但相比较而言,有些形式的调查研究时间跨度可以大些,可以用几个月甚至几年的时间,历史学家则可能用毕生精力钻研一个史实。但是,新闻采访就不能这么做,它特别强调时效性,要求"在一定的时间内"完成采访、写作、发稿的全过程,规定今天完稿,就不能拖到明天,要求截稿时间前交出稿件,你拖到截稿时间后,或许就前功尽弃。这是因为,新闻是"易碎品"、"易腐物",时过境迁,过时不候,人们已经知悉的事物,你再去传播,等于雨后送伞。因此,这就要求记者在严格的时间限制下,思维敏捷,动作迅速,争分夺秒地将新闻采集到手,传播出去。西班牙巴塞罗那第二十五届奥运会期间,上海《新民晚报》特派记者徐世平几乎每天恳求报社总编辑,将他的截稿时间推迟10分钟,目的是可以再多采写一两篇新闻,但总编辑鉴于报纸的及时出版发行,没有一次答应他,可见新闻采访时间限制性之强。

3. 项目的突发性

新闻采访除了部分项目是事先有计划、有准备外,其余相当部分项目是带有突发性的,即记者常常在毫无准备的情况下,忽地一个突发性事件的到来,必须立即赶赴新闻事件所发生的现场,迅速对其进行采访,如一场地震的到来、火车相撞、飞机失事等,皆属此列。2010年上海"11·15"火灾和日本9级大地震等,便是典型事例。而调查研究的许多项目,早在几个月甚至几年前就可能拟定,等到真正着手调查研究时,还可先开几次预备会,确定一系列方案、措施等再进行,如果天气不好,还可以改期。

4. 需要的广泛性

在社会生活中,人人需要获得新闻欲、信息欲的满足。然而,每个人对新闻报道的内容、形式等方面的需求,又可能因职业、年龄、性别、经历、学历等因素的不同而有所偏爱。如有人喜欢看政治报道,可能他是干部;有人则爱看商品信息,可能她(他)是当家人;有人爱听简明信息,可能是因为公务缠身;有人则一见长通讯或报告文学就欲罢不能,可能他兼爱新闻和文学。于是,人们对新闻的这种多层次、广泛性的需求,就要求新闻报道的题材、体裁等相应地具有多样性和广泛性。这样势必辛苦了记者,说不定今天去机场、会场采访,明天则可能去农村、殡仪馆跑新闻;这次是为了写篇几百字的短新闻去采访个把小时,下次就说不定要花上十天半个月而采写一组连续报道。相比之下,对于其他形式的调查研究的社会需求,就没有这般广泛,往往只要满足一部分人的需要即可。

5. 知识的全面性

正因为新闻报道要适应人们多层次和广泛性的需要,加上新闻采访学本身又是一门综合性应用学科,而且,随着现代科学技术和社会生活的发展,又迫使这门学科同越来越多的学科形成日趋紧密的联系。因此,就要求记者的知识必须尽可能广博、全面,除了新闻学、传播学的专业知识要相当熟悉外,文、史、哲、政、经、数、理、化等知识,包括社会学、心理学、法学和新兴的边缘学科等方面的知识,也都应有一定程度的掌握。倘若不是这样,在采访时,记者就难以迅速有效地同各阶层的有关对象"酒逢知己千杯少"地访谈,也就更无从写出体现一定知识水准、适合不同层次受众需要的新闻,甚至闹出"初一夜晚,明月当空"和"狗出汗"之类的笑话。有些学者提出:记者应当成为杂家。此话是颇有道理的。以记者知识全面性这一特点而言,其他社会科学或自然科学的调查研究人员则一般没有这么显著,他们只是对某些专业知识要求精深。

6. 活动的艰辛性

一般的调查研究,因为调查研究的项目和访问对象比较集中、单一,加之时间限制性、项目突发性、知识全面性并非主要要求,故其活动的艰辛性程度则相对较低。新闻采访则不然,报纸天天出版,电台、电视台、网站24小时不停运作和开播,记者天天得去采访,风里来雨里去,跋山涉水,还得三天两头熬夜,人的正常生活规律全被打破,很少有喘息、休整的时候;加上采访的项目每次不一,采访对象的性格又千差万别,记者又必须在严格的时间限制下完成任务,新闻采访的艰辛性程度相应就高。撰写《第三帝国的兴亡》一书的前英国驻德记者威廉·夏伊勒,光是查阅德国外交部的档案材料,就达数千公斤;一位写有关美国空气污染问题报道的女记者,仅使用的访问录音带就有5英里长。美国前不久的一个调查统计数字颇能说明问题:在美国,70岁以上的长寿者中,占比例最小的是新闻记者;35岁以前因患各种疾病过早死亡的,占比例最大的是新闻记者。调查的结论是:记者是最短命的。英国曼彻斯特大学科技学院的工作负荷研究人员最近对150种职业的研究表明,记者的工作负荷量高居第三位。韩国圆光大学金钟仁教授日前在《有关职业平均寿命调查研究》报告中也指出:"韩国社会各界,平均寿命最长者为宗教人士,政客和演艺娱乐界人士次之。最为折寿者则莫过于工作压力负担过重、精神长期处于高度紧张状态的新闻从业人员。"

我国早年曾流传一首歌谣,也颇能使人窥见新闻采访的艰辛性程度:"有女莫嫁新闻(记者)郎,一年四季守空房,有朝一日回家转,一袋破烂脏衣裳。"这首歌谣的含义没有过时,近些年来,由于中国新闻业的竞争日趋激烈,新闻从业人员的健康状况每况愈下,四五十岁就躺在病床上的不在少数,三四十岁英年早逝的也早已不是个别现象。近些年来,笔者所教的毕业生中因患各种疾病过早去世的已达十余人,每每想起白发人送黑发人的场景,仍感伤心不已,刻骨铭心!这是应当引起警惕和重视的。

第三节 新闻采访的活动方式

一般社会科学或自然科学的调查研究,因其调查研究的项目和访问对象相对集中、单一,故其活动的实施形式也相对固定,或可在办公室、实验室里进行,或可埋头于故纸堆、原始资料里实施。新闻采访因为具有特殊性,因此,其活动实施方式也具有侧重点和独特性。

新闻采访从形式上分,主要为下述 10 种——

1. 个别访问

这是记者使用最普遍的一种基本活动实施形式,在平时的采访中,记者主要是靠这一访问形式,从新闻人物或知情人物那里获取新闻材料,通常也称为"一对一"的访问形式。该形式的好处是:谈得具体,谈得深入,且记者容易把握主动权。

2. 开座谈会

记者可以就某个采访专题,邀集有关人员座谈。此形式的好处是:记者可以在较短的时间内搜集较多的新闻材料;几个采访对象一起接待记者,心理比较松弛,不易紧张、拘束,采访气氛容易轻松和谐;有利于采访对象互相启发、补充,有关材料的真伪程度一般能当场得到修正或验证。一般涉及面较广的大、中型报道题材,采用此实施形式,效果较为显著。

3. 现场观察

俗称"用眼睛采访"。上述两种形式侧重用耳听,现场观察则强调记者必须深入新闻事件发生的现场,充分发挥视觉功能,对事物微观细察。记者采访后的新闻报道与其他性质的调查研究的最后体现形式不尽一样。其他性质调查研究的最后体现形式可以是一个实物,即使是文字形式,但只要事实准确,哪怕平铺直叙,甚至一二三四的"开中药铺"或干巴巴的几条筋,也可能通得过。但新闻报道则不然,事实不仅要准确,还应生动具体。因为看总比听真切,故记者非得深入现场,用眼仔细捕捉那些瞬息万变且能感染受众的生动细节。在现场观察中,现在越来越倡导体验式采访,如 2003 年春运期间,新华社 4 位记者亲赴首都国际机场、北京西站和北京六里桥长途客运站,体验交通运输部门广大职工的甘苦,写出了感人的通讯①。新华社上海分社记者徐寿松更是大年初七从安徽省枞阳县启程,与一群民工同车返沪,切身体验民工一路上的艰辛②。

现场观察已为新闻界越来越多的人士所注重。国际新闻界普遍认为采访"已到了现场研究者的时代"。不少专家学者指出:新闻报道应

---

① 《新华每日电讯》,2003 年 1 月 28 日。
② 《新华每日电讯》,2003 年 2 月 10 日。

当"用脚跑、用眼写"。随着我国新闻改革的不断深入,来自现场的目击性、体验式之类的报道比例必将日益加大。2003年3月20日,伊拉克战争爆发,但新闻战已提前打响,各国都派出记者到伊拉克进行现场采访,新华社和中央电视台也派出了水均益等数十名记者前往巴格达①。

4. 参加会议

一般而言,大凡会议都是集中总结、筹划一个阶段的工作情况,包括成效、经验、教训及问题等,与会者聚在一起讨论、建议,然后对下阶段的工作作出部署,所有这一切,往往可能包含着大量的新闻信息或线索。记者若是到会议中去"张网捕鱼",一般都会如愿以偿。会议新闻采访则主要通过这种形式采写的。据统计,每年评定的各类好新闻,有近三分之一是记者通过会议采集的。

5. 蹲点

即深入一个点,解剖"麻雀",作深入扎实的采访。此实施形式通常适合于时间性不太紧迫但报道量较大、涉及面较广的报道题材,如解释性报道、调查报告、人物通讯、工作通讯、报告文学等。该形式能使记者较详细地搜集和取舍材料,通过几个反复过程,即由此及彼、由表及里、去粗取精、去伪存真的加工制作过程,进而抓取典型材料和揭示事物本质特点,写出有深度、力度和厚度的报道。新华社曾于1982年就强调:记者要蹲点,可以就一个问题作深入、连续性的战役性报道。改革开放初期,新闻报道一度曾强调"短、平、快",主张"快餐文化",因此,蹲点这一活动形式曾冷落了多年。20年世纪80年代中后期,随着深度报道等在中国的兴起,蹲点这一形式又日渐受到重视。

6. 查阅资料

一般资料包括受众来信、基层单位的工作情况简报以及各类剪贴、原始材料的文字记载等。这些资料包含不少有价值的新闻事实和新闻线索,记者若能悉心从中查找,可确定不少报道项目,或可直接写出有意义的新闻。例如,故事影片《垂帘听政》放映后,广大城乡居民茶余饭后纷纷议论慈禧及其垂帘听政之事。垂帘听政这玩意究竟是不是慈禧首创?一记者通过查阅资料证实,慈禧并非我国历史上第一个垂帘听政者,最早的要推战国时期的赵太后,其次是唐朝的武则天,再则是

---

① 《广州日报》,2003年2月9日。

北宋的高太后、南宋的谢太后以及与宋对峙的辽国萧太后,慈禧虽算第六个,但她垂帘听政时间最长,其间两度引退,三次垂帘,前后达47年之久。《长沙晚报》发了《历史上的六次垂帘听政》一文后,广大读者争相传阅。

特别值得指出的是,"报纸传播新闻的工作现已进入解释性阶段"。因此,查阅资料正日益成为采访活动的重要形式。美国费城《公共纪事晚报》资料室曾统计,该室的剪报在一年内被查阅、运用达10万余次。由此足以证明新闻采访写作与资料查阅、运用的关系日益密切。近些年来,中国媒体也日益重视资料室建设工作,由资深记者、编辑主持资料室工作,这是十分有远见、有成效的举措。在当今信息时代,人们开始把查阅资料的重点转向互联网。但网上的资料有时会掺杂不真实、不正确的信息,如能与资料室的原始文字或音像相互印证,则会提高获取的材料的可信度。

7. 改写

即把某一新闻线索或一则现成的稿件,加以修改或补充而另成一则新鲜的新闻。在西方新闻界,日报常改写晚报的新闻,晚报也没少改写日报的新闻,报纸与广播、电视之间也常常彼此"借光"。美、英等国改写工作已形成制度,且有改写记者之设。由于新闻报道的需要,改写工作不仅能辅助采访的不足,甚至常常代替采访,改写记者一般通过电话获取新鲜材料,然后改写新闻。

8. 问卷

抽样调查的主要形式,即记者根据题材的需要,按照概率论和数理统计的原理,从全部研究对象中抽取一部分单位作为样本,然后以纸面的形式,拟定出若干个简洁明了的问题,在街头或挨家挨户发送到有关受众手中,外地的受众可将问卷邮寄其手中。这种形式有成本低廉、匿名性及便于受访者思考等优点。随着精确新闻报道的兴起,这一形式将会日益被广泛使用。如2000年7月11日《解放日报》刊登的《上海人:三分之一收入用于资产积累》一文,便是通过对3 000户城市居民家庭的金融资产状况所作的抽样问卷调查后得出的结论,令人信服。

9. 电话采访

记者应尽量想法深入到现场去采访,不要浮在面上靠电话采访。但在现代化通讯工具日益发达的情况下,因种种原因无法到现场的情况下,电话采访也未尝不可,在某些特殊情况下,电话采访则可能是一种重要手段和有效的渠道。如聂卫平东渡日本与大竹英雄决战,《新民晚报》没能派记者随同前往,为了得到独家新闻,当晚赛罢,他们通过电话采访得到第一手材料。在这种远隔千里、鞭长莫及的情况下,电话采访打破了距离、时空的阻隔,及时采得了真正的新闻。另外,在一些关系微妙的场合,电话采访还可深入重地得到真新闻。比如,美国广播公司(ABC)驻开罗的一名女记者,为了采得逃亡在埃及的伊朗巴列维国王的重要消息(巴列维当时重病在身),在无法进入宫室的情形下,买通了两名在埃及机构中供职的工作人员,充当"消息提供者"。当巴列维去世,他们就通过电话,用暗语取得联系,并最先向世界发出了消息,据说比埃及中东通讯社还提前了 4 小时。在这里,电话这个特殊工具发挥了特殊的作用。

所以,电话采访是一种采访形式,在很多情况下它往往补其他采访之不足,使新闻得以真实、迅速地报道出来。特别是很多重大的新闻,更是用电话新闻的形式报道出来的。如有一段时间,社会上盛传电信费要全面调价,上海东方电视台记者拨通了国家电信总局的电话,通过电话采访报道的形式,澄清了许多误传。这种电话新闻给人的印象是新颖、活泼、形象、生动且真实可信。

电话采访有一定的难度,实施时应当注意:

第一,准备要充分。电话采访准备要充分,问题要事先拟好,要有个较为详细的纲目,以便在几分钟的短促采访中,不至于搞得手忙脚乱、丢三落四。

第二,提问要凝练。电话采访中提问是一门艺术,它比起平时从容不迫的交谈,来得更为急迫、凝练,有时甚至需要一点机智,因此更显示出"问"的难度。例如在 2003 年 3 月的伊拉克战争中,每当战争有什么新进展、新变化时,中央电视一台、四台的主持人总是通过电话连线,向派往联合国、美国、英国、法国、俄罗斯、伊拉克及中东地区国家的记者适时而又凝练地提出问题,显示出较高水准的采访艺术。

第三,记录要及时。电话采访还要做好记录,尽量避免在忙乱中漏记一些重要的事实。重大题材的电话采访,记者不妨在话机旁放个录音机,以确保材料和新闻报道的真实。

随着电讯业的大力发展,可视电话已经诞生,相信用不了多久,这种更为便利、有效的电话即可普及,那么,电话采访将有可能成为新闻采访更重要的形式。

10. 网络采访

近几年的实践证明,互联网作为一种新兴的传播工具,既是大众传播工具又是人际交流工具,既可以发布新闻,也可以用于采集新闻、查阅资料及收集新闻的背景材料等。譬如,人们可以通过各家网站浏览新闻,也可以通过 E-mail 与熟人亲友联系交流,甚至可以上 BBS 与陌生人就某一话题展开讨论。

网络采访的主要形式是:

(1) 直接转载信息。网上的信息可谓是应有尽有、取之不尽。我国众多报纸的信息注明是"采自互联网",我国发行量最大的《参考消息》,则已把网上信息作为其消息来源的重要渠道之一。

(2) 组织网络调查。即把问卷通过网络送到电子公告版上,不仅得到众多受众的关注,更可得到最快速度的反馈,这比传统的召开座谈会、面对面访问等形式,效果要好得多。如兔年春节日渐临近,外来务工人员纷纷要回家过年,在高兴之余,也纷纷感慨:"回一次家不容易"。某知名网站发起的"过年支出"的网络调查中,超过 50% 的网友自称"花销太多,有点不堪重负"[①]。

(3) 通过 E-mail、博客、MSN 交流。以往受时空的限制,传统媒体的采访方式受到较大局限,所遇障碍也较多。而通过电子邮件、博客、MSN 进行采访,记者则可以较顺利地接触到你感兴趣的任何一位客体,包括名人直至国家元首,只要他在因特网上设立了电子信箱或博客、MSN。中央电视台《东方时空》自 1996 年上网打出自己的电子邮件地址后,网上来信的利用率竟高达 10%。许多传统媒体的记者也深有感触,许多有价值的新闻线索都是亲友及时通过 E-mail 传送给他的。

(4) 查阅收集资料。因特网是一个取之不尽、用之不竭的信息海洋,成千上万个数字化图书馆和各种类型的数据库,只需轻轻按上几个键,便可查阅任何资料。

因特网的问世给记者采访提供了莫大的空间和便利,如《北京青年报》的《电脑时代》版专设的"网上采访"栏目,就不断推出记者采访的成果。但是,这也同时给记者的素质提出了更高更全面的要求,如除了会熟练地使用电脑以外,英语水平要尽快增强,因为这是网络的主导语言。另外,必须增强法制观念,遵守与网络相关的法规,网上的不少

[①] 上海《文汇报》,2011 年 1 月 7 日。

内容也涉及知识产权，不能随心所欲。再则，网上新闻的权威性与可信度不高，记者在进行网上采访时，更加应该遵循新闻真实性原则。

顺便提及，近年来我国已出现网络记者，这是一种新兴的记者种类，即专指为网络媒体采集新闻、组织报道的专职记者。曾代表《人民日报》网络版参与澳门回归报道的王淑军、罗华对自己的身份解释为："我们被称为网络记者，这个称呼有这样两层意思：我们首先是中国传统媒体的记者，其次我们是在传统媒体兴办的网站从事新闻采编工作。我们既脱胎于传统媒体，又在以一种全新的方式进行新闻传播活动。"随着网络媒体的迅猛发展，专门的网络采编队伍将会形成和扩大，届时，网络记者的性质、任务及其解释必将发生变化。

新闻采访从性质上分，主要为下述6种——

1. 常驻采访

派驻外地或外国记者的日常采访活动。这种采访时间长，题材面宽，要求记者具有全局观念，从驻地的实际出发，注意采写既能反映当地实际又对全局有普遍意义的新闻，还要有较强的独立社交能力和广博的知识；具有一定的外语水平；掌握采写各种新闻体裁的技能；同时，要尊重所在国家、地区的风土人情，遵守所在国家、地区的政策法令。在伊拉克战争期间，中央各新闻单位派驻美、英、俄、法、中东和联合国的记者，通过电话连线等形式，及时、详尽地发回相关报道，体现了较高的业务水准。

2. 突击采访

在事先无准备的情况下迅速对突发性事件所进行的采访活动。这种采访任务紧迫，事先无法从容准备，全靠记者的经验积累和临场发挥。具体要求是：记者必须闻风而动，迅速赶赴事件现场，要忙而不乱，冷静观察，尽快弄清事件的起因、性质和相关材料，并有"倚马可待"、立等可取的写作能力。突发性事件的现场一般要实行严密封锁，不让闲人进出，常常连记者也在被挡驾之列。此时，记者更要下定决心，调动自己平日建立的一切人际网，使用一切能够使用的手段，最终冲破封锁，深入现场采集新闻，特殊情况下，可以化装进入。

3. 交叉采访

在同一期限内对两个以上新闻事件交替进行的采访活动。与单打一的采访形式相比，交叉采访可以省去重复找人和路途往返所费的时间，是一种投入少、收效高的采访形式。交叉采访须讲究交叉艺术与要求：记者应根据新闻线索统筹安排，利用所在单位或地区的人员、交通、资料及通讯设备等便利条件，有先有后、有主有次、有条有理地进行交叉采访；记者头脑应冷静，决定应果断，行动应迅速，反应应敏捷。

4. 巡回采访

按照编辑部指示，沿着预定路线进行的采访活动。一般没有具体、明确的采访对象和报道题目，主要由记者根据编辑部总的报道思想灵活掌握，在巡回路途中选择若干新闻题材就地采访，连续不断地向受众进行系列报道，又称旅行采访。这种采访活动对记者的采访写作水平要求较高，一般应选派身体素质好的中青年骨干记者承担。例如，1994年8月至10月间，《新民晚报》的中青年记者孙洪康、何建华、强荧、朱国顺用了40天时间，纵横奔波不下一万里路程，以解放战争期间震撼世界的辽沈、淮海、平津三大决战和渡江、跨海等重大战役为历史背景，进行战地重访，共向读者推出30余篇、近5万字的报道，展现了一幅历史与现实结合、战争与和平交叉、破坏与建设融合的壮丽长卷。

5. 隐性采访

不公开记者身份或不申明采访目的的特殊采访活动。通常适用于：潜入敌军、敌对分子、犯罪嫌疑分子之中的采访活动；估计采访对象会拒绝与记者合作的采访项目；不宜公开记者身份的采访场合。采写揭露、批评性报道常采用这一方法。隐性采访是相对于公开采访、显性采访而言的，与"微服私访"相仿，通常也称作暗访。例如，近几年，赴京的游客不断投书新闻单位，反映部分司机、导游等人员串通一气，采用种种恶劣手段坑害游客，令众多游客叫苦不迭。新华社资深记者靳尚农以普通游客的身份搭上一辆旅游车进行"暗访"，最后在《司机拉着游客走，不见回扣不回头》一文中，以大量亲眼所见的事实，将这些司机、导游扰乱旅游市场秩序、败坏北京旅游业声誉的严重问题披露报端，引起各方面极大反响。

西方历来重视隐性采访，"既当记者又当侦探"是他们一贯奉行的理念。我国传统的新闻理论是视隐性采访为禁区的，这是同过去"左"的政治氛围相适应的。随着市场经济体制改革的不断深入，社会生活与社会意识均呈现复杂化与多层次的态势及趋向，新闻采访手段也就必然相应地从单一化向多元化发展。可以预见，隐性采访的潜在价值将日益增大。

6. 易地采访

记者到分工范围以外地区的采访活动。记者长期在一个地方采访，有人熟、地熟、情况熟等好处，但也容易产生眼界狭窄、感觉迟钝甚至夜郎自大、故步自封等弊病。易地采访是克服这些弊病的有效方法，也是加强地区间、新闻单位间和各地记者间横向联系、优势互补的有效方法。易地采访的好处是：开阔记者眼界；帮助本地记者有效地发现新闻；促进各地记者互相学习、取长补短。注意事项是：不要自视高明，不要下车伊始，哇啦哇啦地指手画脚，要谦虚谨慎，甘当小学生；要利用易地采访机会，熟悉各地的情况，开拓自己的知识面，增强全局观念，与外地记者真诚合作，提高相互间的报道水平。易地采访应在编辑部统一组织下进行，一般侧重于某个专题，或几个人为一个小组，或单兵作战。应当看到，随着改革开放的不断深入，易地采访这一形式将日趋频繁。如，党中央提出西部大开发战略不久，《广州日报》一马当先，派出由4名记者组成的采访队赴宁夏采访；随后，北京、上海等东部省市均派出相应的采访小分队；上海则由报社、电视台、网站3个媒体27名记者组成了"2000年西部行联合报道组"，用车轮去"丈量"西部，用镜头去"挖掘"西部，用心灵去体验西部，采访车队沿312国道逶迤西行，途经陕西、青海、甘肃、新疆四省区，为时近两个月。

实践证明，易地采访日益成为舆论监督的一种新的有效形式，某地发生的一些负面新闻，当地媒体出于种种考虑不便报道的，那么，外地媒体就可用易地采访形式予以报道。如2011年2月，各地媒体集中报道河南省太康县童丐现象，上海电视台记者冷炜等深入该县孟堂村，克服种种困难，采集了大量素材，2011年2月19日晚间播出的《童丐，滴血的产业》一文，反响极其强烈，也引起了中央高层领导的重视。

第四节 新闻体裁

所谓新闻体裁，一般指新闻媒体所传播的新闻作品的各类载体形式，是新闻内容与表现形式相统一的报道样式的通称。一般由新闻报道与新闻评论两大类组成。新闻体裁又被俗称为新闻写作中的"十八般武艺"。

长期以来,中国对新闻体裁的分类颇为讲究,非常精细,可谓是五花八门,应有尽有。实际大可不必,依照今天的新闻传播实践来看,新闻体裁的分类不必强求过分细腻,应有较大的自由度和涵盖度,然而又不失其体,即古人所讲的"大体须有,定体则无"。本节着重分析消息和通讯两种体裁。

一、消息

所谓消息,是以叙述为主的新闻报道中最基本、最常用的体裁。它用最快的速度、最直接的方式、最简洁的文字向受众传播最大量的信息,历来是所有新闻媒介新闻报道的主角,美国新闻史学者莫特称其是"报纸的心脏"。世界上最早的消息雏形是公元59年的罗马执政官恺撒下令抄发的《每日纪闻》(又称《罗马公报》)上的文告性消息;接着是16世纪意大利威尼斯商情消息雏形、航情消息雏形,以后是突发性消息、国外消息及战争消息雏形。该体裁的成形化是在西方资本主义报纸正式问世之后。在中国,"消息"一词始见于《易经·消息卦》,直到中国近代报刊诞生半个世纪以后,才正式成为一种独立于文学样式的报道体裁[①]。

在这之后,消息这一文体渐渐趋于两类:一类是动态消息,即迅速简洁地报道最新发生的新闻事实,通常一事一报,一两百字而已。另一类是综合消息,即对某事物或同类事物就一个主题进行分析综合。

在中国,消息常常被习惯称之为新闻,即狭义的新闻解释。

二、通讯

所谓通讯,是以叙述与描写相结合为主要表现手法,较详尽报道事件的新闻常用体裁。在叙描结合的基础上,可适时、适当使用抒情与议论等表现手法和相关修辞手段,使受众产生如见其人、如见其物、如经其事、如临其境的深切感受。

在我国,最早的通讯是出于王韬之手,早在1872年,他即有就国外游历编译的《普法观战纪》。真正在通讯上自成一格并有重大影响者

---

① 邱沛篁等主编:《新闻传播百科全书》,四川人民出版社,1999年版。

当属黄远生。1915 年 12 月 25 日其在旧金山遇刺后,友人将其新闻作品辑为《远生遗著》,共 4 卷,是我国历史上第一部以报刊通讯为主的文集,由此也正式奠定了通讯在新闻体裁中的地位,黄远生本人也被称之为"通讯界之大师"、"新闻界之奇才","远生通讯"蜚声于时并流传至今。

在中国,通讯体裁的发展非常迅速,且丰富多彩,目前,通讯体裁的主要题材有:人物通讯、事件通讯、风貌通讯、工作通讯、人物专访、新闻小故事、特写等。

三、消息与通讯的异同

消息与通讯虽分属不同新闻体裁,但新闻属性是相同的,包括新闻报道基本要求及叙述、描写、议论、抒情等表现手法也应共同遵循。只是两种体裁各具不同特征,因此,在具体采写中则有明显的区别。具体为——

1. 表现对象不同

一般情况下,消息涉及的题材及表现对象主要是事,而通讯涉及的题材及表现对象主要是人。

2. 表现手法不同

消息以叙述为主。要讲究简洁、明快,不要过多描写、议论和抒情。

通讯在以叙述为主的基础上,主张与描写、议论、抒情有机结合,各司其职。如关于美国"勇气"号"失踪"的报道,以新华社电讯为例,2004 年 1 月 23 日仅发出了一则消息,说明"勇气"号与地面失去联系已 30 个小时。当"勇气"号尽管出现故障,但仍能在火星安全着陆的消息传出时,新华社又于 1 月 24 日发表通讯,详细分析"勇气"号故障原因和"苏醒"过程[①]。

3. 人称不同

消息一般采用第三人称,记者不直接在新闻表述中出现。通讯则第三人称和第一人称兼用,特别是在访问记或新闻特写中一般常采用第一人称。

4. 结构布局不同

消息的结构形式主要采用"倒金字塔式结构",通讯的结构形式则

---

① 《新民晚报》,2004 年 1 月 23 日、24 日。

要比消息灵活自由得多,别具一格,主张创新。

5. 篇幅长短不同

消息因为简洁、单一,故篇幅较短,通讯涉及的方面较繁杂,故篇幅相对较长。

综上所述,新闻报道体裁之间可能有较大的分工和区别,各种体裁可能有其自身的特征,但在特定的条件和需求下,新闻体裁并不主张守旧。从哲学角度讲,存在固然决定意识,内容固然决定形式,但意识对存在有积极、能动的反作用,形式对内容有积极、能动的反作用。因此,只要有利于完美地表达内容,形式上完全应当允许、鼓励创新。

第五节 新闻采访与新闻写作的关系

综观新闻采访、写作、编辑、发行等全过程,采访的基础性、决定性作用实在不容低估。早在1923年,著名报人邵飘萍在《实际应用新闻学》一书中就强调指出,在报纸的所有业务中,"以采访为最重要","因为一张报纸的最重要原料厥为新闻,而新闻之取得乃在采访"。西方新闻界普遍认为:一流的采访者必定是一流的撰稿人。美国全国广播公司原新闻部主任弗兰克曾说:"采访是我们这一行的基本手段,没有它我们就无法生存。"采访的这种基础性、决定性作用,主要应从采访与写作的关系上去认识。从新闻实践的角度看,两者的关系是既紧密相连又有先后、主次之分的。具体反映在四个方面——

一是反映在活动的程序上。从活动的程序上看,先有新闻采访,后有新闻写作。这一程序不能颠倒,否则,就违反了新闻工作规律,就不叫新闻活动,变成闭门造车之类了。

二是反映在活动的内在联系上。从新闻报道的材料来源和形成过程看,事实是第一性的,反映事实的新闻报道是第二性的,先有事实,后有新闻,两者之间的媒介是采访。离开采访,写作就成了无米之炊。

三是反映在活动的性质上。新闻采访和写作,其活动性质,一个是认识实际,一个是反映实际。只有正确认识实际,才能正确反映实际。从这个意义上说,采访决定写作,采访是写作的基础,写作则是采访的归宿。

四是反映在写作对采访的反作用上。实践证明,新闻写作常常反作用于新闻采访。记者从事新闻工作的年代长了,经验教训多了,常常在采访之前,就能凭借掌握的写作能力和丰富经验,清晰地知道采访如何才能更加有的放矢,如何才能有效地判别材料的真伪优劣和访问的深浅,可以避免不必要的失误和少走弯路。

长期以来,在相当部分的新闻工作者中存在重写作轻采访的倾向。据统计,我国大多数出版的新闻业务类刊物中,每期论述"如何搞好新闻写作"的文章要占到百分之七八十,而论述"如何搞好新闻采访"的文章仅占到百分之二三十;有些初搞新闻工作的记者往往把采访看得很容易、很简单,而对"生花妙笔"则看得很重。这种倾向是值得警惕的。要做一名称职的记者,是得有一支能"生花"的"妙笔",但是,这支笔只有深深地扎在采访的土壤里,才会生出艳丽夺目、芳香扑鼻的花朵。否则,生出的只能是干瘪无生气的花,甚至可能是"妙笔生假",生出诸如纸制、塑料制的一类假花。

在新闻实践中,必须坚持辩证唯物主义,反对唯心主义和形而上学,应当全面看待和正确处理新闻采访与写作的关系,确立新闻采访是新闻写作的基础的观念。同时,熟练掌握新闻写作的"十八般武艺",一切从实际出发,深入采访,精心写作,才能不断提高新闻报道的水准。

思考题:
1. 什么叫新闻采访?
2. 怎样全面、正确认识采访与写作的关系?
3. 采访从形式、性质上各有哪些具体方式?
4. 新闻采访有哪些具体的特点?
5. 电话采访的注意事项是什么?
6. 网络采访有哪些具体特点?
7. 易地采访有哪些作用和注意事项?
8. 消息与通讯在采写上有哪些不同之处?

第二章

新闻报道策划

进入20世纪90年代,新闻改革随着中国改革大潮的不断推进而全面深化。在邓小平视察南方之后,1992年10月中共十四大召开,确立了社会主义市场经济体制,这标志着中国改革向纵深发展。新闻界也明确了自身改革的总目标,即适应建立社会主义市场经济体制和两个文明建设的需要,按照新闻规律和特点,充分发挥舆论监督和信息服务的功能,更好地为人民服务、为社会主义服务。受此目标的指引,以及媒介自身经历的日益深化的市场化影响,媒体间的竞争不断加剧,媒体及其从业人员无论是在采访理念还是在采访方式上,均不断地开拓创新,整个媒介呈现出一派全新的局面。随着新闻改革的日益深化,新闻之于媒体的地位与影响得到了空前的提升,媒体作为传播者的主体性的日益凸现,一个崭新的名词——"新闻报道策划"应运而生。

第一节 新闻报道策划的缘起

1993年以来,"策划"的概念被越来越多的新闻媒介所认同,并为全国一些有影响的新闻媒介所推行。在报道工作中,传播者增强了策划意识,过去那种配合式、被动式的报道组织方法被主动式、整体化的运作方式所取代,推出了一系列脍炙人口的报道。在新闻界兴起这种与以往不同的报道方式的同时,新闻界、新闻理论界亦开始了对"新闻报道策划"问题的连续探讨。大约从1993年开始,探讨新闻策划的文章纷纷出现在新闻学术刊物上。1993年第11期《新闻战线》、《中国记者》分别刊载题为《搞好新时期的报道策划》、《报纸策划:当代新闻学新课题》的论文。1994年,中国地市报协会举办"新闻报道策划研讨会"。1995年元旦,奉策划为"报纸灵魂"、继而成为都市报领军的《华西都市报》在四川创立。此后,新闻界又推出了大量的策划案例,理论界的研讨也开始相对集中,如1995年第5期《新闻窗》刊载《关于新闻报道策划行为的思考》,1995年第12期《新闻与写作》发表《重点报道的策划》。在1996年前后,"新闻策划"的概念不断被提出,"新闻"和"策划"相提并论,很快形成了各方的论争,研讨出现了两种截然不同的方向,并形成了分歧很大的争论焦点。同年8月,"'96新闻业务编辑策划高级研讨班"在中国人民大学新闻学院开办;《新闻大学》也在秋季号上刊载《报道策划:编辑工作应有之义》的文章。从1997年第1期开始,《新闻记者》杂志连续9个月推出"新闻策划"之讨论,各界反应热烈,该刊精选18篇观点不同的论文予以发表,同时还辑录其他刊物已发表的8篇文章观点,作为补充和借鉴。《新闻界》、《声屏世界》等多家新闻学刊物还开辟了不同观点的讨论专栏。总之,1997年,对新闻报道策划的研讨全面展开,一时间,新闻报道策划成为新闻学界与新闻业界广泛共同关注的话题,无论是对于赞同者还是反对者而言,"走近新闻策划"成了他们共同的要求。直到进入21世纪,依然还有诸多讨论新闻报道策划的文章见诸新闻学术期刊。

第二节 新闻报道策划的作用

在中国,新闻宣传报道是带有主观色彩的行为,操作上势必离不开策划,宣传功能的存在,也就决定与其伴行的策划的必然性与存在的合理性。新闻报道策划作为一项信息符号优化组合的系统工程,将在当今和未来的新闻竞争中起到日益显著的作用。新闻报道策划是新闻竞争、新闻改革的产物,也必将推动新闻竞争、新闻改革向纵深发展。《人民日报》近些年办得有起色,原副总编辑李仁臣坦陈:"搞好重大题材报道的策划,是新闻单位领导者的责任。策划的好坏,对于重大题材报道的成败,关系极大……决胜千里,需要运筹帷幄。运筹帷幄就是策划。"于是,《人民日报》早在1998年8月就发文要求各部门"加强新闻宣传的组织策划工作",并要求成立相对稳定的研究策划小组,负责带有机动性、综合性的重要选题的策划。在组织重大题材报道之前,《人民日报》编辑部上上下下必定经历一场精心策划过程,要求记者、编辑善于从大局出发,观察形势,判断是非,视角独特,抓住要点,体现本质,要力求"决胜于社门之外"。《经济日报》长时间来好评如潮,其题材之新,主题之深,版面设计之美,每当有人问及时,原总编辑范敬宜总是这样回答:"注重策划。"他还进一步阐释:"总编辑的工作,一是把关,二是策划。"

新闻报道策划的作用,可用三个"是"、两个"标志"、三个"有利于"作具体归纳——

三个"是"具体为:

一是新闻报道策划是使新闻不断出新的重大举措。

二是新闻传播实务理论和实践新的增长点。

三是我国计划经济走向市场经济过程中新闻报道的又一次成熟。

两个"标志"具体为:

一标志着新闻工作者主体意识和进取精神的又一次增长。

二标志着新闻报道方式和记者、编辑思维方式对市场经济的进一步适应。

三个"有利于"具体为:

一是有利于调动、选择最佳信息资源。在如今的信息爆炸时代,各种信息资源每天如潮水般袭来,媒体的主要职能必须体现在从中选择出最有价值、最受受众欢迎的信息资源,然后进行优化组合、合理配置、科学传播,避免优材劣用、大材小用。要达到这些效果,就必须进行新闻报道策划,如伊拉克战争、香港回归十年、抗洪救灾等报道,从选题到选材,从规模、形式到发表时机等,无一不是事先经过反复、精心准备与策划的。

二是有利于促进记者采访作风深入。新闻报道策划效果好坏,取决于策划者的"阅历"和丰富的生活底蕴,"好点子"、"金点子"是在深入生活、深入实际、深入群众中找到的,绝不会是坐在、守在办公室里拍脑袋拍出来的。显然,新闻报道策划对增强记者素质修养、改变记者工作作风大有好处。

三是有利于新闻导向正确。新闻报道承担一定的宣传任务,这是我国新闻媒体的职责所决定的。中央高层领导曾反复强调:"新闻舆论单位一定要把坚定正确的政治方向放在一切工作的首位,坚持正确的舆论导向。"要做到这一点,新闻报道策划是最必需的,因为新闻报道策划一般是有组织、有计划进行的,是群策群力,是集体、团队智慧的结晶,特别是对一些题材重大、涉及党和政府工作中的重点、难点、热点的题材,通过精心策划,事先在报道思想上取得共识,拟定切合时宜和实际的报道选题、方式和步骤,无疑会对舆论导向的正确起保证作用。

第三节　新闻报道策划的分类

　　准确地认识"新闻报道策划"的定义及其反映的现实内容的分类,是探索新闻传播领域中策划问题必须首先解决的问题。许多研究者从中外典籍中找寻其源头,解释其含义。有学者考证,"新闻策划"一词似乎并非源自西方新闻学,"策划"一词,在中国古已有之,如《后汉书·隗嚣传》中所言:"是以功名终申,策画复得。"这里的"策画"乃计划、谋划之意。东晋时人干宝撰《晋纪》,内有"筹画军国"、"与谋策画"之语,意即筹划、出谋划策。看来在古时,人们已谙熟:凡事在付诸行动之前,都要经过一番思考,作出相应的谋划、决策。被奉为世界管理经典之作的《哈佛企业管理通书》对现代策划给予了明确的定义:"策划是一种程序,在本质上是一种运用脑力的理性行为。基本上所有的策划都是关于未来的事物的,也就是说,策划是针对未来要发生的事情作出当前的决策。换言之,策划是找出事物的因果关系,衡度未来可采取的措施,作为目前决策之依据。即策划是事先决定做什么、何时做、谁来做。策划如同一座桥,它连接着我们目前之地和我们要经过之处。归结起来,其内涵有三层:其一它是一项创造性的思维活动,是具有一定主观能动性的理性行为;其二它是针对事物的未来发展所采取的先期性决策措施;其三它是一项综合运用多学科专业知识的系统工程。"《辞海》将策划称为策画,即凡事有计划、讲谋略。

　　综上所述,所谓新闻报道策划的定义是:即新闻传播工作人员对新闻传播活动及最佳效益的谋划。即这是一种把看似孤立发生的客观事物,看似彼此没有内在联系的事物,看似零碎与片断的事物,通过系统、思辨的手段及严密的设想和规划,从内涵上把它们联系、贯串成一体的活动过程。

　　近10多年来,关于新闻报道策划的分类不下50个,然实践告诉我们,分类没那么多,既不科学,也不切合新闻实践。大致分为两类即可——

第一类：报道题材价值呈显性状态的新闻报道策划。这其中可细分为两小类：狭义的新闻报道策划，意指价值显露的报道题材所进行的视角新、立意高、开掘深、介入及时的战役性、系列性、专题性并能形成新闻传播强势的报道过程的谋划；广义的新闻（报道）策划，意指诉求目标明确的媒体经营管理、公关广告等活动过程的谋划。这不是新闻报道策划的泛化，新闻报道策划理应泛指、包含所有新闻传播活动，而经营管理、公关广告等活动历来是媒体生存和发展的重要新闻传播活动，因此，新闻（报道）策划理应将这些活动包括在内。

第二类：报道题材价值呈隐性状态的新闻报道策划。也称"新闻事实、事件、本源策划"或"策划性新闻"，即它是在新闻事实（事件）发生之前或事实（事件）价值呈隐性状态之际，由记者、编辑主动介入、设计并促成事实（事件）价值显露的策划行为。

对第二类新闻报道策划的分类，目前我国学界和业界持异议或反对意见者具多，但新闻传播实践告诉并呼吁我们：应当肯定，应当倡导。

综观20世纪的新闻传播活动，记者的报道活动基本是停留在后馈式思维状态，即事实发生、发现后，记者才闻风而动，这本质上是一种守株待兔式的思维和活动方式。尽管21世纪大量的报道题材，记者可能仍旧采用这种思维和活动方式，但这肯定是守旧的，终究会落伍的。今天，我们倡导的理应是超前式思维方式，要主动出击寻找、挖掘信息。现实告诉我们，许多事实（事件）一时可能未必成为原型，但构成事实（事件）的元素是存在的，且呈分散、无序、无形状态。记者的职责是，根据议题设置理论，通过科学的采集手段，将事实（事件）从分散、无序、无形状态转换为集中、有序、有形状态，也即进行一场信息"碎片"的优化整合工程。应当说，这是信息时代记者负责任的标志，是思维、工作方式根本变革的标志。例如，2003年上半年，中央领导人频频到东北调研考察，这一年被称之为"东北年"，全国乃至全世界的眼光都聚焦到东北，"振兴东北老工业基地"成了热门话题。中央关注东北，东北三省人民盼望振兴，国内和海外许多企业和商人执意要到东北投资，但随后几月，这个话题却渐渐"冷"了下去。传播议题是明确的，有关信息"碎片"是存在的，时至9月，不甘现状的《沈阳日报》几位年轻记者想到：未来经济竞争实质是城市间的竞争，城市在经济圈或经济带中发挥着核心作用。大连、沈阳、长春和哈尔滨是镶嵌在东北大地上的四颗珍珠,这四座城市联动起来,不仅可以形成资源合理配置和优势产业互补,而且还有助于东北经济一体化的实现,符合中央有关老工业基地振兴的政策。火花一闪,记者们当即向总编辑汇报,梁利人总编辑认为这是个金点子,当即与记者一起策划,并与其他三城市党报老总联系,各报均即派负责人汇聚《沈阳日报》作进一步策划。最后决定四城市党报联手组成"振兴老工业基地东北行"采访团,让有关企业赞助这一活动,各报设立专栏,进行了一场声势浩大、持续半年之久的报道活动。2004年4月29日,报道活动进入高潮,在记者的进一步策划与倡议下,在长春举行了"首届东北四城市市长峰会"。四城市市长签署了《东北四城市协同合作,全面推动东北老工业基地振兴的意见》,使东北经济振兴和一体化进入了实质性阶段。沈阳市市长在会上评价:"新闻记者的作用将载入东北振兴的史册。"①

值得强调的是,在当今时代,媒体面对的信息资源几乎是相同的,弄不好便使媒体报道同质化现象突出。在"独家新闻"较少,但通过新闻策划,使媒体有自己的"独特报道",这是我们需要追求的。如中国驻南联盟使馆被炸信息传来,《北京青年报》面对同样的信息,编辑部进行一番精心策划,别出心裁地用8个版面组织规模性的报道,依次排列为"最强烈的抗议"、"最响亮的声音"、"最愤怒的行动"、"最黑暗的午夜"、"最野蛮的践踏"、"最深切的哀痛"、"最有力的支援",颇具特色。

第四节 新闻报道策划的流程

既然新闻报道策划对于媒体是如此重要,事实上也被各媒体奉为圭臬(新闻学术界的争论与研究就是对媒介现实的反映),"新闻报道策划应该如何操作"便成了一个亟须回答的问题。而在回答这个问题之前,有必要弄清新闻报道策划究竟适合于哪些类型,弄清它的层次构成。

---

① 李国杰、刘国栋:《我们促成了四城市市长峰会》,载《新闻战线》,2004年第9期。

一、新闻报道策划是一项有层次的系统工程

1. 从报道客体(被报道者)的性质来看

必须区分两类不同性质的策划:一是重大题材或问题的报道策划,一般由新闻单位的领导或者有关部门负责人、其他相关人员共同策划,如党代会、人代会的报道等。新闻单位自上而下作出总体策划,统一部署,统一行动,展开大规模的战役报道;二是题材的涉及面相对较窄、规模较小、时间较短的报道策划,一般由一个或几个部门的负责人进行策划,展开"局部"战役,如《南方日报》的"包机救人"报道等。

2. 从报道主体(媒体)来看

必须把握报道时机、方式、人员组成三方面。一是主体对报道时间长短所作的划分和报道时机的把握。从报道时间的长短看,可分为长期、短期和中期报道策划。新闻报道策划一般针对重大题材和热点、难点问题而设定,实施时延续一定时限。从报道策划的时机把握看,报道能否取得良好效果,与报道进行的时间是否恰当直接有关。二是主体对报道组织方式的选定。用什么方式组织报道,也即采用什么方法和形式传播报道内容,安排具体稿件,这是新闻报道策划的重要环节,组织方式是否得当,直接关系报道效果。在新闻报道策划中,常用的报道组织方式主要有集中报道、连续报道、系列报道、组合报道、讨论式报道等等。在具体报道中,可以根据需要选用其中的一种或多种方式。三是对实施策划方案的报道者组成方式的把握,由过去的单兵作战转向多方合作,包括一个新闻单位内部各部门之间的相互配合以及各新闻单位之间的相互配合。

3. 从报道表现形式来看

必须把握报道内容采用何种体裁或手段予以呈现。在新闻报道策划中,对报道表现形式的要求一般是选取消息、通讯、评论、调查报告、读者来信、图片、专栏、广播、电视的现场报道等多种体裁和手段并用,力求灵活多样[1]。

---

[1] 张晓红:《略论新闻策划的层次构成》,载《现代传播》,2000年第2期。

二、就媒介实践而言,新闻报道策划主要针对的题材

1. 战役性、阶段性报道

如国企改制、文明社区建设、科技创新等报道。这类策划是记者在长期采访写作经验和资料积累的基础上,由采访部门甚至整个媒体经过反复酝酿进行的,目标明确,规模较大,时间较长,一般又可分解为若干次小策划。

2. 重大新闻事件报道

这类报道由于影响大,要求高,牵涉面广,政策性强,必须认真、慎重策划。有的事件是可预测的,如红军长征胜利七十周年、"神舟六号"上天等;有的事件是不可预测、突如其来的,如邓小平逝世、台风、海啸等。但无论是否可以预测,对于重大报道,都得进行必要的策划,对版面调整、人员调配、重点报道、图片制作等都得研究。

3. 人物典型报道

重大典型大多是多家媒体追逐的对象,如何体现自己的报道深度与特色,避免和其他媒介雷同,这就要求找准切入点,非细心策划不可。近些年较成功的有关丁晓兵、陈竺等人的报道莫不如此。

就技术性而言,新闻报道策划应当注意以下几点:其一,选题应准,选位应低,切口应小,这是策划成功的前提。其二,采访的时间、报道的密集度、时段的分布务必谋划有度。其三,谨防过度介入。从最根本的意义上讲,记者应是新闻事件的观察者和传播者,除了某些出于道德伦理而不能不为的情况,记者不应该过多介入新闻事实本身,破坏新闻的原生态。否则,新闻策划与策划新闻之间的界限很难不被模糊。其四,策划并非万能药,它只是一种手段,不能滥用到新闻报道活动的一切方面。至于日常单篇报道的策划问题,应适可而为。虽然质量较高、影响较大的新闻报道几乎都是经过策划之后才获成功的,但是,不可能也没有必要策划每一次新闻报道。其五,策划必须符合实际。新闻报道策划是新闻报道宣传活动中主观能动性的发挥,主观一定要符合客观。新闻报道策划以对客观情况的判断为基础,客观情况有了变化,新闻报道策划当然要不断修正,如果策划不合实际,或者实际情况变了不作修正,这样的新闻报道宣传肯定踩不上点子,花了大气力,达

不到好效果,甚至会产生不好影响①。

三、新闻报道策划的运作流程

1. 目标锁定

在策划活动前的构思中,首先要明确目标,找准方向和位置,预测效应,才能进入其后流程。目标又分近期、中期、长期。中、长期主要对战略性策划而言。

2. 制订方案

应当制订几套方案,或是同一目标的不同方案,或是不同目标的不同方案,然后由领导和记者、编辑反复讨论、修订,从中确定最佳方案。必要时可请专家论证、评估。

3. 落实措施

其中包括人、财、物的配置,各部门的分工协作,运行机制的建立,包括激励奖惩机制的完备。

4. 目标校正

客观世界变化万千,受众需求也不断变换,策划本身不可能预见一切,因此也不能一成不变。人的认识难以穷尽,策划方案执行过程本身就是记者、编辑认识事物的深化过程,因此,要及时注意收集最新信息,适时修订原方案,校正原目标。

最后需强调说明,为了不使"新闻策划"给人产生"新闻造假"的误解,建议使用"新闻报道策划"的专用名词。

思考题:
1. 新闻报道策划兴起的时代背景?
2. 新闻报道策划有哪些具体作用?
3. 新闻报道策划主要应分为哪几类?
4. 你如何看待新闻报道策划的第二类分类?
5. 简述新闻报道策划的定义。
6. 新闻报道策划的运作流程具体有哪些方面?

---

① 秦绍德:《关于"新闻策划"几点浅见》,载《新闻记者》,1997年第9期。

第三章

新闻采访前期活动

　　从辩证唯物主义观点出发看问题,人在社会活动中的相互关系组成了社会,其活动应是社会的活动,表现为人与自然、人与人之间的辩证关系。记者与采访对象构成的相互关系正是这样一种辩证关系。新闻采访活动正是这样一种社会活动。要使新闻采访这一社会活动有效率,记者就必须具备良好的意志品质、个性与气质,熟练的活动技能与技巧,同时,必须使自己处于感觉、知觉、想象、记忆、思维、语言、兴趣及情感等正常心理活动状态之中。

　　新闻采访活动是一个系统工程,一般分为第一阶段、第二阶段、第三阶段,通常也称为采访前期、采访中期和采访后期。

第一节　新闻敏感的培养

　　新闻信息是一种无形的事物,对它的接触、接受及传播,记者需经历一个艰苦而又非凡的感知过程,需要一种超拔的认知能力。实践证明,在日常工作与生活中,怎样及时、敏锐地感知和判别新闻,是新闻采访活动中一个十分重要的问题,也是记者称职与否的起码条件。也可以说,这是记者工作的第一步,没有这一步,以后所有工序皆无从谈起。1881 年 4 月 14 日,恩格斯在给爱德华·伯恩斯坦的信中写道:"对于编辑报纸来说学识渊博并不那样重要,重要的是善于从适当的方面迅速抓住问题。"著名记者李普也说得好:"往往一条新闻的价值不在于文字上有多么优美,写作上有多么高明,而在于谁首先发现它、报道它。""自己发现新闻、抓新闻,对事物价值大小能有正确判断能力,这是一个新闻工作者的最起码的条件之一。"而要较好地解决这个问题,则要求记者具有较强的新闻敏感能力,通俗地讲,即具有发现和判别新闻的"特异功能"。美国著名报人普利策早就指出:"新闻记者是什么人？假使国家是一艘船,新闻记者就是站在船桥上的瞭望者。他要注意来往的船只,注视在地平线上出现的值得注意的小事。"①

所谓新闻敏感,即指新闻工作者及时识别新闻价值的能力。也就是指新闻工作者的感官对新闻人物、新闻事件、新闻事实所蕴含的新闻价值的敏锐感知能力。这是新闻工作者必备的能力,是一种职业敏感,是长期从事新闻实践的经验和结晶。新闻工作者能不能在纷纭繁杂、浩如烟海的新闻事实中,及时发现与敏锐分辨有价值的新闻事实,其直接着力点靠新闻敏感。西方新闻界通常称新闻敏感为新闻嗅觉,或称"新闻鼻"、"新闻眼"。美国《纽约时报》记者泰勒曾指出:"没有新闻鼻、新闻眼,请走开。"

一、新闻敏感的主要内容

有人感叹新闻敏感是看不见、摸不着、神秘又玄乎的东西。其实,新闻敏感并非虚无缥缈之物,而是可感可触、有着实在内容的。具体有以下五个方面——

1. 迅速判断某一新闻事实对当前工作的指导意义

这通常称作记者的政治敏感,或叫政治洞察力。即当一个或数个新闻事实出现时,记者应马上将它们同党和政府的中心工作以及编辑部的报道意图联系起来考察,看其对推动当前工作和发展当前形势有何积极、重要意义。这是新闻敏感的主要内容。这是因为,新闻工作是一项政治性较强的工作,"新闻记者不是单纯的'写稿匠',他应该以一个政治家的眼光和态度去认识事物,并从中掘取能够解决社会矛盾、促进社会进步的'珍宝'"。例如,在邓小平同志逝世到追悼会举行期间,几乎整个中国都沉浸在巨大的悲痛之中。但是,新华社记者贾永发现:与毛泽东、周恩来等去世时不同的是,人们能够冷静而理智地面对这一无情的事实,默默地承受着悲痛,广大城乡秩序井然,生活如常,股市平稳。正如一位外国观察家分析的那样,中国人痛心但不担心,悲伤而不迷惘,中国人已经走向成熟和理性。正是凭着政治洞察力发现的这一事实,记者在采写通讯《挥泪承遗志,同心向未来》时,除了客观描述邓

---

① 《新闻理论教程》,中国人民大学出版社,1993年版,第40页。

小平同志丰功伟绩和广大群众的沉痛哀悼外,把报道的重点集中在中国人民的信心上:一代伟人走了,但是,他留下了一套伟大的理论,留下了一条光辉的道路,留下了一个生机勃勃、继往开来的坚强的领导集体。因为"政治含量高",该通讯被所有大报突出刊用。

2. 迅速判断某一新闻事实能否吸引较多受众

即指记者面对新闻事实,要迅速估量出其对广大受众的吸引力。新闻是写给人看的,每则报道能否引起较多受众的兴趣,无疑是一个重要问题。西方记者和新闻学者很重视这一点。在他们看来,新闻敏感首要、主要之点,乃指记者判断某一事实能否引起受众兴趣。随着这些年来的新闻改革,我国新闻界对这一点也日益予以关注,"一报就响"、引起广大受众普遍兴趣的报道日益增多。但是,在新闻的趣味性问题上,我们与西方新闻界在认识上是有区别的,因为他们将此看成是衡量新闻价值的真正要素,因此,类似《60岁老妇第五十八次结婚》、《猫接受百万元遗产》等新闻占据大量版面,甚至更为低级、黄色的新闻也不时充斥版面。但我们所倡导的是健康、高尚的趣味,绝非污染社会及人的灵魂的庸俗、低级的趣味,要力求有趣不俗、有益无害,如《经济学家赶集》、《副总理验锅》等新闻,写得既有情趣,又有积极意义,令人思索、回味。

3. 迅速透过一般现象挖掘出隐藏着的有价值的新闻事实

有价值的新闻事实往往被一般表象、甚至假象遮盖着,如何凭借锐利的新闻眼,着力挖掘出这些有价值的新闻事实,是新闻敏感的又一内容。要做到这一点,记者就必须有相当的马列主义理论水平,要学会运用马列主义的立场、观点、方法去分析与解决问题,还应具有相当丰富的生活经验和较强的新闻追踪能力,同时,较好地发挥逆向思维也十分重要。例如,新闻界老前辈邵嘉陵早年任上海《新闻报》驻沈阳记者,住沈阳啤酒大饭店6楼。1947年10月8日中午时分,他突然听见飞机轰鸣声,当时,沈阳的客机是很少的,且饭店离北陵机场又远,是很少听到飞机声音的。职业敏感促使他登上7楼饭店屋顶北望,只见天空有8架军用机分4队在盘旋。面对此情此景,邵嘉陵立刻意识到:莫不是什么人来了?且此人来头一定不小!他马上骑自行车上街转悠,同时盘算:蒋介石率一批人马正在北平,是不是他来了?如果是他来了,那么,这个新闻一定得抢!于是,他先来到电报局,随时准备抢发新闻。电报局前的东西向大街是通往国民党东北行辕、长官官邸、各种公馆的必经干道。邵嘉陵发现,附近军警加岗,便衣人员东张西望。不一会,一长串车队自东向西开来,警卫车驶过后,后面的一辆车上坐着3个人:左边是傅作义,右边是蒋介石,中间是宋美龄,宋还低头向外张望呢。邵嘉陵没等车队走完,连自行车都没锁,返身进电报局发出加急新闻电报。10月9日,上海《新闻报》头条刊出"蒋主席昨午飞沈阳、8架飞机起飞迎接,傅作义随行"的电报全文。国民党败局已定,但妄想封锁消息,没想到记者这么准确、及时、迅速地报道了蒋介石的行踪,最高当局除了气急败坏以外,也只能无可奈何。实践证明,一个真正的记者必须具有突破表象、假象进而挖掘、追踪事物真相的能力。正如美国哥伦比亚大学新闻学教授麦尔文·曼切尔在《新闻报道与写作》一书中所说的那样:"记者好像是一个勘探者,他要挖掘、钻探事实真相这个矿藏。没有人会满意那些表面的材料。""他自己的观察一般要比那些没有养成观察和倾听习惯的消息来源更为可靠。"

4. 迅速判断在同一性质的诸多事实中最有价值的新闻事实

常有这样的情况,几个属同一性质、题材且都有价值的事实摆在记者面前,能否从中判别、提取最有价值的新闻事实构成报道,显然,记者这一方面的新闻敏感强弱,就往往决定了一切。敏感弱的记者,或可能胡子眉毛一把抓,或可能拣了芝麻丢了西瓜;敏感强的记者,则善于将这些事实认真进行比较,从而从中鉴别出"含金量最高"的事实予以报道。例如,十一届三中全会后,由于党的改革开放和现行农村政策得以顺利贯彻执行,各地农村和城镇都程度不等地发生了可喜的变化,一时间,报刊、电台、电视台冒出了难以数计的由穷变富的典型。今天报道这里农民买汽车,明天报道那里农民建机场,万元户、10万元户如雨后春笋般地冒出来。诚然,这些事实确有价值,也值得报道。但《羊城晚报》的采编人员棋高一着,派记者赴大寨采集新闻材料,不几日,记者向编辑部发了《大寨也不吃大锅饭了》[①]的专电,该报当日下午就予以刊载,在国内外激起了极大的反响。许多海外人士感叹:大寨是中国十年内乱时树起的一面旗帜,带有很深的"左"的烙印,"文革"一结束,大寨"左"的一套也就"偃旗息鼓"了,如今,连大寨的干部群众都衷心拥护共产党的现行农村政策,欢天喜地地分田分地,可以预见中国日后的变化和发展将是令世界瞩目的。在当年全国好新闻评比时,许多评

---

① 《羊城晚报》,1982年12月21日。

委由衷地说：如果在获奖作品中再评选一篇当年最佳好新闻的话，非《大寨也不吃大锅饭了》莫属。

5. 迅速在对事件进展过程充分调查分析的基础上预见有可能出现的新闻

这是指记者对新闻事实的发展趋势和本质作出科学分析时所表现出的一种素质，是一种见微知著的能力。在许多情况下，有些新闻事实尚未成熟，在客观世界中一时还没有形成原型，但是，这些事实构成新闻的元素却是存在的，况且，事物一般都有因果联系和产生、发展的过程。记者不是凭空想象，而是在对事物进行充分调查分析的基础上，能在大脑中建立起因果联系和事物发展过程构成的事物环链的模型，并凭借自己以往的实践经验和投入相关的智力，那么，当一个事实或事件略显端倪的时候，记者便可顺着这一环链，推测出事物的下一环，直至结局，从而有把握地对事物作出科学预见。这实质上是超前思维的体现。例如，1971年"九一三"林彪叛国出逃、自取灭亡的事件，最早报道的是一名对中国政治情况研究颇深的法国记者，该记者根据一段时间内北京的有关反常政治情况，于9月15日准确地作出判断并发了消息：在蒙古温都尔罕摔死的是林彪及其家人。

在西方，预测性新闻已成为日益时髦的新闻体裁，且预测的内容日趋庞杂，范围日趋广阔，受众的注意力与预测性新闻的关系也日趋息息相关。对于这个趋势，我国记者应当予以注意。

二、新闻敏感的培养途径

新闻敏感不靠天赋，不靠聪明人的偶发性反应，也不靠到什么新闻学校去速成，而是靠记者在平时的实践中，自觉训练、培养和对经验教训的总结、积累。没有这种敏感，记者、通讯员就不能完成自己的使命。根据实践的总结，培养的具体途径主要有以下四个——

1. 要及时学习、掌握党的新政策、新精神

记者要较好地发现与判别新闻，心中必须有把"尺子"。党的新政策、新精神就是这把"尺子"。记者心中只有装上这把"尺子"，发现与判别新闻才有依据，才能敏锐，否则，对有价值的新闻事实只能是视而不见，或不问新闻事实有无价值，凭空乱抓一气。

记者要注意系统地学习政治理论，在远离编辑部时要留心每日报

纸、广播、电视、网络的重要新闻和言论,在学习中央和上级党组织文件时,不仅要把自己摆在一个普通党员的位置上去认真学习领会,还要放在一个新闻工作者的位置上,去留心其中的新政策、新精神,从中找到发现、判别新闻的"尺子"。久而久之,记者的新闻敏感,特别是政治敏感,就自然会增强。

为了避免局限,记者要主动创造条件,多与负责报道所在地的党政领导接触、交谈,要与总编、部主任保持热线联系。一位老记者曾说过:"一个不了解省长和总编想什么的记者是当不好记者的。"此话很有道理。

2. 要立足全局看问题

常言道:心中有全局,眼力自然强。记者只有立足全局,才便于把某条战线、具体单位的事实和问题,置于全局范围进行考察、比较,从而才能敏锐地把有价值的新闻事实鉴别出来。不少长期在记者站和基层报道组工作的同志常遇此种情况,手中掌握的材料不少,却觉得没什么好报道的,等到其他地区记者站或报道组采写的新闻发表了,方感到有遗珠之憾:"哎呀,这种典型我手头也有啊!"显然,这是心中没有全局以致敏感力不强所造成的。因此,记者平时要清晰地了解全局情况,要养成把具体事实置于全局范围进行考察、比较的习惯,时间一长,新闻敏感自然得到增强。

3. 要十分熟悉点上的情况

在掌握了新政策、新精神和全局动向之后,新闻敏感的强弱就看记者是否深入实际,是否熟悉实际工作、生活中的问题和群众的呼声,即要知道在具体工作、生活中,存在些什么问题和矛盾,哪个最突出,哪个次之,各问题、矛盾之间有些什么联系,已经报道到哪一步,群众反应如何,等等。记者只有对这些情况了如指掌,才能在一个新闻发生时,迅速与党的新政策、新精神及全局情况形成联系和比较,从而敏锐地对该事实是否具备新闻价值作出判断。若是对点上的情况心中无数,即使"尺子"和全局在胸,新闻敏感也难以体现。

4. 要不断增强知识修养

一个记者是博学多识,还是知识贫乏,发现和判别新闻的敏感能力的体现效果往往会截然不同:若是知识广博,就能及时、敏锐地从对方的叙述中,判断出哪些是有价值的材料,哪些是没有价值的材料,并能根据对方的谈话,触类旁通,浮想联翩,将采访节节引向深入;若是知识贫乏，人家说这个，你不懂，说那个，你又摇头，那么，一是容易造成"话不投机半句多"的尴尬局面，二是人家谈的是很有价值的新闻材料，但你因为缺乏这方面的知识，故而不能敏锐判断和捕捉。例如，上海有位记者有次采访著名史学家吴泽，吴先生向该记者谈及了对唐末农民大起义的看法及对农民领袖黄巢、王仙芝的评价。这是当时我国史学界研讨的重点、热点，很有新闻和学术价值。但由于记者这方面史学知识贫乏，报道中未涉及这一问题，而是叙述了一些非重要的问题与事实，令史学界人士颇感遗憾。人们知道，人的手指很敏感，即使闭上眼睛，但不管触摸什么物体，冷的还是热的，硬的还是软的，都能迅速敏锐地产生反应和认识。是何道理？那是因为手指上密布着血管神经。同样道理，记者大脑里若是密布"知识神经"，新闻敏感自然会强。仅就这一意义上说，记者平时也必须勤奋学习钻研，不断拓宽知识面，不断增强知识素养，以求新闻敏感力不断增强。

三、新闻敏感与新闻工作责任感的关系

从总体上说，新闻敏感与新闻工作责任感都十分重要，但从根本上看问题，记者的新闻工作责任感是比新闻敏感还要重要的东西，也可以说，新闻敏感是新闻工作责任感派生出来的。有些记者发现不了新闻，首先缺少的恐怕不是"新闻鼻"、"新闻眼"之类，恰恰是工作责任感，即缺少那些对实际工作息息相关的感情和求"新"若渴的工作态度，因而对党和人民的利益、群众的疾苦无动于衷，对新闻工作抱"守株待兔"、甚至是麻木不仁的态度。如2003年7月1日，胡锦涛总书记代表党中央在进一步学习"三个代表"重要思想的座谈会上作了重要讲话。新华社统发稿当日下午6点过后传到上海，上海一家颇有影响的电视台在6点30分的新闻节目中竟然连一字都不播！有关编辑还埋怨新华社稿子发迟了，但其他电视台都在6点30分的正档新闻节目中突出播出了这个讲话。

同样是电视媒体的采编人员，中央电视台《焦点访谈》的记者编辑就非常有责任心，正如行家评论说的那样：

> 对于《焦点访谈》的记者、编辑们来说，浓缩其10多年的人生精华，正可以提炼成两个字，那就是"责任"。这是一种

充满着对党和国家无限忠诚的政治责任,是一种充满着对人民群众满腔热忱的社会责任,也是一种充满着对新闻事业不懈追求的职业责任。而这种责任意识始终贯穿在《焦点访谈》走过的每一个具体过程中,成为栏目加强职业道德建设的灵魂。

10多年来,3 600多期节目,我们之所以能够经受住当事人质疑的检验,有关部门调查的检验,司法机关法律的检验以及时间的检验,均得益于职业道德建设常抓不懈,责任意识警钟长鸣。

2004年4月8日,在《焦点访谈》迎来创办10周年之际,温家宝总理亲笔给栏目组写来贺信。温总理语重心长地说:"责任就是新闻工作者对国家的责任、对社会的责任、对人民的责任。"①

之所以这样看待新闻敏感与新闻工作责任感的关系,这是因为,新闻采访是发现新闻的一个根本手段,而新闻采访的深浅,则主要取决于记者的工作责任感。责任感强了,记者才会像潜水员一样,长期活跃在五光十色的海底世界,觉得有写不完的题材、觅不尽的"宝";责任感强了,有才华的记者才不至于因仰仗自己聪明,而忽略学习理论、政策及各类知识,不注重艰辛的新闻采访,以致弄得"双耳失灵,双目失明";责任感强了,才思不怎么敏捷的记者,才可能不断增强顽强学习与积极思考的自觉性,通过深入细致的新闻采访,以弥补自己的不足,收取勤能补拙之效。总之,只有责任感强了,才能酷爱新闻工作,才能时时、处处做有心人,才能使发现新闻的"雷达"一刻不停地运转,即便"出门跌一跤,也要抓一把土回来"。例如,有一年的除夕夜,《新民晚报》记者孙洪康在电视机前守岁,当子夜将近,四周爆竹声骤起,他立即离家骑自行车察看环路之内违禁燃放鞭炮的情景。车经上海的大庙玉佛寺时,只见人山人海,都是争烧头香的香客。孙记者好奇地穿行在香客之间,只见一辆辆载着香客的轿车、面包车鱼贯而来,他仔细一看,这些进香车辆中不少挂的是公车牌照,顿时,他心头涌起了采写新闻的冲动,忙不迭地掏出纸笔,不露声色地记录络

---

① 梁建增、孙金岭:《责任在肩》,载《新闻记者》,2005年4月。

绎驶来的进香公车牌号。第二天,《新民晚报》就刊出《"公车进香",净土不净!》的新闻。此报道在上海反响极大,也引起市领导的高度重视,各报都相继发表了评论和消息。此文也荣获当年全国晚报短新闻大赛一等奖。

第二节　新闻价值的感知

记者在发现、判别新闻的同时,必须要作出下述处理,即面对众多的新闻素材,哪些值得报道,哪些不值得报道,哪些可以大做文章,哪些则只能作一般处理。当记者在作出上述判断和选择的时候,实质就是在运用新闻价值规律行事了。

一、新闻价值的定义

新闻价值原是西方新闻学的一个基本概念,被称为记者的"第六感官",即一个记者懂得了什么是新闻价值,在实际工作中又能熟练地运用,与平常人相比,除了眼、耳、鼻、舌、身以外,犹如又多出了一个感官。

在什么叫新闻价值这个问题上,历来争论颇大,粗略归纳,主要有下述两方面争论——

1. 前后之争

即新闻价值究竟是在新闻写成之前,作为记者衡量事实可否成为新闻的标准,还是在新闻写成之后,作为编辑衡量新闻质量的标准,或是新闻在发表以后,受众评价新闻产生的作用、效果的标准。因此又产生了两种看法:一是"鼻子论",即注重判断标准,主张新闻价值存在于新闻记者的"鼻子"里,是记者判断、识别什么是新闻的标准;二是"心坎论",即注重实际价值,主张新闻价值存在于受众的心坎中。

2. 主客观之争

即新闻价值究竟是事实本身决定的,是一种客观存在,还是由人的主观认识水平、表现能力决定,或是主观和客观的统一物。

应当说,新闻价值是新闻事实所固有的某些属性,是一种客观存在。某个事实有没有新闻价值,不是记者、编辑、受众等任何人可以随意决定的,而是要看新闻事实本身包含的信息能否为社会上多数人所接受,要让事实本身决定。新闻工作者可以发挥主观能动性去发现、挖掘乃至表现某个事实的新闻价值,但决不能制造、扩大或拔高其新闻价值。"提高新闻价值"等说法实质上是荒谬的。一个本身没有多大新闻价值的事实,任你怎样扩大、拔高,都不可能指望其在报道后得到多大效果。譬如,一个普通人去世,尽管其亲属悲痛欲绝,或尽管报纸的广告栏里也登了讣告,但恐怕不见得有多少人关注;而赫鲁晓夫、蒋介石等去世,尽管出于政治上的考虑,有关报纸只是在不显眼的地方登了一句,但人们也会予以特别注意。同时,世界上每时每刻发生的事实多得不可计数,是否都应报道、都能报道?没必要,也不可能。那么,什么样的事实才能构成新闻进行报道呢?由此便产生了一个对事实进行选择、衡量的标准问题,这个标准就是新闻价值。综上所述,所谓新闻价值的定义,即指事实构成新闻诸因素的客观存在,是记者判断事实可否成为新闻的尺度。

二、新闻价值的诸要素

一般说来,新闻价值应含有下述五个要素——

1. 重要性

是指新闻事实具有震撼人心、能在某种程度和范围内产生较大影响的特质。重要性是新闻价值的主要因素,也是核心因素,记者要掌握新闻价值,首先应当抓住这一因素。重要性包括了我们通常所说的思想性、指导性和针对性等要求和内容。我国与西方在新闻价值观上的一个显著不同之处正在这里,即西方是以趣味性为新闻价值的核心和基础,而我们则以重要性为新闻价值的核心和基础。其他不说,仅以我国历年评选出的全国好新闻为例,这些冠之以"全国好新闻"的新闻,如果仅从写作角度分析,也许,其中有些未必够格,但有一个显著的共同之点,即都具有重要性这一因素。

2. 显著性

是指新闻人物和事件具有引人注目的特质。很显然,这是指新闻人物或新闻事件有非同寻常之处,即这些人所处的社会地位、名气比一般人要高,这些事的性质及发生后产生的影响非一般事可比,否则,就构不成新闻价值。曾在西方流行一时的"新闻数学公式"很能解释这一因素。这个公式基本形式是：

$$平常人 + 平常事 = 0$$

譬如以下水游泳为例，张三或是李四，都是平常人，加上下水游泳，也属平常事，就等于零，构不成有价值的新闻。根据这个基本公式，可派生出下列公式：

$$不平常人 + 平常事 = 新闻$$

同样是下水或游泳，因下水者或游泳者身份不一样，如毛泽东畅游长江、邓小平在北戴河下水，就构成了有价值的新闻。

当然，也不是平民百姓就永远成不了新闻人物。上述基本公式还可派生出另一公式：

$$平常人 + 不平常事 = 新闻$$

例如，某一位武警战士、工人或农民，人虽普通，同样也是下水，但他们是下水救人，事件的意义非同寻常，因此就构成了有价值的新闻。

资产阶级新闻学通常把暴力、犯罪、两性、金钱等都看作是显著性的内容，一味崇尚"名人即新闻"，这显然是我们不能全部接受的。我们对上述新闻题材，包括对党政要人、社会名流的重要言行，一般是以于国于民有无关联和益处为前提才决定报道与否的，更不会去着意渲染。

3. 时新性

是指新闻发生的根据具有确定新闻事实的最起码的特质。有些教材把新闻价值的这一因素只是解释为时间性，这是不够科学和全面的。时新性因素应当理解为两层意思：

一是时间性，即新近发生的新闻事实才含有新闻价值，也就是说，新闻的发生与发表之间的时差越小，新闻价值就越大。试举例如下：2011年1月8日晚，在卡塔尔举行的第十五届亚洲杯开幕的当天，连主教练高洪波都自认为"亚洲三流"的中国男足干净、利索地以2∶0的战绩，完胜亚洲一流强队科威特，显示了不俗的实力，中央电视台、中央人民广播电台及时将喜讯传出，国人为之一振。若是将这一新闻推迟3天发，新闻价值就小得多，即便是球迷也不会感到激奋，因为对这一消息早已通过其他渠道有所耳闻了。

二是新鲜性,即新闻题材新鲜感强。常有这样的情况,事件本身虽然时间性较弱,或因记者发现晚了,或因某种原因压了,但相比较同类题材,却是最先报道的,且具有新意或合乎时宜,因而同样具有新闻价值。如1976年7月28日,唐山发生了大地震,由于受"左"倾路线的影响,死伤人数及许多内情当时未予公布。时隔3年,即1979年11月下旬在大连举行的中国地震学会成立大会上,才宣布那次地震死亡24.2万余人,重伤16.4万人。这些见报的数字皆鲜为人知,故人们仍争相传阅。

记者在处理这类时间上过时、题材内容仍属新鲜的事实时,应特别注意寻找新闻根据,即新闻报道之所以成立和发布的依据,也即新闻由头、新闻引子,以求巧妙地将事实带出来。通常情况下,新闻根据一般从时间上找,或从事物的发展变动中寻,然后由近及远、以新带旧。如地质工作者杨联康徒步考察黄河,当他从黄河源头出发时,有关新闻单位未能及时进行报道。于是,有关记者悉心寻找新闻根据,当杨联康已考察到黄河中下游交界处郑州时,记者便以此为新闻根据,然后在新闻的主体部分再带出这次考察的开始日期、考察的目的、意义等等。

4. 接近性

是指新闻事实具有令人关切的特质。这种接近主要是指地理、职业、年龄、心理及利害关系等方面的接近。一般情况下,离读者身边越近、关系越密切的事,就越为他所关注,新闻价值也就越大。这是因为,受众在接受新闻信息强度、对比差异、时新、趣味等因素刺激外,求近心理也是一种重要心理定势。譬如,以往的网球决赛,因为都是外国人争夺,故中国观众兴趣不大。2011年6月4日晚上九点举行的法网女单决赛,因为中国姑娘李娜参与争夺,因而吸引了亿万中国观众。临近深夜,当李娜夺得冠军,五星红旗在法网赛场上冉冉升起时,亿万中国观众欢呼雀跃,北京、上海等许多城市观众还燃放了烟花、爆竹。是何道理? 接近性在其中起作用也。

同样,民生新闻近几年在各媒体的火爆,也正是应了接近性这一价值要素。如浙江电视台2006年9月18日起的晚间18点整的《拨拨就灵 就灵就灵》开播当晚,央视索福瑞的收视率就排在了同时段省级频道新闻栏目的第一位。这一新闻栏目内包括时效新闻、家长里短新闻、投诉类新闻、生活资讯。播报形式上则由一位男主播主持,身后坐着5位女记者,随时接通热线。节目的特点是适时通过热线和短信方式与观众实时互动,将整个新闻制作当作是一个交流的过程,使观众具有强烈的参与感和归属感。节目还注重延续性和忠诚度,当天解答不了的问题,主持人承诺在下期解答,观众便自然养成了一个收看节目的惯性心态。许多青年人特别喜爱这档节目。早在1931年,毛泽东在《普遍地举办〈时事简报〉》一文中就根据受众的求近心理指出:"登消息的次序,本乡的、本区的、本县的、本省的、本国的、外国的,由近及远,看得很有味道。"①

5. 趣味性

是指新闻事实具有引人喜闻乐见的特质。西方资产阶级新闻学一般都把读者兴趣作为新闻的基础和试金石。因此,在他们看来,衡量新闻价值的真正要素,乃是趣味性。有时为了追求刺激性、趣味性,不惜让低级、黄色的新闻充斥版面。

我们也讲趣味性,特别是随着这几年新闻改革的逐步深入,情趣横生的新闻报道也日见增多,但如前所述,我们所倡导的趣味性的原则是健康、高尚,有趣不俗,有益无害,决非污染社会及人的灵魂的庸俗、低级的趣味。

第三节 新闻政策的遵循

经记者发现了的、有价值的新闻事实,并非个个都能报道,能否值得报道,还需要记者凭借新闻政策去逐个进行鉴别。

一、新闻政策的含义

所谓新闻政策,即指新闻报道政策界限的规定。新闻政策具体包括:能报道什么,不能报道什么,着重报道什么,一般报道什么,以及报道中应注意些什么等等。新闻政策中外都有,只不过形式、内容有所不同罢了。新闻政策的某些重要内容,若以法律形式加以规定,就成了新闻法。

---

① 《毛泽东新闻工作文选》,新华出版社,1984年版,第29页。

我国自1949年以来,至今还没有制定新闻法,也缺乏完整的新闻政策条文,但是,有关的新闻政策规定、原则等还是有的。例如,从20世纪50年代的《中央人民政府新闻总署关于改进报纸工作的决定》、《中共中央关于改进报纸工作的决议》至80年代的《中共中央关于当前报刊新闻广播宣传方针的决定》,党的十二大通过的新党章第十五条中的有关规定,1996年9月26日江泽民同志视察《人民日报》社的讲话等,均属党的新闻政策的范围,在新中国的新闻法规尚未制定之前,这些新闻政策对我国的新闻事业,均起了作用。

二、新闻价值与新闻政策的关系

如前所述,记者发现的新闻并不意味着都能报道,还得靠新闻政策予以判别。也就是说,某个新闻事实能否值得报道,要看新闻价值与新闻政策的关系如何处理。新闻价值与新闻政策的具体关系是:新近发生的某个事实能否报道,一要看其是否具有新闻价值,二要看其是否符合新闻政策,两者兼备就报道,缺一就不报道,两者之间应当相辅相成,互为制约。例如,某项重大发明诞生,又正在向国际有关组织申请专利,报道时机就应慎重考虑,一切应从国家利益出发,否则,极易造成被动和损失。

分析以往的有些新闻报道,有两种不良倾向值得我们注意——

一是偏重新闻政策,忽略新闻价值。在相当长的一个时期内,这种现象几乎泛滥成灾,为了某种政治需要,毫无新闻价值的"新闻"频频在媒体"亮相",有些报纸上的许多头版头条均为这些毫无实在内容、近乎是某个文件或讲话的改头换面的文章所占据。从新闻实践考察,一则新闻报道后,即产生两种社会效果,第一效果是受众阅读、收听、收视率的效果,第二效果是受众阅读、收听、收看后的反应如何。一般而言,影响和制约第一效果的是新闻价值,影响和制约第二效果的是新闻政策,而第二效果则必须建立在第一效果的基础之上。摆不正这两个效果的位置,媒体就成了政府公文的"转发站",新闻就成了变相的"公文",于是就吸引不了受众。值得注意的是,有的主管领导,从地方保护主义出发,片面强调新闻政策,把一些能祛邪扬善、促进社会进步,但可能影响他们政绩的很有新闻价值的新闻压下。这就需要理顺、明确新闻政策与新闻报道的关系。

二是只求新闻价值,不顾新闻政策。应当承认,许多事实的新闻价值确实很大,但不符合新闻政策,或因涉及有关机密,或因与全局利益、政策规定相悖,此时,记者理当忍痛割爱。如美国原国务卿基辛格第一次来华,为两国首脑的正式会见作预备性谈判,此属特大新闻,但中美都未发表新闻,因为各自均从自己国家的利益考虑。同样,苏联卫国战争期间,由著名记者波列伏依采写的苏军某坦克部队用大批拖拉机冒充坦克借以惑敌、以寡胜众的通讯,也因泄漏苏军战斗力薄弱的机密而被取消了。但过去我国有不少新闻报道,则往往是顾此失彼。例如,有一篇赞扬"大包干"的新闻,说有个农村妇女李培莲,去世的丈夫虽给她留下6个孩子,"大的只有十来岁,小的还在吃奶",但实行包干后,一年起早贪黑地干下来,她和6个孩子不但没有"成天喝粥",照样"富得满嘴流油"。颂扬党的农村现行政策,却不顾计划生育这一基本国策,这种做法显然是不足取的。另据统计,近年来我国在不同渠道的泄密事件中,通过新闻报道而泄密的事件已超过五分之一,已严重损害国家和人民的利益。因此说,新闻价值并不能左右一切,它必须受新闻政策的制约。

综上所述,新闻报道应是新闻价值与新闻政策的结晶,失去其中任何一个,都不是合乎要求的新闻报道。当新闻价值与新闻政策发生矛盾时,在我国目前的新闻体制下,常常是服从新闻政策;如果新闻政策有缺陷,则通过一切可行办法,力促有关部门进行修订。总之,服从科学和新闻规律,又服从纪律,两者辩证统一。

值得补充的是,新闻价值的理论反映的是新闻工作的一般规律,且有相对的稳定性,任何国家皆可通用,但在选择和判断上却为阶级性所左右。新闻政策则存在多变性。因为它受国家政治制度和法律的制约,因此,各国的新闻政策皆不同。同时,即使同一国家的不同历史时期,新闻政策也因当时情况的变化而不断变化。记者只有深切地熟悉和掌握上述各个方面,发现新闻才能更为敏锐,判别新闻才能更为准确,敏感性、洞察力等才能不断增强。

第四节 报道思想的明确

所谓报道思想,即指新闻报道的目的以及实现这一目的的范围、内容、方法。它是编辑部依据党和政府在一定时期内有关的宣传报道方针、政策、策略而规定的新闻报道所要达到的目的,以及要达到目的的方式方法的大体框架。其中,既体现、包含了新闻从业人员以往科学实践的经验和盲目实践的教训,又在正确揭示客观事物各种规律的基础上,给采编人员指出了日后采写新闻报道时如何克服盲目性、明确目的性的大致方向。

一、新闻采访目的受报道思想制约并服务于报道思想

与动物相比,人不是消极地、被动地适应外界环境,而是根据自己的需要,有计划、有意识、有目的、积极地改变着客观现实。无数实验证明,人在从事某项活动之前,活动的结果实际已作为行动的目的、观念存在于头脑之中,并以这个目的来指导自己的行动。即作为个体的人或群体,可作出符合于目的的某些行动,同时又能制止不符合目的的某些行动,并把它当作规律来规定自己行动的样式和方法,使自己的意志从属于这个目的。没有这个明确而又自觉的目的,则失去了人类有意识改造世界的前提。

显然,记者在每次采访之前,明确该次采访的目的,则成了整个采访活动的指南。然而,要明确采访的目的,必须受报道思想的制约。也就是说,记者不能游离于报道思想之外而随意确立采访目的。这是因为,报道思想是实践的科学总结,是对客观事物的各种规律较为正确的揭示,是党和政府在一个时期内的方针、政策、策略在新闻报道中的体现和指导。因此,采访目的的确立若是偏离了这些约束,就容易导致活动的盲目性,就难免犯主观随意性和片面性、表面性的毛病。

采访目的的确立,既受报道思想的制约,同时,它又忠实服务于报道思想。这是因为目的是行动的结果,确立的目的越明确、越妥当,报道思想也就越明确、越妥当,从而便越具社会效果,所引发的意志行动

便越大,采访中便越能抓准典型和突出主题思想。具体讲,因为意志行动的所有环节,如行动计划和方法的采取,执行行动的决心和意志表现等,都受行为目的的影响。如果目的的选择、明确同自己的愿望与兴趣相一致,而且由于目的的实现还可以给个体带来某种满足,这时,个体就会表现出满腔热情的行动,轻松敏捷的动作,勇往直前的活动状态,最终使活动获得较好的效率和结果。从这个意义上讲,采访目的的明确,则一定有助于报道思想在采写活动中的顺利兑现。否则,记者在采访活动中则会表现得反应迟钝,或是对事物冷漠、消极,最终导致采访失败。例如,湖北荆州地区有一年从地下挖掘了一批极有价值的文物,包括从江陵望山 1 号楚国贵族墓出土的一件震惊世界的文物——越王勾践青铜剑,虽然在地下深埋了 2 400 多年,但出土时仍完好如初,寒光逼人。荆州博物馆向湖北各有关新闻单位发出邀请,让记者先睹为快,尔后发新闻。一家在湖北很有影响的报社的一位记者,持请柬匆匆赶去博物馆,漫无目标、走马观花地草草看了一遍。当博物馆几位老先生围拢他问及观感如何时,只见他漫不经心地脱口便答:"没啥意思,一堆破破烂烂!"几位老先生被弄得瞠目结舌。殊不知,有价值的文物,其价值或许正在"破破烂烂"中。当其他新闻单位都相继发了消息,盛赞这批出土文物价值时,唯独这家有影响的报纸没有声息。事后问询,这位记者并非无能,只是事先未能明确采访目的从而导致采访失败。

二、报道思想要符合客观实际

采访目的要服务于或服从报道思想,同样,报道思想又得符合客观实际。新闻报道必须注重实际,反映实际,这是根本的大前提,包括报道思想在内的所有新闻活动环节均不能违背。况且,报道思想毕竟是主观的东西,究竟有无道理,最终当受客观实际的检验。

有人把报道思想与主观"框框"看成是对立的东西,认为报道思想是客观实际的产物,而"框框"则是主观臆测的、唯心的、不可靠的东西。从问题的实质考察,这是一种误解。报道思想与主观"框框"实质上是一回事,只不过是一个问题的两种说法而已。从新闻工作规律来讲,采访之前,记者应当明确报道思想,脑子里应当设计"框框",然后带着报道思想及"框框"深入实际。恐怕问题的焦点不在要不要带"框框"下去,而在于是将"框框"作为深入实际的指南和依据,并让它接受客观实际的检验,还是将"框框"看成一成不变的教条,硬让客观实际屈从"框框"。

认识并理顺了报道思想同"框框"以及客观实际的关系,具体采访时则应当注意——

第一,报道思想和"框框"都是主观的产物,它能够引导记者更好地深入实际,有效地挖掘新闻事实,但这仅仅是就一般情况而言。有时,报道思想与"框框"同客观实际也有不符的时候,此时,记者则应当相机修订或改变采访计划,要"入乡随俗",要"框"而不死,断不可将"框框"当成教条去硬套客观实际,甚至看成是现成的结论,带到客观实际中去按图索骥,那么,势必违背事物的规律,失去报道思想和"框框"的存在意义,颠倒客观实际同报道思想和"框框"的主从关系,从而使采访活动无效,或者写出的报道只是一堆牵强附会的东西。

第二,报道思想和"框框"虽然是对以往实践的科学总结,是指导记者深入实际的指南和依据,但这毕竟总还是属于"上面的"。作为记者,对这"上面的"当然要重视,但相比较而言,记者则应当更重视"下面的",即来自客观实际的第一手材料。记者只有理顺、摆正了"上"和"下"的关系,才能不把报道思想与"框框"当教条,才能在深入实际后,广泛接触各类采访对象,采集、挖掘丰富、扎实的第一手材料,并迅速加以分析研究,从而使"上面的"和"下面的"得以有机地沟通和统一,采写出既体现报道思想又符合群众意愿的新闻报道来。

第五节 新闻线索的获取

从心理学角度讲,如同其他所有认识事物的活动过程一样,整个新闻采访活动过程必须从感觉这一比较简单的心理活动开始。感觉是人们认识任何事物的开端,是认识的起点,是一切复杂、高级心理活动的基础。获取新闻线索,正是处在感觉这一心理活动阶段。

一、新闻线索的重要作用

所谓新闻线索,即指新近发生的事实的简明信息或信号。新闻线索不等于完整的新闻事实,不能现成地拿来构成新闻报道。它比较简略,没有细节,没有事物的全貌和全部过程,常常只是一个片断或概况,它只是将事物的个别属性反映在记者的头脑之中。

获取新闻线索在整个采访过程中,其位置是处在明确报道思想和进行采访准备之间。当一个记者在明确报道思想和采访目的后,应当立即为此收集大量线索和信息。如果把记者获取线索后即着手准备制定采访计划看成是一个决策过程的话,那么,获取线索就是决策的基础。再则,获取和掌握的线索、信息越多,制定可供选择的采访方案就越多,记者的活动选择余地就越大,那么,决策就可谓达到了最优化。

新闻线索虽然只有某个事实的片断或概况,但它的重要作用不容低估:它可以给记者指明到哪里采访、采访什么的大致方向和范围,给记者提供了感知直至认识整个事物的前提和基础。对于记者来说,若是新闻线索源源不断,则采访活动不断;若是新闻线索干涸,"吃了上顿没下顿",则日子就难过。区分一个记者称职与否的标志固然很多,但手头是否能及时获取和储备较多新闻线索,则是一个重要标志。新闻界常有人这样评价:某某记者是"派工记者","脑袋瓜长在编辑部主任肩上"。意思就是指这些记者尚不能主动、及时地获取新闻线索,而是靠编辑部给题目,靠别人给"米"下锅。长此以往,这样的记者是当不好的。

长期以来,新闻界的一部分同志存在忽略新闻线索作用的倾向,这是必须扭转的。要顺利搞好新闻采访与写作,记者除了其他扎实的业务功底外,及时获取并正确使用新闻线索,是一个重要因素。新华社时任总编辑南振中曾说过:"一个优秀的新闻记者,除了睡眠,随时随地都在留心各种各样的事情,随时随地都在发现新闻线索和新闻素材,也可以说,一个合格的新闻记者随时随地都在自觉或不自觉地进行着采访活动。""采访不仅是记者的工作,而且是记者的生活。"[①]

---

① 南振中:《我怎样学习当记者》,新华出版社,1999年版,第26页。

二、获取新闻线索的主要渠道

明确了新闻线索的作用,并不意味着新闻线索就会自己跑上门来,要及时地感知并捕捉它,还得通过一定的渠道。根据实验证明,人们若要产生感觉,得靠刺激物的一定量的强度,既然感觉是直接作用于感觉器官的客观事物的个别属性在人脑中的反映,那么,在平时的工作、生活中,记者则应提高眼、耳、鼻、舌、身等这些感觉器官对周围刺激物的感觉能力,以不断扩大、丰富新闻线索的获取渠道。作为刺激物的新闻线索,其获取的主要渠道可以有以下这些——

1. 通过党和政府的政策、决议及负责同志的活动、讲话

这是因为,这些方面一般都概括和预示着:当前政治形势、经济建设及文化生活等方面的主要情况和问题;政策动向和新的任务等。这些都直接预示着一个时期内即将发生的重要事情,是记者采写新闻的重要、可靠依据。我国著名记者李普曾采写过不少有影响的报道和评论,据他回忆,许多题材是他当随军记者经常与刘伯承、邓小平一起散步时,从他们的交谈中获取或得到启发的。

2. 通过各种会议、简报

大凡会议,一般是与会者汇总各方面的情况、问题、建议等而聚在一起讨论;所谓简报,一般都是基层单位工作情况的简单汇报。会议和简报里含有大量重要、有价值的新闻线索,记者只要留意,是会如愿以偿的。例如,《"救活"鸳鸯换取外汇》、《餐桌上的假"左"真右要打扫》等全国好新闻,其线索皆出于此。

3. 通过记者的耳闻目睹

记者看东西、听东西,都应当与一般人不同,无论到哪里,不管接触什么人和事,都必须从"能否出新闻"这一角度,去认真看一看、听一听。所谓"目不斜视、耳不他闻",从采访这一角度来说是与新闻记者无缘的,因为它无益于记者感觉能力的提高。古人云:"处处留心皆学问。"总结新闻实践的经验教训,也可以说是"处处留心皆新闻"。例如,1978年9月23日下午,时任法国巴黎市长、后任总统的希拉克先生参观正在施工的秦俑馆工地。当他走进一边基建一边发掘的1号俑坑展厅,看到气势磅礴的秦俑军阵时,不由脱口赞美道:"世界上曾有七大奇迹,秦俑的发现,可以说是第八大奇迹了。不看金字塔不算真正

到过埃及,不看秦俑不算真正到过中国。"希拉克发自内心的这一重要评价,被随同希拉克访问的法新社记者乔治·比昂尼克和《世界报》记者安德列·帕斯隆奇立即抓住,率先在巴黎报道,在全世界产生了轰动效应。从此,"世界第八大奇迹"几乎就成了秦俑的代名词。

与此相反,疏忽则是敏感的天敌。例如,1972年美国时任总统尼克松访华前夕,举行了专门记者招待会。作为美国总统,他在公开场合第一次使用了"中华人民共和国"的提法,这意味着美国公开承认中华人民共和国,中美关系将有重大转折。在场的多数外国记者都相继感觉到这一提法的重大意义,奔出去抢发新闻,而在场的中国记者却未能及时感觉、捕捉这有意味的新闻事实,颇为遗憾。

4. 通过对日常情况的积累

记者日常所接触的有些材料,常常看上去小而零碎,暂时派不了大用场,但如果把它们悉心存放和积累起来,并密切注意事物的发展,随着刺激物强度的不断增加,说不定到了某个时候,便能触发记者产生感觉,从这些积累的材料中提取新闻线索。例如1935年初,希特勒撕毁了凡尔赛和约,加快重整军备的步伐,迫不及待地企图挑起第二次世界大战。一天,他看到英国军事记者、评论家贝尔特鲁德·耶可普写的一篇长文章后大发雷霆。这篇长文章详尽、准确地记述了希特勒德国秘密重整军备的军令系统和总参谋部的组织人员,其中包括从各军司令部到刚建立的坦克师指挥下的步兵部队的编制,以及168名陆军各级司令官的名单和经历。

希特勒怀疑有人将这些机密泄漏给了耶可普,于是下令将他绑架到德国秘密审讯,追查是谁向他提供了机密军事情报。当审判官审问其情报来源时,耶可普从容不迫地答道:"我从一条讣告新闻中,得知最近换防驻在纽伦堡的是陆军第十七师,师长是哈泽少将;从一条婚礼的新闻里,发现新郎修滕梅鲁曼是个通讯官,而其岳父是第二十五师第二十六团的威鲁上校团长,参加婚礼的有第二十五师师长夏拉少将,师部在斯图加特。"所有材料几乎全部得自公开的新闻纸,言之凿凿,历历可查,使审判官及希特勒不禁为之瞠目结舌。

5. 通过广大受众、亲友的提供

相比较而言,这是获取新闻线索的一个最大的且永不枯竭的源泉。中央电视台《焦点访谈》在完成的节目当中,有百分之五十的信息是社会各界用热线电话、信件、E-mail 或来访的方式向他们提供的。不管怎么说,一个记者接触的社会面总是有限的,加之凭空而降的机缘实在太少,而受众、亲友则遍布或生活在社会的各个角落,直接参与社会生活,记者若是密切同他们交往与联系,那么,触角就多,如此,感受新闻线索的机会就多,感觉能力也就越强。因此,记者应同各界人士广泛地建立私人友谊,私交是一种非常有用的武器,能常使记者有意外的收获,甚至可使记者一举成名。

同时,记者不应仅仅把自己看成是写稿匠,还应看成是社会活动家,要主动接触社会。记者要学"李向阳",到处建立生活点、联络站,以致松井到张庄抓他,他却在李庄出现;特务闻讯到饭店想给他来个突然袭击,他却又去火车站炸毁敌人军用列车,弄得敌人屡屡扑空。是何原因?是广大群众及时向他通风报信之故。抗日战争期间,著名战地记者陆诒有次去重庆曾家岩五十号找周恩来,谈及新闻题材空乏、新闻线索缺少的问题。周恩来对他说:"当你新闻线索实在贫乏之时,不妨到茶馆里去坐坐,听听群众在谈论什么,想些什么。"陆诒大受启发,随即去访问几个擦皮鞋的儿童、嘉陵江渡口的船夫和市内公共汽车售票员,写了不少访问记和特写,受到读者欢迎。

记者个人是这样,媒体整体也是同理。人们盛赞《羊城晚报》办得好,信息量大而及时,殊不知,这与该报历来十分重视新闻线索有关。他们于1997年9月就分别公布了"报料热线"三台直拨电话、两台传真机的号码,随后又公布了电子邮箱代码,全天24小时接受通讯员和读者提供的新闻线索。上海的《新闻晨报》为了进一步增强与读者的互动,更加全面、及时地报道申城市民生活的方方面面,于2003年9月30日在一版显著位置刊登《报猛料,拿重奖》启事,公布该报热线,读者报料一经采用,最高奖金可达3 000元,结果,每天均收到上百条读者报料[①]。

6. 通过互联网搜索

随着互联网技术的日益发达,如今可谓进入了自媒体时代,博客、微博等为媒体的信息传播设置了无数议程,使新闻报道的视野和新闻线索的获取渠道得以空前拓展,且呈愈演愈烈之势。据国外机构研究称,到2010底,70%左右的新闻事实的第一发布人是博客和播客。专业新闻工作者对此应有足够的认识,并善于从中发现和掘取新闻线索。

---

① 《新闻晨报》,2003年9月30日。

就新闻线索来源的团体、个人及地点而言,上述6个渠道尚可细分为:中央政府及其附属机关,省、市、县政府及其附属机关;警察单位;消防单位;司法和检察机关;交通机关如邮局、电信局、铁路局、交运局、航空公司以及气象台等;公用事业机关如水厂、电厂等;民众团体如工会、商会、同乡会、联谊会及俱乐部等;社会慈善机构如红十字会、救济会、赈灾会及福利会、养老院、托儿所等;金融财政机关如银行、证券交易所、进出口行及市场等;文化教育团体如学校、宗教团体、文化艺术团体、研究机构及图书馆等;体育团体如体育协会、竞赛会及体育场馆等;经济生产机关如农村、工厂、矿场、渔场、林场、牧场等;党政机关以及其他对政治有影响力量的团体;公共集会场所如纪念堂、礼堂及广场等;特种行业如殡仪馆、影剧院、舞厅、夜总会、旅馆、医院、餐馆等;外国领事馆及国际组织、通讯社;资料室及各机关单位自动供给新闻单位的宣传资料和公报等[①]。

三、运用新闻线索时的注意事项

由于新闻线索来得不易,加上感觉并不是感知,更不能代替对整个事物的认识,因此,对新闻线索应当务求正确处理、物尽其用。具体应注意以下几点——

1. 注重验证,不硬顺藤摸瓜

顾名思义,新闻线索毕竟只是线索,它只是新闻事实的简明信息和信号,绝对不是新闻事实本身。它能起到促使记者萌发顺藤摸瓜的欲望,但"藤"上究竟有"瓜"没"瓜",或是有什么样的"瓜",则要靠采访实践证实。记者或许摸到了只"好瓜",但也许不能如愿,因为作为新闻事实简明信息和信号的新闻线索,常常仅是事物的表象和假象,或是因为记者采访迟缓了,新闻事实原先的信息和信号已经"变质",以致被记者的采访实践所否定。因此,新闻线索只能是驱使记者去采访的引子或向导,能激发记者对采访活动产生注意、兴趣和需要心理,记者以此可以也应该去顺藤摸瓜。但究竟有"瓜"无"瓜",是"好瓜"还是"坏瓜",则一定要靠实践去验证,千万不可不管三七二十一,一定硬性要摸出个"瓜"来。

[①] 王洪钧:《新闻采访学》,台湾正中书局1955年版,第14页。

2. 尊重规律,不要拔苗助长

有些记者一旦获取某个新闻线索,便急切希望摸出个"大瓜"来。这种愿望固然是好的,但新闻事实的产生与发展有其自身的过程和规律,这些记者则不尊重这个规律,等不及这个过程,当新闻事实还处于不成熟、不丰满阶段时,或拔苗助长,或采用某种"催生术",自欺欺人地将新闻线索当作新闻事实去报道。结果,奉献给人们的只是一个"生瓜",甚至是"假瓜"。此方面的教训是不胜枚举的。

3. 讲究时宜,不要大材小用

有些新闻线索,即使只是事实的某个片断或概貌,但根据以往的经验可以看出,只要稍加采访,就可摸出个"大瓜"、"好瓜"来。但新闻工作的规律告诉我们,即使是有价值的"大瓜"、"好瓜",也不是随便抛出去就可卖上大价钱的,得讲究时宜,即通常讲的,新闻报道要讲究"火候",要密切配合形势,要吻合人们的需要心理,要等待最佳时机抛出去,让好瓜卖出大价钱。

4. 合理安排,不要齐头并进

作为记者,平时手头握有若干新闻线索,这固然是好事,但若处理不当,不顾自己的精力、能力限制,不善于对新闻线索分个轻重缓急,而是同时撒网、齐头并进,结果就可能顾此失彼、丢东落西。这是因为,人的注意力是有限的,在同时面对几个新闻线索时,记者必须根据他们的成熟难易程度,予以适当处置。或是先易后难,或是先近后远,或是先采写动态性新闻后采写非动态性新闻。否则,将可能都是蜻蜓点水式的接触,肤浅模糊的认识,即使是重要的、有特别价值的新闻线索,也可能因为得不到合理的、特别的处理,产生不了清晰、深刻的认识,而作了一般化的报道。

总而言之,记者在明确报道思想的基础上,应当视野开阔,广泛获取新闻线索,然后正确处理,认真求实。美国新闻学家麦尔文·曼切尔曾指出:"消息来源是记者生命的血液。"作为一名记者,不应把脑袋瓜长在别人肩上,不应满足当"派工记者",而应把生活及各项社会活动当靠山和源泉,从中不断获取新闻线索。

第六节　采访准备的周到

报道思想的明确和新闻线索的获取，并不意味着采访活动的顺利，更不意味着采访目的的实现，要使采访效率顺利得以兑现，除了精心策划外，还必须精心做好采访准备。正如新华社上海分社集体撰写的《采访问题》一文中指出的那样："事先有研究、有准备，是采访深入、效率高的关键。"如国庆50周年庆典，是当年最重要的政治事件，党的第三代领导核心在天安门广场检阅三军部队，也是20世纪最后一次国庆盛大阅兵。为了出色地完成任务，新华社两位记者从受阅部队进入训练场开始，就开始各方面的准备工作，认真采集各方面素材，等到国庆阅兵那一天，他俩已早早占有所有素材，有的段落在阅兵排演时就已拟就。当日11时13分阅兵结束，2分钟之后，通讯《世纪大阅兵》就用6种文字发向国内外，不仅时效最快，质量也属最好的通讯之一，该通讯荣获当年中国新闻奖特别奖。

采访是一门综合性应用学科，采访活动进行得好与坏，是对记者理论、政策、知识及各方面能力、经验的综合检验。因此，采访的准备，既包括临时准备，又包括平时准备，即既要"临时抱佛脚"，又要"平时多烧香"，提倡"平战结合"，从而将采访活动推向最佳境地。

一、平时准备

兵要用得好，得千日养之。采访活动要有效率，得依赖平时的各方面准备与积累。具体为——

1. 理论的准备

即记者要根据形势发展的需要，有计划、有系统、有针对性地学习由马列主义统领的各历史时期的指导思想，掌握基本理论，熟练运用马列主义立场、观点、方法去研究实际问题，解决实际问题。缺乏理论素养是存在于记者队伍中的一个普遍性问题，这一问题不重视，或不抓紧弥补，必将影响新闻报道质量，甚至损害党的新闻事业，迟早要遭受历史惩罚。这是因为，记者若是个理论上的盲人，实践中必然是个瞎子，或是不辨风向,人云亦云,或是起点不高,问题看不透,只能写一些一般化的稿子,水准总是不见提高。新华社老记者郑伯亚说得好:"提高记者采写水平的决定性环节是提高记者的理论水平。"复旦大学新闻系有一毕业生,在校学习数年间,对马列基本理论的学习几乎到了痴迷的程度,以致使得有些同学不能理解:"划得来吗?"该同学毕业后分到广西新闻单位当记者,几年下来,人们逐渐感觉到:同样的题材,同样的稿子,大家都写,总是他的报道更见深度、力度和厚度。后来,年仅30岁的他,被破格提升为一家大新闻单位的副总编。

2. 政策的准备

从一定意义上说,记者是宣传党和政府方针政策的人,因此,对党和政府的方针政策,记者理应比一般人学习得好一些,理解得透一些。作为一个新闻记者,除了熟悉党和政府的总方针、总政策外,对一个时期的现行政策,特别是自己分工负责报道的所在战线、行业的具体政策,更应学习、领会和掌握。否则,采访中就没有依据,容易失去方向,不但宣传不好党和政府的方针政策,甚至可能采写出违反方针政策的报道,造成不良影响。例如,有些外贸方面的报道,一家较有影响的报纸大搞"一家引进,遍地开花"、"引进、消化、推广"之类的报道,违反了知识产权、专利法,弄得我国有关方面负责人费尽口舌,才得以打破谈判僵局。山东《大众日报》老记者庄云达认为:"从熟悉党的方针政策这一点上看,大学生比不上记者和通讯员好使,大学新闻系要加强政策教学。"这一认识对改进大学新闻教学是颇有教益的。

3. 情况的准备

记者工作不能单打一,要搞"立体作业",正如新华社上海分社记者吴复民所说:"在同一个时间里,记者应该既有正在写的稿件,又有若干报道线索正待采访,又要密切注意本行业新发生的情况。"

记者要留意与采访写作有关的各种情况:完整的,零碎的;正面的,反面的;上面的,下面的;本地的,外地的;自己经历的,别人介绍的;已经做了的,计划实行的等等。实践证明,积累、熟悉这些情况,采写新闻时能更好地了解过去,认识现在,预测将来,使新闻报道有新意、见深度、上水平。例如,《人民铁道》报记者朱海燕,20世纪70年代曾去大西北采访铁道兵某部广大指战员的英勇业绩,有两个情况在当时发表的长通讯中未用进去。一个是某团团长为了招待他,将亲友寄来平时又舍不得吃的一条咸鱼蒸熟后端上桌,该团长10岁的儿子高兴得直拍小手叫道:"今天可以吃到鸭子咯,好高兴哟!"另一个是某师任务完成转调内地,当火车驶出大沙漠,铁道两旁闪现一棵棵树时,师政委17岁的女儿拉着父亲问道:"爸爸,爸爸,窗外这一棵棵是不是树啊?"两个孩子都是父辈进军大西北后生养的,智商并不低,只是缺教育、少见识。8年后,当党中央发出进一步开发建设大西北的号召时,朱海燕在又一篇《建设大西北的壮举》的长篇通讯中,将这两个情况用上了。通讯发表后,社会反响极大,同行也称赞这篇通讯主题深刻、有突破:广大指战员为了人民的事业,不仅将自己的青春年华奉献出来,而且还将自己下一代的幸福童年也奉献了。

在新闻素材的准备方面,我们不妨学学蒲松龄的"摆茶摊"精神。他20年如一日在家门口设一茶摊,免费向路人提供茶水,细心收集路人所述的各种情况,终于写就《聊斋》这样流芳百世的佳作。

4. 知识的准备

记者是博学多识,还是知识贫乏,采访中往往会产生两种截然不同的效果,正如著名记者范长江在《怎样学做新闻记者》一文中所说:"新闻工作之所以可贵,是因为知识广博。"具体而言,平时的知识积累与准备如何,采访时会直接产生如下功效:

第一,有助于同采访对象迅速有效地交谈。记者与采访对象若要迅速有效地谈到一块,恐怕并不完全取决于采访的经验、方法之类,常常起关键作用的,则看记者对采访对象的职业所涉及的知识有否积累和准备。例如,美籍华裔著名学者杨振宁教授有一次到上海访问,上海某大报派了两位资深记者前往宾馆采访。没谈一会儿,采访就告吹了。是何原因?是因为两位记者对杨振宁所研究的领域太陌生,事先又未作认真准备,以致对方尽管拣最基本的知识谈,两位记者也毫无反应,那就只好"话不投机半句多"了。两位记者吸取教训,马上驱车前往复旦大学,请教复旦大学同杨振宁研究同样课题的教授。在知识上做了一番认真准备后,两位记者再次约请杨振宁接受采访,谈着谈着,虽然说不上已熟谙杨研究的领域,但已谈在道上,令杨振宁顿生"士别三日,当刮目相看"之感,于是双方谈得很投机。

第二,有助于敏锐捕捉有价值的新闻事实。记者若是知识功底扎实或准备充分,那么,采访对象所述的材料,哪些有价值,哪些无价值,就不难作出判断。否则,就容易导致两种情况的出现:要么搞捡到篮里都是菜,要么让有价值的材料失之交臂。

第三,有助于深刻揭示新闻主题。欲使新闻主题得到深刻揭示,方法固然不少,但记者知识准备充分,看问题能达到一定的高度、深度,则深刻揭示新闻主题就显得更为有效。例如,两位实习记者有一次采写长沙市新建的机械化养鸡场的报道,起先,他们对新闻主题是这样提炼的,即政府为了改善人民的生活,办起了这个规模颇大的养鸡场。这个主题过得去,但很难说深刻。后来,他们花了一整天时间查阅历史资料,终于找到并在报道中穿插了一段历史知识:唐明皇李隆基晚年昏庸,迷于声色,酷爱斗鸡,于是,在两宫间筑起鸡坊,养雄鸡千数,选500名官兵教饲之,当时凡是善斗鸡和送鸡的人都得到唐明皇宠幸,耀武扬威。经过这一衬托,该报道主题顿时得以生动而又深刻的体现。

第四,有助于避免犯知识性错误。有些记者由于对相关知识不掌握,又想当然地草率行事,因而常常在采访写作中出现常识性错误。在去年全国"两会"期间,有一位年轻的女记者几经周折,约见了著名经济学家吴敬琏,一上来就问:"现在各地竞相发展重化工业,化工厂建多了,环境怎么办?"弄得吴老哭笑不得,向她"科普"了重化工业和化工工业的区别后,转身而去。

综上所述,采访绝不是一手执纸,一手执笔,然后一问一答一记而已,这仅仅是采访的表象。真正意义上的采访或谈话访问,是采访双方知识的互换和情感的交流。

二、临时准备

新闻采访作为一种复杂的意志行动,还包括记者头脑中对采访对象相关材料的收集、熟悉,采访活动计划的拟定等复杂心理活动过程,不经历这一过程,采访的目的是难以实现的。再则,采访对象的情况是千差万别的,计划和方法是多种多样的,要求记者作出全面、合理的权衡,制定和选择对实现采访目的最为有利、适宜的计划和方法。因此,除了重视并做好平时准备外,临时准备也必须认真施行。

临时准备又称专题准备或专项准备,具体有以下方面——

1. 收集新闻事件和人物的相关资料

毫无准备,仓促上阵,很可能陷于"盲人骑瞎马,夜半临深池"的尴尬、被动局面。相反,再艰巨的采访任务,精心准备了,相关材料收集了,便可完成得很好。例如,1993年4月16日下午,《解放日报》记者谈小薇接到上级交给的去新加坡采访"汪辜会谈"的任务。由于是头一次出国,又负有如此重大的采访任务,加上她当时对"汪辜会谈"几乎是一无所知,感到心里实在没谱。她请教部里的老记者:"我现在该做什么?"回答既干脆又明确:"赶快收集资料!"于是,在出国前的一个多星期里,谈小薇设法收集了港台及国内报刊有关"汪辜会谈"准备阶段的报道,去资料室借来"海协会"和"海基会"的资料,还从报社一位老领导处捧回了一厚叠"大参考",一连几个晚上,认真地阅读、做笔记。结果,她对"汪辜会谈"的采访报道十分成功。在谈到做好人物访谈的准备工作时,她说,首先要了解被采访人物的成长背景,因为一个人的成长背景对他后来的风格与考虑事情的角度有关系。

2. 熟悉和研究采访对象的基本情况,找准心理差异

采访中,常会出现这样的情形,某记者与某采访对象谈了半小时乃至一小时,费了好大口舌仍谈不到一块,甚至冷场,出现僵局,最后不得不结束交谈。其原因固然不止一个,但采访突破口未选准,是其中的重要原因之一。采访突破口能否选准,直接依赖记者对采访对象特定的心理差异有准确的判断,而这一判断又直接取决于记者对采访对象基本情况的熟悉和研究程度。采访对象的基本情况通常包括:性别、年龄、职业、经历、学历、特长、兴趣及有关各类文字材料等。这方面的准备相当重要,记者对采访对象的基本情况了解得越充分、研究得越仔细,对其特有的心理差异的判断就越为准确,从而就可以因人因时因地制宜,调用适当的访问形式和技能,迅速在感情上与对方相通,最终打开采访通道。例如,已故我国领导人邓小平和伊朗宗教领袖霍梅尼,两人生前均被誉为世界政治风云人物,世界上数以百计的记者曾先后采访他们,或是成功一个、失败一个,或是均告失败。这是因为,在这些记者看来,邓小平与霍梅尼似乎是同一类型的人:在国内拥有至高无上的权力,铁面无私,十分威严等等,于是便采用同一采访手段处理。自称"世界政治访问之母"的意大利著名女记者法拉奇,经过详尽收集、研究两人的有关情况,找准了两人的心理差异。在此基础上,法拉奇特制了两把启动霍梅尼、邓小平话匣子的"钥匙",最后成功地做到了一把钥匙开一把锁,使采访成功,令同行为之叹服。

3. 拟定采访计划和调查纲目

这是记者主观愿望与客观实际更能趋向一致、实现采访目的的不可缺少的一步工作。因为活动意识、目的等只是人的主观心理状态,

要使采访活动顺利进行并实现预定目的,就必须使记者主观愿望符合事物发展的客观规律。因此,在进入目的真正实现阶段之前,必须制定达到目的的行动步骤、途径和方法。这是新闻策划与准备的重要一环。

所谓采访计划,即指大体的活动方式,确定要访问的部门、人员及其先后顺序,设想一下写什么体裁,多少字,采写周期等。所谓调查纲目,即指所要提问的大纲细目。

要特别强调调查纲目的拟定问题。采访时若备有细致、周密的调查纲目,就可使记者的思维心理活动过程得到可靠保证,始终处于主动地位,也不至于因采访对象可能出现的干扰而使自己的心理活动产生紊乱。相反,当采访对象心理活动不正常,叙述材料显得杂乱无章时,记者还可及时给予适当调节,以使采访活动顺利进展。值得提醒的是,有些记者缺乏良好的意志品质,单凭经验行事,采访前懒得下工夫去制定采访计划的调查纲目,采访时信马由缰,由于与活动规律相悖,结果势必实现不了采访目的,甚至弄得一败涂地。例如,有两位实习女记者有一次去山东省掖县镁矿采访,到达目的地后,镁矿有关同志送上不少有关这个矿的文字资料。晚饭后,她俩照理应该翻阅这些材料,尔后制定第二天的采访计划与调查纲目,但她俩竟跑到县影剧院看了一场电影。第二天采访时,当矿长、书记等矿上领导认真接受访问时,她俩竟这样发问:"请问你们矿的年煤产量及开采设备,与山西大同煤矿、安徽淮南煤矿等相比有什么不同?"竟将镁矿误认为煤矿!顿时,弄得采访对象啼笑皆非,产生了反感心理,好端端的采访气氛给破坏了。

既然下工夫拟定调查纲目,不妨拟得详细些、具体些,以免临时抓瞎。西方记者很注重这一点,他们认为,每采访一分钟至少要准备十分钟的交谈内容,比例为十比一,"准备过度胜于准备不足",即使对方只同意谈几分钟,只要记者提问得体,也常常破例。例如,美联社记者莱昂斯有一次采访斯大林,事先有人告诉他,交谈时间为两分钟。莱昂斯回忆说:"两分钟过去了,我发现斯大林并不着急,而我却没有一个提问题的提纲。我在斯大林的办公室待了差不多两小时,但在这种令人兴奋的最佳环境中,我却没能提出意义重大的问题,对这一点我永远感到内疚。"

许多老记者在采访中之所以能审时度势、从容不迫,写作时能一气呵成且颇有深度,均与事先拟好调查纲目有关。新华社记者在采写非事件新闻时,一般都有先去资料室"泡"半小时左右的习惯,在本子上、脑子里填上一些要提问的大纲细目,然后再出门。

著名节目主持人杨澜在谈到采访之前做好"功课"的问题时指出,人的天分是相差无几的,采访前的功课是很重要的。第一,只有做好"功课",才能在有限的时间内采访到最有价值的新闻;第二,"功课"做得好,可以给采访者带来惊喜,从枯燥无味的采访中解脱出来,态度变消极为积极,使采访有所收获;第三,做好"功课"能给人以现场应变能力。因为,问题的顺序在实际采访中往往会被打乱,也有可能在对方回答问题时又延伸出新的问题。这新的问题又会成为一个新的切入点。

她还谈到了对采访"问题"如何处理,她说:① 要将问题罗列出来。不一定要全部一个个写出来,只要将问题归类、分层次。一个大问题中有几个小问题,切入点是什么?第一个应该提什么问题,同时要让对方兴奋起来,切入要点,使对方放松警惕。② 问题要有层次感,由浅入深,层层深入。③ 在段落与段落之间有转换。要考虑到设计采访问题时,怎样布局才能达到最好的效果。④ 布局方面,软性问题与硬性问题要结合起来,"软硬兼施"。⑤ 要有细节,提问的问题"口子"越"窄"越好。细节会使得采访生色。⑥ 问题布局时,可以安排一点有戏剧冲突的问题。我们生活的时代需要高潮和戏剧的冲突。

杨澜结合自己采访美国前国务卿基辛格、泰国前总理他信、马来西亚前总理马哈蒂尔等世界各国政要的案例,对新闻采访阐述了精辟而独到的见解。

4. 检查有关物质的完备情况

上述各项准备俗称"软件准备",有关物质的准备则俗称"硬件准备"。中外采访学著作都指出,采访前的准备工作、项目还应包括行装、笔墨纸张等方面的准备。若是到偏僻的农村、连队、山区、矿区、牧区、林区采访,还要带上雨具、常用药物、干点心等,甚至连鞋子也要备上一双,以防万一。如果随身带相机、录音机、摄像机等,应先试一试机件是否完好,录音录像带、充电器、各类连接线等带足了没有,备用器具带上没有。这是因为,这些方面稍有疏忽或出现意外,就会干扰记者正常的采访活动,影响采访对象的活动热情,最终影响采访效率和目的的实现。据北京人民大会堂的有关工作人员介绍,常常在一些中外记者招待会上,他们看到有些记者向他人借笔、借纸、借电池之类,令他们感到不可思议!

第七节 对方心理的明晰

人的心理是客观事物的反映,一切心理活动都是由内外刺激引起,并通过一系列变化来实现以及在人的各种实践活动中表现出来。采访对象接受记者采访,本身就是接受一种外来的刺激,会由此产生一系列心理活动,其中既有主体的心理外部表现,也有内在的心理感受。要使采访活动效率得到提高,记者就必须对采访对象在采访活动中表现出的各种心理特征和内心活动予以准确地掌握并积极地调节,同时对记者自身的心理活动也进行适时、必要的调节。

采访对象遍布社会各阶层,由于各自的生活经历、职业需要、所处环境、知识水平、道德修养、性格习惯、兴趣爱好等不同,因此,其心理状况形形色色,心理活动纷繁复杂。在有限的采访时间里,记者很难对其进行全面的探索与掌握(当然也没这个必要),我们只是摘其主要的、共有的心理现象予以剖析,以便记者掌握对方的心理活动规律,在采访时做到知己知彼,把自己的心理活动与采访对象心理活动融为一体,以使采访活动获得最佳效果。

一、掌握采访对象心理的必要性

记者掌握采访对象的被访问心理,可使访问准备工作做得更有针对性和更趋完善。这是因为,如果不知道将要采访的对象的基本情况和被访问心理,只是按照一般程序作一般性的访前准备,这种准备在很大程度上就会带有盲目性,就可能搞事倍功半的低效率活动。因为记者失去了把握采访对象在接受采访过程中心理活动及其变化的依据,而采访对象的访前心理决不能指望到采访时再去调整和掌握。有经验的记者都应有这样的体会:对调节、自控能力较强的采访对象所外露的表情动作等,并不能完全、真实地当作其心理活动来认识。察言观色虽属必需,但也难免有失误。因此,要使记者的访前准备更趋完善,使采访者和被采访者双方能在真情实感之中进行一场协调的有效采访,记者就不能不剖析并掌握采访对象的访前心理。

二、采访对象访前心理的分类

从性质内容上看,采访对象的访前心理可分为——

1. 先期性心理

即指采访对象对新闻事业、新闻单位、新闻记者及新闻采访活动的观念。这一观念是构成采访对象访前心理活动的基础。先期性心理通常由采访对象对新闻记者的信任、尊重、爱戴和对记者职业的神秘感、好奇心等所具体组成。社会主义制度给新闻工作造就了优越环境和条件,形成了记者与采访对象之间同志、朋友式的平等、互助、合作的关系。我国的记者应该充分利用并积极发展这一优势。

2. 临访性心理

即指采访对象接受记者采访请求后的心理,通常也称作采访对象临访期间的原始心理。这一心理一般主要由采访对象对自己在某一新闻事件中所处的"新闻位置"(即中心人物、边缘人物、局内人物、局外人物、新闻素材提供人物、新闻素材佐证人物等)和临访心境组成。采访对象对"新闻位置"的认识如何,在采访中直接起着加剧或减弱其情绪程度、心理活动内容的广泛程度和接受采访意愿的积极程度等作用;采访对象由于工作、学习、生活、身体等因素引起的心境的好坏,会使其情绪分为顺境和逆境,会感染采访对象对一切的体验和活动,以致直接影响采访活动效益。

从表现形式上看,采访对象的访问心理可分为——

1. 积极配合型

即采访对象积极按照记者的要求提供素材,显得十分主动热情。究其动机,或出于对新闻事业和记者工作的支持,或出于本单位、本部门工作的需要,或感到个人能够名利双收、实现自我,或纯粹为了交友求知的需要。

2. 一般协作型

即采访对象公事公办,不冷不热,采访活动平静无高潮。究其原因,或是认为记者要了解的事与己无关,出于礼貌与工作关系才接待一下;或可能对记者的作风及做法有看法,但因是上级委派来的,不得不接待,表现出敷衍、漫不经心的态度。

3. 蓄意应付型

即采访对象根本不愿意接待记者,态度冷漠生硬,拒不回答或故意讲错,甚至与记者唇枪舌剑,挖苦嘲讽记者。究其原因,或可能是怕记者批评揭露,故力图掩饰自己的错误、劣迹与违法乱纪行为,或与记者早有矛盾,成见颇深,因而拒不配合。

世界上有专门从事采访职业的记者,却没有以接受记者采访为职业的专门采访对象。因此,对于采访对象来说,记者总是一种突然闯入的因素,或多或少会影响与改变采访对象原有的心理状态与活动方式。虽然记者力图选择采访的最佳时机,采访中又千方百计地倾心相待,但也难以保证每次都能与采访对象和睦相处、谈到一块。为此,每次采访前和访问中,记者对采访对象的基本情况与访问心理作一番研究,以便采访时能知己知彼、提高效率,实在是一步必不可少的工作。

第八节　网络传播的借力

这些年来,网络传播发展迅速,给传统媒体既造成生存、发展的威胁,也同时带来新的历史发展机遇。在采访写作及编辑等业务层面如何有效地建立互动平台,新老媒体互相学习借鉴,在积极健康的竞争中,共同拓展各自的生存、发展空间,特别是传统媒体如何以战略眼光,充分借力网络传播的优势,使自己的相关业务水准有历史性的提升,实属紧迫课题。

一、有效强化从网上获取新闻线索的意识

传统媒体在采访写作等业务上虽然有着行之有效的传统方法和手段,但人工成本偏高,且常常显得势单力薄。随着网民的不断增加和微博传播的发展,使得每个人都是信息的生产者和消费者,每个人都可能成为新闻线人和"自媒体",他们通过网络论坛发帖、写博客和微博,每时每刻都在提供大量且有价值的新闻资源,特别是微博传播呈蔓延式

传播形态,其核心在于转发,传播速度快、范围广,这就无疑成为传统媒体获取新闻线索的有效借力途径。因为微博的特征之一是遵循"微"原则,每条字数在百字左右,加之其他的天然属性,就决定其信息披露有不完整、不充分的缺陷,所以,越来越多传统媒体的记者、编辑将其作为新闻线索,从中选择更有价值的信息,然后通过自己的采写手段予以加工处理。这应当成为现今新闻传播从业人员的意识,即网络传播的迅猛发展,给传统媒体的新闻传播从业者带来的不仅是技术手段的更新,更应是意识和理念的提升。

二、积极注入网络元素

相比较而言,网络语言个性突出,更具有直观性、通俗性等特性,若是运用得当,符合汉语言的表达规范,能使新闻报道的语言更加生动活泼,也常常能使新闻标题更加吸引眼球。近些年来,包括党报在内的我国传统媒体为了使得新闻报道更加贴近生活、贴近读者、贴近时代,在话语体系的建构上着力寻求突破和创新,甚至解放思想,大胆追逐潮流。如"给力"一词是网络走红的语言,类似于"支持"、"带劲"、"促进"、"有力道"等意思,2010年11月10日,《人民日报》头版头条新闻《江苏给力文化强省》,意想不到用了"给力"一词,产生了奇效,近八成网民盛赞《人民日报》编辑的思想解放,感叹党报也"潮"了。香港著名媒体人杨锦麟在微博上也发表评论:"人民日报微笑了",一时间,一则新闻引发了一则更意味深长的"新闻",读者普遍感到"给力"。

当然,网络语言的运用应严格执行国家的语言政策,不仅注重语言的创新,也要注重沟通的顺畅和表达的理性,应适度、适量运用和引用,那些"餐具"、"杯具"、"菌男"、"霉女"一类的完全网络化的网络词汇,媒体则不宜引用。

三、善于采用网络内容

在传统媒体的采编业务实践中,越来越多地吸收、整合网络传播内容,以丰富自己的报道形式和内容,已日益成为一个趋向。如2011年5月6日的上海《文汇报》,当日共出版12个版,刊发新闻的版面为5个,多为短新闻,长新闻较少,在刊发的新华社两篇长新闻中,一篇为

《杭州叫停"南宋皇城遗址上建豪宅"》,另一篇为《"醉驾入刑"真能管住酒杯?——网民聚焦"醒"(刑)酒三问》,均大量引用了网络内容①。

在通常情况下,采用网络内容的方式主要有两种——

一种方式是将网络内容引用为自己稿件的新闻根据。如上海《青年报》2011年5月6日刊登的《常德官方称:市长看望赵本山是对文化名人的敬重》一文的开头便写道:"近日,民航资源网发布的一则名为《遭遇雷雨,赵本山商务包机紧急备降常德机场》的消息引发多方关注。"然后再将本报记者采集的相关事实陈述其后②。

另一种方式是将网络内容引用为自己稿件的新闻背景。如上海《青年报》2011年5月6日刊登的又一篇消息《本报记者专访"五道杠"黄艺博的父亲》中,记者则几乎用了近一半的篇幅,引用了近几天里黄艺博父母微博上的详细内容,通过这些背景材料的衬托,让受众对黄艺博及其父母有了全面、客观、真实的了解③。

随着媒介融合的进一步发展,传统媒体和新兴媒体在传播内容的相互引用上,相信会有更加广阔的前景。

思考题:
1. 新闻敏感是一种什么能力?它有哪些具体内容?
2. 怎样正确认识新闻敏感与新闻工作责任感的关系?
3. 新闻价值有哪些具体因素?
4. 怎样理解新闻政策及其主要含义?
5. 应当怎样正确看待新闻价值与新闻政策的关系?
6. 我们与资产阶级在趣味性认识上有什么不同?
7. 什么是新闻线索?它的获取渠道有哪些?
8. 平时准备与临时准备各有哪些主要内容?
9. 怎样认识知识准备与采访功效的关系?
10. 在性质内容和表现形式上采访对象各有哪些访前心理?
11. 传统媒体应当从哪些方面借力网络传播?
12. 传统媒体采用网络内容的方式主要有哪几种?

---

① 上海《文汇报》,2011年5月6日。
② 上海《青年报》,2011年5月6日。
③ 上海《青年报》,2011年5月6日。

第四章

新闻采访中期活动

采访活动中,报道思想的明确、活动目的的确立、新闻线索的获取、采前准备的完成及访问条件的创造等,这只是处在采访活动的初始阶段,或称作意志行动的决定阶段。采访活动的实质性阶段,则在采访的第二、第三阶段,即采访活动的中、后期,或称作意志行动的执行阶段。这是一个采取实际行动的阶段,是意识作用的外化和主观见之于客观的阶段。在这当中,行动时的一系列熟练的动作和技巧、技能,就成了意志行动的必要因素和行为方式。本章和下一章各节中阐述的采访方法和技巧、技能等,就是这意志行动的必要因素和行为方式。

第一节 访问条件的创造

在采访活动即将进入或已进入执行阶段时,除了一些必要的采访方法、技能、技巧要掌握外,应特别注意创造一系列必不可少的、良好的辅助条件,这是采访活动有效率的重要保证。

一、为什么要创造良好的访问条件

古人云:写诗功夫在诗外。从某种意义上说,要搞好采访,常常功夫在采访外。从心理学角度看问题,任何活动要收到预期的效果,必须要创造一系列相应的良好条件并服务于活动前和活动中。

人们常讲新闻采访有相当的"难度",而这个难度则主要表现在访问上。因为记者要在有限的时间内,最大限度地挖掘出所需要的事实材料,然而,采访对象的性格等心理反应又各不相同。譬如:有的心理反应倾向外部,显得开朗、活泼、善交际和言谈,顺应性也强;有的心理反应则倾向内部,显得保守、沉静、不善交际和言谈,顺应性也弱。愿谈的采访对象则又表现种种:滔滔不绝却谈得不在路上的有之;谈得抽象而不具体的有之;拐弯抹角不吐真情的有之;当面撒谎尽讲假话的有之。不愿谈的采访对象也有多种表现:怕难为情不敢谈的有之;谦虚谨慎不多谈的有之;自恃高傲不屑谈的有之;怕批评揭露拒谈的有之。面对这些心理反应不一的采访对象和种种复杂的采访局面,记者又要限时限刻、有质有量地完成访问任务,除了掌握熟练的采访方法、技巧和具备良好的意志品质外,访问前和访问中还必须创造各种良好的访问条件,否则,访问效益实难兑现。

二、创造哪些良好的访问条件

1. 商定较适宜的访问时机

人们从事任何一项活动,必欲先对这项活动产生注意继而靠一定的注意稳定性去支配从事这项活动的兴趣和热情。采访活动也概莫能外,欲使采访对象接待并配合记者采访,就得先使其对采访活动产生注意和一定的注意稳定性。注意和注意稳定性是心理学的概念。所谓注意,是指人的心理活动对一定对象的指向和集中,即人们在某个时候将心理活动有选择地指向和集中于一定的活动对象,而同时离开其他活动对象。注意是一切活动的向导,是外界事物进入心灵的"唯一的门户"。所谓注意的稳定性,是指人在一定的时间内,把注意稳定、保持在一个活动对象上。

注意能否产生及其稳定性程度如何,常常与活动时机选择得适宜与否有直接联系。因此,要使采访对象有兴趣和热情接待记者采访,先决条件之一就得看其注意力能否指向、集中并稳定到接受记者采访这一活动上来,而其中的关键又在于记者对访问时机的选定。

新闻界至今有个倾向,即单方面、一厢情愿地由记者决定访问时间,如或是打电话通知对方,或是带口信告诉对方,甚至"不宣而战",这就于活动效率很不利。譬如,2008年5月12日汶川大地震后,某电视台记者在直播时强行进入手术室,执意要采访已消毒完毕、即将投入伤病员抢救的医生,甚至不顾医生的一再抗议,拦截正欲走向伤员的医生继续提问,造成极坏影响。因此,访问时机应由记者与采访对象商定。

由于采访对象所从事的职业、所处的社会环境不同,工作、生活规律也就不尽相同,所以,记者很难在访问时机上作出统一的规定。根据有关原理,结合因人、因时、因地制宜的原则,适宜访问时机的选择,有两个环节应掌握——

一是让采访对象自己约时间。这样做可以直接产生两个功效:第一,采访对象自己约的时间,一般是其感到最空闲、最方便的时间,因而便于注意的指向、集中和稳定;第二,对方一旦约了时间,人皆有之的守信心理随之产生,在这一心理的支配、驱使下,对方届时便会守约,即使临时又有"程咬金杀出",采访对象因考虑有约在先,也会自觉排除干扰,保证注意的指向和集中。当然,新闻报道有个时效性问题,若是对方所约时间太迟,影响了新闻时效,记者则应说明情况,要求对方适当提前。若是不影响新闻时效,记者则应尊重对方的约定。

二是与采访对象一起工作或生活片刻。常有这样的情况:对方约的时间太迟,记者不能接受;而记者约的时间,对方又不能产生注意。此时此刻,记者不妨"入乡随俗"、"客随主便",与采访对象一起工作、生活一段时间。对方一旦感觉到记者在体谅自己,心理活动容易产生动心现象,会形成心灵交互感:"哎呀,我这人真不应该,人家记者也是为了工作,我怎么能为了自己而耽搁人家的工作呢?"于是,对方便可能作出决定:将其他事先搁一搁,等接受记者访问后再说,这样,采访的注意也就产生了。例如,我国著名女中音歌唱家关牧村有一次随团到上海演出,新华社上海分社一记者多次采访了她,并写就了一篇近4 000字的通讯。因文中两个数字要进一步核实,稿子当晚又要发到总社,故记者只得再次去剧场约见她。没等记者将来意讲完,关牧村便不耐烦地说道:"我马上要化妆,等演出结束后再接待你。"虽说两个数字的核实连半分钟都用不上,但记者只得决心花两个小时耐心等了。10分钟后,关牧村化妆完了,看记者一副诚恳而又无奈的模样,便主动提出:"现在我有十几分钟空闲,咱们谈谈吧。"一分钟后,采访结束,她准备登台,记者回分社发稿,双方皆大欢喜。

西方记者通常很注重访问时机的商定原则。在他们看来,贸然打电话给采访对象,让人家马上给你半小时或更多的时间,这是不明智的举动。他们特别认为,事先约定采访的时间,能便于采访对象有时间做思考准备。例如,美国记者马克斯·冈瑟有一次采写关于儿童自杀的报道,他拜访了一家精神病医院的院长,约定3天后正式采访。院长对他说:"欢迎你来找我,可我实在觉得不能给你多大帮助。"然而当3天之后再次造访时,院长满面春风,露出一副成功的笑容。冈瑟说:"3天之中,他与其他医生进行了交谈,为我搜集了齐全的采访对象名单,不仅如此,他甚至还为我跑了图书馆。他递给我一张纸条,上面开列着刊载儿童自杀病例的医学杂志的参考目录。"

2. 设计较得体的仪表风度

对美的追求是人类的一种共性需要,也是增进采访双方关系的重要和最能发生影响的因素。经社会学家有关调查和实验表明,陌生人相互初次见面时,对方外表的魅力与想再次与之见面的相关系数为0.87,远高于个性、兴趣等相关系数。通常人们称此为"首因效应",或是"第一感觉"、"第一印象",它关系到交往双方对对方的评价,关系到彼此的交往能否持续。一般而言,若是首因效应或第一感觉、第一印象好,交往双方就会产生较强烈的交往愿望;反之,则厌恶交往。

首因效应或第一感觉、第一印象,是关于对外表特性的效应、感觉和印象,主要包括容貌、穿戴、气质等。外表的魅力虽与容貌等"爹妈给的"先天因素有关,但主要因素不在这里,在其中人的服饰打扮起着十分重要的作用。

在有些记者看来,服饰打扮是小事一桩,不值得大做文章,"我从来不讲究打扮,不是照样当记者"。殊不知,这个小小的条件具备程度如何,往往会对采访活动产生奇特的效应。例如,在美国前总统里根举行的记者招待会上,若要引起里根注意而被邀请提问题,记者就得穿红色衣衫,其根据是《华尔街日报》提出的理论:要想引起里根总统注意,就得穿上总统夫人喜欢的颜色的衣服。实验和实践证明,穿戴是一门学问,是一种语言,通过穿戴打扮,可以了解一个人,也可以让人了解自己。美国已有学者在研究、创立"穿戴学",中国记协在1998年也已召开过记者服饰的专题研讨会。这都是值得广大记者关注的。

一般说来,记者的服饰打扮有个原则,即主要不是指华丽、漂亮,而是指得体、大方,主张同采访的场合与采访对象的服饰习惯相吻合。正如有些记者所说的那样:做记者的在穿戴上最没有个性可言的,记者应当是什么衣服都能穿的人。具体而言,记者的服饰打扮从两个方面予以设计——

一是若到机场、会场、剧场、宾馆等场合采访外宾、领导、专家、演员等,不妨着意修饰、装扮一番,面料、款式、品牌应有所讲究,甚至连擦去皮鞋灰尘、抹点鞋油等细节也不应忽略。

二是若到车间、大田、连队、矿井、牧区等场合采访普通群众,则尽可能朴素平常,若是修饰过头,则恐难在情感上与普通群众沟通。

著名记者范长江采访"西安事变"前后的服饰装扮很能体现这一原则。20世纪30年代,范长江在冬天总是一身黑色呢子中山装,另外披着黑色皮斗篷加一顶水獭皮帽子。这一装束在当时是流行的"官服",几乎可以成为出入国民党机关衙门的"通行证",要上百块银元制作一套。但为了混入戒备森严的西安城以采写"西安事变"的真相,他不惜以物易物,将它们换了一身劳动人民的棉裤、棉袄,趴在煤车上进了西安城,因为西北军不盘查老百姓,更何况当时范长江的模样已完全酷似一个"难民"。

3. 讲究较文明的言谈举止

在采访中,记者稍有不慎,或是一句话,或是一个动作,便可能导致双方正常交流受阻。这通常是因为这句话或动作刺伤了对方的自尊心,使采访对象感到受信任程度突然削弱,以致作出改变交往方式和信息编码的反应。实质上,此时双方的相互需要并没有减弱,只是采访对象的情感心理发生了较大变化,以致感到受辱、困惑,因而报之以气,或报之以怨。譬如,有些记者在交谈中,会突然摸出香烟、打火机,边点烟边听对方叙述,或是掏出指甲钳修剪指甲;有些记者则表现得粗声粗气:"希望你们谈得紧凑些,我得连夜赶回县城招待所";"你这位同志的记忆力也真是,怎么才发生几天的事情就想不起来了"。试问,这些言谈举止的出现,采访效果能好吗?

4. 调节较融洽的访问气氛

人们从事任何活动都会产生一种情感,而且,什么样的情感便能导致什么样的活动气氛与效率。情感通常表现为两极性,即肯定或否定、积极或消极、热情或冷漠、紧张或轻松等对立性质。同样是对待记者采访,有些采访对象表现得热情和轻松,有些则表现得冷漠和紧张。

情感的两极性可以在一定的条件下互相转化,即消极可以变积极,冷漠可以变热情,紧张可以变轻松,反之也一样。转化的条件便是使用得体的调节技能。老记者习惯称这一做法为"拆墙",即拆掉堵在记者与采访对象之间情感上的"墙",从而使沉闷的采访气氛变为融洽。

通常情况下,采访对象对记者来访表现消极、冷漠的只是少数,表现较多的是紧张,特别是一些基层群众,一见记者来访,往往紧张、拘谨得不知所措,甚至见记者镜头对准、录音机开始录音,连原先早已背得滚瓜烂熟的话语一句也搜索不出来。据有关实验测定,这类采访对象由于受紧张情感的支配,视觉和听觉会在相当程度上出现呆滞、失灵,连正常的呼吸比例也严重失调——吸得短而呼得长,甚至出现呼吸暂时停止的"屏息"现象。由此造成的沉闷气氛,对记者顺利打开采访局面十分不利。此时,记者若是不按照科学规律行事,还是站在那里向采访对象谈一大通有关采访的来意、要求之类,或是连叫"别紧张"、"放松"之类,那么,事情只能越弄越糟,一是采访对象被紧张的情绪缠绕,一般已听不进或听不周全记者所说的内容;二是只能加剧采访对象的紧张程度。此时,记者应在情感上进行调节。

调节应遵循原则与步骤有序地进行。原则是先避开正题,拣对方最熟悉、最感兴趣、最易回答的事物和问题为话题,与对方闲聊片刻。步骤则一般分为三步:一是只需简单表明身份和来意,如"我是《新民晚报》记者,来采访的",然后自己找个地方坐下来,因为紧张、僵持的双方如果都站着,只会加剧紧张,一方坐下来,可以顿时缓解紧张气氛;二是趁落座之机,迅速用眼光扫视一下室内环境的布置和装饰,然后将视线停留在某件物体上,如或是墙上挂的全家合影照片,或是一幅山水画,或是茶几上放的一只花瓶等;三是以这一事物为话题,与对方闲聊片刻。正如美国一位新闻学者所说的那样:"谈些无关宏旨而可能引起对方兴趣的事,让他忘掉这是采访。除了那些大忙人以外,对于所有的采访对象来说,谈论琐事都可以顺利地打破僵局。"待对方紧张情感消除后,气氛融洽了,记者再相机行事,转入正题。所谓磨刀不误砍柴工,说的正是这个道理。例如上海浦东龚路乡有位农村妇女,给文汇报社写了一封信,信中写道:她的3岁的儿子掉进粪坑,救上来时已浑身发紫,呼吸停止,村上的人都说孩子死了,让她赶快张罗丧事。还算孩子命大,正在探亲的福州某部军医秦医生闻讯从家中奔出,给孩子一按脉搏,有救!秦医生即刻俯下身,口对口一口口地将孩子嘴里、鼻子里的粪便吸出。孩子母亲多次请求秦军医喝口凉开水漱漱口再吸,但军医连连摆手,一刻不停地抢救,最后,硬是从死神手中夺回了孩子的生命。这位农村妇女恳请报社表扬这位军医的事迹。《文汇报》当即派一记者前往采访,拟将来信改为小通讯发表。当记者大汗淋淋赶到这位妇女家时,这位农村妇女并没有像记者想象中的那样赶紧端茶、让座,竟紧张得站在那一动不动。记者见状,便着手调节气氛,随即以窗台上晒放的一簸箕萝卜干为话题,请教腌制方法。该妇女答道,"这很便当",随着关于腌制方法的叙述,该妇女放松多了,气氛也慢慢融洽了,谈话随即进入正题。

在采访重要事件和重要人物时,有些记者也常会表现出紧张。要战胜别人,首先要战胜自己。此时记者也必须进行调节,调节的原则与方法同对采访对象的调节基本相同。正如美国一位学者建议的那样:"在走进他的房间之前,舒展一下身躯,作几次长长的深呼吸。某些不安和紧张的心情就会消失。在走进去的时候,面露微笑,不要匆匆忙忙'言归正传'。不妨闲聊几句——即使谈谈天气也好。"一位美国记者有一次采访美国前总统艾森豪威尔的夫人时,显得有些紧张,于是记者沉住气,挑总统夫人的宝贝小孙子为话题先闲聊起来,结果,夫人高兴得无话不说,气氛十分融洽。

5. 摆正较合理的相互关系

采访中,记者与采访对象之间的关系怎么处理,往往也是关系到采访效果的一个重要条件。而在这个问题上,记者的态度端正与否则是关键。记者应当自尊与尊重采访对象。只有自尊,才能产生提高自身修养的需要;只有尊重对方,才能有深化交往、发展关系的基础。

应当特别强调记者要尊重采访对象,因为这是对对方的自我价值的肯定行为。采访对象如果感觉到记者对自己不尊重,那他就会因自己的自我价值未得到记者承认而感到委屈和不快,随即便会对记者产生厌恶情绪,以致使原有的需要心理减弱和转移,使采访受到影响。而相互尊重,则给人的心理以强化作用,使交往双方因对方对自己的肯定行为而提高了与对方交往的需要。例如,范长江新闻奖、全国十佳新闻摄影记者"金眼奖"获得者、中国《法制日报》摄影部主任居杨,去监狱拍摄《重刑犯》组照,拍摄对象都是重罪在身,杀人、抢劫、贩毒等,应有尽有,根本没人愿意接受居杨的采访和拍摄。从第一次过监室起,居杨就尽力调整自己的心态和态度,尽可能以平和的语调、语气与他们聊天。她认为,犯人也是人,也应受到尊重。在一个多月的时间里,经过一次又一次的交心,这些重刑犯终于去掉了敌意和戒备,愿意接受采访和拍摄,居杨这才端起相机,顺利地完成了组照的拍摄。特别值得提及的是,出于对这些重刑犯人格的尊重,居杨尽量避免拍摄面部,为了不惊扰他们,也没用闪光灯,就靠窗户透进来的那一缕光。《重刑犯》组照后来在平遥国际摄影节上展出时,深得国内外同行赞赏。

综上所述,记者处理自己的态度和摆正与采访对象的关系的总的原则应当是:不卑不亢,谦虚庄重,对任何采访对象都应扫除等级观念,除少数敌对者外,均应以礼相见、以诚相待。具体可从两方面看此问题——

一是见了外宾、领导、名人、专家等采访对象,不要低三下四、阿谀奉承。自卑自贱和奉迎拍马者不会给对方留下好印象,反而会招致对方心理上对记者产生厌恶和不信任感,以致作出不屑作谈的心理反馈。因为人家一般不会相信感情虚伪的记者能写出真实可信和有分量的新闻报道。无数实践证明,记者一旦失去了采访对象的信任和尊重,其采访结局一般是糟糕的。例如,一位记者去武汉钢铁厂采访,转了一圈后,该记者说开了:"参观了武汉钢铁厂之后,真是大开眼界,武钢规模宏伟,果真是全国最大的钢铁基地呀!"该厂领导连忙纠正:"不,不是最大的。"记者说:"噢,是全国最老的钢厂了。"对方又连忙否认:"也不是最老的。"记者又说:"嗯,对了,那总该是最先进的。"对方更不能接受:"比起宝钢等钢厂,我们差远了。"记者脸上泛起了红晕,但仍坚持吹捧说:"嗨,你们别谦虚了,各有千秋嘛!"厂里同志微笑但十分认真地回答说:"这不是谦虚,是实事求是。"经这一折腾,厂方接待该记者采访的热情锐减,最后,这位记者果真没有写出稿子。

记者遇到上述采访对象若是出现胆怯、气短等紧张心理,可以通过调节使之恢复正常。同时,可在脑子里强化这一意识,即自己是党、政府派往各地的新闻工作者,是人民的记者,而不是到处求人施舍的乞丐。坐在你面前的采访对象,不管其级别、身份多高,多么有钱有势,从某种意义上说,都是同志或朋友。这样,记者便会感到理直气壮了,记者的自信力一强,对方的心理便会受到感染,不会讨厌你,更不敢轻视你,从而开诚布公地倾心交谈。退一步讲,为了愉悦对方或活跃气氛,记者即便要夸赞、恭维对方几句,也要掌握原则,即对事不对人。譬如,"哟,周教授,我觉得您真了不起,知识渊博,著作等身。"——糟糕,要坏事;"周教授,您最近出的新闻写作教材,我正在看第二遍,听说新华书店这本书早已卖完了。"——策略,对方容易接受。

二是见了基层普通群众,也不要眼睛朝天、盛气凌人。在这类采访对象面前,记者越是以"无冕之王"、"钦差大臣"自居,对方的自尊心就越受损害,一旦形成心理反馈后,就越不买你的账。在普通群众面前,记者应特别讲究"自己人效应",尽量以普通人姿态与他们交往,努力淡化角色差异,从而使采访对象将记者看作是自己人,那么相互关系自然就和谐、融洽了。我国许多老记者、名记者下乡采访时,不坐小汽车,脚蹬自行车,不住宾馆,跟老乡睡一个炕,这种精神是应当继承和发扬的。

中国近代著名记者邵飘萍生前留下这样一句名言:"谦恭不流于谄媚,庄严不流于傲慢。"这是他在采访对象面前处理自己形象与态度的座右铭。应当说,此话至今仍是至理名言。

6. 穿插较丰富的形态语言

记者与采访对象交谈时,并非只是通过言语形式作为唯一交流手段,只要留意观察,同时展开交流的还有一种形态语言手段,通常也叫做"非言语手段",新闻界有人称之为"无声谈话"。实践与实验都证明,在采访所获得的信息中,来自语言的大概有七八成,剩下的二三成,则基本靠形态语言手段。人是通过自己的整个身体表达信息的,采访者在这方面也要充分地调动五官去感受。采访的妙不可言之处正在这里。这种语言主要由表情手段构成,具体为三个方面——

一是面部表情。这是人类最主要的表情动作,在采访活动中起着重要作用。该表情主要集中在眉间、眼睛和嘴这个三角区内,而以眼睛表情最为丰富。心理学家确认,女记者比男记者与采访对象交换目光更频繁,因而所得的答复与材料更多,男记者从男采访对象那儿所获材料相对少些。

二是体态表情。人的站、坐姿态和举手投足等,均可表达一定的信息。

三是手势。这是人们在交谈中用以加强言语效果的表情动作,恰到好处的手势既可传递信息,又可产生强烈的感染力。

在采访中,记者不应只顾埋头记录,恰当地运用形态语言,常常可以收到口头言语难以达到的效果。譬如,在采访交谈初期,有些采访对象愿意提供材料,但不知道什么是有价值的和记者需要的,故虽谈兴很浓,却有一种不安的心理流露出来,正如古人所云:"有思于内,必形于外。"流露的形式便是形态语言:或是眼睛直盯盯地看着记者,或是用手下意识地拉拉衣领,忙乱地交叉着手指等。"言"下之意不外乎是:"记者,虽然我在谈,但不知道谈得对路不对路?"此时,记者则应及时、适当地通过形态语言给对方以信息:若是觉得对方谈得对路,那么,或是目不转睛地全神注视对方,或是递上一个会心的微笑、肯定的点首,也可做一个肯定的手势,或可俯下身去,在笔记本上紧记几笔,都立即会增强对方的谈话信心;若是觉得对方谈得不在路上,那么,一个皱眉、咂嘴、一个漫不经心的眼神,或是一个示意停止的手势,再不就推开采访本、直起身子等,对方的谈兴便顿时会落下去。趁此机会,记者则可用婉转的口吻重新提问和引导,将对方的说话思路调节到记者需要的轨道上来。顺便强调一个理念,即做笔记绝不是负担,而是记者有效采访的一张王牌。

总之,在交谈中,记者切忌表情呆板,态度不能过于严肃,不能停留在"公事公办"的神情上,应注重情感的双向交流及与谈话的有机结合。可以断言,记者若是一副泥塑木雕般的面孔,是不可能指望获取较好谈话效果的。

7. 掌握较灵活的注意转换

心理学把注意一般分为两种:一种叫有意注意,即指有自觉目的和通过一定努力、自制产生的注意,如采访对象绞尽脑汁、搜肠刮肚地向记者叙述材料就属这种注意;另一种叫无意注意,即指那种自然发生、不需要任何努力、自制而产生的注意,如记者与采访对象正在交谈时,一个外来的声音,或一个人推门进来询问什么事等,皆会立即引起交谈双方的自然关注,从而分散、转移了原先的注意力,这种现象就属无意注意。在一定的条件下,这两种注意对采访活动都会发生积极和消极的效果,且两种注意随时都能转换,记者若能在采访中灵活机动地处理,则能提高采访活动效益。具体做法是——

一是强调采访意义。当记者与采访对象刚见面,采访对象的注意力还没有转入有意注意状态时,记者可反复强调这次采访的意义,促使对方明确活动的目的和自身需要的满足程度,因为目的和需要是引起及保持有意注意的主要条件,目的和需要越明确,采访对象对采访活动的愿望才会越强烈,注意力才会越集中。

二是约束神情语态。当采访对象注意力高度集中、谈兴正浓且谈得对路时,记者的表情不宜过于丰富,动作不宜过多,包括倒茶、点烟、吐痰等,能忍则尽可能忍耐一下,因为这些都可能使采访对象产生无意注意,从而影响活动效益。

三是排除外来干扰。记者与采访对象交谈时,常可能发生外来干扰,譬如,记者在某公司采访某经理,忽然秘书推门而入请示、汇报某件事,或是突然来个电话等等,使采访对象产生分心而不知所云或停止谈话。遇上这类情况,记者干脆搞些无意注意,如借机倒茶、点烟等,过片刻后,可用慢节奏语调启发对方,如,"刚才我们谈到哪里啦?噢,谈到……好,请接着谈吧。"这样,就可促使对方有效地进入回忆状态。在这里,倒茶等动作属无意注意,而慢节奏语调的启发和引起的回忆心理状态则属有意注意,两种注意经如此转换使用,原先分散、转移的注意力,即可重新转换、集中到原来的话题上来。

四是变换活动方式。靠有意注意维持的活动,经实验和实践证明,一般不能维持太久,通常在一两个小时之内。因为这种注意是靠紧张、自制的努力维持的,过了一定的时间限度,人们便会产生疲劳,引起一系列功能性紊乱,从而降低活动效益。

若要克服、消除疲劳,此时则应适当调用无意注意,双方放松一下,并根据需要和客观条件的许可,变换活动方式,就可立即生效。如记者可当机立断地宣布休息,站起来走走,舒展一下身子,或是变原来在室内坐着谈的形式为室外走着谈的形式。只要这么做了,双方都会顿时感觉轻松,那么,接下去的采访活动效果又可得到保证。

上面涉及的诸条件,一般都是客观物质的东西,但是,均靠主观努力去创造。因此,要使一系列良好的访问条件得以创造、具备,记者除了必须掌握采访学、心理学、社会学、人际关系学等基本原理外,主观能动性的发挥,则成了决定因素。

第二节 提问技能的掌握

所谓提问,实质是运用谈话的方式研究采访对象心理的一种方法,是记者采访活动的主要实施形式,也是关系采访活动成败的关键。2011年1月29日下午3点22分,上海浦东三林镇一民宅爆炸,造成一死二伤的严重后果。一名大二女生正在家里做作业,父亲在床上休息,女儿被炸得生命垂危,父亲也是伤痕累累。从街上闻讯赶回来的一名中年妇女,目睹女儿和丈夫此时的惨状,伤心万分,向记者哭诉说:"已买好去湖北的车票,全家明天正准备回老家过年,现在可怎么办哟?"上海电视台一记者随即询问:"看来这个年你们要在上海过了,请问有何打算?"问得这位妇女面对镜头和话筒,目瞪口呆了半晌才答道:"还能有什么打算?"场面弄得十分尴尬。

采访中,记者要较好地组织起提问,确实不是件容易的事。老记者周孝庵在《访问》一文中指出:"访问不难,发问实难","发问之如何,足以卜访问之成败。"著名记者柯天也有同感,他在《怎样做一个新闻记者》一文中指出:"采访是一种应世最高的艺术,也是新闻学最微妙而又最困难的技术。说起来并没有什么一定的格式,只可说,'运用之妙,存乎一心'。"因此,为了提高提问的效率,保证整个采访活动的顺利进行,记者必须熟练地掌握提问的技能以及注意事项。

翻开中外采访著作或教材,涉及提问技能或方法的,或许不下几十种。本书不想就这几十种技能或方法一一展开论述,一是觉得搞那么几十种不见得科学;二是觉得讲那么多,不便于记者特别是初涉新闻工作的同志的实践操作。基于采访的原理并综合心理学的有关原理,对此专题侧重从两个方面予以阐述。

一、提问的三种形式

一般说来,提问的主要技能与方法皆可纳入下述三种形式,即正面提、侧面探、反面激,而且,各种类型的采访对象也基本分别适用这三种形式。

1. 正面提

即提问要开门见山、直截了当、单刀直入,不要拐弯抹角兜圈子。此形式一般适用于两类采访对象,一是记者熟悉的;二是干部、学者、演员、运动员、外宾等。前者因为熟悉,情感交流早已建立,过于客套、寒暄反而显得见外;后者则有相当的社交经验和社会经历,顺应性一般较强,容易领会记者意图,再则,他们一般公务较忙,惜时如金,因此,记者过于寒暄或启发引导,反而显得多余,甚至招致对方反感。

这一形式是提问的基本形式,使用难度一般不大,只要注意提问切题即可。但是,应当强调的是,即后一类采访对象由于工作、职业习惯,回答问题时往往习惯一二三四地谈原则和条条,虽条理清楚,却比较抽象,具体、实在的东西较少。因为新闻报道要反映的恰恰是具体、实在的东西居多,因此,对这一类采访对象的提问,记者除了事先准备大纲细目时要周密、具体些以外,谈话时还应当有意识地按步骤引导与深入挖掘。例如,新华社某记者有次采访随团到上海演出的歌唱家关牧村时,所问的第一个问题是:"上海观众正急切地盼望观看您的演出,请问对此有什么感想?"关牧村笑着回答:"请转告上海观众、听众,对我不要抱太大的希望,希望越大,失望也越大。"记者注意有步骤引导与深入挖掘:"上海观众、听众的艺术欣赏力是较高的,相信您这次来上海一定是有备而来的?"关牧村坦诚回答:"是的,正因为我深知上海观众、听众的欣赏水平,所以我这次从青岛乘船到上海,不敢休息,抓紧时间对着大海练嗓子,有两支歌还没公开唱过,这次是作为特别礼物献给上海观众、听众的……"由于记者注意引导与挖掘,这次采访比较成功。

2. 侧面探

即运用启发引导的原理和技能,旁敲侧击、循循善诱地促使采访对象对以往的新闻材料产生回忆。好比打仗一样,正面攻不下来,就采用迂回包抄,从侧面进攻。该形式通常适用于想谈但一时对往事不能产生回忆的采访对象。在多数情况下,记者采写的是非事件新闻,因而就涉及采访对象必须通过良好的回忆过程,对已发生的新闻材料进行回忆性叙述。但是,往往事情发生已久,加上人皆有遗忘性,采访对象往往对往事一时难以产生回忆,因此,记者必须通过积极启发引导,打开对方记忆的闸门。

每遇这样的采访现象,记者万勿着急,更不应误判,以为采访对象是不想谈、不合作,而应摆出一个内紧而外松的态势,即思想、心理活动仍需积极进行,外部神态则轻松自如,然后发挥"磨功",与采访对象"闲泡",力争做到:他紧张你轻松,他冷淡你热情,他言者无意你听者有心,抓住机会,一举突破。

启发引导通常也称为联想,有具体规律和方法可循——

一是接近性启发引导。即记者凭借经验,对在空间或时间上相接近的客观事物形成联系,而使采访对象通过一事物回想起另一事物。

二是相似性启发引导。即记者凭借经验,假设、列举出在性质上相似的一些客观事物,而使采访对象通过这些事物回想起另一些事物。

三是对比性启发引导。即记者凭借经验,假设、列举出在性质上相反的一些客观事物,而使采访对象引起对另一些事物的回想。

上述三种启发引导的具体方法,可以单独使用,也可以交替使用,只要使用得当,效果将十分显著。例如,在我国一次边境反击战期间,第二军医大学长征医院军医吕士才,身患结肠腺癌,但他瞒着组织,写下决心书，坚决要求上前线，并出色地完成了党交给的救护伤病员的任务。回国不久，他不幸因病去世。中央军委根据他的表现，追认他为"模范军医"。消息传出，《解放军报》《健康报》《解放日报》等新闻单位均相继采写发表了长篇通讯，《文汇报》则在稍后时间派记者去接触这个题材。后发制人比先发制人有难度，将别人烧出的并已冷却的饭再炒出滋味来，显然不是易事。《文汇报》领导派了颇有经验的记者章成钧前往长征医院。当他与曾同吕士才一起前往前线参加救护任务的有关医护人员一坐定，果然不出所料，困难一个个出现了：一位采访对象抱怨说，我们从前线回来，一天都没有休息，天天从早到晚应付门诊还来不及，又得接连不断地接待你们记者，你们各家记者为什么不约好一起来呢？另一位采访对象说得更干脆，你《文汇报》记者再采访，也问不出更新更深的材料了，何不把人家报纸已经发表的报道拿来转载一下，不是大家都省事吗？章成钧虽然不这么认为，但他也承认：这些采访对象疲劳了，对记者采访的厌烦心理已产生了，况且，前线的事发生已久，加上当时大家忙于完成任务，并没对吕士才的事格外予以关注，一时难以产生回忆，也只能停留在各报所用的几个材料上，如"吕士才用手捂住身上疼痛部位，一手握紧手术刀，坚持手术"、"他实在疼痛难忍时，便匆匆吞几粒止痛片，又返身上手术台"。于是，《文汇报》记者没有再"穷追猛打"，而是摆出一副内紧外松的姿势，继而向采访对象示意：既然如此，诸位也不要过于为难了，我坐一会便走。所有采访对象听此一说，均放松了。记者随即看似轻松随便实质是颇有用意地与对方"闲泡"起来。他说，一般人平时有个头痛脑热的，吃和睡都不太正常，吕医生癌症到了晚期，疼痛是那样的难忍，吃和睡一定是不正常的吧？其实，记者此时已开始有意识地启发引导了。果然，一采访对象回忆起一个细节：有一次吃饭，坐在他一旁的吕士才边吃嘴里边发出"嘶、嘶"的声音，他侧头一看，只见吕士才在大口大口吞嚼辣椒，并难受得满头大汗。记者眼睛一亮，顿感机遇来了，但耐住性子，进一步"闲泡"道：这能说明什么问题，或许吕医生有吃辣的习惯。这一下，几乎所有的采访对象都争着发言了。一医生抢先说道：吕士才是浙江绍兴人，没有吃辣的习惯，在上海当兵18年，我们也从来没见过他有这个爱好。记者感到"火候"已到，便加大启发引导力度说道："吕士才作为一个军医，应该十分清楚，他患的癌症和因劳累造成的肛瘘大量出血，此时此刻应该忌酸辣还来不及，为什么还要吞吃辣椒？"又一位采访对象抢先解释道:"因为疼痛的折磨,吕士才同志难以吞咽食物,造成体力严重不支,做手术时手臂在不停地抖动。为了保证手术质量,他知道辣椒开胃,于是便一口辣椒一口饭,硬逼自己吃东西。"采访对象回忆的"闸门"终于被撬开了,类似的材料一个个回忆出来。由于采访手段得当,《文汇报》所发表的关于吕士才的通讯,虽属后发制人,但成功了,材料新颖,主题深刻,读者评价很好。

3. 反面激

即记者通过一定强度的刺激设问,促使采访对象的感觉由"要我谈"转变为"我要谈",从而打开采访通道。此形式通常适用于谦虚不想谈、有顾虑怕谈或自恃地位和身份高而不屑谈等采访对象。

采访中常遇这样的现象,即有些采访对象并不是不善谈,而是因种种原因不愿谈。一般说来,人的任何活动都依赖于感觉,对于某项活动,人们对它不感兴趣,感到与自己的切身利益无关紧要,那他就不会积极去进行这项活动。反之,若觉得有兴趣,或与自己关系密切,他就会积极去进行。有关实验又证明,感觉不是固定不变的,它依赖于刺激,通过一定强度的刺激,感觉可以朝原来方向发展,也可以朝相反方向变化。针对上述谦虚、有顾虑或高傲等不愿谈的采访对象,记者则可采用一定强度的刺激设问,促使对方在感觉上发生变化,从而使采访活动顺利进展。

在具体实施时,反面激形式又可从两个方面掌握——

一是激问。即记者在其所假设的问题中,投入一定强度的刺激,迫使对方感觉朝相反方向转化,然后乘势追问。例如,有一年1月,河南平顶山矿务局四矿通讯员于志琦到北京出差,住在海淀区的花园饭店。晚饭后散步时,发现院内有两辆汽车车窗上贴有峨眉电影制片厂《咱们的领袖毛泽东》摄制组的标牌,又听说扮演毛主席的特型演员古月同志就住在这里。顿时,他产生了采访古月的念头,于是将古月曾经演过的影片在脑海中回忆起来,找出其中的成功和不足之处,并将记忆中有关古月的材料全部"调"出予以整理,为采访做好一切准备。第三天晚上23点,他在饭店3楼服务台见到古月,快步迎上去开门见山地说:"胡学诗科长,咱们能交谈一会儿吧?"古月眉毛一扬地说:"你是怎么认识我的?"于志琦不慌不忙地将古月在从影前的事说了一些,并说:"当年你搞文化宣传当科长,我是宣传干事,说起来还算是一条战线的人哩!"古月被这句话逗笑了,燃着一支烟想走。于志琦忙就古月在

《四渡赤水》、《大决战》、《开国大典》等影片中的表演为话题谈起,并直言不讳地说他在《大决战》中的表演远远不如《开国大典》成功。原先想谢绝采访的古月立即被此话吸引住了。就这样,两人相互交谈了40多分钟,古月猛然想起第二天早上5点还要外出拍片,只好抱歉地起身离去,临走,主动在于志琦的采访本上题字留念。殊不知,在此之前,即使中央级新闻单位的记者要采访古月,也都是事先约定的。

　　二是错问。该方式的刺激强度超出激问,而且,要求记者从事实的反面设问,如煤炭明明是黑的,记者故意将其说成白的,促使对方的兴奋程度剧增,迅速产生要否定错误、澄清事实的感觉,于是便讲真话、吐实情。台湾学者称此为以误求正法,即记者若不能从正面得到事实真相,则可故意从事实的反面问些问题,使对方觉得记者所知的是不正确的消息,若不急于改正,便有被刊出、坏名声的可能。例如,江苏《新华日报》有一记者,根据国务院关于搞好安全生产的指示,有一次去南京某厂采访。这是一个数千人的大厂,因安全措施落实得好,已连续7年未发生过一起安全事故。由于记者事先得知该厂领导有思想顾虑,不愿在报上张扬,并曾婉言谢绝过其他记者对这一题材的采访,故记者一坐下来就使用错问手段:"记不清在哪里听说了,你们厂今年二月份因为安全措施没落实,曾经触电死过一个人,是不是?"接待采访的是该厂的一位副厂长和厂办主任,本来想通过"打太极拳"再次婉言谢绝记者采访,但听此错问后,顿感十分震惊和委屈,相互看了看后,两位厂领导几乎不约而同地转向记者答曰:"我们厂?二月份死过人?不可能!"记者紧追不舍:"为什么不可能?"副厂长显然激动起来,一边示意厂办主任打开文件柜,把该厂历年有关安全生产方面的总结报告取给记者看,一边拉大嗓门站着向记者叙述厂领导抓安全生产的一条条具体措施。采访通道就此顺利打开。

　　当然,错问虽属一种采访技巧,但容易造成采访对象的误解,故记者切记不可离道德太远,在采访结束时,一定要说明原委,不要留下后遗症。仍以上述实例为例,记者在采访结束时就作了如下解释:"你们厂7年没有发生安全事故,是因为厂领导抓安全生产有具体措施和方法,我们记者如果要使每次采访获得成功,也得调用各种方法,譬如对你们这些谦虚的对象,提问时故意把事实颠倒就是一种方法。"在一阵会心的笑声中,对方的误解消除了。

二、提问的注意事项

为了保证采访活动效率的顺利兑现,在提问三种形式的实施过程中,还应当注意下述事项——

1. 提问宜简洁

记者对每个要提的问题,事先在其用语的长短上应当精心设计、推敲,原则是宜短勿长。这是因为,人的记忆能力有限,提问一长,采访对象容易前记后忘,以致常常出现这种局面,当记者长长地提问一通后,采访对象只能要求记者:"对不起,请您把刚才的问题前面部分再重复一遍。"

有些记者提问不能简洁明了的一个主要原因是,不善于将所提问题同大段背景材料分开处理,而是像"包饺子"似的将大段背景材料硬塞在问题的中间,以致效果不好。譬如,假设以高校目前校风状况为题材,某记者如此向某校长提问:"校长先生,您认为造成目前我国高校相当部分学生整天逃课甚至纷纷退学而去经商以致学校的教学秩序日趋混乱的局面的主要原因是什么?"那么,这个问题就很可能令采访对象难以接受,因为是既不简洁也不明了,问题中间塞了一大段背景材料。如果将学生的有关背景材料抽出,放在前面先陈述,然后记者再问:"请问校长,您认为造成这一局面的主要原因是什么?"效果就一定要好得多。

西方记者一般很注意如何提问,善于将问题设计得简短、明确,他们懂得"报酬递减率",即提问越长,回答越少,甚至有去无回。

2. 提问宜具体

任何事物都是错综复杂的,且有个形成、发展、结束过程,记者如果笼统、抽象地提问题,采访对象就犹如老虎吞天,难以回答。因为这不符合人的思维及心理活动规律,思维活动不是一下子能完成的,得有个具体过程,而具体化是思维的主要组成部分,能促使人们对事物的认识活动更深刻、有序地发展。根据这一原理,记者在提问时就应按照事物形成、发展到结束的全过程,将一个大的、总的问题破开,化成若干个具体问题,一个一个地细细问清了,也就是说,提问具体化了,大的、总的问题也就自然解决了。例如,周总理逝世不久,一位记者去采访周总理的警卫员李建明,刚一坐定,记者劈头就问:"老李,请谈谈周总理给你的印象?"对方沉思了好大一会儿才答道:"总理好啊好总理!"尽管记者再三要求对方具体谈谈,但因为自己并没有破题细问,故这位警卫员仍是一个劲地重复"总理好啊好总理",最后,这位朴实的警卫员竟双手捂住脸失声痛哭起来。记者被弄得手足无措,加上感情受到感染,竟也一起陪着流泪,结果,这次采访就以采访者与被采访者哭成一团而告失败。在老记者指点的基础上,该记者在第二次采访这位警卫员之前,就将第一次采访时所提的大问题,从各个侧面化成十余个小问题,如"为什么说周总理生活十分俭朴"、"为什么说周总理时刻把人民群众的安危装在心里"等等,然后在采访时请对方通过一个个具体实例予以说明。结果,采访进展得十分顺利。

3. 提问宜间接

在具体发问时,可以是直接发问,即就新闻要素中的"什么"要素发问,这属封闭型发问。如"你午饭吃了吗?"、"吃几碗?"等等,这种发问方式固然简洁明了,但对方遇此发问,限制性较强,不欲多言,一般以"是"或"不是"之类片言只字了之,新闻内涵较少,交谈形式也较呆板。例如,曾有一美籍华裔花样滑冰运动员随队来中国访问,其心情格外高兴、激动,因为一来可以看看中国,加深两国运动员之间的交流;二来可以探望长期居住在中国的母亲。在北京机场一下飞机,某电视台记者手执长话筒,以直接发问的方式采访了这位运动员:"这是你第一次来中国吧?"对方答:"是的。"记者问:"心情一定很高兴、很激动吧?"对方答:"是的。"记者又问:"听说你母亲现在中国居住是吗?"对方还是答:"是的。"记者再问:"这次回来一定要看看她了?"对方再答:"是的。"显然,这样的谈话提问形式是单调的,也无多少信息量可言。若记者把采访对象看成积极能动的主体,将提问换成间接发问,即针对"为什么"这个要素发问,变封闭型发问为开放型发问,则对方就不能以"是"或"否"答之。如,记者不妨这样设问:"看得出,对此次来中国访问和表演,你比其他运动员更高兴、更激动,请问为什么?"

4. 提问宜深刻

特别是在采访干部、专家、学者等对象时,提问应有深度,这样,对方才有思考的空间,答得才有深度,往往可以出其不意地掏出颇有价值的材料来。如《新民晚报》有位记者有一次采访作家王蒙,从第二天见报稿《我们有笑的必要和权利》一文中不难看出,记者事前对对方有较深的研究,采访层层深入,引出一些有深度又有情趣的内容来。请看报道末尾的问答:"《青春万岁》是你的长篇小说,可是为什么要让《被爱情遗忘的角落》的作者张弦来改编成电影呢?"临走,记者又提出一个问题。王蒙略作思索后笑答:"早在50年代我就推荐过张弦;再说我不大喜欢写电影,倒不是怕'触电',而只觉得与其在自己的作品上改来改去,不如再搞个新的小说。"作家似乎言犹未尽,又补上一句:"当然,我这是嫁'祸'于人啊……"王蒙笑了,记者也笑了。这种良好的采访效果,显然与记者提问有深度有直接关联。

5. 提问宜自然

记者提问与采访对象作答,实际是在进行一场谈话,既是谈话,就必须受"谈话法"的基本方法支配。记者采访的目的在于了解情况,提问则是了解情况最直接、最简捷的方式,问题提得好,不善言谈的采访对象也可能滔滔不绝;反之,极善言谈的采访对象也会守口如瓶。因此,提问是谈话能否顺利进行的关键,提问艺术是记者谈话艺术的概括和集中。采访是真正寓问于谈的交谈式,还是搞成一问一答的僵化式,这是检验一个记者成熟、老练与否的标志,也是采访深入、报道深刻与感人的前提。既是谈话,首先就得有亲切、自然的谈话气氛,而解决问题的关键,则是要求记者将所要发问的问题设计成讨论式的,然后,双方就这些问题展开讨论,就容易谈得自然、亲切、深刻。例如,国画大师刘海粟十上黄山时,《黄山旅游》杂志一记者请求采访,刘夫人再三挡驾,最后破例给了10分钟时间采访。该记者巧妙地从谈对黄山的印象入手,将提问设计成交谈式,刘海粟先生兴致上来了,一谈便是一个半小时。

6. 提问宜节制

到一个地方采访,记者不能以"无冕之王"自居,谈话提问不能随心所欲,要有一定的节制和自我约束。具体分为两个方面——

一是谈话提问要得体、贴切。谈话提问的语气处理得如何,直接影响到采访的效果。例如,中央电视台要搞一组访精神病患者康复的专题报道,一节目编辑问一原是小学教师的女患者:"你什么时候得的这个病啊?"对方十分敏感地反问:"什么病?"该编辑随口便答:"就这个精神病呗。"对方感到刺激太大,立即起身离去,节目制作只能暂停。再次采访时,当时作为节目制作组组长的赵忠祥则改为委婉、和蔼的口吻问道:"你在医院住多久了? 住院前觉得怎么不好呢?"一下子,该患者感到记者亲切、可信,便在回答一系列提问后说:"最近,我快出院了,我非常想念我的学生们。我真想快点治好病,能为教育孩子贡献我一份力量。"于是,节目顺利拍摄成功。

二是谈话提问要讲究分寸。这是指谈话提问的内容,要有分寸,不能漫无边际,还得增强守密观念。例如,一实习记者有一次到海军舟山基地采访,俨然像一个大首长视察,大问人家的装备和火力配备情况,还强行向基地首长索要舟山海军的火力配备图,直到上级组织闻讯后,才制止了这场"无法无天"的采访。

第三节　调查座谈的主持

采访活动的基本形式除了个别访问外,通常还采用开调查座谈会的形式。

一、调查座谈会的效果

比较采访活动的其他形式,调查座谈会形式能产生下述明显效果——

1. 节省时间

比较个别访问及其他采访形式,调查座谈会可以用较少的时间迅速收集较多的新闻线索和材料,大型及综合性报道的采访若采用此形式,收效则尤为显著。

2. 互相启发

个别访问时,采访对象若一时产生不了回忆,得靠记者启发引导,虽也能见效,但因为情况不太熟悉,故难免受到局限,记者也颇感吃力。而熟悉情况的几个采访对象若一起座谈时,如果某人对有关材料回忆不出,知情者们稍加启发或提示,便可产生回忆。美国学者奥斯本曾倡导一种集体发挥创造性的方法,即"头脑风暴法",又叫脑力激荡法,它使人们在小组的集体中思考,互相启发,产生连锁反应,最后引导出创造性意见。这其中的一种方法也就是开调查座谈会。

3. 及时验证

个别访问时,仅凭采访对象一人谈,即使带有主观偏见或弄虚作假,记者一时也很难鉴别这"一面之词"的真伪。几个人一起座谈时,一个人说得不全面或说错,众人可以补充或纠正,某人想要糊弄记者,即使是说谎老手,脸上不露一丝痕迹,但记者只要心细,也可以从知情者脸上,或多或少地捕捉到"此人在说谎"的信息,以便及时对所述材料进行验证。古人云:"心不正则眸子眊,心正则眸子瞭",即眼神是任何时候都做不了假的。例如,某记者在县委书记等领导的陪同下采访该县一座大型扬水站,在座谈时站长说:"我们这个扬水站可以浇地5万亩。"说话前,该站长先望了一下县委书记等领导,说话时目光游移、神情犹豫,县委书记等领导的神态也有些不自然。记者及时察觉这些眼神及神态,于是当即追问:"是已经浇地5万亩,还是可能浇地5万亩?"站长的表情更不自然,连忙答道:"是可能,是可能。"于是,一次失实报道终于避免。因此,这一形式既可以缩短思维心理活动过程中验证期的周期,也可以使因当场得到验证的材料既真实可靠又客观全面。

二、主持调查座谈会的技能

调查座谈会既然是个收效明显的采访活动形式,那么,作为调查座谈会主持人的记者,就必须掌握开好调查座谈会的技能,否则,就产生不了应有的效果。主持调查座谈会可以有以下技能——

1. 事先通知对方

即记者要在采访前把座谈的内容、目的及要求告诉对方,以使对方早有准备。前面已经提及,明确活动的目的,是活动有效率的前提和保证之一。参加座谈的采访对象,只有事先明确了要谈什么、为什么要谈及怎样谈等事项,才能尽早地集中自己的注意力。

2. 精心选择参加座谈人员

参加座谈的采访对象不是张三李四皆可充数的,记者得精心选择。通常记者应选择下述三类人员参加:一是要选择具有代表性和知情者参加,这是记者了解事物来龙去脉、详细占有材料的首选人员;二是选择对某事物持不同意见的人员参加,这样,可以促进记者对某一事物思维的正确性,从而达到全面认识事物的目的,即所谓的兼听则明;三是要选择那些不仅了解情况而且对新事物热情、对新闻报道工作支持的人员参加,否则,参加座谈会的人员虽然了解情况,但对新事物冷漠无情,对新闻报道工作无动于衷,那么,调查座谈会也活跃、热烈不起来。

3. 控制参加座谈会的人数

每次座谈会的人数以三五人或六七人为宜,实践证明,这个人数可以保证谈得深刻、具体,记者也容易主持。若是几十人参加座谈,则就难以收到预期效果。例如,有两位记者有次去上海港某作业区开个调查座谈会,由于事先没有向所在单位明确这一要求,只是在电话中说:"了解内情的都请参加。"结果,对方给他们安排了有150余人参加的座谈会,任凭两位记者一再启发引导,就是没人开腔,会场内只不时地听到"吧嗒、吧嗒"的打火机声。因为参加座谈的人员一多,容易导致采访对象这样的依赖心理:"反正有这么多人,我不讲有人讲。"再则,一些采访对象不善于在大庭广众面前讲话,故也就免开尊口了。

4. 不要轻易下结论

调查座谈会就某个问题展开讨论,甚至发生争论,是常有的事,也是正常的事,此时此刻,记者千万不可轻易表态或作结论,只能因势利导。这是因为,正在争论的双方,此时正处在极度兴奋状态之中,记者的表态或结论等于是个刺激,一经这刺激,采访对象出于对记者的尊重和迷信,心理上就会产生反射——"记者表态、下结论了,我们就不要再争了"。于是,兴奋状态便立即转化为抑制状态,座谈会就可能出现冷场。正如美国一新闻学家说的那样,有时,记者制服了一个盛气凌人、不服从引导的采访对象,但访问本身却失败了。再则,对某个事物有不同意见的争论,既是记者全面认识事物所必需的,也是采访对象思维活动积极的体现,记者若是轻易表态和下结论,既堵塞言路、破坏对方的积极思维,又有碍自己对事物获得全面、深刻的认识。

5. 做深入采访捕捉线索的有心人

座谈会上常会出现下述现象:某人叙述到某个问题或事实时,好像有难言之隐,显得吞吞吐吐;当某人在叙述某个问题或事实时,其他采访对象的脸上露出诧异、惊讶或不满等神情。"有思于内,必形于外",这都是某种心理活动的反映,其背后一般都掩藏着什么,甚至有可能是很有价值的东西。记者只要做有心人,这方面的信息都可以捕捉到,然后将它们储存在记忆中,待座谈会一结束,再一一作个别的深入采访,往往能获得意想不到的收获。

第四节 现场观察的注重

早在20世纪80年代初期,国际新闻界已把现场观察作为采访活动的主要手段与形式加以强调,日本等国的许多新闻学者都指出:现今的国际新闻界已到了现场研究者时代。美国一学者指出:如果你想当一个一流记者,你就必须到现场去。特别是在形象化的电视新闻的压力下,多采写现场目击性报道,是报刊、通讯社等与之抗衡、竞争的重要手段。我国新闻界在这方面也早有认识和动作。1989年10月中共中央宣传部委托中国记协举办"现场短新闻"评奖活动,北京地区22家新闻单位参赛,随后,各地相继展开此类活动,中央到地方报纸也纷纷开辟《视觉新闻》、《现场实录》、《目击录》等专栏。

所谓观察,它是一种有目的、有计划的知觉行动,是人对现实感性认识的一种主动形式,是人们直接用肉眼或者借助于仪器获取信息的过程。

所谓新闻采访的现场观察,是指记者的大脑及眼、耳、鼻、舌、身感觉器官同时运作,以眼为主从而使主观认识与客观实际相一致的现场采访形式。通俗讲,就是指记者用眼睛采访。显而易见,记者在进行现场观察时,如何强化视觉功能有其突出的意义。难怪美国著名聋盲女作家海伦·凯勒说过:"如果我是个大学校长,我就要设置一门必修课'怎样利用你的眼睛'。那里的教授必须指导学生怎样认真地观察在他们眼前经过而不被注意的景物来丰富他们的生活。"巴甫洛夫则更将"观察、观察、再观察"作为座右铭。

一、为什么要强调现场观察

强调现场观察即是强化视觉功能。以往谈及用眼睛采访的重要性,总离不开耳听为虚、眼见为实及看比听真切一类的道理,这些话没错,只是道理浅显了一些。从有关原理出发,我们应当这样认识这个问题——

其一,人的一切认识活动都必须靠感觉开始。离开感觉,人的一切认识活动都无法进行,记者的采访活动,究其实质是认识客观实际的活动,因此,也必须从感觉开始。

其二,感觉是由人的感觉器官与客观实际相联系的反映。例如,闭上眼睛,用手触摸物体,碰上纸,知道是纸,碰上木头,可分辨是桌子或椅子。

其三,视觉是最灵敏的感觉器官。比较其他的感官,视觉是认识事物最灵敏的感官,因而也是最主要的感官。据有关实验证明,人们所获得的知识,几乎都是由光输入的。人的各种感官从客观现实中接受的信息,约85%是由眼睛完成的。因此,在采访活动中,记者应当自觉强化视觉功能。

二、现场观察在采访中的具体功能

1. 能核实新闻事实的真伪,增强新闻的可信性

《吕氏春秋·察传》中指出:"闻而审,则为福矣;闻而不审,不若无闻矣。"许多新闻报道失实,或是人们感到可信性程度不强,其主要原因之一,是记者仅凭采访对象的口头介绍或摘编文字简报进行报道。记者没有到现场去看个究竟,心里就不实在;心里不实在,笔下就不实在,故报道的可信性程度难免不强。若是听了之后再去新闻事件发生的实地看个究竟,事实的真伪就容易验证,笔下出来的新闻报道就能具体、实在,且具有真情实感,人们也就信服了。例如,美国社会曾一度传闻纽约伯勒克威尔岛疯人院存在虐待患者的严重不法行为,简直到了骇人听闻的地步。但由于疯人院对外控制十分严格,事实真相难以搞清楚,故人们对此传闻将信将疑。女记者勒丽·蓓蕾精心装扮成疯子,让人送入了这个疯人院。在入院的近4个月的日子里,她经历了一次又一次令人难以忍受的虐待,目睹了疯人们的非人生活。当她把一切真相都核实清楚后,便又设法逃离疯人院。因为所有事实皆出于记者的亲自体验,可信性程度就极强,故一经报道,就引起社会的强烈反响,勒丽·蓓蕾也一举成名。

2. 能激发鲜明、生动地表达事物的灵感,增强思维的敏捷性

许多记者都常有这样的感受:有的时候,一般的材料有了,主题也较明确,但苦于找不到鲜明、生动的表现形式,若是细心观察,或许一个很平常的现象,也会触动心灵,使大脑豁然开朗,迅速把全部材料有机

地组织起来,使观点、材料得到深刻而又新颖的表现。

这一现象涉及了人的思维心理活动过程中的豁朗期问题。人在认识事物的活动中,最后必然要进入一个高级思维阶段,这个阶段又具体分为准备、酝酿、豁朗和验证四个时期。苦苦思索某个问题时,说明思维尚处在酝酿期;心灵感到触动,头脑感到豁然开朗,则说明思维已进入豁朗期,灵感活动已出现。所谓灵感,是指人们对长期思考着的问题突然受到某种启示从而促使解决时所产生的心理,属感觉之一。所谓灵感活动,即指思维者由于对问题经过充分的酝酿期后,常常因一个细小的事物、场景和一句平常的话语等所触发,产生"牵一发而动全身"的效应,使原先苦苦思索的问题突然得到解决,思维者大有豁然开朗的感觉。例如,牛顿研究万有引力定律,费尽心血研究了多少年,就是不能成功,但于某日偶尔看见苹果落地的现象,触发了灵感活动的出现,万有引力定律也随之出来了。

灵感活动的产生通常表现为突如其来,事先不易预测和把握。但既然是科学现象,就有规律可循。突发性是以长久性的酝酿为基础的,即从表面看,人们对寻求解决的问题的思索已停止,但实质上已转化为潜意识,思维活动仍在进行,而且随着时间的推移,表面越趋平静,内部越趋激烈,一旦条件成熟,便会突发。灵感的产生虽然有诸多激发条件,但要数人的视觉因客观事物的刺激而产生的可能性为最大。例如,著名记者黄钢早在1938年就想写一写八路军在抗日战场上可歌可泣的英勇业绩,手头的材料也已收集不少,但就是苦于得不到鲜明、生动的表现形式,于是索性搁笔不写。1939年春季的一天,组织上派他去八路军总部联系工作。到达总部所在地的当天晚饭后,他出去散步,在总部的篮球场旁,他为这样一件小事所触动:篮球场旁排着长长的队伍,轮番上场打球,每场10人,打15分钟后再换10人。黄钢看见一位50开外的老军人也排在队伍里,轮到又一批人上场时,因老军人是排在第十一位,只见排在第十位的一名小战士转身对这位老军人说:"您先上吧,让我等下批。"老军人挥挥手说:"你们来吧,这场不该我。"黄钢凑前一看,这位老军人便是朱德同志。顿时,他的灵感大发,刊登在1940年延安《中国文化》杂志上的报告文学《我看见了八路军》随即一挥而就。报道就从这件小事入笔:"……这就是八路军的最高级的军事指挥员——朱德总司令。"这虽属小事一桩,但它却是八路军所以能够驰骋抗日疆场、所向披靡的军魂所在。

3. 能加深对主题的理解,增强新闻的深刻性

人们对客观事物的认识过程,实质是个从现象到本质、由感性到理性的不断深化、飞跃的心理活动过程。较好地发挥视觉功能,正是促进这一心理活动正常进行,从而使人的认识逐步深化、飞跃的一个必要条件。如《人民日报》记者柏生,在采写《韧性的战斗》一文时,原先她也知道科普作家高士其一生意志顽强,虽早已瘫痪在床,但晚年仍坚持向秘书口授作品而著书立说。这固然是韧性的体现,但柏生总感觉不甚具体、深刻,原因是她没有通过自己的感觉器官去亲身感受主题。于是,柏生改变采访方式,一头扎在高士其老人家里,注意用眼观察,终于目击了一系列足以使主题能够深化、认识能够飞跃的细节。如,高士其老人每天在病床上都要与一小女孩做来回抛送彩球的活动,每抛送一次,他都得费很大的气力,显得十分痛苦。老人为何要如此自找苦吃呢?因为他知道,一旦自己动弹不了,就也许永远不能活动了,创作活动也就停止了。所以,他以极大的毅力,每天有意识地进行这种手臂、腿脚的锻炼。由此,柏生对高士其老人的"韧性"有了深切的感受,报道的主题也就揭示得入木三分。

4. 能为通俗地解释事物提供前提,增强新闻的可读性

记者在采访活动中常会遇到一些难以介绍、叙述的事物,特别是采写科技、经济、军事等方面的活动报道,因涉及的专业技术术语较多,身为不太懂此行业的记者,在认识事物的心理活动中,就会出现扰动、紊乱、受阻现象,最终导致对事物不能取得认识。若是记者置身新闻事件发生的现场,通过视觉去感受一番,就容易理解、认识,并容易产生形象思维,将报道写得通俗易懂。例如,1982年10月7日至16日,我国成功地向预定海域发射运载火箭,这是一个世界领先水平的高精尖科技项目,一般很难报道得通俗易懂,特别是火箭跃出大海、腾空飞翔的瞬间,更难作形象、生动的反映。然而,原先仅有小学文化程度的著名军事记者阎吾,亲临火箭发射场,悉心用眼观察,积极进行思维,最后,对其作了既通俗易懂又栩栩如生的目击报道。请看其中的两段描述:"突然,从海底传来一声轰响,右前方的海面上冲起几十米高的水柱,像宝塔一样兀立在海上。""乳白色的'巨龙',从高大的水柱中飞窜出来,浑身披着水帘,火箭向上飞腾,水帘倒挂下来,犹如悬在空中的瀑布;水珠四溅,像水晶、翡翠在阳光下闪烁,晶莹迷人。"如此形象、逼真又通俗的报道,若是作者不去现场,是断然采写不出来的。

5. 能使采访对象触景生情，增强认知的可能性

采访时，记者不但要强化自己的视觉功能，同时也应注意调用采访对象的视觉功能，这样，便可加速采访目的的实现。譬如，采访中，一些采访对象吞吞吐吐、欲言又止，往往是一种假象，其主要原因，是事情发生已久，一时难以产生回忆。若记者能果断、准确地作出判断，有意识地将采访对象约请到新闻事件原来发生的现场，则往往能促使对方触景生情，迅速产生认知，记者只需稍加启发甚至不用开口，对方的话匣子就能启开。所谓认知，就是当过去反映、经历过的事物重新出现时，人们对它感到熟悉，并能认出是过去反映、经历过的事物。例如，上海某医药仓库某日发生火灾，一青年工人在扑灭火灾、抢救财物的战斗中表现尤为勇敢、突出，当记者约他到仓库主任办公室采访时，该青年或是吞吞吐吐，或是讲几句"这是应该的"、"没啥可讲的"之类的话。记者判断该青年不愿谈只是一种假象，于是，请他到火灾现场接受采访。一到当时新闻事件发生的现场，该青年便滔滔不绝地讲开了。

三、现场观察时的注意事项

不是所有到了现场运用视觉的记者都能观察成功的，有的可能慧眼识真金满载而归，有的则可能两眼一抹黑空手而回。问题的关键是取决于记者现场观察运用视觉时的技能掌握与否，具体的事项注意了没有。这些注意事项主要有——

1. 明目的

目的明确后，方可有效地把注意力集中起来，指向一定的观察目标。因此，每次到现场之前，记者一定得先用大脑思索一番：我这次是为了什么需要而观察？到现场后应重点观察哪些事物？等等，否则，毫无目的、漫无目标地随便看看，则一定没有观察效率可言。

2. 多请教

在现场观察中，记者应主动请教采访单位的行家或是熟悉情况的人，在可能的情况下，应尽可能请行家陪同观察。常言道：懂行的看门道，不懂行的看热闹。所谓门道，即指人对事物的认识程度。记者观察事物当然不是看热闹，但因受行业及知识的局限，也不可能样样看出门道。譬如看一场京剧或越剧，某演员是师承哪家、什么流派、功底如何

等,并不是每个记者都能一下子看明白、说清楚的。若是请位行家坐在身边,看不懂的地方,可以随时请教;说错了,也可当即得到行家指正。这样,便可提高观察效率,保证对事物认识的准确性。

3. 抓特点

人们在思维过程中,应该将客观事物某些有特点的方面提取出来,然后与有关事物联系起来进行比较,并在此基础上抽出事物共同的、本质的特征进行概括,最后形成概念和产生认识。记者进行现场观察时,应顺应这一思维过程,即在俯瞰全面的基础上,凭借锐利的"新闻眼",突破全面,烛幽探微,抓住富有个性特征的事物,继而达到对事物认识、反映的目的。通俗讲,就是要顺应观察的程序,即先面后点,抓取特点。正如彭真同志所形象比喻的那样:"你看见过老鹰抓小鸡吗?老鹰不是瞎撞乱碰就能把小鸡抓住;而是先在天空盘旋飞翔,发现地面上的小鸡,看准了,就唰地飞了下来,抓起小鸡,腾空而起。它成功了。老鹰盘旋飞翔是在做调查研究,看准目标,一下抓住……记者的工作方法,要学老鹰抓小鸡,先做好周密细致的调查研究工作,发现典型事情或问题,就要深入下去,抓住不放,直到采写成功。"①例如,1945 年 4 月间,苏联红军将希特勒部队反击到德国法西斯老巢柏林后,两军就在柏林的千百条大街小巷里展开了最后的激烈拼杀。要反映这场战斗的激烈程度,一般记者可能作出"炮声隆隆"、"火舌四射"、"杀声震天"之类的表面概括和一般描述,如此,人们对这场战斗特有的激烈程度也就无从认识。在数以百计的记者中,苏联随军记者波列伏依独具慧眼,抓住因战斗激烈而激起的烟尘做文章:"城内的烟尘几乎使人窒息,而且如此浓密",以致两军交战"在白天也不得不使用手电筒"。天下哪有白天打仗使用手电筒的?柏林之战的激烈程度由此可见一斑。

4. 选地点

"横看成岭侧成峰,远近高低各不同。"记者在观察某一目标时,自己应置于何处,这并不是随便可以决定的,应依据一定的科学原理精心设置,否则,将直接影响观察效率。观察点的选择与设置应注意两个方面:

第一,掌握一定的明度,获得较好的感受效应。所谓明度,即指作用于观察目标表面的光线的反射系数,也即通常讲的能见度。所谓感

---

① 中国社会科学院新闻研究所:《新闻研究资料》第 17 期,第 71 页。

受效应,即指刺激物的强度作用于眼所发生的效应。实验证明,人的视觉的产生,是因为一定量的刺激而产生的。刺激量过小,看东西则吃力、模糊,不能引起感觉;过大,看东西则刺眼、花眼,又影响视觉的感受效应,一般情况下,这一刺激主要由光的强度承担。实验又进一步证明,照在观察目标表面的光的强度如果是适中的,是在规定的电磁振荡的波长之间,那么,观察目标表面的反射系数就大,明度就强,人的视觉感受效应就好,所观察的目标也就清晰。在现场观察时,记者应这样掌握明度:若是在室内与采访对象交谈,则尽可能使双方坐在靠门、窗或灯光处,便于清晰地感受采访对象的音容笑貌和神情语态等;在观察某一物体时,应尽可能使自己处在物体的感光面,即记者可以背光,而不能让物体或目标背光;在记者与观察目标之间以及目标的背后,不应让过强的光度出现在记者视线内,否则,将会影响视觉的感受效应,即通常所讲的"刺眼"现象。

第二,巧择适宜的视角,增强视觉的敏锐程度。所谓视角,即指观察目标最边沿与眼球节点的连线所成的角。所谓视角的敏锐程度,即指人眼分辨细小、遥远的物体以及物体细微部分的能力。视角决定视觉的敏锐程度。实验证明,物体在人的视网膜上所成影像的大小,与物体本身的大小及物体和眼球之间的距离有关。因此,记者在现场观察时,应这样选择视角:

记者与观察目标应正面相对。例如,有经验的记者参加某一记者招待会时,只要不硬性限制,他们往往抢占与会议主持人正面相对的位置。实践证明,这一视角是好的,若从侧面或背面目视会议主持人,视觉的敏锐程度则难免受到影响。这一意识已为越来越多的记者所认同。例如,七届全国人大四次会议闭幕时,国家领导人出席记者招待会,四点半才开始的记者招待会,三点半之前,前四排的160个座席就全让记者占了。会前5分钟,坐在第三排中间的香港《文汇报》一男记者,冲着占了他位子的美国《商业时报》一女记者大声咆哮,弄得全场愕然。

应尽量接近观察目标,缩短视觉的空间阈限。空间阈限即指距离。记者的眼球节点与物体最边沿点之间的空间阈限越适中,则视觉的敏锐程度越强。一场篮球或足球赛,记者往往将篮架下、球门旁作为观察点,其目的就在于增强视觉对进球瞬间的敏锐程度。

应避免听觉刺激对视觉的干扰。人的感觉神经都是紧密相连、互相作用的,听觉刺激过强,能够使视网膜发生变化,以致影响视觉敏锐度。因此,在可能的情况下,记者应尽量避开人声嘈杂的地点,置身较为安静之处静心观察。

另外,观察时还应当注意动观与静观相结合,既不能东游西荡无固定地点,也不能死守一地,应根据现场情况变化而机动灵活地调节。如上海电视台记者夏进,在采访2011年全国"两会"期间,当众多记者在人民大会堂前将代表、委员团团围住之时,他或是攀上自备的小梯子,居高临下静静地拍摄,或是穿上他精心准备的滑雪衫,使出他以前在学校打篮球时练过的卡位战术,硬是挤到代表、委员面前近距离提问,动静、远近结合,显得十分自如。

5. 善用脑

有些记者身临实地采访,亲眼看了现场,却抓不到有价值的材料,症结何在?主要是看而不察所致,或者是不善用脑所致。看不同于察,看是指眼睛注视一定的对象,察则指分辨事物,要开动脑筋思索。司马迁说得很富哲理:"不听之以耳,而听之以心;不观之以睛,而观之以心。"因此,这就要求记者在强化视觉功能时,要同勤于、善于用脑思考问题紧密结合起来。大脑是心理活动的主要器官,停止用脑也就等于停止了心理活动,因而视觉也就失去了效应。实践证明,脑勤方能眼尖,心明才能眼亮,那些只有在头脑中反复思考、渴望求之的事物,一旦出现在眼前的时候,记者才能及时感知、辨别和捕捉它,并可预见它的到来。有经验的记者在观察时抓新闻显得很敏感,看上去好像带有某种偶然性,其实,这正是他们勤于、善于用脑的必然结果。如果只是满足身子到现场和眼睛看到东西,而不用大脑积极进行思维,那么,有价值的新闻事实即使将要或已经出现在你的面前,你也可能视而不见,以致失之交臂。例如,美国著名记者泰勒在刚当记者时,某日,总编交给他一个任务,采写美国一著名女歌星的演出报道。泰勒准时来到演出地点,满以为剧场门口会人山人海,然而却空空如也。他再一看,剧场门边挂了一块牌子,上写"因故停演"几个字。泰勒想,既然演出已经取消,我这采写演出的任务也自然取消,于是,他未经请示,便回家心安理得地倒头大睡。半夜里,急促的电话铃声将他闹醒,总编怒气冲冲地训斥:"因为你的失误,使得我们的报纸今天销路大跌,而其他报纸都在头版显著位置刊载了这个女歌星自杀身亡的消息。"记者这才明白剧场"因故停演"是因为女歌星自杀身亡所致。因此,"身入现场"还必须加上"心入现场",才能算是深入现场,从而保证观察的效应。正如19世纪世界著名科学家、微生物奠基人巴斯德所说:"在观察的领域里,机遇只偏爱那些有准备的头脑。"

据说,我国历史上画虎画得最像的是五代后梁人氏厉归真,写虎写得最像的是《水浒》作者施耐庵。尽管两人所处年代不同,做法却都一样:厉归真带上干粮和日常用品,来到老虎居住的山洞前,在一棵大树的树杈上置一简易床铺,然后花一个月时间,观察老虎进出洞时的各种神态。施耐庵则花半个月时间,做法相同。后人称此为"居树观虎"精神。新闻界应大力倡导这一"居树观虎"精神。

第五节 听觉功能的协调

在现存的中外采访学著作中,几乎没有专门章节涉及记者应当如何重视听觉功能。殊不知,人在获取知识和从外界接受信息中,听觉的功能仅次于视觉而强于其他感官。

就一般意义而言,记者、记者,顾名思义,主要是通过发问、交谈,然后记下采访对象所叙述的材料的人。显而易见,在这个过程中,听是起桥梁作用的,因此,听觉的作用是无论如何也不能低估的。也可以这么说,除了现场观察、查阅资料方式外,在个别访问、开座谈会、蹲点、参加会议等采访活动方式中,听觉的作用甚至大于视觉。人们之所以习惯将眼耳常常放在一起相提并论,如"听其言观其行"、"耳闻目睹"等,正是说明这个道理。

综上所述,如何积极通过听觉而有效地进行采访,乃属一个重要的课题。

为了使听觉功能能得以正常发挥,采访时记者应当注意下述事项——

1. 悉心闻取线索

不言而喻,记者的听觉主要是用以听取新闻的。有人说:新闻是"闻"来的。此话颇有点意味。因此,记者无论是在采访交谈中,还是在平时的上下班、节假日走亲访友及出差的车船中,皆应悉心用耳注意周围人的交谈,及时捕捉新闻线索。1980年代闻名全国的典型人物张海迪事迹的最初线索,就是得力于记者悉心用耳而获取的。那是1981

年11月27日,山东省引黄济津启闸典礼在东阿县举行,在前往采访的一辆小车上,新华社山东分社记者宋熙文正注意倾听同车的山东画报社摄影记者李霞介绍张海迪的事迹。常言道:会说的不如会听的。宋记者被深深地打动了,引黄济津启闸放水典礼一完毕,他把反映该事件的稿子托山东电台的记者捎回分社,自己便一头扎到聊城,去追寻有关"玲玲"的故事去了。时隔一月,《人民日报》在头版头条刊发了宋熙文采写的长篇通讯《瘫痪姑娘玲玲的心像一团火》。这是新闻单位首次报道张海迪的事迹。若不是宋记者悉心听取的话,这个典型尚不知何时才能得以挖掘。此类例子,不胜枚举。

2. 适时调节音强

有关实验证明,人的听觉器官对每秒2 000次至3 000次振动的声音的感受性为最大,而在每秒20次以下或20 000次以上,就会听不清声音,若是音强超过了140分贝,便会在耳膜上引起压疼感。因此,记者在采访时就必须注意:所处位置不能离采访对象太远,否则就难以听清对方所述内容;采访对象叙述时,出于主客观原因,声音可能过轻、节奏过慢或是声音过响、节奏过快,这都可能影响听觉的感受性,记者应适时有礼貌地要求对方进行调整;尽可能不在分贝过高、声音嘈杂的环境中采访,特别是个别访问,应建议采访对象换个环境静心交谈。若是遇上实在回避不了的分贝过高的采访场合,应考虑在耳朵里塞上预先特备的棉花球等简易做法,以减弱音强。

3. 着力训练听力

在有些人看来,听力是自然生就的,听别人说话是不吃力的,因此,听力不用训练。殊不知,真正要听好,是得下工夫的,具有听力过硬本领,其训练程度一点不亚于看和说。老记者一般都有这样的深切感受,因而平时从不敢忽略听力的训练。要使自己的听力功夫过硬,记者当着力抓住下述三个方面的训练:

一是专心。采访中,只要是专心听采访对象说的记者,一般都有这样的特点,即他不但用心倾听对方的语音声调,而且用心思考每句话的情感、含义和价值;他紧追对方的思路,甚至超出对方,即当对方下一句话未出来之前,记者便在努力猜想、思索;他是边听边回味、小结、分析对方所讲内容,是否准确、符合实际和具有新闻价值;他不仅要辨析出对方所讲内容的直接含义,而且要辨析出其中的话中之话;他应当边听边产生联想,从而提出新的问题,将采访引向深入;他应当边听边对所听材料迅速进行整理、归类、编码,从而把最有价值的材料记在心里或笔记本上。显然,要体现这些听的特点,并不是每个记者都能处理很好的。有的记者听力虽属正常,采访时所摆架势也好像是专心倾听,但思路常爱开小差,想些与采访无关的事情,结果只能是收效甚微。真专心与假专心有着天壤之别,其采访效益也有明显的差异。因此,记者一定得养成真正专心听讲的功夫,否则,既浪费了采访对象的时间和精力,于自己也无半点益处。

二是虚心。作为感觉器官之一的听觉,是受大脑支配的,只有与大脑形成有机联系,才能有效地发挥功能。基于此认识,成熟的记者往往总具有虚心倾听的态度和谦虚好学的习惯,并总善于在采访中给采访对象创造一种畅所欲言的气氛,即使他们有时并不完全赞同对方的意见,但仍以平等的态度和商讨的方式与对方交换看法,而绝不会好为人师,动不动就设法堵住人家嘴巴,弄得人家不敢开口。这样,采访对象也就乐意配合记者采访,尽心倾吐记者所渴望求之的新闻材料。

与此相反,不太虚心的记者往往是对方未说上几句话,就好表现自己,或是百般挑剔人家的讲话内容,或是抢过人家的话题,没完没了地大发议论。这无疑等于堵塞了言路,也等于捂上自己的耳朵,最后,吃苦头的还是自己,因为人家无所讲,记者也就无所听、无所记了。

三是耐心。采访需要时间,而大部分时间又是听取采访对象的叙述,他要叙述事件从发生、发展到结束的全过程,还要掺杂个人的意见、想法等;再则,采访对象所叙述的常常并非完全符合实际,也并不一定完全可以写进新闻稿中。此时此刻,为了不破坏访问谈话气氛,就需要记者耐心,要沉住气让对方把话讲完。这与记者在采访对象谈话过程中适时提问是不同性质的两回事。适时提问是记者的采访艺术,是采访活动与效率的需要,目的是引导采访对象说得更清晰、更有条理和价值,是为了让采访活动向纵深处发展。而不耐心者,则是充满不耐烦的情绪,或表现得漫不经心、不屑一听;或是横加指责、轻率表态;或是催促采访对象早早结束话题。如此这般,记者当然收获不大。可以打这样一个比方:耐心听的记者,往往能起鼓风机的作用,使采访对象心中的信息之火越烧越旺;不耐心听的记者,起的则是消防水龙头的作用,使采访对象心中的信息之火招致扑灭。

第六节 当场笔录的强调

做好采访记录,是记者采访活动全过程中不可忽略和缺少的一环。虽然高科技可以使当代的采访工作达到十分先进的程度,但采访中许多场合的现场笔录所创设的亲近感、亲切感、真实感、信任感等现场气氛,是任何"高科技"手段所无法替代的。采访对象所谈的材料,哪些该记?哪些不该记?哪些该详记?哪些该略记?记录中应注意些什么?采用何种记录方式?等等,这些问题,记者都不应小视,当然,也都有科学原理和规律可循,都有具体方法和要求指导。

一、记录应以笔记为主,心记为辅

采访中究竟应以心记为主,还是以笔记为主?新闻界历来颇多争论。

一种看法是,应以心记为主。理由是:有些采访对象一见记者动笔就心慌意乱;一心不能二用,记者应将精力集中于谈话提问上,且要察言观色,若是埋首记录,势必分散主要精力;事后再着手追记,能去粗取精。

另一种看法是,应以笔记为主。理由是:可以提高采访对象的谈话兴致,因为记者若是不做笔记,有些采访对象会不乐意,会怀疑自己谈得不对路、无价值而干扰正常思路;能保证新闻事实的准确性,因为人的记忆力有限,且都有遗忘性,记者若当场不做笔记,而靠事后追忆的话,则材料难免出差错。

诚然,两种看法都有其一定的道理和合理性,但两种记录形式的主次之分还是应当有的,即应以笔记为主、心记为辅。

这是因为无论何种形式的记录,都离不开记者记忆的支配。而记忆又有三种类型和一个活动规律。所谓记忆的三种类型:一为瞬时记忆,保持时间为一两秒钟;二为短时记忆,保持时间为一分钟左右;三为长时记忆,保持时间为一分钟以上直至若干年。所谓记忆的心理活动规律,即指人们对瞬时记忆所获的信息,予以特别注意后,就可转入短时记忆,然后,将这些信息在大脑中多次进行复述,又可转入长时记忆。显然,记者若要记住采访对象所述的事实和保证新闻报道的准确性,单靠瞬时、短时记忆根本不行,得靠长时记忆。但是,单一事实或少量的信息,人们经过大脑的复述,不用笔录或许能长时间记住,记者采访则不然,每次采访少则个把小时,多则一天或数天,接触的信息不计其数,记者的大脑毕竟不是电子计算机,即使心记的功夫再强,也不可能全部、准确地记住这些信息。况且,采访活动只要不停,信息就会源源不断,前面的某个信息刚刚复述好或尚未来得及复述,后面的信息又接踵而至,记者若是单靠心记,则往往疲于应付又前记后忘。因此,"好记性不如烂笔头",若要准确、有效地记住所需的信息,记者只有将采访对象所述的有价值的信息,先予以特别注意,然后尽快进行复述,复述的同时,迅速将其笔录。

主张以心记为主的记者,认为一心不能二用,这一理由是不能成立的。其实,只要记者掌握好注意的分配原则,则一心不但可以二用,还可以三用、四用、五用;若是注意分配不好,则一用也难以奏效。所谓注意的分配,是指在同一时间内把注意力分配到两种或几种不同的对象或活动上的技能。所谓注意的分配原则,是指将大部分的、主要的注意力,分配到比较生疏、未达到自如的活动上去。根据这个分配原则来看待记者的采访,问、听、看三个方面相对说来是比较熟练、自如的,因而注意力就可少量分配,而想和记这两个方面相对说来是比较生疏的,则应集中主要的、大部分的注意力。

综上所述,究竟应以心记为主,还是应以笔记为主,答案应当说是比较清楚的了。

二、记录内容的主要范围

记者虽已将主要的、大部分的注意力分配在记录上,但因为注意力毕竟同时指向几个方面,加上注意力有转移性和分散性,况且,一支笔永远赶不上一张嘴,因此,在具体记录时,对所记内容也应有所侧重和选择。一般说来,记者应注意记以下六个方面的内容——

1. 记要点

采访时,记者不可能也没必要记下采访对象所述的全部内容。

因此,注意力首先应当放在记录要点上。所谓要点,即指新闻事实的关键材料或新闻事件发展过程中的关键之处,其中包括:事件的起因、转折及产生的后果,人物及其活动的典型细节,工作的主要经验与教训,重要的背景材料等。

2. 记易忘点

这一般包括时间、地点、人名、数字及各类业务的专用术语等。这些材料不太容易长时记忆,也容易搞错,因此应当场笔录。

3. 记疑问点

由于多种原因,造成采访对象所述的事实与客观实际不符,或与记者掌握的、旁人介绍的有出入,使记者产生某种疑问。对这些疑问,记者应及时笔录,可以在所记的该材料旁,用自己熟悉的符号或简短文字注明,等对方谈话告一段落时,再请对方作补充说明,或向知情者核实。

4. 记采访对象的思想和有个性的语言

即指记录采访对象思想的"闪光点"和能反映其心声、体现其个性特征的话语。思想是新闻人物从事活动的原动力,语言是新闻人物思维心理活动的生动体现形式。新闻报道在某个关键时候,若能展示一下新闻人物特定的思想"闪光点",或恰到好处地引用一两句人物有个性的原话,一则能展现人物的思想特征与风貌,二则能增强报道的亲切感和可信性。

有些记者直到写作时,尚不能把握人物的思想,只是习惯于用一个模式去处理人物的思想,去塑造"高、大、全"的"机器人";由于没有在采访中注意记录采访对象有个性的原话,因而写作时只得自己站出来,从模式里倒出几句"闪光语言",来代替人物空喊高叫几声。结果,势必让人感到记者笔下出来的人物,千人一面,千人一腔,虽可敬,但不可近、不可信,更不可学。例如,当年上海媒体有关青年女工陈燕飞下水救人的报道很能说明问题。自她奋不顾身地下水救人后,许多新闻单位都争相进行了报道。应当说,有关报道的作者的本意是好的,但由于采访不深,报道时没能交代陈燕飞本来就会游泳这一事实,也没有展示陈燕飞向所有记者陈述的她之所以敢下水救人的原始思想和原话,而只是过多地用人为拔高的思想和人们司空见惯的豪言壮语强加在她身上,结果,陈燕飞的形象反而不能令人信服,陈燕飞本人也自感压力很大,有苦难言。几天后,作为姗姗来迟的上海《青年报》记者何建华所采写的《陈燕飞谈救人前后》一文,却获得意外成功。该文如实地援引了陈燕飞的思想和话语:"我敢下河救人,也是有一定把握的,我小学四年级就学会了游泳,读中学时受过训练,进工厂后又当过两年救生员……事后我跟好多记者都谈过我会游泳,可不知怎的,他们都没写出来。""现在我做了一件好事,人们把我说成英雄,其实我还是我,一个普通的女工。"朴实无华的语言,真挚感人的思想,使一个令人可敬可亲又可信的人物形象活立在人们眼前。难怪不少读者看了这篇报道后连连感叹:这才是真正的陈燕飞,这才是生活中的先进人物。

应当提醒的是,人物的思想和有个性的话语,应当真实地记录,而不应使其经过一道笔记走样、变形。

5. 记观察所得

著名作家刘白羽曾经说过,访问人家,也不是光记,对方的表情、言谈笑貌、特征,房屋的陈设,都应在对方不知不觉中观察得清清楚楚。在西方记者看来,首先是记采访对象的谈话,仅次于此的则是捕捉、记录对方的神情、装束及环境布置等,如手势、相貌、动作变化、服饰、环境布置、陈设及天气等自然景物。这对新闻报道生动感人、有立体感,对揭示新闻主题、刻画人物个性,常常起到独特的作用。例如,著名记者格洛里亚·斯塔纳姆关于对世界著名演员迈克尔·凯恩的报道有如下成功的描述:"他有20副眼镜(可能是他用胶布粘一副破眼镜时学聪明的),但是戴着的这副,镜片上却满是指纹。六尺二的身躯看来颇为高贵,只是头发蓬乱,领带歪斜。当他呷着咖啡又点上一支吉坦烟的时候,没有金色烟盒和打火机的闪光,只看见一些书型火柴和一个压扁了的小纸盒。"寥寥几笔,入木三分地刻画了大演员不拘小节、不修边幅的个性。

6. 记记者的联想

在听采访对象叙述时,记者常会产生一些联想,如这个材料好,可修订或充实原已选定的新闻主题;那个材料虽不错,只是浅了些,还需要深挖等等。这些联想可能稍纵即逝,因此,记者必须及时记录在所记的同类材料旁。这实质也是个边采访、边构思和由浅入深、由此及彼的思维过程,采访一结束,稍加整理,便可进入写作阶段。

外国新闻学家普遍认为,所谓记者,不仅是个问者、听者、观者,更是个"记"者,不管采访设备如何先进,记好笔记永远是记者的一项重要技能。在西方多数记者看来,如果你不能做笔记,就不必干记者这一行。即使是在十分困难或对方不让做笔记的情况下,许多记者也要想方设法做笔记。例如,美国记者约翰·根室常在妻子的帮助下暗中做笔记,在东京的一次宴会上,根室感到周围的谈话十分精彩、迷人,就起身道了歉,走进男厕所,迅速在一张信封的背面把内容记了下来。有些记者出席宴会则带一张报纸,掌中藏一支短铅笔,一遇有价值的材料,就偷偷以膝盖当台子,利用广告空白处记录。即使是在录音机普及的今天,记者采访仍然应以笔记为主,因为录音机虽能较准确地录下对方的全部谈话内容,但在写作前要重新播放整理,这就等于再进行一次笔记。同时,对新闻的生动性、时效性尤为不利,正如美国新闻学教授阿伦森所说的那样:"一部电子装置不断冷酷无情地转动着,录下了你的被访者的每一句话,如果他意识到这一点,他讲起话来可能不那么自然了,就会开始做起不是你所需要的讲演来。"美国在一次调查中,234名记者中约75%反对使用这只"双面兽":"要是不做笔记,整个采访录音必须重放——至少两次。大量的时间白白浪费,新闻的处理慢慢腾腾。"另有记者抱怨:正当采访对象谈得渐入佳境时,一句话刚说到半截,"咔嚓"一声,磁带完了,必须翻面,可能导致思路中断。因此,许多西方记者都舍弃录音机,而重新改为做笔记。

三、记录的注意事项

究竟应如何做笔记,这没有定律,应当因时因地因人而异,全靠记者在实践中摸索。有两个事项要注意——

第一,行与行之间的空白要留得宽一些。这便于记者随时插入要补充和改正的同类材料,还可插入记者的思索、联想和认识。若是行与行之间搞得"密不透风",无"立锥之地",那么,有关方面的材料就很难插入,假如另辟一页记录上述材料,无疑又增加了最后整理笔记的难度。

第二,字迹应尽可能工整。在快速的前提下,记者做笔记时的字迹要尽量工整、清晰,特别是涉及人名、时间、数字、符号等关键字眼,应当一笔一笔地记清楚。若是乱涂乱画,当时记录可能明白,事后整理笔记时,恐怕就难以辨认了。此方面的教训,举不胜举。

思考题:
1. 创造良好访问条件的重要性及其内容是什么?
2. 记者仪表风度的设计有哪些意义与原则?

3. 怎样认识记者和采访对象的相互关系？
4. 形态语言具体构成方面有哪些？
5. 注意转换有哪些意义和做法？
6. 提问有哪些形式及注意事项？
7. 调查座谈会有哪些益处及注意事项？
8. 为什么要强化视觉功能？
9. 现场观察的注意事项有哪些？
10. 听觉的过程是怎样产生的？其运用时的注意事项有哪些？
11. 记录内容的主要范围有哪些？

第五章

新闻采访后期活动

记者要求得对事物全面、深刻的认识,必须经历一个由初步接触,获得浅显的感知,然后由此及彼、由表及里、去粗取精、去伪存真的思维认识过程。因此,较之采访前期、中期,采访后期的活动量看上去虽不算太大,但质的要求不低,因为它关系到对前阶段采访效果的巩固、扩展,又关系到下阶段新闻写作的基础是否扎实、完备。因此,它是一个承上启下的关键阶段。

第一节 深入采访的细致

俗话说:"要想得甘泉,井要挖得深。"新闻采访亦是同理。记者所要得的"甘泉",即抓住事物的特点和本质。这通常也是深入采访的标志。在深入采访中,记者若想使"甘泉"如愿以偿,除了掌握必要的采访方法、技能外,还应具备思维的广阔性和深刻性等良好的思维品质。

一、悉心抓特点

思维的广阔性要求人们:要认识某一事物,既要善于抓住问题的广阔的范围,进行创造性的思考,同时,又要抓住个别的、具体的细节,因为这些个别的、具体的细节往往是事物本质和规律的鲜明体现,也即事物的特点所在。凡事物都有特点,即此一事物与彼一事物的相异之处。譬如,同属祖国的名山,但特点则各有不同,华山多好峰,黄山多好松,庐山多好瀑,衡山多好云。同是为革命事业献身的女共产党员,刘胡兰是严守党的机密,临危不惧,英勇就义;向秀丽是为了国家和人民的财产及生命少受损失,舍生忘死,奋勇献身;张志新则是为了坚持真理,同邪恶势力作斗争,百折不挠,宁死不屈。因此,一个记者是否具有全面看问题的思维品质,既关系到采访时能否抓住事物的特点,也关系到新闻报道能否克服一般化的通病。

在深入采访中,记者应当怎样抓取事物的特点呢?具体方面有三——

一是看准形势抓特点。我们的一部分新闻属于宣传报道,而新闻宣传报道一个时期有一个时期的中心,这个中心就是当前党和政府的中心工作,也即当前形势。记者在采访中要抓取事物的特点,首先得站在这个全局上,围绕这个中心进行。新闻界通常也称形势和工作中心为报道的"火候"。记者只有看清并准确估量形势和中心,才能恰当地估量每个具体事物在这个形势和中心中的地位及意义,抓特点方能有准绳和有的放矢。

二是通过比较抓特点。比较,是人们确定事物之间同异的思维心理活动过程。它在人们对客观事物的认识中,具有重要的意义。可以讲,人们对于客观事物的一切认识,离开了事物与事物之间的比较,都难以进行。新闻采访也是一样,离开了对事物的比较,就难以产生认识,也难以抓取特点。况且,有些事物的特点显而易见,容易抓取,有些则较为隐蔽,需要记者下工夫鉴别,而要取得鉴别,则一定离不开比较。比较通常从两个方面进行:

其一,通过纵断面的比较,也即顺序比较法。即从历史的角度看问题,将一事物同它过去的同类事物相比较,只要在量和质上找出事物之间的相异之处,就是特点所在。如第二十三届奥运会许海峰一枪定音,使我国的体育成绩在奥运会上有了零的突破,喜讯传来,我国报纸均在头版显著位置刊登,广播电视也是大张旗鼓地报道,并配发社论、评论和贺电等。但同样是在这届奥运会上为中国获得的另外14枚金牌的消息,均未像零的突破那样予以突出处理。原因何在?说明零的突破有量与质的飞跃,有鲜明的特点和不同凡响的新闻价值。

其二,通过横断面的比较,也即对照比较法。即把一事物置于同一时期的同类事物中相比较,继而找出它们之间量和质等方面的相异之处,就是特点所在。例如,有偿家教在中小学教师圈子里,早已不是需要隐瞒的秘密,虽然教育领导部门的许多文件里严禁家教,媒体也不乏宣传,但是,需求创造市场,漠视不等于不存在。日前,《人民日报》则以恪尽职守为前提,违规从事将受罚,大胆推出南京的典型:有偿家教拟"开禁",在着手试点的基础上,进行规范管理,让其为加快发展多元化、特色化、优质化、个性化的教育服务①。这是同类题材中颇具特点的,难怪此文一经刊登,受到上下一致的好评。

三是选择角度抓特点。即把大的、总的报道思想及题材,选择一个最有特色的侧面、切入口,然后深入挖掘,以小见大,通过具体、新鲜的事实表现主题。这是因为,事物是由各个方面的诸多因素构成的,看问题的角度不同,对事物的认识程度就有深浅。因此,要使新闻报道给人留下一读难忘的印象,记者就应善于选择最佳角度去反映事物的特点。例如,某年夏季,江苏、安徽等省发生特大洪灾,一段时间内,抗洪救灾成为新闻报道的热点,成百上千的报道应运而生,反映的主题都是共同的:在特大灾害面前,有党在,有组织在,一切都能得到解决。但平心而论,深刻反映主题、有特色的报道寥寥无几。而《高考史上的奇迹:江苏九万多考生特大洪涝灾害中无一缺考》一文(新华社1991年7月1日播发),在角度选择及深刻反映主题上则令人拍案叫绝:在正常年份,江苏高考往往有漏考的,而1991年在特大洪水使许多地方遭淹的情况下,却无一人缺考,从而有力地证明了党的力量和各级政府的工作:在特大洪水面前,9万多考生居然能安下心来考试,说明灾区群众情绪是十分稳定的,对党和政府是充分信赖的,从而更深刻地揭示了主题。可以说,通过这一角度的选择及其对新闻事实的挖掘,从而对新闻主题的揭示,胜过千言万语。

二、悉心抓本质

当今时代,新闻报道既要讲速度,也要讲深度,人们看、听新闻,不仅要知道"什么事",也要探究"为什么"、"怎么样"。因此,就要求记者充分发掘思维的深刻性,深入到事物的本质中去,揭示事物现象的根本原因及其后果,增强新闻报道的力度、厚度、深度,以满足人们的需要。

要深入挖掘事物的本质,当注意两点——

一是对问题要想得宽一点、远一点。即记者采访调查的面要宽广一点,思考问题要深远一点。没有广度,就难有深度。好比一位下棋高手,心中需装着一盘棋,走一步棋的同时,下一步、下两步棋该如何走也

---

① 《人民日报》,2003年2月12日。

已成竹在胸。无数实践证明,记者如果只是看到、想到事物的某一个局部和眼前,手头只有一些零碎材料便急于动笔,而不再从更大范围和更深远处考虑问题,那么,新闻报道就反映不了事物的本质,就不能触及时弊,也容易陷入片面性的泥潭。从某种意义上说,采访的深入和本质的挖掘,主要是动脑筋的结果。例如,每逢毛主席为雷锋同志题词纪念日(3月5日)这天,许多城市的各主要街头,几乎都设有为群众免费修理自行车、电视机等摊点,许多厂矿企业都派出"青年服务队"、"学雷锋小组"为民服务。在热闹了一天之后,人们纷纷议论:雷锋精神为什么不能天天发扬光大?"雷锋叔叔"为什么每年只有一天"探亲假"?总之,人们各种议论都有,主题只有一个,即希望学雷锋能落到实处,雷锋精神能扎下根来。《解放日报》一特约记者也在思索这一问题:在倡导发扬光大雷锋精神的同时,能否通过某些行之有效的形式和措施将这一活动固定下来,并持之以恒地开展下去?该记者心往这方面想了,第二天,他腿脚也自然朝这些地方迈。他来到团市委,团市委青工部部长听了记者一番感想后,颇有同感地说:"我们算是想到一块了!"根据团市委提供的线索,记者来到了上海自行车三厂和上无十八厂等单位,了解到:这些厂家或把有关街道待业青年请到厂里培训,或派有经验的工人师傅下街道里弄上课、传授有关修理技术,既走出了各厂自己"为您服务"的新路子,又扩大了为群众服务的队伍,还帮助广大待业青年学了一技之长,收到了"一举三得"的效果。该记者当晚写出《青年服务队热心传技 一批待业青年加入修理服务队伍》一文,第二天,《解放日报》在一版头条位置予以报道,著名编辑、该报原副总编辑陆炳麟还亲自为此文配发了短评《把青年服务队活动水平提高一步》。

二是对问题要钻得透一点、深一点。即记者对问题要钻研得透彻、深刻些,要在所收集的大量新闻素材的基础上,经过感性认识到理性认识的多次反复,把假象的材料予以剔除,直到把问题的本质挖掘出来,而不是浅尝辄止、似懂非懂,让一知半解或误解代替认识。西方记者对此问题讲得既透彻又幽默:采访时当当傻子并非蠢事。不要怕说我不懂,如果不懂装懂,日后可能会付出代价。带着满脑子问号回到编辑部,这才是他们可能干出的最蠢的事儿。

许多老记者都指出,对事物和问题要钻研得深透,采访中就不能轻易满足所得材料,也不要轻易宣布采访结束;谈话提问时,不能一针见血的话,也要打破沙锅问(纹)到底。例如,著名节目主持人杨澜在采访旅美作曲家、奥斯卡最佳作曲奖获得者谭盾先生时,就"音乐就是要突破界限"主题,精心准备了大小近20个问题,其抓住问题实质从而紧追不舍的毅力着实令人钦佩[①]。

三、自觉克服有碍深入采访的思想障碍

在深入采访中,记者还应以良好的意志品质,自觉地克服、排除有碍深入的思想障碍。这些思想障碍具体有——

1. 盲目自满

明明只是接触了一些皮毛,获得了一些表层的材料,对事物的本质还没有取得真正的认识,却自以为差不多了,稿子可以凑合了。这样,就有碍记者再深入挖掘本质的材料。美国哥伦比亚大学新闻学教授麦尔文·曼切尔在《新闻报道与写作》一书中说得好:"记者好像是一个勘探者,他要挖掘、钻探事实真相这个矿藏。没有人会满意那些表面的材料。"

2. 忽略质量

这是单纯的任务观点在作怪,记者满脑子装的只是指标,只是满足于每月多上几篇稿子,而忽略了就一篇稿子在深度、质量上多花工夫。这样,势必不求甚解、粗制滥造。

3. 怕苦畏难

以为下基层、找群众挖掘材料,既费时又费力,事倍功半,还不如跑机关找干部、找简报省事。采访只是浮在上层,深入两字就无从谈起。

4. 先入为主

采访只是硬套框框,不尊重客观实际,毫无灵活性的思维品质可言。因此,眼界难免狭窄,材料难免浅薄。

5. 轻视理论

实践证明,记者的理论修养越好,深入实际就越易发现、提出和解释问题。若是仅凭经验办事,则往往产生想深入却不知道该如何深入的问题。因此,从深入采访的角度出发,记者更应重视平时的理论学习。

古人曾为我们概括了一条深刻的哲理:"入之愈深,其进愈难,而

---

① 《文汇报》,2001年10月23日。

其见愈奇。"中外许多著名记者也以他们的实践证实了这个道理。如20世纪30年代的名记者范长江,历经了两年的艰难采访,"脸被风沙吹打烂得连熟人都认不出",才写下了40余万字的著名通讯《中国的西北角》《塞上行》而流传于后世;斯诺不把"脑袋瓜系在裤带上"深入延安采访,也写不出震撼世界的《西行漫记》。我们当以此为楷模。

第二节 验证材料的严密

如果依照解决问题的思维程序来看,前面所述采访的所有程序和环节,皆统属于提出假设阶段。由于客观事物的错综复杂,加上采访对象或多或少地受到心理情绪、表达能力、周围环境等各种主客观干扰因素的影响,以及记者采访技能的不熟练程度等,都可能影响这种假设本身的正确程度,以及假设在实践过程中所得效果的正确程度。因此,记者就有必要将前阶段采访所得的有关材料,再放入实践中进行验证,即进入解决问题的思维程序的检验假设阶段。

根据有关原理和实践,验证的方法主要有两种——

1. 投入记者智力

在有些材料不能直接付诸采访对象面前验证时,就需要通过记者的逻辑推理,凭借以往积累的知识与经验,从而对有关材料作出合乎规律和实情的检验。譬如,记者对采访对象提供的某个数字认为过大或过小,对某个细节、事实觉得不合情理或实际,此时,就可先在头脑里用以往的知识与经验来检验。这种检验方法虽只是看作判断认识正确与否的一种辅助手段,但是,该方法是可靠的,它并不排斥和否定实践是检验认识正确与否的标准,因为记者所凭借的知识与经验也完全是在人们的实践中产生并在实践中得以验证的。例如,《牛与西红柿结良缘培育出新生命》一文,曾在我国不少报刊上热闹过好一阵子,稍有点生物常识和经验的人即可判断不可能。因为动、植物界之间的亲缘关系非常之远,要使其细胞融为一体并产生一种新生命,目前的科学还做不到,尽管这是英国的《新科学家》杂志刊登在先的,我国有关摘录者也应鉴别其真伪。再则,英国《新科学家》杂志刊登此文是4月1日,这在国外是称作"愚人节",报纸杂志常会杜撰一些新闻同人们开开玩笑,我国摘引者若有此知识,也不至于摘引了。事实上,像猴子牧猪、九旬老人长新牙、百岁老妇怀孕之类的新闻,记者凭借知识和经验是能够鉴别其真伪的。

2. 再直接通过采访实践

应当指出,此时的采访活动与一般的收集新闻素材有很大程度的区别,前阶段的采访是排斥那些没有新闻价值的事实,此阶段采访是排斥那些不是真实事实的新闻。换言之,这是记者为了验证到手的新闻素材而寻找、接近新闻源的采访实践。

一般而言,只要找到新闻源和当事人,新闻材料能够得到验证。但是,有这样一种现象必须指出,即找到了当事人,并不等于接近或找到新闻源。例如,有一年山东有位姑娘跳龙潭被人救起,一位自称救她的青年向记者详细描述了当时的救人情景。稿子写好后,记者送给被救姑娘看,该姑娘也点头认可。但稿子刊登后,却引起了许多知情群众的不满,他们指出:该姑娘是另外4位青年一起救的,只是人家做好事不愿留名罢了。后来,记者再次去问被救姑娘,该姑娘也说不清,因她当时正处于昏迷状态,怎能说清被救详情。

实践证明,在许多情况下,要求记者将上述两种检验方法结合起来交替使用,方能最大限度地验证材料的真伪,最大可能地接近新闻源。

再则,在验证材料时,记者一定要克服侥幸心理和主观主义,代之以客观的实事求是的科学分析态度。任何主观武断、先入为主或侥幸、惰性心理,都是验证材料的大忌,都可能造成报道的失实。例如,《云南日报》曾刊发关于该省迪庆军分区原司令员李国忠的失实报道,说该司令员拒绝为其儿子安排工作,还说他儿子成了个体户,在大街上卖面包。其实,其儿子已是在押多时的罪犯。这篇稿子是昆明军区某部战士蒋某采写的,该战士说他同李司令谈过,所有材料都是李司令亲口提供的。《云南日报》刊发前也曾想核实并确已找作者本人核实过,一听说是司令员亲口提供的,况且,在这之前,新华社和《中国青年报》已先后播发和刊登,于是,就不再追问了。显然,记者盲目依赖单一信息来源是十分危险的,万一这个信息来源提供的信息是虚假、错误的,那么,记者采写的报道就必定是虚假、错误的。

在验证材料的问题上,西方新闻界的认识同我们没有本质的差别。他们十分强调:要把事实差错消灭在采访阶段,要求记者在采访中始终保持高度的警觉并要求伴随以质疑的习惯,一种反复核对事实的愿望。在验证材料时,他们主张"三角定位法",即如果要确定一个事实的真实、准确程度,要通过三个信息来源核准。譬如,记者若是采写一篇关于经济犯罪的报道,仅得到罪犯本人亲口承认的事实还不行,还得去找警察或检察、司法部门,要求他们提供第一手的侦察材料予以佐证。此外,记者还得访问专门从事经济工作的人员,请他们协助验证这些犯罪事实的可能性和可信性。上述三个方面获取的事实若是一致的,这个经济犯罪事实方可予以确定,若是缺一只"角",即缺一个信息来源,就不予以确定。验证材料的工作属"检验员"的性质,在采访中绝非可有可无,而是非有不可。没有这道"把关"工序,前面所有付出的辛劳,都有可能因一个小差错未能予以剔除而功亏一篑,甚至产生严重后果。

第三节 笔记整理的迅速

应当强调,每次采访活动告一段落后,记者不管有多么疲劳,都应当尽力克服之,并毫不迟疑地立即整理采访笔记。

这是因为,人皆会产生遗忘现象。所谓遗忘,就是指对识记的事物不能回忆。遗忘的心理活动在进展上有个"曲线"规律——先快后慢,即在对事物识记后的短时间内就会出现遗忘现象,而且以较快速度进行,甚至几乎成垂直线,而经过一定时间的间隔后,遗忘则进展得较慢,几乎成水平线。至此,人们对原先识记的事物已遗忘许多,记忆的量已发生很大的变化。譬如,尽管笔记中都是自己的笔迹,但因记得匆忙,加上识记不深,时间一久,恐怕有些字句连自己也难以辨认。美国记者罗伯特·本利奇,有一次在采访几天后才整理笔记,结果,竟觉得简直像是看上古的楔形文字。他试图耐着性子,努力辨认、破译了几次后,终于甩手不干了。事后,他为此专门写了一则小品文,自嘲如何无法看懂自己的笔记。

这还是记者已经见诸文字的笔记,采访中尚有许多靠心记的材料,若不及时回忆整理成文字,事后整理的难度则一定更大。

值得一提的是,在记忆的量发生很大变化的同时,伴随着记忆的质的变化,而记忆的质的变化恰恰又是构成遗忘的重要因素。一般讲,人们对刚刚识记的事物,在记忆上属于一个整体,但是,随着时间的推移,记忆的内容就会逐渐分解成有很多裂缝的片断,而如果要把这些片断再回忆起来,就必须靠头脑中过去的经验来填补这些裂缝。心理学家通过复述故事的形式进行了专门试验:请某人向大家复述他几天前听过的某个故事,故事的重要情节他都还能记住,但为了使故事真实可信不走样,他就不可避免地凭经验填补记忆内容的裂缝。结果,复述的故事越来越变质,越来越走样——故事的长度缩短或是加长;故事中的人名、地名、称号、头衔等部分或大部分变更与丧失;细微的情节越来越细,且越来越合理;故事中的原有语言,随复述者的语文水平和语言习惯而改变。

因此,记者应当自觉地在采访活动告一段落时,迅速将所得材料,其中既包括笔记材料,也包括心记材料,或是修订,或是补记,然后一并编码、归类。因为此时遗忘现象尚未产生,记者对所记材料容易产生回忆。否则,一过记忆上的这个"黄金时间",遗忘现象便产生,而且会以较快速度、较大幅度进展,待到那时,记者再拍脑门,即使用几倍的努力去恢复已经遗忘的内容,恐怕也难以奏效,差错也将伴随而至。

至于怎样整理笔记,并无定法。总结中外记者有关这方面的实践,大致可分以下几个步骤——

第一,通读笔记,回忆整个采访过程,将心记的内容迅速用文字插入同类的笔记材料旁,并纠正、修订难以清晰辨认的笔记内容。

第二,再通读初步整理的笔记材料,标出页码,并在可能用的材料旁作上自己熟悉的标记,如△、★、√等。

第三,根据确定的新闻主题的需要,对材料分门别类,着力使笔记变为写作提纲。最好用不同墨水的笔,将材料根据其归属的部分,分别标出1、2、3、4,或是甲、乙、丙、丁,或是a、b、c、d。

"应迅速整理笔记,不要等笔下的飞龙走蛇变成没有意义的死龙僵蛇"。"没有绝对不忘的东西。要趁早动笔,把精湛、细致的采访素材写在纸上进而变成文章,越快越好。成功的采访十分宝贵,容不得耽搁;干这一行,快如风,不误功"。中外记者的这些论述,皆可谓是宝贵的经验之谈。

第四节　剩余材料的积累

每次采访所得的材料,真正用进新闻报道的只是一部分,许多材料则暂时派不上用场。此时,记者应当结合平时的资料积累工作,善于把这些暂时不用的材料积累、储藏起来,以供日后所用。

搞好材料或资料积累的作用和意义在于:有利于记者在采写新闻时了解过去、指导现在和预测将来;有利于新闻报道更有新意和深度;有利于记者从中产生联想进而获取新闻线索。我们常为一些老记者情况熟悉、新闻线索多、知识丰富、思路开拓而赞叹,更为他们引经据典得心应手、行文时文采飞扬如吐玉泻珠所折服。殊不知,这并非一朝一夕之功,平时注重资料积累是一个重要原因。"不积小流,无以成江海",形象地说明了这个道理。一位老记者曾这样说过:"平时积累多了,使用起来,就可以从广阔的历史背景上观察问题,从不同角度对比选择材料。这样他才能挖掘比别人更多、更新、更深的东西,才会有独到的见解,写出有特点的报道。"

曾听有些记者这样谈到,应付每天的采访报道任务还来不及,哪还有工夫去搞资料积累?也听到这样的议论:积累资料是远水解不了近渴,况且又费时又费力,没有必要。其实,这是一种模糊认识,是患了一种"近视症"。古今中外,凡是与文字工作有缘并有所建树的人,都离不开资料积累,都在这方面长期坚持而花费了极大精力。鲁迅先生就很重视资料积累工作,他说他在这方面是"废寝忘食,锐意穷搜",他研究中国的小说史,就从上千卷书中寻找和积累了不计其数的资料。达尔文从1831年作航海考察,经过整整27年的资料积累和分析,才写出了轰动一时的《物种起源》这一划时代的巨著。也有记者提及:如今网络如此发达,资料如此丰富,只要按几个键便要啥有啥,还需要自己去积累资料吗?殊不知,这说的是两码事,资料的属性不一样。网上的资料具有广泛性和共有性,且急派用场时也不一定马上能找到;记者自己平时悉心积累的资料具有专一性和私密性,一旦需要,可快速找到并派上用场,产生的价值和意义也往往非同寻常。

积累资料当从点滴入手。记者除了积累每次采访的多余材料外,在平时的看书学习和社会接触中,要留心各种对记者工作有用的资料和情况,并养成随手摘录的习惯。在这个基础上,逐步建立起自己的资料"小仓库",待到要用时,可随时从中选取。例如,1956 年,著名女记者金凤被调到《人民日报》国际部当编辑,这对于她来说,业务上是一个全新的领域。为了在国际新闻写作、编辑方面闯出一条新路,金凤日夜抓紧阅读苏联著名作家爱伦堡和萨斯拉夫斯基的政治性通讯、国际小品和随笔,大量阅读美国著名政治家李普曼的作品。同时,她着力收集、研究美国总统和英国首相等人的言论及各类资料。据此,在日后的英法出兵埃及失败之机,她一连写了 10 多篇风格独特的国际随笔和小品。以致她后来调河北省当地方记者时,当时的河北省委第一书记林铁见到她时问道:"你那些国际小品是在英国写的吧!"其实,金凤没有到过英国,只不过是她收集、积累的丰富资料帮了她的忙。

要搞好资料积累,是有一些方法可以掌握的。其中主要有两点:一是勤奋读书、勤于摘录;二是养成习惯、持之以恒。谢觉哉同志曾经说过:"你们当记者的,每天都要抽一点时间读书,抽半个小时也好。"廖沫沙同志对资料积累也曾作过生动的比喻:"这就像农民捡粪一样,农民出门,总随手带个粪筐,见粪就捡,成为习惯,专门出门捡粪,倒不一定能捡很多,一养成习惯,自然就积少成多,积累知识就得有农民捡粪的劲头。"

记者的采访本是积累资料的良好工具。因为记者平时总随身带着笔记本,遇有价值的资料就随手记下,这是最简单方便的方法。许多老记者每个时期的采访笔记本都保存得很好,晚年写些传记、回忆录什么的,即使是几十年以前的事情,但只要一翻那个时期的采访笔记本,往事就可历历在目。已故著名战地记者陆诒,在 85 岁高龄时还常常发表回忆文章,并出版了 30 余万字的《战地萍踪》一书,全得益于他精心保存的百余本各个时期的采访笔记本。除了采访笔记本,记者还可搞些活页卡片、剪贴等,这样便于归类、查阅。而在当代电脑等先进的工具日益普及的情况下,记录和整理采访材料更如虎添翼,不仅资料可当场存入电脑,也能大大提高采访结束后的整理工作效率。

为了使资料易于收藏并使用方便,对资料应当不定期地做些整理、分类、取舍工作。随着时间的推移,资料越积越多,容易杂乱,经常地予以整理,是不可缺少的一环。按照历史唯物主义的观点看问题,客观事物在不断变化,有些资料过时了,应予剔除;有些资料原先记得不完整,应及时补充完善；有些资料原先搞得不确切或有错误，应尽快予以修正。

对资料要分门别类，如是纸质文本的，可用大纸袋装好，或用大夹子夹好；电子文本的，可刻录成不同内容的光盘，或储存在电脑里。两种资料均应做些标记、目录、索引等，或将这些资料存入电脑。

资料分类的方法多种多样，主要根据自己的工作需要和习惯而定。有人将积累资料工作归纳为10个原则，虽不完全准确，但颇值得参考。该10个原则是：一是指向原则，即收集资料应有明确的方向；二是优越原则，即要求对资料能够善于分析，去粗取精；三是统筹原则，即对资料要从上下、纵横各个方面统筹兼顾；四是价值原则，即收集的资料要经得起时间考验；五是及时原则，即发现有用的资料应立即做成卡片；六是认真原则，即资料的精确性力求丝毫不差；七是全面原则，即对某一问题应尽可能全面、系统地收集；八是求新原则，即注意收集新动向、新思想、新成就；九是系统原则，即要系统整理、合理编码；十是持久原则，即要作长期艰苦的努力，持之以恒①。

思考题：

1. 深入采访中如何抓特点、抓本质？
2. 验证材料的必要性及主要方法是什么？
3. 为什么强调迅速整理采访笔记？
4. 如何认识资料积累的重要性？

---

① 《新闻与成才》,1985年第7期。

第六章

新闻写作的八大环节

在新闻报道工作中,新闻写作的作用是重要的。但是,相比较新闻采访,其作用和地位是次要的。有人将新闻写作的作用和地位捧到天上,认为记者有一管生花妙笔就行了,这是错误的认识。也有将新闻写作学搞成近乎玄学的,认为新闻结构有几十种,新闻导语的表现方法也有几十个,甚至连新闻背景也分成三四十类,搞得玄而又玄,这是不科学的表现,也不利于对新闻实践的指导。

在新闻写作过程中,只要处理好新闻主题、新闻材料、新闻角度、新闻语言、新闻结构、新闻导语、新闻背景、新闻结尾八大环节,俗称"八大金刚",那么,新闻写作的基本理论和方法也就基本完备了。

第一节 新闻主题

所谓新闻主题,即指新闻事实所提炼出的主要问题及其表明的中心思想。它是贯穿一篇新闻的主导思想、主脑和灵魂,是决定新闻的思想意义和指导作用的根本因素。新闻主题与一般文章主题的概念基本相同,通俗地讲,即指作品拥护什么,反对什么,肯定什么,否定什么,要解决或说明的主要问题是什么,等等。

一次成功的新闻采访,一篇质量高、价值大、思想指导性强的新闻作品,无一不同新闻主题选择、提炼得好而息息相关,正如古人所说:"文章成败在立意。"

主题的源泉来自生活,来自生活的本质,主题是从生活中概括升华出来的思想和观点。新闻主题是从采访及其所获材料中选择、提炼出来,反过来又统率采访、写作及所有材料。因此,新闻主题又可称为采访写作的"统兵之帅"。

长期以来,在对新闻主题的认识上,有两个问题争论颇大,对此,有必要予以清理。两个问题具体是——

第一,一篇新闻究竟允许有几个主题?有人认为,一篇新闻可以有两个或两个以上主题并存,或称为"第一主题、第二主题",或称为"明主题、暗主题"。例如,报告文学《亚洲大陆的新崛起》的作者黄钢,就自己认为该文第一主题是党领导下的李四光能在石油地质、地震预测上取得如此大的成就,那么,党领导的四化建设也必然会成功;第二主题是写李四光的科学道路,不走爬行主义,不走崇洋媚外的贾桂式道路,靠自己的力量,亚洲大陆会崛起的。

我们不能同意"两个主题"或"第一主题、第二主题"的说法,而必须强调:一篇新闻一个主题,这是新闻报道的一个原则。这是因为,主题即中心,有了中心,文章就集中、深刻;反之,多主题即多中心,中心多了,文章还谈何集中、深刻?三军之中只能有一个帅,帅多了则等于无帅。同样道理,新闻主题不能搞"多中心",只能强调"民主集中制"。清末作家刘熙羲所著《艺概》一书中讲作文有七戒,其第一戒即"旨戒杂",也即主题不要芜杂,要集中。

第二,采访阶段究竟要不要选择、提炼主题?有人将采访与主题割裂开来看,认为采访就是跑材料,选择和提炼主题只有在动笔写稿时才考虑。显然,这是不符合新闻工作规律的。譬如,"烧干饭"是主题,那么,就得多拿些米、少放些水;十来个人今天中午要到你家吃馄饨,那么,你至少得买三五斤馄饨皮子,买半斤一斤就不行。采访和主题难道不是同样道理吗?意在笔先么。况且,将采访和主题割裂开来,也容易出现两种弊端:一是采访由于缺乏明确主题指导就难以深入;二是写作时常常感到材料不够或不对路,得重新采访。因此,有经验的记者几乎是在采访的同时,已将主题基本确定好了,或是边采访边选择、提炼主题。

在新闻报道中,常有主题处理不当的现象出现,其主要原因——

第一,主题选择偏杂。主题繁杂,势必就含混不清,报道就不深不透。例如,有一年上海复旦大学发生了一场火灾,某家报纸第二天就作了题为《复旦大学昨扑灭一场火灾》的报道:

昨晚8时许,市建204工程队在复旦大学校园内的一处工棚突然起火,校内广大师生和驻沪空军某部七连指战员、消防队员奋力扑灭了这场大火。

起火以后,这个学校的生物系、物理系、化学系学生首先从教学楼和大礼堂内冲出来赶到现场扑救。附近正在看电影的驻沪空军某部七连指战员见到火光后,跑步赶到现场,师生和指战员、消防队员一起,经过几十分钟的奋战,终于扑灭了这场大火。这次事故的原因正在调查中。

这篇200字不到的新闻,主题却可以有3个:一是反映军民奋勇扑灭火灾,这就要侧重记叙指战员和师生的动人事迹;二是批评学校消防工作较差,这就要补写诸如消防队赶到后,一刻钟内找不到救火用水龙头等细节;三是描写火灾扑灭的意义,这就必须交代着火的工棚附近,有物理系实验室的储氢间,如果氢气瓶爆炸,后果不堪设想等等。上述3个主题任选一个,配置适当的材料,新闻报道就会更有意义、有深度,而不流于一般的消息报道。显然,这是记者主题没选择好,采访时没能有效挖掘材料所致。

第二,议论成分偏多。有些记者不善于通过事实表达主题,而是用议论甚至大段空洞议论直接说明主题,这就使报道缺乏说服力。

高尔基认为:"主题产生于对生活的观察,产生于日常生活描述的事实。"新闻报道的基本要求之一是坚持用事实说话,那么,通过对事物的描述显示记者的思想感情,这是表现主题的最基本的手段。事昭则情理分明。

当然,关于议论的问题,也不要搞一刀切。有些新事物的意义比较重大,一般群众一时还没有认识到,不发议论不足以说明事物的本质,也难以使主题升华。那么,记者可以适时少量地发几句精辟而准确的议论,但如果滥发议论,特别是对那些不言自明的事也要发通议论,那就画蛇添足了。

要提炼好新闻主题,首先要选择好新闻主题。现实生活既丰富多彩又纷纭繁杂,为记者的报道提供了丰富的题材与主题,但不是所有这些题材、主题都可以报道的,这就要求有所选择。

记者在选择主题时,是有强烈倾向性的。对同一新闻事件,由于记者的政治立场不同,选择主题时也会不同。我们选择主题时所主张的倾向性是政治上重要、为受众所注意、涉及最迫切问题这3个基本原则。

所谓政治上重要,即指具有方向性或对全局有影响的、有一定政治思想高度和政策思想高度的主题。具体而言,即它与全国形势紧密相连,对实际工作和社会生活有普遍指导作用或教育意义,是现实生活中的主要矛盾,是时代的精神和主流。当然,政治上重要也并非都指大事件,对日常生活中的具体小事,只要与全局关系密切,也能反映政治上重要的主题。例如,2011年6月4日晚,中国姑娘李娜勇夺法网女单冠军,这不仅创造了历史,提振了中国在国际上的地位,也对中国从"体育大国"到"体育强国"的战略转型起到巨大的推动作用,是中国体育体制外的胜利,怎么评价这场胜利的政治意义都不为过。

所谓为受众所注意,即指回答和解决广大人民群众普遍关注的问题。例如,抑制物价上涨、反腐败等主题,皆属此列。

所谓涉及最迫切问题,即指人们议论纷纷,希望尽快有明确回答、有较强的时间性、指导性的问题。例如,《上海水费为啥涨价》、《北京大多数养老机构未设医务室》等,虽属小事一件,却与千家万户的生活密切相关。

在选择好主题的基础上,则应当着力提炼好主题。

何谓提炼主题,即指记者在占有了大量材料并初步选定了主题以后,开始了认识的第二阶段,即由感性认识上升到理性认识,这种上升或飞跃,就叫提炼主题,也称为深化主题。具体讲就是,选择或确定主题,只是形成了新闻的序幕或雏形。若要把新闻事件反映得更深刻,更有思想性和指导性,还必须对材料进一步作去粗取精、由表及里的综合分析,提示新闻事实中具有普遍意义的思想观点,并在此基础上挖掘事物的本质思想,必要时,还需要作补充采访,这就是对主题的提炼和深化。

提炼主题通常依据两个因素——

第一,对全局的清晰度。应当说,对全局了解得越清晰,主题提炼起来就越顺手,因而也就越深刻。例如,当我国经济体制改革进入全面推行、重点突破的阶段时,国有企业的改革是经济体制改革的攻坚战,因此,关于国有企业的新闻报道改革,这本身也是一场攻坚战。然而,长期以来,这方面有力度、深度的报道并不多见。总结原因,与记者对全局的了解不甚清晰、视野狭窄有关。1995年年初,《人民日报》在充分调查研究的基础上,站在全局的角度,以"正名鼓劲篇"、"理清思路篇"、"难点探讨篇"为系列,发表了《国有企业功不可没》、《国有企业:

严峻考验》、《国有企业：改制创新》、《国有企业：破浪有时》等连续报道，以恢宏的气魄与充分的信心，为国有大中型企业鼓劲，读后令人信心倍增，同时也感到，《人民日报》记者就是出手不凡。

　　第二，对材料的认真有序的综合分析。记者在掌握了大量材料以后，必须对其进行认真有序的综合分析。综合分析的好坏，是主题提炼好坏的关键。

　　所谓综合分析，通常是指让事物反复地在头脑里经历着从概念到判断再到推理的逻辑思维活动，通过这种思考、联想、启发的逐渐积累、扩大和丰富，最后引起认识的飞跃和升华。这种思维过程具体步骤是：可以对材料和问题从纵的方面分成几个阶段，横的方面分成几个部分或角度，然后与全局情况及报道思想联系起来思考、比较，看看各具什么特点，各能说明一个什么共同的问题。这个特点和共同的问题搞清楚了，主题也就较好地得到了提炼。新华社记者郑伯亚在著名数学家苏步青生前采访他的过程，便是成功一例。记者先阅看了苏步青的大量文章和著作，了解了苏老过去在数学上的贡献和现在正在从事的研究，接着又访问了复旦大学数学系，接触了熟悉苏步青的人，了解了他在教学上的贡献。被访问的有他的同事、学生和新招进来的15名研究生。同时，记者又研究了过去报刊上有关苏步青的报道。然后，记者直接找苏步青本人访问。结果，材料十分丰富，概括起来有4个方面：第一，苏步青是一位有杰出成就的数学家；第二，他从事科学研究精神可嘉，几乎到了废寝忘食的地步；第三，他数十年如一日，兢兢业业地把复旦大学数学系及其他的教学工作搞得很出色；第四，他关心下一代成长，不顾年事已高，积极培养研究生。

　　上述4个方面都是郑伯亚记者在采访中综合出来的，都反映了苏步青本质的东西，但不可能都写，否则就面面俱到，无特点，主题也分散。于是，记者便在分析上下工夫：据科学成就报道科学家，此方面报道已很多，况且，苏步青的科学成就过去的多，现在的不突出；从事科研的精神也主要表现在过去；他热心教育事业虽感人，但无完整的教育学方面的著作。这样，前3个方面便被否定了。记者又接着分析：当前从全国来说，科技人员青黄不接，国家急需快出人才、多出人才。人才怎么出？离不开老科学家的传帮带，而苏老在这方面的事迹又很突出：他对各地的数学爱好者一贯通信指导；热情接待、指点来访的数学迷；邓小平同志支持他培养研究生的计划，他热心指导研究生等。当时,在这方面的报道恰恰很少。这样,记者就把主题确定在第四方面。主题明确后,记者又作了补充采访,使主题进一步得到提炼与深化。

提炼、深化主题的具体注意事项——

第一,不要强行"硬化"。提炼、深化主题必须紧密结合形势,要符合党的方针政策,但又必须符合事物的原貌。也就是说,必须以事实为前提,事实本身原来所具备的中心思想,是符合形势和政策要求的,才能进行提炼。绝不可把非本质、非原貌的东西,添油加醋地去硬性迎合形势的需要,这就不叫提炼深化了,而叫强行"硬化"。例如,某年我国棉花喜获丰收,产量骤增,究其原因,明明是政府提高了棉花收购价格,政策落实了,棉农积极性有了。但是,许多报道对此只字不提,却大段强调这是农村各级党组织加强对广大棉农思想政治工作的结果,弄得知情人很难信服。

第二,不要分散空泛。主题一定要集中具体,不可分散,不可面面俱到,四面出击,什么都要讲,就可能什么也讲不透,文章就空泛,就无力量可言。《人民日报》老记者纪希晨对此有一很贴切的比方:"主线要单一,材料要丰富,这就像一条完整的链子上有许多环节一样,只有环环扣紧,才能成为链子。"

第三,不要雷同浅薄。主题要提炼得鲜明深刻,不能流于一般,更不可轻易雷同,否则,就容易显得浅薄。而要做到鲜明、深刻,善于通过事物的个性来体现共性,则是关键。例如,徐虎和包起帆的共性是:都是共产党员、全国劳动模范,全心全意地为党工作,为人民服务。个性则有不同:徐虎是通过几十年如一日上门为群众排忧解难,默默地作出奉献;包起帆则是几十年如一日坚持科技攻关,为一个个抓斗的诞生,为我国科技事业的振兴,作出一个共产党员的应有贡献。还是如老记者纪希晨在《战斗在生活的激流里》一文中所说的那样:"报道的主题,常常是共同的。如果有好坏,差别就在于作者是否会用新的材料说明它,新的方式表明它,用新的感受去充实它,用新的观点、新的角度去统率它。我们的任务就是要在共同的东西之间,发现和表达出某种新的、有特点的东西。"

第二节 新闻材料

所谓新闻材料，就是构成新闻事实的各种原始情况、资料的总称。

从某种意义上说，记者一辈子干的活，就是"跑材料"的活，记者成天奔波在社会的各个角落，也主要是为了寻觅新闻材料。再能干的巧妇，也难为无米之炊。同样，再是新闻写作的高手，离开新闻材料，也是难以提笔。因此，在新闻主题明确以后，新闻材料的重要地位就凸显了，它是整个新闻写作的前提和保证。

新闻界对新闻材料通常作如下分类——

第一手材料——即记者亲临现场通过观察、访问等方式所获得的材料，无需任何中转环节。这类材料真实可信。也因为是记者亲手采集，因此，用到新闻报道中去也相对真切、感人。

第二手材料——即记者通过当事人口头或书面提供所得的材料。这类材料也是新闻报道的重要组成部分，但因为不是记者亲眼所见，因而对材料真伪的验证应格外注重。

第三手材料——即记者通过知情者口头或书面提供所得的材料。常常在新闻事件发生时，记者不在现场，等到记者赶到现场，现场情景又时过境迁，加之当事人因种种原因又不能及时提供材料，因此，此时知情者提供的材料就显得弥足珍贵。当然，对这类材料的验证更应重视。

我们提倡记者要抓第一手材料，但也绝对不应忽略第二、第三手材料的价值，在许多情况下，这三类材料是互为补充的，在条件允许的情况下，记者当兼而得之。

材料的选择是一门艺术。有些记者在材料的选择上，不掌握原则和方法，不善于突破采访的全过程，被全部过程和所有材料牵着鼻子跑，最后，只能尽搞些胡子眉毛一把抓、捡到篮里都是菜之类的低效或无效劳动，新闻报道则成了如高尔基先生所说："把鸡肉和鸡毛炒在一起了。"

材料的选择在紧紧围绕主题、保证真实和显现价值、符合政策的基础上，必须坚持一个原则，即以少胜多。通过由此及彼、由表及里、去粗取精、去伪存真的加工制作过程,最后,能够用一个材料说明问题的,就不要用两个材料,能够用3个例子阐明主题的,就千万不要扯上5个、7个例子。"浓绿万枝红一点,动人春色不须多"(王安石语)、"以少少许胜多多许,着墨无多而形神兼备"(郑板桥语)。古人讲文章选材是这个道理,同样新闻选材也是这个道理。实践证明,新闻选材一定要少而精,贪多必然走向反面。著名记者魏巍的一次实践,给我们提供了最好的启益。抗美援朝期间,他赴朝鲜做战地记者。一天,他和数十位战地记者接到编辑命令,回国汇报并写稿。因为当时美机空中轰炸、扫射厉害,因此,组织上安排魏巍及数十位记者夜间坐货车回国。数十位记者一坐定,一是因为战场采访十分疲劳,二是车厢里灯光昏暗,因此,没过多久,不少记者就闭上眼睛,考虑回国后怎么汇报、写稿,有些则干脆打上了瞌睡。魏巍一看这情景,打心眼里着急:我们难得聚在一起,总不能就这样一路瞌睡打回去,何不将车厢利用起来,大家互相交流,开成一个研讨会。于是,他就站起来嚷开了:"诸位,诸位,醒醒,快醒醒,我提议,大家各自汇报一下回去后怎么汇报、写稿?"没人理他。魏巍一遍遍嚷嚷,最后,他干脆表示:"我先带头作个发言,我回去准备写个大通讯,材料很丰富,我从100多个例子中挑选了23个,现在一个个复述给大家听,管保你们不再打瞌睡,甚至会掉泪。"第一个例子复述完,车厢两头传来阵阵感叹声;第三个例子复述后,车厢里已没有什么声音。魏巍误以为大家听得入迷了,连"啊、啊"地感叹都顾不上了。于是,他又一口气复述了3个例子。正想复述第七个例子时,坐在他边上的一位年纪稍长的记者用脚踢了他一下,说:"魏巍,停下吧,你还能复述下去吗?没人听了!"魏巍到车厢两头稍微看了看,回到座位上就坐了下去。他看到,打瞌睡的人比原先更多了。身边的老记者提醒他,将23个例子再精选一遍,用几个例子放在通讯里就行了。魏巍在后来发表的《谁是最可爱的人》通讯中,仅选用了3个事例,但却收到了以少胜多之效,多少人看了这篇通讯后热泪盈眶!至今都难以忘怀。

在采访和写作两个不同阶段,记者对新闻材料选择的态度和方法应当是辩证的,即在采访阶段,要学韩信用兵,以十当一,多多益善。只要时间允许,采访对象所述材料又符合报道要求,那么,记者对其应当来者不拒,照单全收。但到了写作阶段,则要学孙子用兵,以一当十,以少胜多,即训练有素的精兵强将可抵上不派大用场的乌合之众,这叫以质取胜。

第三节 新闻角度

所谓新闻角度,即指新闻事件(实)表现的着眼点和侧重点。也即记者在充分明确报道思想和识别新闻事实价值的基础上,精心选择一个最能反映新闻主题的侧面作为报道的切入点,从而完成整个事件(实)的写作。张惠仁、邱沛篁等国内知名学者则称新闻角度是透视新闻事实的窗口。

新闻角度的选择和体现贯穿于新闻采访写作的全过程。在采访阶段,称之为选择角度。即在新闻主题的统率下,记者应明确素材搜集的方向和重点是什么。角度选择好了,采访效率则大大提升,否则,茫然无绪,一团乱麻,采访效率大大降低。在写作阶段,称之为体现角度。即记者在充分掌握材料的基础上,明确体现新闻主题的着力点是什么,切入点在哪里。明确了这些,则记者在谋篇布局、材料调动等方面将得心应手、运用自如。否则,新闻报道将可能杂乱无章,呈一盘散沙之状。

横看成岭侧成峰,远近高低各不同。同一事实含有多种主题,同样,同一主题又含有多个角度。角度的选择和体现,是记者采访写作水平的重要体现,也是新闻报道成功的重要因素。独具匠心、奇巧别致的新闻角度,能使新闻报道主题体现出入木三分、淋漓尽致之境;反之,大而化之、平庸俗套的新闻角度,则一定降低新闻报道的感染力和影响力。

在选择和体现新闻角度过程中,记者应当围绕下述三个字下工夫——

一为比。即要求记者在明确报道思想和详细占有材料的基础上,先试选几个角度,然后逐一分析比较,看哪个最能体现特色和主题。例如,2006年是红军长征70周年,反映长征的角度很多,许多报纸以大会师、过草地等为角度,并不是说不可以,但这些反映红军长征的新闻角度受众司空见惯了,吊不起他们的胃口。《中国青年报》则推出新华社记者贾永、徐壮志的报道《他们当年多年轻》,以红军官兵当年的年龄为角度,军级干部平均为二十八九岁,师团干部平均为25岁,少共国际师师长肖华仅18岁,但就是这样一批年轻人,带领数万红军谱写了长征这一震撼世界的史诗,令人耳目一新①。

二为小。角度、角度,就是一个角,一个侧面,不能贪大求全、面面俱到,只有这样,新闻报道才能集中突出,深刻具体,并能收取以小见大、一叶知秋之效。否则,就空泛、浅薄。

三为异。即避免雷同、效仿,要精于避熟,要敢于独创、标新立异。只有这样,新闻的特点才能抓好、体现好。例如,每逢春节,有关怎么过年的报道铺天盖地,或是全家去外地旅游,或是到饭店吃年夜饭等等,上海《新民晚报》2003年2月14日的一篇报道就采写得很有新意,讲上海市民2003年春节过年来个"城郊对流",许多村里人进城,而城里人则下乡,村里人看到了大上海的变化,城里人则利用长假到农村调剂一下平常的紧张状态。

第四节 新闻语言

所谓新闻语言,即指适合新闻报道要求、体现新闻特性的语言。

新闻采访写作实质上是一项靠语言作为工具进行人际交流的活动。采访要有成效,离不开语言交流;新闻作品要让受众接受并深受感染,就更离不开语言的传达。"文学创作的技巧,首先在于研究语言。"(高尔基语)新闻写作也应是同理。因此,每一个记者、编辑都必须下工夫认真研究和准确使用新闻语言。

新闻语言区别于文学、评论等语言,更与政治、法律、经济等专业语言不同,是有其鲜明个性的一种语言。其主要基本特征可概括为准确、通俗、简洁。

一、准确

真实性是新闻报道的基本要求,受众被新闻事实吸引、感染,是因为他们感到新闻报道可信。而没有准确的新闻语言,信息就难以准确真实地传播,受众就会生疑甚至失望。并不是所有记者、编辑都将"准

---

① 《中国青年报》,2006年10月20日。

确、准确、再准确"奉为新闻写作格言的,他们会常搞一些"九时许"、"不久前"、"上海郊区某地"之类的概念弄得受众印象模糊,甚至常犯一些低级错误,令受众感到不可思议。如上海卢浦大桥100米高的拱顶有完善的游览设施,在全世界堪称一流。2003年6月12日上海一家新生的晚报在《游人下月可登上卢浦大桥拱顶》一文的开头便闹了不准确的笑话:"让游人站在100米高的拱顶俯瞰浦东两岸景色……"浦东何来两岸?分明是"浦江"所误。

要使新闻语言准确,应当力求做到三点——

(1) 叙述信息尽量量化。新闻报道要让受众可感可触,可信性强,信息的叙述就必须尽可能量化,"大家一致认为"、"质量基本达标"之类语言只能使人模糊,要慎用。

(2) 语言要有分寸感。似是而非的语言不能使用,大话、空话、绝话之类更要杜绝。否则,都可能导致新闻报道失真,受众反感。

(3) 新词使用要讲规范。社会大变革时代是新词大爆炸时代,据初步统计,近30年来产生的新词汇达到11 000条,几乎每天就有一个新词产生,彩电、克隆、伊妹儿、大哥大、埋单、大腕、侃爷、托儿、春晚、博导、玉米、粉丝、搞定、捣糨糊等等,数不胜数。对新词不能抱排斥态度,要具有及时采纳的胸怀,但要慎重,要讲究规范,要在民族性、大众化、洁净度等方面和产生的实际社会效果严加考察。若是一个劲地照单全收,新闻报道中到处是新的词汇,则会严重影响新闻语言的准确性。鲁迅先生在《关于翻译的通讯》一文中说得很好,即好的文字应该去除"闲谈的散漫"和"说书的油滑",也即既要顾及语言的灵活性,又要摒弃其中的杂质。鲁迅先生的这一说法至今对新闻语言的准确性仍不乏启迪意义。

二、通俗

在准确的基础上,新闻语言还要求生动活泼、通俗易懂。

追求新闻报道生动活泼、通俗易懂,是受众的普遍心理需求,也是当今各媒体相互竞争的重要内容。要做到语言通俗,业务手段上当努力体现"六多六少"——

(1) 多动词,少形容词。

(2) 多细节,少议论。

(3) 多比喻,少笼统。
(4) 多解释,少晦涩。
(5) 多白话,少文言。
(6) 多具体,少抽象。

20世纪90年代中期,美国就有新闻学者提出:21世纪国际新闻界千竞争、万竞争,最大的竞争莫过于新闻通俗化竞争。这是非常高明的预见。

三、简洁

新闻作品不同于文学作品,允许较大篇幅去描述细节和事件过程,它只能以较少的篇幅去勾勒细节和概述事件过程。因此,言简而意明就成了新闻语言的又一特征。

譬如,《吴若甫差点被"撕票"》一文的导语是这样处理的:

【本报讯】2月8日中午12时,著名演员吴若甫和他的两位朋友一起在其家中,观看了北京电视台的《法治进行时》,该节目真实地记录了吴若甫被绑架案的侦破始末。十余分钟的节目过后,两行热泪已挂到了吴若甫的脸庞上[①]。

这是描写与概括、简洁与明晰的完美结合。

新闻语言要做到真正简洁,在清楚明晰地概述事件的前提下,要注重对段、句、词、字的精心删改,力求做到全文没有废段、废句、废词、废字,正如俄国作家伊萨克·巴贝尔所说的那样:"我把每一句话从头到尾看了又看,我把所有的可有可无的词都砍去,必须睁大了眼睛去干这次工作,因为这些词儿都非常狡猾。那些可有可无的家伙都藏起来,你非得把它们挖出来不可。"

文字简洁是门艺术。早在1946年9月27日,胡乔木同志就在《解放日报》上发表的《短些,再短些!》一文中指出:"话说得短说得简要,不是一件易事。"新闻工作者当知难而进,不懈努力。

---

① 《深圳商报》,2004年2月10日。

第五节 新闻结构

新闻结构,即指消息写作中对材料组合与段落安排的特定设计方式。

在中外新闻写作史上,比较常见的消息结构为倒金字塔式、时间顺序式、悬念式、并列式四种。"自由式"属创新文体,无一定格式,虽值得倡导,但尚属摸索之中,因而暂不对其理论上作出阐释。

一、倒金字塔式结构

所谓倒金字塔式结构,即指按重要性递减顺序安排材料和段落的一种消息结构形式。也称倒三角结构。

倒金字塔式结构起源于19世纪60年代美国南北战争期间。战地记者们急着要把稿件发给编辑部,但当时的电讯业尚不发达,电报发搞时间、篇幅有限,又时常中断,因而逼迫记者在电报中先要发送最重要的事实和结果,且要简洁明快,然后一段段发下去,一旦电讯中断,已经发出的事实也能基本满足受众需求。

倒金字塔式结构主要特点有两个——

(1) 打破叙事常规。这种结构形式不是根据事情发生、发展的时间顺序安排段落,而是依据事实的重要程度为段落顺序。

(2) 呈"头重脚轻"之势。它要求把最重要、最吸引受众的新闻事实放在消息的开端,然后以此类推。

该结构自问世以来,在长达百余年时间里,在报纸版面上曾呈"一花独放"、"独霸天下"之势,显示强大的生命力,预计该结构在日后还将活力不减。这是因为该结构深得受众和编辑的青睐。从受众角度讲,随着他们工作、生活的节奏不断加快,每天读报和上网的时间会越来越少,以倒金字塔结构组合的新闻报道,他们往往看一下新闻的第一、二段,有时间、有兴趣就继续看下去,没时间、没兴趣不看也罢,好在新闻的主要内容已经获知,自由方便,非常适合他们的口味。从编辑角度讲,该结构很便于他们对稿件的删减,若是觉得版面有限,则对若干篇这 f 结构的稿件从后往前删,既无操作上的多大难度,又不损害稿件的相对完整性和连贯性。

二、时间顺序结构

所谓时间顺序结构,即按新闻事件发生至结局的原来时序和过程选择材料及安排段落的一种消息结构形式,又通常称为编年体式结构。该结构一般用于线索单一的事件,其遵循的原则是事件自身发生、发展到结束的时间顺序,行文中不允许掺入其他方法。这一结构比"倒金字塔式"结构出现的时间要早,始见于西方新闻写作早期[1]。例如:2007年1月29日,距离春节还有整整20天,上海出现购买火车票的高峰,《东方早报》记者孙翔采用体验式采访形式,于子夜零时20分来到上海南站,只见已有2 000多人排起了购票长龙。记者按时间顺序,从零点过后写起,直到上午9:14买到一张车票止,将亲自经历的一幕幕写进报道,《通宵排队9小时,为一张通往春天的车票》一文见报后,很有说服力[2]。

时间顺序结构的开头段落对受众的吸引力较弱,常常起不到先声夺人的功效,因此,题材的重大就成了主要因素,另外,精心给这类结构的新闻报道配置有声有色的标题,以引起受众的关注和兴趣,也不失为业务上的重要一环。

三、悬念式结构

所谓悬念式结构,即指消息写作中设置悬念及剖解悬念组合材料与段落的一种消息结构形式。这一结构旨在避开倒金字塔式结构和时间顺序式结构的短处,而将它们的长处艺术地组合在一起,精心在导语部分设置悬念,令受众产生较大的接受欲望,然后通过作者按照事件发生的时间顺序所作的段落安排,又令受众感到新闻报道条理清晰,易于接受。因为《华尔街报》首用这一结构,所以该结构又可称为"华尔街报章体"结构,简称结合体结构。例如,2006年12月1日在卡塔尔多

---

[1] 参见邱沛篁等:《新闻传播百科全书》,四川人民出版社,1998年版。
[2] 详见《东方早报》,2007年1月30日A15版。

哈举行的第十五届亚运会的开幕式上,谁将是中国代表团在入场仪式上的旗手?《解放日报》的消息《悬念:谁将是中国代表团旗手?》一下子引起了受众的关注:

  本报多哈 11 月 30 日专电　(特派记者　杨仁杰　严子健)　第十五届亚运会开幕式将于北京时间明晚 12 点在卡塔尔多哈正式拉开帷幕。围绕中国代表团的入场仪式,一个悬念将留到最后一刻揭晓:谁将是本届亚运会中国代表团的旗手?

四、并列式结构

  所谓并列式结构,即指安排两个或两个以上相互独立又有内在联系的材料和段落为同一个主题服务的一种消息结构形式。并列式结构在导语部分对事件或事实作出概述后,主体部分的各段落呈并列关系,并无主次和逻辑顺序之分,又通常称为并蒂结构。
  例如,正当人们一度谈"禽"色变、不敢食用鸡鸭之时,新华社及时发出一则新闻,并配以照片——
农业部部长杜青林:
没问题,可以放心吃
时间:2月9日中午
地点:农业部机关食堂
菜谱:凉拌鸡胗、黄焖鸡块及其他鸡制食品
观点:农业部部长、全国防治高致病性禽流感指挥部防治组组长杜青林(左图)说:"没问题,可以放心地吃。"
卫生部常务副部长高强:
谈"禽"色变要不得
时间:2月9日12时
地点:卫生部办公楼地下二层食堂
菜谱:烧鸡腿、紫菜蛋花汤
观点:"我平时不吃鸡肉,禽类一般也不吃。不过今天算是破例了。"卫生部党组书记、常务副部长高强(右图)爽朗地笑着说:

"谈'禽'色变要不得！一定要保持良好的心态和具备科学的健康知识。"[1]

实践证明，并列式结构一般适用于经验性、公报式等新闻题材，写作上也比较容易操作。

古人云：文章的格式"定体则无，大体须有"。新闻的写作格式与结构也应是同理。我们不能停留在现有的几种结构形式上，要根据形势和受众的需要，不断变革、创新。要像新华社著名女记者郭玲春那样："宁可在创新中失败，也不愿在保守中成功"，几十年如一日地在新闻写作的创新上不断耕耘。

同时，我们要学习、借鉴西方行之有效的新闻理念，在他们看来，新闻结构大可不必搞得那么繁琐，只需坚持一个理念和两个原则即可。一个理念是：视受众为上帝，受众喜欢怎样看(听)，记者就应当怎样写，不怕不伦不类。两个原则是：一是用最短的篇幅把事件或事实写清楚；二是能吸引受众看(听)完全篇。

如今，中华大地，万象更新，各行各业在变革、创新中发展，新闻写作在结构形式上理应呼唤更多的"自由式"、"自由体"出现。不要怕有人说我们尽搞些"非驴非马"的东西，"非驴非马即骡么"，只要受众认可这些"骡"就可以了。

第六节 新闻导语

所谓新闻导语，即指消息的开头段落，也即消息的第一自然段或第一句话。

一、导语的特征与作用

导语是消息区别于其他新闻文体的重要特征，属消息特有的概念和标志，是由最新鲜、主要的事实或议论组成新闻的开头段落。

导语的作用，说千道万，可以归于一句话，即导读、导听。顾名思

---

[1] 《新民晚报》，2004年2月10日。文中左图、右图系指照片。

义,导即引导、指导、诱导,导语即起导读、导听作用的新闻开头段落。导语是新闻与受众之间的第一感应媒介,它往往集消息之精粹、写作之灵巧,诱导受众读(听)下文。范长江也曾说过:"新闻写作对导语的要求很高,要写得有魅力,令老百姓看了非读不可。"

清代李渔在《闲情偶寄》中指出:"开卷之初,当以奇句夺目,使之一见而惊,不敢弃去。"导语写作同理。导语是消息的"眼睛",是吸引阅听全文的"吸铁石",是消息的精气所在。因此,为了吸引受众阅听自己所写的新闻,许多记者在构思导语时几乎是倾注自己的所有智慧,中外新闻界普遍公认:"导语是新闻的生命所在,导语是记者展示其杰作的橱窗。"[1]西方许多新闻学著作都强调,记者在撰写一条新闻时构思20条导语,并不算多。美国哥伦比亚大学新闻学教授麦尔文·曼切尔在谈到自己从事新闻报道的体会时说,他"用一半甚至更多时间琢磨导语",他认为"写好导语等于写好消息"。据知名学者刘保全对多位"中国新闻奖"获奖记者咨询,得到的共同回答是:用写整篇新闻的三分之一或二分之一的时间来推敲导语。

二、导语的产生背景和历史沿革

新闻导语是现代化社会的产物,其发展必然要适应现代社会的变动及发展水平,同时,新闻导语的变革又深化整个新闻写作的变革。纵观国际新闻史,新闻导语产生国际性影响的变革有三次,又称"三代导语",其具体特征及产生的年代为——

1. 第一代导语

即新闻诸要素俱全的导语。雏形产生于19世纪60年代,到19世纪末期定型并延续至20世纪40年代。第一代导语是由于战争的促进而诞生的。1861—1865年,美国爆发了南北战争,数以百计的记者去战地采访。在这之前,新闻报道大多是按照事件发展的时间展开,这是一种传统的叙事体方式,事件最重要的事实、结果及最新情况通常都在结尾段落出现。为了抢发新闻,各报都争相利用电报发稿。但由于电报发明不足20年,技术可靠性不够,时有故障发生,线路又常被军队优先占用,加之电报线又常被敌方割断,种种因素导致记者发稿时常中

---

[1] 威廉·梅茨:《怎样写新闻——从导语到结尾》,新华出版社,1983年版,第21页。

断,放在新闻结尾处的重要内容常被延误。痛定思痛,战地记者一改传统写法,尝试在新闻开头部分就突出事件最新、最重要的事实,抢先发出去。此写法后被广泛采用,导语的雏形也就此奠定。

经过20多年的实践,导语写作从最初的幼稚逐步趋向完善。1889年3月30日,美联社记者约翰·唐宁发了一条长消息,其导语被公认为标志性的导语:

萨摩亚·阿庇亚3月30日电 南太平洋沿岸有史以来最猛烈、破坏性最大的风暴,于3月16日、17日横扫萨摩亚群岛。结果有6条战舰和10条其他船只要么被掀到港口附近的珊瑚礁上摔得粉身碎骨,要么被掀到阿庇亚小城的海滩上搁了浅。与此同时,美国和德国的143名海军官兵有的葬身珊瑚礁上,有的则在远离家乡万里之处的无名墓地上,为自己找到了永远安息的场所。

这条导语后来被奉为导语的典范。因为这条导语囊括了新闻报道所必需的"何时"(3月16日、17日)、"何地"(萨摩亚群岛)、"何人"(美国和德国的143名海军官兵)、"何事"(遇难)、"何因"(遇上了南太平洋有史以来最猛烈的风暴)、"如何"(船被摔碎或搁浅,官兵死亡)这6个最基本的要素。美联社总编辑梅尔维尔·E·斯通将这一新闻开头的写法首次从理论上给予界定,称其为"新闻导语",树为新闻写作的典范加以倡导。至此:"5W"俱全的第一代导语诞生并定型。之后,英、法、德、意、日、俄等国相继接受"要素论"和"导语论",引起了世界性新闻写作具划时代意义的变革。这一写作模式一直延续到20世纪40年代初[①]。

2. 第二代导语

又称部分新闻要素式导语。即从受众兴趣和新闻价值出发,选取新闻要素中的一个或两个放进导语,先声夺人。该导语形式产生于20世纪30年代,至40年代取代第一代导语,至今仍广泛采用。

第一代导语虽然新闻要素齐全,但重点不突出,正如有人形容的那样:是"晒衣绳"式导语,受众接触了这样的导语,虽能大体知道新闻的

---

① 参见邱沛篁等:《新闻传播百科全书》,四川人民出版社,1998年版。

主要内容,但难以产生阅听全文的心理冲动,随着社会发展和人们的生活节奏加快,特别是20世纪二三十年代起,广播、电视相继崛起,极大地提升了新闻报道的简明性和时效性,第二次世界大战的爆发,更激起受众对信息空前的需求。传统报道模式遭受质疑和冲击,新闻写作方法必须应势予以变革和创新,于是,第二代导语的诞生与时兴便成了历史的必然。

3. 第三代导语

即表现形式灵活多变的导语。又称丰富型导语或延缓式导语。与第二代导语相比,其少于规范与限制,讲究新奇、丰富和灵活多变的表现形式,追求最佳表现角度和手法,获取最佳报道效果。这种导语通常的表现手段与中国文章写作中的"冒题法"相似,即导语一般不涉及新闻的主要内容,只是设置一个悬念,激发受众的探究心理,然后一段比一段具体并接近主要事实,新闻的主要事实和高潮直到最后段落才和盘托出。这是20世纪90年代后出现的一种"导语现象",目前正处在萌生嬗变过程之中,其特征等尚较难固定化。

21世纪初,又有学者提出第四代导语之说,并冠名为流线型导语,即在导语中"突出事实中富有吸引力的一点,将读者的注意力集中与缩小,以几个轻松的段落组成一个戏剧性的开头"[1]。这种导语更强调自由性与吸引力。暂且不论这一说的科学性程度如何,但变革是永恒的主题,新闻写作的理论和方法总是要不断发展和丰富的。

三、导语的主要类型

导语写作虽然讲究变化多端、追求先声夺人,但分类上不宜繁杂,要主张规范。按照表现手法拟分为叙述型导语、描写型导语和议论型导语三类。

1. 叙述型

即用简洁、朴实的文字把新闻的最主要、新鲜的事实直接叙述出来,因为与新闻报道应当客观地叙述事实这个基本特征相适应,所以叙述型导语在导语写作中使用率最高。"在消息中,直接叙述乃消息写作之本,在导语中,又是导语写作之本。"

---

[1] 张惠仁:《现代新闻写作学》,四川人民出版社,2001年版。

叙述型导语主要包括直叙式、概括式。

(1) 直叙式导语。即要求开门见山、直截了当地推出最有新闻价值的新闻事实,无需刻意修饰,讲究明白无讳。例如:

本报讯 一女子为情所困,欲开煤气自杀,结果煤气外泄,致使整栋楼居民被迫紧急疏散。这是昨天中午发生在杨浦区控江三村某号内的惊险一幕[①]。

直叙式导语适合于节奏日益加快的现代生活和受众的普遍口味,采写上的关键环节是记者对新闻事件中某一最有价值的事实的选择,然后直言其事、直言其实即可。

(2) 概括式导语。即要求对新闻事件用简洁文字大笔勾勒,搞成"压缩饼干",令受众一读(听)新闻导语,便对整篇内容有大致了解。事件较复杂、曲折的新闻报道一般用这种导语形式为宜。例如:

据新华社济南2月12日电 经最高人民法院核准,安徽省原副省长王怀忠12日在济南被执行死刑。这是继胡长清、成克杰之后,我国改革开放以来第三个被处以极刑的省部级以上腐败高官。

2. 描写型

即指运用白描式描写手法,集中、简洁再现事件最有特色的现场情景,以增强新闻感染力和吸引人的导语形式。

描写型导语重在白描,但又不能一丝一缕、精描不苟,而要注重大笔勾勒,用简洁、洗练之笔,呼出传神之情。同时,描写与叙述要有机结合,描写与主题要紧密联系。否则,导语就可能成为"胖导语"、"瞎导语"、"丑导语"。

3. 议论型

即指在概述新闻主要事实的基础上,记者直接出面予以评议的导语形式。该形式对于受众影响力较大,具特别导向及导读(听)功能。政治性、政策性较强和重大历史事件、重大发现、重大成果类的题材,比

[①] 《新民晚报》,2004年2月14日。

较适用于这一导语形式。例如,第 14 届中国新闻奖二等奖作品《面对商机,为何无动于衷?》一文的导语:

在人们印象中,联合国是个开会的地方,很少有人知道,联合国也是个蕴藏巨大商机的市场。联合国及其附属机构近日公布了 4 月份在全球有采购招标计划,面对一系列科技含量并不高的商品,本市众多企业却无动于衷,任由商机从身边溜走。

议论型导语通常具体表现形式为引语式(借他人之口发议论)、设问式(针对事实提出某个尖锐问题)、评论式(借助事实,作精当评说)三种。但不管使用哪一种,议论型导语贵在精要,他不是短评和编者按之类,其空间有限,因此,以点到为止、一语中的为原则。

四、导语写作的主要要求

导语固然重要,写作时必须格外讲究,但导语写作的要求不必罗列太多,多了便繁杂,既不科学,也不便于指导实践。根据古今中外几代记者的写作实践,这里侧重提出三个要求:实、简、活。这三个要求互为补充、互相制约,浑然一体。

1. 实

这个实包括两层含义:一是指事实,即记者下笔直接扎在事实里,不要拖泥带水。二是指记者写新闻、写导语的态度要朴实、扎实,不要浮。例如:

本报莫斯科 10 月 14 日电 9 月中旬,苏联举办了第 6 届莫斯科国际图书展销会,有 100 多个国家的 3 000 多家公司参加。中国馆的展品引起了苏联观众极为浓厚的兴趣,反映出苏联公众对我改革十分关心。

又如:

本报莫斯科10月14日电 展团从北京带来的55本邓小平文集,8天之内就被苏联观众私自拿走54本。

这是在苏联举办的第6届莫斯科国际图书展销会上爆出的新闻。同样一个事实,两家报纸在导语上的不同表述,前者的部分内容虚、浮,后者实在。

2. 简

这是对第一个要求的补充和制约,即虽然要求导语下笔就接触事实,但却不允许洋洋洒洒地用上两三百个字,而是简洁地以几十个字去概述新闻的主要事实。

主体可以详尽,但导语重在简要。将最重要的事实简洁地用一句话构成,其中尽可能包括一个主语、动词和宾语。西方的新闻教科书均指出:新闻的导语要能紧紧地抓住读者,新闻的第一句话要能抓住读者,新闻的前五个字要能紧紧地抓住读者。导语是美国记者发明的,100多年前,他们允许新闻导语用一两百个英文字母完成,后因受众工作、生活节奏不断加快,美国新闻界在20世纪80年代中期提出,导语写作不允许超过75个英文字母,美联社则要求一流记者写导语必须从原来的27个英文字母压缩到23个英文字母。75个英文字母约为30个汉字,可见其精简的程度。以美国不同时期总统遇刺的事件为例,有关报纸对导语由繁到简的轨迹可以从中窥见一斑。

先看1865年4月15日《纽约先驱报》对林肯总统遇刺新闻的导语:

今晚大约9时半,在福特剧场,当总统正同林肯夫人、哈里斯夫人和罗斯本少校同在私人包厢中看戏的时候,有个凶手突然闯进包厢,向总统开了一枪。

再看1963年11月22日《纽约时报》对肯尼迪总统遇刺新闻的导语:

肯尼迪总统今天遭枪击身亡。

两则新闻导语时隔近100年,谁繁谁简显而易见。

3. 活

即导语写作要讲究艺术,要产生活力和吸引力,做到"导语一唱歌,读者就跟着哼哼"。实和简前两个要求固然重要,但若用干巴乏味、空洞抽象的简洁文字去概述新闻主要事实,导语就难以产生导读、导听的作用,就属不具完整意义的新闻导语,只有用生动、具体、形象的简洁文字去概述新闻主要事实,这才是具完整意义的新闻导语。曾获全国电视好新闻奖的《振兴开封座谈会开成了催眠会》一文,是一个很好的范例。记者和编辑一开始就展示了座谈会会场的一个画面:参加座谈会的人大多数是东倒西歪、昏昏欲睡。主持人配以这样的开头语:"观众朋友,你不妨猜猜看,这里是在干什么?""这里似乎是车站候车室,这里又好像是宾馆的休息室!"这种别开生面的悬念式开头,既巧妙切入主题,又充分利用电视媒体的视觉效果,造成强烈的视觉冲击力,观众的"牛鼻子"顿时被作者紧紧扣住。

第七节 新闻背景

所谓新闻背景,即指与新闻人物及事件形成有机联系的相关环境和历史条件。列宁曾经指出:"要真正地认识事物,就必须把握和研究它的一切方面、一切联系和中介。"新闻背景是紧扣新闻要素中"为什么"而展开,是对形成新闻事实的来龙去脉、因果关系、诸种矛盾之间内在的辩证关系,放在一定的相关环境和历史条件中予以剖析与揭示。通常被称为新闻中的新闻、新闻背后的新闻。从内容上分,主要有政治背景、经济背景、文化背景、社会背景、历史背景等。从表现形式上分,主要有直接背景与间接背景、显性背景与隐性背景等。

一、新闻背景的作用与类型

长期以来,我国新闻业界与学界对新闻背景的性质、作用的认识是模糊的,甚至是错误的。总以为新闻背景不是新闻报道主体的有机组成部分,而仅仅是一种附加物,是附件。也有人认为,新闻背景只是用于消息类写作,而不适用通讯、评论类新闻体裁。新闻实践与发展证明,这是认识上的两个误区,必须纠正。请看 2006 年 12 月 1 日《解放日报》发表的访问记《唱不老的蔡琴》,近 4 000 字的报道就是用背景材料开头的:

（本报记者伍斌） 从一个不起眼的校园歌手,到一颗红遍华人圈的歌坛常青树,种种人生中可能出现的如意和不如意,蔡琴都一一走过——她叱咤华语乐坛 20 多年,坐拥辉煌与荣誉无数;她曾有过事业低潮,曾面对 10 多年婚姻的突然破裂,肿瘤和死亡又突袭过她。然而,蔡琴似乎总能坦然面对,然后把生活的磨砺,化为美酒般的歌声,沁人心田。

12 月 31 日,上海大舞台又将迎来《蔡琴,不了情——经典老歌演唱会》。只不过,今年的蔡琴有些不同,她不仅仅唱自己的成名作,同时拾掇出中文流行音乐 80 年历程中诸多难忘的旋律来演绎。她预备在上海,向所有那些值得记忆的歌曲和人生,献上一份深挚的敬意。

面对提问,蔡琴波澜不惊地微笑着。言语间流露出的不服输和锋芒,还有不时幽默一下的小"动作",都让人感到,这是一片"沉舟侧畔千帆过"的成熟心境,这是一颗坦荡透明、积极入世的心。

在这里,背景材料不仅成了新闻报道的主体部分,也打破了非消息类报道莫属的界线,颇具启迪意义。

新闻背景的作用和类型可细分成若干种,但主要为下述三种——

1. 衬托型(性)

也称深度性背景材料。即提供一些鲜为人知、更接近事物本质与真相的材料,与一般性的现实材料作对比、衬托,以增强新闻报道的厚度。例如:2006 年 11 月 4 日《新闻晚报》A14 版刊载《陈水扁夫妇被认定涉嫌贪污》一文,详细披露台湾检方侦查"机要费"全过程。在该消息的下方,又通过相关链接手段,登载了"机要费"案来龙去脉,较好地对此事件起到了衬托作用,请看原文:

"机要费"案来龙去脉

台湾当局领导人陈水扁每年有 4 800 万(新台币,下同)的"机要费"。2006 年 7 月 20 日,国民党籍"立委"邱毅向媒体出示总金额逾 70 万的 8 张发票复印件,指称这些发票被陈水扁妻子吴淑珍用来虚报"机要费",并认为"机要费"的使用隐藏着重大贪腐内幕。陈水扁"机要费"贪腐案由此爆发。

在岛内舆论的压力下,台湾审计部门开始审计"机要费",结果发现陈水扁 2005 年报销的"机要费"中,约 77%无支出发票或发票不合格,涉及款项超过 3 600 万元。审计部门以"疑似有不法情形"为由将全案移送台湾高检署侦办。

主要事件:

8 月 16 日,"机要费"贪腐案获重大突破。被指称涉案的杏林新生制药厂负责人李碧君坦陈拿过堂妹李慧芬提供的总金额达数百万元的发票,其中的一部分给了吴淑珍。

8 月 23 日,邱毅又揭露,陈水扁的"机要专员"陈镇慧每月都会领出 200 万元"机要费",分配给陈水扁夫妇及女儿陈幸妤、儿子陈致中等人花费,只要消费之后把发票交给陈镇慧,就可以报销。

在"机要费"贪腐案被揭发后,陈水扁及其办公室多次否认报假账,直到 9 月 5 日,陈水扁才首次承认曾以他人的单据及发票来报销"机要费",但仍然声称自己没有涉嫌不法。

茆雷磊 李凯

相关链接

4 人被起诉、2 人缓起诉

被起诉者:吴淑珍,涉嫌伪造文书、贪污;马永成,涉嫌伪造文书;现任陈水扁办公室主任林德训,涉嫌作伪证、伪造文书;陈水扁办公室财务人员陈镇慧,涉嫌作伪证。

缓予起诉者:陈水扁办公室原工作人员曾天赐涉嫌作伪证,商人李碧君涉嫌作伪证、违反"商会法",检方决定对 2 人缓予起诉[①]。

---

① 详见《新闻晚报》,2006 年 11 月 14 日 A14 版。

2. 解释型(性)

也称诠注性背景材料。本着新闻报道一切以受众接受和明白为原则,凡是报道中涉及的可能使受众产生困惑不解的事实,记者应适时提供这一新闻事实产生的原因、环境和条件等背景材料,帮助受众解惑释疑。《纽约时报》前副总编莱斯特·马柯尔曾指出:"我看不出解释和背景有何区别","解释,就是提供新闻的背景知识,从而使读者能够对新闻事件作出客观的判断。"例如:《解放日报》2004年1月31日刊发《雍正瓷瓶落户上博》一文,许多读者并不知道这个瓶子的身价及来龙去脉,因此,报道中穿插了许多相关的背景,如"花瓶为清雍正(1723—1735年)年间制造,高约15英寸,呈橄榄式,上绘有粉彩八桃二幅,寓意福寿双全,多为帝王后妃做寿之用。传世雍正官窑粉彩器上画福桃图案的多为盘子,见于橄榄瓶的仅此一件。"随后又交代:这是全国政协常委、香港中华总商会常务副会长张永珍2002年5月,以4 150万港币在香港一次拍卖会上拍下并收藏的,创下了清代瓷器拍价新的世界纪录。2003年10月,张永珍女士毅然决定把这件绝世珍品捐赠给上海博物馆[1]。

3. 启示型(性)

也称引发性背景材料。即记者在报道中不直接发议论、做解释,只是客观地摆出一些材料,看似与报道的主要事实无直接关联,但含义深远,其引发的弦外之音与该报道主题有着更为密切的逻辑联系。这种引而不发、含而不露的处理方式,收取的是潜移默化的功效,能调动受众进入宽广的思维空间,进而品悟出更深层次的报道内涵。例如:2003年8月4日发生在黑龙江省齐齐哈尔的侵华日军遗弃化学毒剂泄漏事件,导致我国1名公民死亡,43名公民受伤,经过多次外交交涉,日本政府同意为处理此次事件的善后工作支付2 000多万元人民币。仅仅这点赔偿能够解决问题吗?远远不能。《伤痛,两千多万怎能抚平——"8·4"事件受害者将自费赴日诉讼》一文,记者从受害者身体、精神等方面受到的严重伤害作为客观材料,使新闻主题得到明确阐释[2]。

---

[1] 《解放日报》,2004年1月31日。
[2] 新华社2004年2月13日电讯。

新闻背景在运用时通常无固定格式，只需讲究根据新闻主题的需要，注意有目的、有针对性地灵活穿插即可。另外，背景材料要精炼，讲究点到为止，万不可枝蔓横生，喧宾夺主。

第八节 新闻结尾

所谓新闻结尾，一般指消息最后的自然段落。

从眼下新闻写作实践和受众的接受心理实际出发，对新闻结尾的业务处理应当从两方面考量——

一是结尾若好，当然需要。从新闻结构整体性考虑，一篇新闻应当有头有尾。况且，符合要求的新闻结尾属"压台戏"，既能使新闻主题升华，又能收言尽而意不止之效，令人"执卷留连，若难递别。"（清·李渔《闲情偶寄》卷三）中国农民广泛流传的一句俗语"编筐编篓，全在收口"，也是说明结尾的重要。

但是，好的结尾应当达到两个要求：第一，干脆利落，不拖泥带水。第二，寓意深刻，回味无穷。例如，第二次世界大战后期，即1945年4月至5月间，苏军反击德军，直逼法西斯老巢柏林。当时，世界舆论几乎一致认定，凭当时苏军实力，不可能打到柏林，也不可能最终打败德军。那么，苏军究竟有无实力和可能打到柏林？苏军著名战地记者波列伏依在一篇新闻的结尾处写道："柏林国会大厦的旗杆已在苏军的望远镜中。"苏军前线指挥官的望远镜已看到柏林国会大厦的旗杆了，打到柏林已成事实，那么，最终攻克柏林、打败德国也是可望可即的事了。短短一句话，胜过千言万语，真正收到了一语摄魂之作用。

二是结尾不好，宁可不要。找不到符合上述两个要求的结尾，那么，就不必特意安排结尾段落，斩去那些振臂高呼式、训诫说教式、无病呻吟式等画蛇添足、狗尾续貂一类的结尾。如此，新闻不仅更加短小精悍，更受受众欢迎，而且也是一个节约，斩去一个乃至几个无用的结尾，腾出的空间就可让更多的信息与受众见面。西方称这一处理方式为"无结尾结构"，即从表面上看，整篇报道没有安排专门的结尾段落，但实质上新闻的"尾巴"还是存在的，是将其前移到新闻主体的末尾，即新闻事件、事实叙述完毕，新闻报道也就自然结束。

思考题：
1. 怎样认识新闻主题提炼与新闻采访的关系？
2. 如何看待综合分析的意义？
3. 怎样看待以少胜多这一新闻选材的重要原则？
4. 如何认识新闻角度的作用？
5. 新闻语言的基本特征主要有哪些？
6. 新闻语言要准确的注意事项。
7. 消息结构有哪些主要形式？
8. 新闻导语的使命与历史演变过程。
9. 新闻背景的主要作用及运用时的注意事项。
10. 如何看待新闻结尾的作用？

第七章

时事与政治类新闻的采访写作

在众多新闻题材中,受众对其中两种始终有着偏爱和渴求:一是时事政治类新闻,即通常讲的"硬"新闻;二是社会生活类新闻,即通常讲的"软"新闻。在当今时代,在政治、经济、文化、科技等信息空前活跃的中国,广大受众渴望获得更多、更快、更好的"硬"新闻,新闻媒体应切实努力,顺应与满足受众这一心理需求。20世纪90年代初,由《人民日报》国际部创办的《环球文萃报》(后改为《环球时报》),始终坚持对文化品格的寻求,并将其视为报纸的责任精神,不媚俗,不猎奇,及时为受众提供有价值的时事政治新闻,结果,发行量连年上升,其中85%读者为自费订阅。可见,"硬"新闻大有市场。在媒体泛娱乐化的今天,各地调查统计数据表明:80%以上的受众主张削减庸俗、低级的娱乐新闻,而主张提升时事政治类新闻的比例。

第一节 政治新闻

所谓政治新闻,即指以党政机关为采访领域、以国家方针政策贯彻执行过程和领导层的重要公务活动为报道范围的新闻体裁。在这种特定的新闻活动领域和实践过程中,政治记者需要具备特殊的政治素质和综合能力,政治新闻采访写作也必须具有更高的要求。具体为——

1. 立场坚定,头脑冷静

政治记者若要具备正气、激情和政治灵魂,在错综复杂的政治气候和社会生活中采写出主题好、事实准、社会效果强、经得起历史检验的政治新闻来,就必须政治立场坚定,头脑始终清醒、冷静。正如一位著名的资深记者所说:"世界观、思想政治水平及道德和文化修养等等,这些,对于记者观察和把握事物起着决定性的作用。否则,一个记者即使会写,哪怕他具有很高超的写作技巧,他能写出什么来呢?"

在我国,从事政治新闻报道的记者需要具有政治家的素质,除了有坚定的政治立场、实事求是的思想路线以及深入踏实的工作作风,还需有鲜明的党性原则。同时,在风云变幻之时,头脑必须保持清醒、冷静,不随风而文。这是因为,新闻事业是党、政府和人民的喉舌,新闻工作者最重要的任务就是用大量生动、典型的事实和言论,把党和政府的主张以及人民群众的呼声、意愿,及时、准确地传播给广大受众。

在我国,要采写好政治新闻,必须坚持三个立场:一是坚持四项基本原则;二是坚持社会主义的物质、精神和政治文明建设;三是坚持全心全意为人民服务。只有坚定立场,记者的头脑才能保持清醒、冷静,才能既不盲从错误领导,也不做群众的尾巴,才能坚持真理,政治上始终同党中央的正确路线保持一致,坚持正确的舆论导向。

2. 实事求是,保证真实

邓小平同志指出,"实事求是是毛泽东思想的出发点、根本点","是无产阶级世界观的基础,是马克思主义的思想基础"。新闻实践证明,实事求是同样是政治新闻采访的根本途径和必须遵循的基本准则。只有坚持实事求是原则,记者才能面对纷繁复杂的世界,着力探寻事物的真相和本质,才能保证新闻的真实性。那种仅凭二三手材料编稿,或为了迎合某些人口味,搞出以偏概全甚至无中生有之类的新闻,都是政治记者应当坚决摒弃的采访作风和手段。

3. 作风踏实,深入实际

政治新闻应当比一般新闻更具生命力、感召力和舆论导向作用。因此,光靠坐等新闻线索上门,或凭统发稿及领导的几句话就发稿,显然是不行的,应当深入社会与生活,脚踏实地,与广大群众打成一片,虚心求教,采写出领导与群众都称赞的政治新闻来。

4. 宏观选题,微观选材

采访中,记者必须有胸怀全局的宏观意识,看问题要站高望远,要有全局观,即从党和政府的总路线、总政策和当前总形势着眼,把局部的事物放到宏观的大局中去分析考察,继而从中抓取具有重要新闻价值的题材。当然,微观能力也不可轻视,在整个新闻采访活动中,微观的作用也不能低估,选题从大处着眼、选材从小处着手,宏观统率微观,微观为宏观服务,两者相辅相成,相得益彰。如 2009 年 10 月 1 日,国庆 60 周年庆典在北京隆重举行,天安门广场举行了举世瞩目的阅兵式。无锡《江南晚报》对此作了浓墨重彩的报道,让广大读者为祖国的强盛感到无比的自豪,令读者更为自豪的是报道中一个格外引人注目的材料,即受阅的新型火箭炮方队两百官兵,全部来自太湖之滨无锡。这则报道反响极大,一度成为无锡市民茶余饭后谈论的佳话。

5. 知识广博,善于社交

政治新闻采写范围涉及各式人等,各行各业、三教九流无所不交,无所不包,因此,记者的知识要广博,否则,别说挖掘有价值的新闻,就连同采访对象顺畅地谈上十几分钟也难以维系。新闻实践告诉我们,记者同任何采访对象交谈,涉及任何知识,最起码30分钟内不能"露馅",否则,就不能称作合格记者。

记者是个社会活动家。此话是斯大林说的,至今未错。因为政治记者潜在的工作对象是整个社会,因此,政治记者的工作方式特性之一就是要广交朋友,要善于社交,而不能像上级对下级甚至法官对罪犯那样,用行政命令压服或法律手段强制对方。

第二节 外事新闻

所谓外事新闻,即指以报道外宾来访活动和向国外报道本国相关情况与信息的新闻体裁。随着改革开放的不断发展和中国在世界上的地位日益提升,外事新闻的地位和报道任务也迅速增强。

外事新闻采写具有特殊性,是一项严肃的政治任务,采写作风应格外严谨,采写方法应格外细致,丝毫马虎不得。

在具体采写中,必须注意下述事项——

1. 依靠组织,熟悉情况

中国政治经济及文化的日益发展,势必导致来访的外国人士日益增多。但他们来自不同的国家和地区,政治背景和来访目的不尽相同。俗话说,外事无大小,都须认真细致地处置,丝毫马虎不得。记者一般接受报道任务后,需尽快与外事部门取得联系,听取他们对采访人士情况介绍,包括他们国家、政党、财团的情况和其本人的相关情况,了解我们的接待方针、规格及相关活动安排程序,明确有关的采访纪律等,在此基础上,周密制定采访计划。

实践证明,外事采访中只有在紧紧依靠组织、熟悉外宾情况的基础上,才能保证外事新闻少出差错,甚至准确无误。譬如,常有一些离任的原国家或政党的领导人来访,进行的是非正式友好访问,尽管我国对他们的接待规格仍很高,但因他们已不是元首的"元首"、主席的"主席",故采访报道时,既不能突出,又不能冷落,报道的基调一般定在着重宣传两国人民友谊上为宜;一些小国、穷国的来宾,会见时往往激动异常,把中国夸奖得什么都好,但记者也不要轻易当回事,报道时仍应掌握分寸,头脑冷静。而要做到这一切,记者则离不开外事部门的支持与交代。

2. 抓住战机,迅速成篇

有人说,外事新闻的采写往往是闪电式的速决战。此话是很有道理的。因为外事活动一般是很短促的,参观、赴宴可能有几十分钟,握手、拥抱等互致问候可能就是瞬间之事,因此,采访中记者的精力必须高度集中,反应必须十分灵敏,决断必须非常果敢,一旦有价值的事实出现,便迅速捕捉。外事活动中发生的一切,只能在现场采集,一旦活动结束,外宾走了,领导同志也走了,记者向谁去补充、核实材料?外事活动一般都是井井有条地依照事先的安排进行,但因为种种原因,突如其来的变化也是常有的事,这些都需要记者在现场随机应变。鉴于诸多原因,记者可以在采访前先打好腹稿,甚至先拟就一篇大致的稿子,采访一旦结束,便可迅速完稿、发稿。

3. 亲临现场,捕捉细节

外事新闻报道理应是生动感人的,但眼下不少外事新闻却得不到受众的认可,无细节、无现场感,仅仅停留在程式化的报道上,诸如"两国领导人亲切握手,热烈拥抱,随后,机场上举行了隆重热烈的欢迎仪式。所到之处,受到当地群众的热烈欢迎"等一般化表述比比皆是。分析其中原因,是记者未亲临现场,只是靠新闻发布会的信息和电话采访。大凡令读者一读难忘的外事新闻,无一不是记者亲临外事活动现场采访而成的,因富有政治意义和生活情趣的细节突发性强、稍纵即逝,记者只有置身现场,方能及时捕捉。如至今仍令同行称道的《宋庆龄招待外国妇女文化代表团》一文,记者采访中注意了招待会环境的观察,在稿件中穿插了宋庆龄私人花园里"百花齐放,绿草如茵"、"天空中传来鸽子的铃声"等细节,顿使和平友好的主题跃立纸面。

4. 注重礼仪,遵守纪律

来访的外宾一般都讲究礼仪,不同国家、地区的来宾有不同的礼仪,这些都是外事记者在采访前要十分熟悉、在采访中要十分讲究的,决不可贸然行事。采访中要提什么问题、什么场合下提问,都要兼顾礼仪,一般以让外宾高兴、能发挥为原则,千万不要使对方尴尬,陷于僵局。

若要单独采访外宾,一般情况下,应事先请示有关部门和领导。送不送礼品、送什么礼品、收不收礼品、收什么礼品、给对方安排什么活动等,均要考虑礼仪和纪律,千万不能想当然。譬如,一位擅长中国乐器古琴和筝的日本东京艺术大学女学生到上海音乐学院参观,记者和接待人员好意选了一位中国女大学生给她弹琴。日本女学生越听越不自在,记者本想听听该生满意的感受,没想到她涨红着脸气愤地说:"你们想压倒我。"

采访外国元首、总理级别的活动,困难可能会更大些,通常总是外宾和首长的车队在前,除少数摄影记者外,一般记者的车则远远落在后面,常常是外宾已参观结束准备上车到另一活动地点去,记者的车队才赶到现场。此时,记者只能靠向翻译、陪同人员及现场其他工作人员了解情况,在这当口,记者尤需注重礼仪和遵守纪律,不要在现场横冲直撞、前后乱窜,也不要毫无礼貌地将有关人员拉扯到一边就乱问,应做到有理有节、有条不紊。

外事记者长期接触外宾,频繁出入宾馆、机场、宴会厅等场所,除了礼仪要讲究、纪律要遵守外,自己的仪表风度、衣着打扮等也是要十分注重的,某种意义上说,记者留给外宾的印象很可能就是中国人的形象。

第三节　会　议　新　闻

所谓会议新闻,即指以各种政治性、专业性会议为报道题材的新闻体裁。

在及时传达党和政府的方针政策以及发动人民群众积极参加社会主义物质文明与精神文明建设的事业中,会议新闻起着不容忽略的作用。但是,我国目前的现状是:会议太多,新闻媒体上的会议新闻太滥,会议新闻的报道没有严格遵循新闻报道的规律和规则行事。

一、改进会议新闻的现实意义

长时期以来,因为受"文山会海"的影响,在我国的报纸版面上和广播、电视新闻节目里,会议新闻不仅所占比重甚大,而且所占位置也甚好。据粗略统计,北京每个月召开的全国性会议,少则十几个,多则几十个,几乎是个个要见报。有家省报某日第一版共登7条新闻,其中竟有6条是会议新闻。另据该报不完全统计,平时刊登的会议新闻,平均占该报第一版所发新闻条数的35%。广播、电视的新闻节目也平均有三分之一左右是会议新闻。这真是会议成海,会议新闻成灾。难怪我国一位著名老报人感叹:"我设想办个'会报',12个版面也登不完!"

但是,分析这些会议新闻,大都没有写好,几乎是千会一"套":会议名称、何时何地召开、何人参加、会议认为、会议指出、会议要求,再加上某某说、某某指出、某某强调、某某号召,最后再来个"会议圆满、胜利结束"之类,搞得如同"会议公报"一般,枯燥乏味,味同嚼蜡。

由于会议新闻过多,加之报道手段、形式又单调俗套,因此弄得广大受众叫苦不迭,甚为反感。常言道:惹不起,躲得起。现在的老百姓也精明得很:报纸从后面几版看起,广播跳着听,电视新闻一预告,如果前面几条又是"举手表决"、"排排坐"之类,干脆就先去洗碗、擦桌子。

许多"黄金时间"被占,"寸金之地"被挤,削弱了新闻报道应有的指导性、群众性、可读(听、视)性,与改革开放、经济建设的形势极不相符。因此,改进会议新闻的采访写作,已成为广大记者和亿万受众的共同心声。

二、会议新闻的采写要求

会议报道是不能没有的,也是不可回避的,但实践告诉我们,会议报道具有强烈的可塑性。只要认真选择和设计好报道方式,将采写的重点放在会议所涉及的新闻性、问题性上,那么,会议新闻的报道效果会好的。根据报纸、广播、电视及记者工作的特点,从党的工作需要和受众心理需求出发,要搞好会议新闻的采访,当着重注意下述三项——

1. 摸清会议宗旨,亲临现场采访

这一项约分3个步骤施行:一是当接到任务时,应马上设法接触会议的主办单位,详细了解会议的宗旨和议程,如:为什么要开这个会?希望讨论和解决些什么问题?有什么新政策、新精神颁布和提出?与广大群众切身利益有什么关联?等等,在此基础上,尽可能占有会议的各类文字资料,包括发言材料。二是认真分析研究这些材料,进一步弄清此次会议的目的和意义所在,初步排出新闻线索,拟订采访方案。三是自始至终参加会议,亲临现场采访。记者是到现场还是靠电话进行采访,采访效果大不一样。到现场采访,记者一能捕捉到会议或会场的细节,从而使新闻生动形象,"闪出些亮点"(郭玲春语),闻不到八股味。例如,哈尔滨市劳教委员会召开表彰大会,决定给5名劳教人员提前解除劳教,某报一编辑因未亲临会场,只能将稿子编为《5名劳教人员因有立功表现被提前解除劳教》,而亲临会场的新华社一位记者,却通过目击的细节材料,将稿子写成《市长亲手给5名劳教人员胸前挂红花》。两稿对比,优劣立见。二能避免失实。许多会议报道失实,多半原因是记者凭借电话"遥控"采访。例如,某市召开教育工作会议,某记者原先在电话中获悉的是市委副书记主持会议、市长讲话,但为了体现对教育工作的重视,患病住院的市委书记不听医生劝阻,亲自主持会议。如此大的一个变化,某记者全然不知,第二天登出的新闻仍写会议主持者是市委副书记。

2. 跳出会议程序,着眼新闻事实

以往相当数量的会议新闻只是按照会议程序写,而不是着眼于重要新闻事实,许多重要的新闻事实被淹没在大量的程序、套话中。如有关为"'四五'天安门事件"平反的新闻,某报开始报道时,因怕这怕那,故搞成了名单、报告、决议面面俱到的"典型"会议新闻,如果不是细心人,很难看出"平反"这一重大事实。

对会议报道,受众一般不太关心会议的程序,而只是对会议的实质性内容感兴趣。因此,作为一个高明的记者,不应被会议程序牵着鼻子跑,而应当将会议议题等分析、消化,凭借新闻敏感从中提取最有价值的事实构成新闻。也就是说,记者应视会议一切材料如同其他新闻材料一样,必须按新闻价值的大小重新排列。一言以蔽之,应当着眼于新闻,而不是会议。坚持改革会议新闻报道已有 20 余年历史,并把会议新闻写得生动活泼的新华社记者郭玲春认为:"大凡会议,格式程序往往大同小异。不得不奔走会海的记者,要善于在大同中求小异。"在《金山同志追悼会在京举行》一文中,她完全跳出了旧的千篇一律的程序和模式,用在现场采集的材料构成描写式导语:"鲜花、翠柏丛中,安放着中国共产党党员金山同志的遗像。千余名群众今天默默走进首都剧场,悼念这位人民的艺术家。"在悼词处理上,她巧妙地借用会场上一副对联"雷电、钢铁、风暴、夜歌,传出九窍丹心,晚春蚕老丝难尽;党业、民功、讲坛、艺苑,染成三千白发,孺子牛已汗未消",为金山同志的一生作了高度、艺术的概括,从而避免了大段摘引夏衍同志所作悼词中的内容,新闻情景交融,新风扑面,为会议新闻改革提供了一个成功的范例。

　　要使会议新闻为人们所喜闻乐见,记者必须以事实为主干,以会议为背景,即抓住新闻事实作突出处理,会议本身只是作背景或新闻根据予以衬托。如 2010 年 12 月 21—22 日,中央召开农村工作会议,这类会议新闻很容易弄成程式化之类的模式。但是,《新京报》却将"农民纯收入超 5 800 元"这一重要事实放进主标题,还将会议的三个新闻点"稳定粮食生产"、"加快水利发展"、"力保农民权益"分别用三个小标题突出处理,而会议本身和议程则简单几笔带过,使新闻既有思想性,又具可读性。

　　3. 坚持报道原则,讲究机动灵活

　　会议是否需要报道,关键在于会议中有没有新闻,这些新闻有没有价值。报纸不能变成会报、会刊,重要的会议固然要重点处理,但通常情况下,则应该少发、简发甚至不发,决不能大会大报,小会小报,每会必报。这些都应当视为会议新闻的报道原则。

　　但是,这只是一厢情愿的事,直至目前,有些实际工作部门的同志争版次、争篇幅的情况还很严重。他们往往把报与不报、刊登位置、篇幅长短看作是一种"政治规格"、"政治待遇",稍不如意,就责问、抗议,甚至在日后工作中刁难。某报发表的一篇关于多种经营交流会的会议报道,在一长串的与会领导人名单中删去了省军区两位一般干部的名字(军区主要领导的名单均在),竟被视为"不把军队放在眼里",总编辑连写 3 份检查才勉强过关。

　　面对这种情况,报道原则是不能丢的,策略上可以讲究一番。具体处理上可注意3点：一是约法三章,争取主动。即定出条文,搞个"君子协定",把丑话先说在前头,然后上通下报,照章办事。因为是按规矩办事,有章可循,就可免去许多口舌,久而久之,情况可望好转。广东的做法很值得参照,在广大受众和记者、编辑的呼吁下,广东省委和广州市委日前分别发文,要求根据中央精神,进一步改进会议和领导同志活动的新闻报道,对要报道的会议所占版面多少(广播电视所占时间多少)及领导同志名单哪些出现、哪些不出现等都作了明确规定。因此现在就很少有人在会议新闻等报道方面再去扯皮[①]。二是化整为零,兼抓"副业"。即使报道重大会议,也不必搞"鸿篇巨制",可以采用化整为零的方法,把会议所讨论的内容与作出的决议概括出来,然后逐一发新闻。新华社、《人民日报》等在这方面带了个好头,在报道党代会、人代会等重大会议时,把领导的讲话、会议的议题等,用短新闻形式一个一个发单篇,既及时又明确,版面也活,颇受领导和广大读者欢迎。同时兼抓"副业",台上台下、会内会外结合起来,集中力量搞好"述评"、"聚焦"、"特写"、"漫议"、"话题"等栏目,还注意搞一些有意义、有特点的花絮之类的小报道。其实,"副业"不"副",如果抓得准、抓得巧,其价值甚至超出会议本身。例如,某年丹东市召开了市劳模、先进代表会,该会本身的报道并未引起多大反响,而记者巧择角度采写的《三十个单位因计划生育抓得不好未能出席市劳模、先进代表会》一文,却收到了出奇制胜、意想不到的效果,反响极大,该文也因此被评为当年的全国好新闻。三是勇于负责,"先斩后奏"。对于那些扯皮的单位和部门,首先是记者思想上要敢于坚持原则,要敢于担负责任,不要轻易将矛盾推到编辑部甚至总编辑那里。整顿党风,抵制歪风,连这点改进会议新闻的原则都不敢坚持,那还算什么党的新闻工作者、人民的代言人?

会议新闻一般要送审,扯皮等事往往就出在送审途中,或是让你再添上一批参加会议的单位和领导名单,或是让你再塞进几段某领导的讲话。从工作角度和报道原则出发,记者应尽量做解释说明工作,若是对方还是执意坚持,那你可以找这个单位的上级领导部门,求得支持。

---

① 《广州日报》,2003年12月8日。

第四节 军事新闻

所谓军事新闻,即指以军事相关活动和战争为报道题材的新闻体裁。

在中国现代史上,军事新闻是大量且占有重要位置的,军事报道是出色的,可供当代军事记者借鉴的经验是丰富的。在和平年代,在新的历史时期,军事新闻报道的作用发生变化,诚如盛沛林教授在《军事新闻学概论》一书中概括的那样:"引导全国军民增强国防观念和忧患意识,推进和加强国防教育和国防建设;引导全军贯彻军委新时期军事战略方针,做好打赢高技术战争的各项准备;推动全军在社会主义精神文明建设中走在全社会前列,充分展示我军文明之师、威武之师的精神风貌;引导全军维护社会稳定,保持政通人和、国泰民安。"[①]因此,军事报道的题材与特点发生了什么变化?采访与写作上有些什么新要求?这是值得我们继续探索的。具体为——

1. 时代转变,题材转移

我国已进入建立社会主义市场经济时期,改革开放正向纵深发展,党的中心工作已经转移到经济建设上来。作为军事新闻,其报道的题材范围已发生变化,其报道的题材重点也应由原先的以军事斗争为主而转移到军事现代化方面来。邓小平同志早在20世纪80年代就指出:我军战略指导思想应由临战状态转移到和平时期建设轨道。

在我国,军事现代化的报道内容丰富多彩,其中主要有:党和政府对军队现代化的重大决策及其指导军队实现现代化的举措;军队现代化本身的进程及其武器装备的更新,在不泄密的前提下适当予以报道;能掌握现代化军事知识并指挥现代化部队的当代军事人才培养方法与途径的介绍;军事训练、政治工作、后勤供给的新发展、新方法;国防科技研究和工业的新成就;军队参加地方建设的活动等。如,2011年2月利比亚发生全国大动乱,我空军及时派出4架伊尔-76运输机,执行紧急撤离我在利比亚人员的任务。还包括国内发生重大灾难,部队官

---

① 盛沛林:《军事新闻学概论》,解放军出版社,2000年版。

兵参与抢险救灾和灾后重建等事务。

因此,对当代军事记者的要求也不同以往。当代军事记者只有思想上充分认识军事题材重点的转移,力求适应时代转变,用现代化军事知识充实自己,并对未来战争要有研究,思路才会开阔,报道领域才会宽广。

2. 明确原则,突出重点

军事新闻的报道原则,在和平时期与战争时期是不同的,中国的与外国的又是有区别的。我们的报道及其原则,既不同于资本主义国家,也不同于其他的社会主义国家,虽属和平时期,但军事报道仍占有重要地位,在综合性报纸版面上仍占有较重要的地位。这是因为:我们仍然面临帝国主义、霸权主义及一切敌对势力的战争威胁,加强军事报道,能使人民群众及时获取军事信息,关心和了解军旅生活,增强国防观念,促进军队建设健康发展;我军是战斗队,又是工作队、生产队,与广大人民的关系很密切,但是,军队也和地方一样,在军队现代化建设迅速发展的同时,也遇到不少新情况、新矛盾、新问题,军队和军人比以往任何时候都更迫切地需要全国人民的理解、支持和帮助,有针对性地改进和加强军事报道,能更加密切军民的鱼水关系;中国共产党的传统、作风往往体现在军队和军人身上,加强军事报道,也是恢复和发扬党的光荣传统的重要方面,是加强精神文明建设的有效途径。因此,军事报道要紧紧围绕党的政治生活需要进行,要立足军队,面向全国,着眼未来和世界。这就是我国现时期军队的报道原则。

虽然我们正经历着新中国成立后最长一段的和平时期,但从国际范围看,世界正面临着二战以后局部战争最为频繁的时期,冷战之后的国际秩序已经并且仍在发生着重大变化。战争危险依旧存在。部队是打仗的,平时就得加紧训练,因此,军事训练的题材无疑是军事记者平时采访的重点。这是因为,在现代战争的条件及要求下,部队如何加强训练,不断提高军事素质,实现国防现代化,适应现代化战争的需求,这是全党和全国人民所密切关注的。林彪、"四人帮"之流鼓吹"政治可以冲击一切",搞军训就是"冲击政治"、"单纯军事观点",大肆抵制和破坏军事训练,使军事训练报道一再受到扼杀,直到"文化大革命"以后,军事训练报道才得以恢复和发展。

3. 讲求效应,注重节制

处于和平时期,大仗基本没有,但边境上的小打小闹时有发生。因此,原作为军事报道主要组成部分的战斗报道,在今天就带有新的特点,即政治性更强,策略性也更需讲究。这是因为,战斗新闻最能引起国际舆论的关注,报道好与坏,事关重大。有关边境上的几次小规模战斗,均属我军自卫反击性质。根据这一性质,这些战斗报道的政治性重点在于阐述战争的性质,即揭露对方的侵略行径,表明我军忍无可忍、被迫还手的正义立场。根据这个政治性,就要求报道必须讲究策略,如报道战斗的规模就不是越大越好,战果也不是越多越好,宁可"大打小报道",甚至"只打不报道",要注重节制,要考虑效应,千万不能图一时痛快而失去分寸。

在具体报道中,为了更有效地实现政治性与策略性的完美统一,应当注意口子开小些,而挖掘则深一些。所谓口子开小些,即抓住一场小战斗和一个连、一个排甚至一个班、一个人落笔;所谓挖掘深一些,即着重写我军指战员为祖国、为正义而战的英勇献身精神和我军攻必克、守必固、战必胜的现代化战斗力。如某次边境反击战中的《喷火手张华湘连发连中》、《智勇双全的指挥员山达》等报道,都是这方面的成功之例。

4. 谨慎从事,严守机密

报道我军国防建设新成就、新装备乃至军事训练技术等,涉及军事机密,报道时必须十分慎重,严防泄密,这是军事记者特有的业务修养之一。

要做到守密,除了记者加强保密观念以外,比较恰当的具体做法是,报道时只讲其然,而不讲其所以然,即记者多从场景、气势入笔,多从我军指战员的精神风貌着眼,让人们看到的是我军现代化的风貌,感受到的是现代化军队及其作战的规模、气势与神威,而回避对武器性能、操作要求、具体指挥与组织技能等方面的披露。总而言之,对涉及机密的具体事物,记者应有意"卖卖关子",或故意忽略。

5. 作风踏实,雷厉风行

我国军事记者有着优良思想作风和工作作风的传统,他们在采访时雷厉风行,深入火线,不避艰险,抱定随时以身殉职的态度,出色地完成了报道任务,不少记者光荣地牺牲在战场上。当代军事记者应当继承这一传统,这是因为,战场上或是演习场上,风云莫测,瞬息万变,记者若没有亲临火线的战斗精神和雷厉风行的工作作风,是难以搞好军事报道的。我国著名军事记者、新华社解放军总分社原社长阎吾,在战争年代进行战地采访时,总是哪里枪声最响就往哪里跑,哪里硝烟最浓就朝哪里钻,采写过许多现场感强、情景交融的好新闻,被同行誉为"情景记者"。

军队的新闻队伍正处在新老交替之中,大批新同志奋发努力,敢于创新,但是,只注重业务修养而忽略思想、作风修养的倾向也很严重,个别记者长期跑高级指挥机关,然后抄抄战报、听听汇报,尽搞些公报式新闻、领导谈话摘引等,不愿上高原、下海岛,怕苦怕累,养尊处优,这种现象是与现代记者的要求不符,是亟待改进的。严格讲,军事记者的采访作风是军队作风的一部分,来不得半点松弛和浮夸。

思考题:
1. 政治新闻采写有哪些具体要求?
2. 简述改革会议新闻有何现实意义。
3. 外事新闻的采写应注意哪些事项?
4. 新时期军事新闻采写有哪些新要求?

第八章

经济与科技类新闻的采访写作

一个社会越是进步,经济与科技事业的发展就越是显著,同时,相关的新闻报道也越是成熟。然而,较长一个时期来,经济与科技报道始终是中国媒体的一个薄弱环节,亟待改进。

第一节 经济新闻

所谓经济新闻,即指以国民经济、生产建设和群众日常经济生活为报道题材的新闻体裁。

经济新闻在新闻报道中所占的地位与意义,早在上个世纪前便已得到证明和确认。在经济活动极为活跃的西方各国,作为现实生活的反映,经济新闻在各媒体的报道总量仍占较大比重。在我国,随着党的工作重点转移到经济建设上,特别是社会主义市场经济体制的逐步确立,作为党和人民的舆论工具,必须把经济报道提到头等重要的位置,使经济报道成为新闻报道的重点和中心。然而,经济新闻的报道空间虽然很大,但创新的难度也很大,加上记者本身的素质、知识结构、反应能力等跟不上经济发展的变化,导致目前相当一部分新闻传媒对市场经济的宣传报道还处于逐步适应状态。表面上看虽然篇幅颇多,版式也新颖多变,但报道容易被经济部门的工作牵着鼻子跑,难以跳出"观点+数字+例子"的模式,直接为经济运行服务的具有指导性、信息性、实用性、分析性的高水准的新闻远远不够,有的只是单纯报道成就,未能提炼出有价值的观点,有的只是盲目、肤浅地追求若干新热点,报道只是停留在一般水平,缺乏深度、厚度、力度。一个严重的事实是不能忽视的,即20世纪90年代中后期亚洲金融风暴期间,偌大一个中国,数千家新闻媒体,几十万新闻大军,竟没有拿出几篇像样的有关报道。因此,掌握好我国经济运行脉搏,如何找出经济报道的规律,摸索出一条搞好经济报道的路子和一套报道方法,乃属一个严峻的课题。

一、学习、掌握社会主义市场经济的理论与政策

这是记者在整个社会主义历史时期从事经济报道时确定报道方针和报道思想的基本依据,是经济报道符合经济科学、正确反映经济规律的可靠保证。这种学习和掌握应当是及时、系统、全面的,当然也是颇费精力的。但是,若是不学习、不掌握社会主义市场经济建设的理论与政策,就不能保证经济报道的科学性,就失去经济报道的新闻敏感和采写依据,非但提高不了经济报道的水平,甚至会搞出自以为正确,实质上已违背经济规律的报道。例如,包括至今仍经常出现的忽视社会效益、无视环境保护、盲目宣传高速度、以产值增长作为判断经济活动成败标准的经济报道皆属此列,都同记者不学习、不掌握经济建设理论与政策有关(当然,也有新闻体制、思想路线、记者其他素质等方面的原因),从而违背了经济报道科学化的最基本要求,即评价经济活动要科学化,要树立科学发展观。目前,改革开放总的形势是好的,但各地各自为政、盲目投资上项目、重复建设,千方百计钻政策空子,以绕开环保、压低成本等现象仍十分严重,各地记者在报道时应特别注意。

因此,记者应当站在时代的高度去认识、学习和掌握社会主义经济建设理论与政策的重要性。在当前,随着市场经济的迅猛发展,要自觉摆脱计划经济条件下宣传模式的影响,还应摒弃改革开放初期采写一度被推崇的粗放型发展经济的思路和经验。加紧学习和掌握邓小平建设有中国特色的社会主义理论,全面理解"科学发展观"的新理念,迎接时代的挑战。

二、熟悉经济领域的基本知识与情况

从事经济报道的记者,熟悉经济领域的专业基本知识和情况,是不可忽视的一个重要方面,它对记者有不小的帮助。具体为——

1. 能判断、预见问题

如美国对伊拉克的战争爆发前,布什政府及世界多数舆论认为,战争对美国经济复苏乃至振兴全球经济都有好处。但中国的舆论却不这

么认为,2003年2月11日,新华社驻华盛顿记者援引美国联邦储备委员会主席格林斯潘的话报道说:美国有可能发动的对伊拉克战争将带来不确定因素,从而将阻碍美国经济增长,使美国的经济复苏变得更加困难。记者借格林斯潘之口作此预见性的报道,足见其对美国乃至世界经济是较熟悉的。

2. 能提出、交谈问题

如对有关知识和情况不熟悉,记者在采访中就难以提出问题,同采访对象也难以谈到一块,故采访就无法进展。如有位青年记者,第一次采访某化工厂一位总工程师时,因不懂化学基本常识,也未认真做采访准备,结果仅勉强谈了半小时,就实在谈不下去了,只好打道回府。后来,该记者下决心读了几本化工学科的书籍,并认真拟了调查纲目,第二次采访时,这位记者提问就十分在行:"我在书上看到,国外催化剂的功效是17倍(指与溶剂的比例),而您能把这种催化剂的功效提高到30倍,经济效益大增,请您谈谈您是怎样试制这种新型催化剂的?"总工程师一听,仿佛遇上知音,异常兴奋,在百忙之中破格与记者作了近一个下午的长谈。由此证明,在采访活动中,一个记者懂行与否,与采访效率有直接关联,记者若什么都不懂,需要采访对象从有关知识的ABC谈起、解释起,那么,采访深入就无从谈起了。

3. 能解释、说明问题

经济报道常常涉及许多专业技术知识问题,若是记者自己没有弄懂,就难以解决受众希望了解的问题,只有自己懂了,才能产生联想,进而才能把复杂的技术知识、专用术语、技术操作程序等,用通俗的语言、形象的类比等表述清楚。而在这当中,记者熟悉、懂得经济领域的基本知识与情况,是至关重要的。

综上所述,从事经济报道的记者不熟悉不懂得经济领域的基本知识与情况,采访写作往往寸步难行,甚至搞出错误的报道。如2000年元旦、春节期间有关"假日经济"、"假日消费"的报道,给人一个"新的经济增长点"已经出现的感觉。冷静的经济学家们则指出:目前在中国提出"假日经济"的概念还为时过早。因为在成熟的市场经济中,消费收入函数比例几乎是一个定值。从宏观上说,社会总收入和社会总消费是按比例增减的,具体的商业手段可能在一定时期一定区域内刺激部分居民的消费,但无非是把预期利润从一个商家转到另一个商家,把彼时彼地的消费者吸引到此时此地。同样,"假日消费"是社会总消费的一部分,是社会总收入的总函数,如果居民的收入不增加,"假日消费"不会变成有"拉动作用"的消费增量。2007年的中国股市也是一样,几乎所有媒体与专家推出的理论均与市场的实际走向相悖,弄得广大股民连连吃"药",叫苦不迭。当然,有关经济方面的知识全部学和学得很深也不可能。我们的目的不是成为工农业等经济战线的专家,而是要求成为工农业等经济战线报道的专家。因此,这种对经济领域知识与情况的熟悉,是结合采访写作任务的学习,采写什么就学习、熟悉什么,时间久了,采写的面宽了、广了,知识就自然丰富起来,情况也自然熟悉起来。在市场经济迅猛发展的形势下,社会各界都强烈呼吁:亟须培养专家型记者。所谓经济报道方面的专家型记者,即对经济领域的知识有较深的造诣,情况要相当的熟悉,采写的报道、撰写的评论、作出的分析,要有分量和具有权威性,甚至成为企业乃至政府作为决策时的重要依据。这种专家型记者的培养,不靠一日之功,全靠平时对经济领域知识学习与情况的日积月累。

　　一般说来,记者对于经济领域知识的学习与情况的熟悉,应抓好三个环节:一是及时。即要注意经济学术研究和经济运行中的最新发展动态与成果,及时更新陈旧落后的经济知识与观念。譬如,在当前,应尽快彻底摆脱计划经济条件下宣传模式的影响,密切注视市场经济在股票、证券、期货、房地产、国有大中型企业改革、世界经济和贸易的发展等方面的新变化、新动向、新成果等。二是系统。即要学习马克思主义政治经济学,弄懂弄通其基本原理,并以此为基础,结合中国实际和自己所负责报道的部门、领域,系统地学习有关部门、领域的经济学。1942年,周恩来因病在歌乐山疗养,正好著名经济学家许涤新患肺病也在那里疗养。一天,当周恩来听说许涤新准备下一番工夫研究《资本论》时,他语重心长地说:"这很好,知识要系统化,碰到问题要说得出道理。"这番话,对于今天从事经济报道的记者也颇有教益。三是全面。即指对各个学科的经济知识虽然不求精深,但都要求有所了解。在当前,特别要了解与熟悉金融学、会计学、物价学、统计学等与社会主义市场经济密切相关的学科的基础知识,以适应当今形势和报道任务的需要。

三、善于从业务技术堆里跳出来

　　长时期以来,经济报道存在"三难",即记者难写,编辑难改,受众难懂。解决这"三难",关键在于采访,在于记者从业务技术堆里跳出来,把注意力侧重放在下述五个方面——

1. 抓问题

经济新闻固然必须联系生产实际,如工业战线的增产节约、调整、改革、整顿、提高、按经济规律办事、进行企业管理、高科技的运用等;农业战线的春耕春种、大田管理、三夏三秋、农田基建、多种经营等;财贸战线的市场供应、财政收入、物价等。这是我们组织经济报道的出发点。但若是仅仅限于这些方面,经济报道就容易陷入单纯业务观点的泥潭。

记者应挖掘经济建设中的先进因素,加以热情倡导,发现阻碍生产力发展的落后因素,加以彻底清除。总之,如果要指导生产、推动建设、发展市场经济,就必须靠不断总结新时期经济运行中的新经验,提出具有普遍性、方向性的新问题。这样,经济报道才能上品位、上台阶,内行愿意看,外行看得懂,上级领导和广大群众都能满意。如《引进外资切莫忽视成本》、《把中低收入居民住房问题作为工作重点首先解决好》等新闻皆属这样的范例。有人提出,经济报道应当找到最佳交叉点,即领导满意,群众爱看。实践证明,抓问题是这一交叉点的主要支撑点。

2. 抓事实

问题抓准后,紧接着就是要选择有典型意义的事实来回答、说明问题。这是因为:一是受众最相信事实,最愿意接受事实;二是经济报道说到底是成果报道,因此要摆事实;三是事实叙述清楚了,业务技术等程序性、术语性之类也就避开了。例如,以鞋子质量为例,你广告语吹得千好万好也没用,人们最相信的是事实,前商业部长胡平在武汉百货商场买了双上海产的皮鞋,穿上脚不到24小时,后跟就掉了一块。此事经新华社报道后,引起极大反响,各有关厂家引以为戒,狠抓鞋子产品质量,促使产品质量上台阶,以使老百姓能买上放心鞋。

3. 抓角度

经济报道的角度十分重要,若是选择得好,主题往往就能得到新颖、生动的体现,一些业务技术方面的问题也不至于太枯燥。

过去的一些经济报道,在角度上存在"三多三少"的现象,即从领导角度报道多,从群众角度报道少;从生产角度报道多,从消费、流通、分配角度报道少;政治说教和技术术语多的报道多,生动活泼、能引起广大读者与听众共同兴趣的报道少。为了适应现时代的要求,记者应当认真讲究经济报道的角度。例如，产品质量一直是工业经济报道的第一个永恒主题，但宣传报道上如何突破老一套，选择一个较好的角度进行报道，则是一个长期未能解决的大难题。新华社和《人民日报》记者在这方面是动了脑筋的，他们先后抓住鞍钢第二薄板厂党委书记专程去上海背回几块废矽钢片和沈阳某鞋厂不让一双质量不合格的鞋出厂门、谁出的质量问题谁自掏腰包买下这两件事，巧妙地把"质量第一"这根"弦"拨动得不同凡响，给人以不尽的启示。

4. 抓趣味

许多老记者都指出，经济报道要写得有趣味，要像吸铁石一样去吸引着读者。然而，不注意读者的兴趣和需要，不注意读者看得懂或看不懂，这仍然是我们经济报道中的一个基本缺点。实践证明，经济新闻的趣味性突出了，才能吸引受众。有人说，经济新闻总没有社会新闻那么有兴趣，此话有失偏颇。经济新闻有没有兴趣，能不能吸引人，关键不在于写作，而在于采访，是看记者能否采集到有趣味的事实和细节，《厂长当徒工》、《副总理验锅》、《经济学家赶集》等新闻，都是最有说服力的例证。

5. 抓通俗

这是搞好经济报道最关键的一环。经济报道采访写作中的一个集中难点是：技术性术语多、数字多、专业性问题多，统称"三多"。记者采写时若是陷入这"三多"，经济报道就枯燥乏味，令人看（听）不懂。但是，经济报道又离不开这"三多"，党的方针政策的贯彻执行，经济建设的发展与成就及其重大经济意义、政治意义，又必须通过这"三多"来体现。怎么办？为了解决这一难点，使经济报道做到雅俗共赏，记者在采访写作中应当把握四个具体环节。

第一，多进行形象比喻。有些事物受众不容易理解与接受，记者若是采用联想、类比方法，用已经认识、熟悉的事物与不太容易理解的事物形成类比，那么，新闻就可见效甚至见奇效。如"2003年中国南京重大项目投资洽谈会"开幕会的新闻，记者得知南京将向全国及世界前所未有地推出187个重大项目，涉及资产及总投资820亿元。于是，记者在新闻表述时写成："南京大项目集体找'婆家'，'新娘'187个，'嫁妆'820亿元。"看了这则新闻，读者普遍觉得既有可读性，又见思想性①。

第二,多进行解释说明。经济新闻理所当然地要报道新成就、新技术,但人们看不懂、不愿看,便领略不了这些新成就、新技术蕴含的价值和意义。因此,就需要记者在采访中多请教行家,自己弄懂弄透后,然后再在报道中向受众多作深入浅出的解释说明。例如,2004年1月16日,《南方日报》刊登了一篇题为《13.6%背后是什么》的经济新闻,分析2003年广东省GDP增长的情况。记者避开数据罗列加套话的俗套写法,而是将成就放在"非典"的大背景下阐述,引起了读者的兴趣并令人获得深刻的感受。

第三,多采用数字换算法。经济报道中的数字真可谓比比皆是,有些新闻本身就是"数字新闻"。如何运用好这些数字,以引起人们对经济新闻的兴趣,实在是一种艺术。运用得好,则可使人留下一读难忘的印象;运用得不好,一堆杂乱无章的数字,则会使新闻沉闷呆板、枯燥乏味。

怎样使单调、枯燥的数字"活"起来,主要靠记者深入扎实的采访,善于用脑,然后用富有表现力的手法,结合描述对象,给数字插上想象的翅膀,对数字进行换算。从哲学上讲,数字所表明的量和质,只能在一定的相互关系中,才能反映出事物的性质或发展状况。数字若不与它的前后左右比较,不与和它有关联的事物结合起来综合分析,就说明不了它本身的量和质的意义所在。因此,记者就必须善于对数字进行换算。例如,《长江三角洲又获丰收》一文写道:三角洲的苏州、松江、嘉兴三地区的粮食总产量,"又突破了去年所达到的历史上的最高水平,比去年增产近7亿斤"。增产7亿斤是什么概念,一般读者可能难以理解。记者接着便对数字进行换算:这3个地区所产的粮食,除农民自己食用外,"足够供应像首都北京那样多的人民3年的食用,或者可以供应像工业城市鞍山那样多的人民20年的食用"。经过如此换算,数字终于活起来了,受众也就接受、理解这一事实了。

第四,多穿插人物活动与具体场景。说到底,经济建设与活动都是人在某个现场进行的,把这个过程中的人物活动和具体场景显现出来,经济报道就可能生动活泼、招人喜爱。如《经济学家赶集》一文,穿插了薛暮桥先生买胖头鱼、擀面杖和挖耳勺的活动与熙熙攘攘的集市场

---

① 《解放日报》,2003年6月18日。

景,因而使全文充满动感,读来十分亲切,一改经济新闻见物不见人的通病。浙江《钱江晚报》提出的"赋予经济报道人文关怀、大众情怀"办报理念很值得肯定,他们主张捕捉经济活动中的亮点人物,然后展示人物在经济活动中的表现并着力挖掘他们的精神世界,使经济报道很有看点。如在2003年上海举行的福布斯全球财富论坛上,该报确立"以抓人物入手,通过访谈来表达经济观点"为报道策略,先后发表了《福布斯的三种印象》、《杨澜谈浙商》等报道,凸显了人文价值,使一个较大较远的主题同浙江的读者贴得很近①。

从总体上看,在当前的经济报道中,记者是努力的,也涌现出一批颇具水准的报道。但是,由于自身素质、知识结构、反应能力尚跟不上市场经济迅猛发展的步伐,因此,经济报道尚停留在一般化的总体水平上。面对这一严峻事实,如何对整个记者队伍进行规模培训,实属当务之急。

第二节 科技新闻

所谓科技新闻,即指以科学技术研究、发展及群众科普生活为题材的新闻体裁。

科技报道在西方历来占有重要地位。如《纽约时报》常常一天有百余个版面,按内容的不同分成A、B、C等各类,重要的科技新闻与特写则经常刊登在A类中。另外,该报每周二出一期《科技时报》,连广告在内共20个左右的版面。在美国无线加有线的近100个电视频道中,科技报道在新闻节目中也占有相当的比例。位于华盛顿的新闻博物馆前不久公布了一项由美国公众评选出的20世纪世界100条重大新闻,其中科技新闻所占比例最高,高达37%。

与西方相比,我国公众的基本科学素质是比较低下的,具备基本科学素质的公众占总人口的1%还不到。请看《科学时报》2006年4月14日报道:近日,"贵州省首次公众科学素质调查"结果显示,贵州省公众具备基本科学素质的比例为0.61%,即每万人中有61人具备基

---

① 详见《新闻实践》,2006年第10期。

本科学素质。调查显示,目前贵州仍有部分公众对常见的几种迷信形式持相信的态度。24.4%的公众相信(很相信和有些相信)"求签";30.4%的公众相信"相面";16.8%的公众相信"星座预测";29.9%的公众相信"周公解梦"。改革开放以来,我国科技事业正日益进入兴盛时代,经济社会发展和民生改善越来越依靠科技,新闻媒介与广大受众对科技成果及其报道的关心程度,也超过了以往任何时候。由于党和国家对科技工作的重视,一个依靠科技促进经济发展的大好局面正在形成。然而,科技新闻报道的现状却实在不能令人满意。许多科技新闻或是价值一般,或是写得深奥难懂,令广大受众产生不了兴趣。如何改进科技新闻的采访与写作,以适应科技事业的发展和受众的需要,确是一个十分严峻的课题。

科技新闻是科技领域新近发生的事实的报道。具体报道范围和内容有:党和政府有关科技政策;技术领域的新发现、新发明、新成果;科技工作的新经验、新问题;科技战线杰出人物的事迹;受众感兴趣的科技新知识、新技术及趣闻、珍闻等。

分析以往的科技新闻报道,存在的不足之处颇多,其中三个方面的问题尤为突出:一是术语堆砌,深奥难懂。对采访所得的材料中涉及的有关科学用语、专用术语等,记者常常是没有经过新闻化的处理,甚至连自己都没弄懂,就照本宣科,结果是术语一长串,行话一大片,新闻被弄得晦涩难懂,读者望而生畏。二是喧宾夺主,本末倒置。究竟什么是科技新闻的主和本?或者说,科技新闻报道中应当谁唱主角?毫无疑问,当然是科技成果、科学内容本身。但是,不少科技新闻就是回避科技成果、科学内容本身,而只是用成果名称加上一堆人们司空见惯的空泛评价及有关科研人员的事迹构成,这就弄得本末倒置,失去了科技新闻的特色和价值。三是以讹传讹,误导受众。专业性和严谨性是科技的特性,因此,科技报道应格外讲究真实性和缜密性,千万不能随心所欲,或不加考证,以讹传讹,引起不必要的误解甚至恐慌。

任何题材的新闻都应当严格按照新闻规律及报道原则去采访写作。作为反映科技题材的科技报道,只有对于科技成果、科学内容及其性质、意义、社会效果,包括科研人员及其研究过程等新闻事实,予以充分、必要的反映和说明,报道才能算是成功的,才能为受众所接受。回避科技成果、科学内容本身的做法,则绝不是上策。科技报道应当见物又见人,以见物为主,见人为辅。见物不见人固然不对,但是,见人不见物则更不对。这是科技报道的特性所在。有一年,三位新华社记者承担了日全食观测的报道工作,经过认真的采访,又加上受时任国家领导人邓颖超曾经讲过的一句话"我们的科学家太好了"的启发,他们想借题发挥,着重反映科学家的精神面貌。但他们又想到,若是这样报道出去,涉及日全食观测的内容太少,缺少科学味,不是科技报道,而成了人物报道。因此,他们推翻原先设想,进行补充采访,最后在定稿中,用大约六分之一的篇幅描绘日全食的全过程,用约五分之一的篇幅介绍太阳活动与人类的关系,还着重介绍了一些关于日全食和观测日全食的知识;关于科研人员的精神面貌,仅用了五分之二的篇幅反映,而且是紧扣日全食这一科学现象来展现。正因为有了较多的科学内容,主次位置摆正,所以,报道与广大读者见面后,一致叫好。

科技新闻既要保证科学性、真实性,又要体现特色、价值,并且要通俗易懂,生动引人,这就使科技新闻的采访写作产生相应的难度。因此,必须注意下述八点——

1. 深入采访,力求真实

科技新闻讲究科学性,毫无疑问,这一科学性首先必须建立在真实性的基础上,真实性是所有新闻报道的生命,共同遵守的准则,科技新闻也在其列,不真实的东西,决无科学性可言。因此,科技新闻的采访,必须深入再深入,扎实再扎实,不能有丝毫马虎。例如,有一年关于"一颗小行星可能撞击地球"的报道,因翻译外电有误,将这颗小行星在距离地球80万公里处经过,错译成"正向地球飞来,距地球尚有80万公里"。一时间,弄得人心惶惶,幸亏南京紫金山天文台及时纠正此说,否则,还不知要酿成什么乱子。如果有关的记者、编辑,采访不是建立在人云亦云的基础上,而是找到外电原稿再核对一下,这场虚惊是完全可以避免的。

再则,某些偶然或巧合现象的发生,仅从单一事实的角度考察,它可能或确实是真实的,但从总体或本质上考察,它不合乎规律,不具有科学性,因而是不真实的。这是因为,凡是符合科学规律的现象,应当是在特定、类似的条件下能重复出现和灵验的。在没有权威的、充分的科学论证之前,偶然及巧合现象,是不能作为科学新发现、新成果等来报道的,否则,又极易产生负面效应。例如,某人患某病,久治不愈,某日偶然服某药,不久便康复(是不是仅仅服了此药就康复的尚不得而知)。于是,报道接连不断地出来:某药是治某病的"良方",具有"特效""神效",有关患者闻讯蜂拥而至,排长队,花大钱,以求得救命之药。但是,有关第二例"康复"的报道至今未见。

2. 虚心求教,正确认识

任何具体事物都有其特殊的规定性,科学技术这一具体事物必然离不开技术和业务的内容,科技新闻报道也就势必通过业务技术来阐明主题,同时,这也就决定了科技新闻采访的特点与难度。确实,记者要在短时间内把高深难懂的科学内容全部弄清楚,是十分困难的。但是,对于称职的记者来说,没有说不清楚的报道题材,只有记者不成功的采访。这就要求记者遇有疑问和不懂之处,要耐心、虚心,不可一知半解,更不可不懂装懂,应该在采访过程中反复向专家、科研人员请教,最终求得对事物的正确认识和准确报道。

3. 长期积累,密切联系

现代科技博大精深,任何记者、编辑都不可能精通科技所有领域与专业,也正因为这个原因,科技报道中的失误几乎是普遍性的。正如美国《巴尔的摩太阳报》记者乔恩·富兰克林所说:"假如我想歪曲某些科学事实,编辑是发现不了的。这就是为什么有时会出现一些很可笑的报道的原因。"

但是,通过主观努力,科技报道这一新闻界的"弱项"是可以逐步转为强项的,关键是记者应该密切关注世界科技发展的动向与趋势,同科技界保持密切联系,对有关知识与材料要坚持积累。例如,获得诺贝尔科学奖的研究项目都是很难弄懂的,然而,每年诺贝尔科学奖获奖名单刚公布,一些西方记者马上便予以详细报道,并用通俗的语言、生动的比喻把深奥的内容解释得十分明白。同时,还通过背景材料说明这些获奖者艰辛的科研过程、获奖成果与人们日常生活有何关系等。西方科技记者的这种能力、才干,除了得力于激烈竞争的新闻机制外,是同他们平时注重与科技界的密切联系、关注科技发展动向及趋势并坚持材料积累所分不开的。近年来,我国记者中也出现了重视科技知识学习和积累的可喜现象。例如,《解放日报》曾面向全市有关记者、通讯员举办过几届"新闻与科技"报告会,与会者会后一致认为:参加这样的系列讲座,增长了知识,开阔了视野,获益匪浅,对日后搞好科技报道帮助很大。

4. 慎重评价,切忌溢美

对科技领域的一切新发现、新创造、新成果的评价,落笔务必慎重,千万不可人云亦云、没有主见。慎重的原则有三——

一是实事求是,准确恰当。不可把阶段性成果说成是最终成果,更不可将一般性成果夸大为"重大突破"、"填补空白"、"处于领先地位",评价调子宁可压低,不可拔高。

二是尊重权威,服从鉴定。有些成果、发明在没有正式鉴定前,确需报道的,应善于引用科技界权威人士的评估,记者切不可妄加评论。重大科技发现、发明与成果的评价,则应以权威部门所做的科学鉴定为依据。

三是不应轻信,善于兼听。常有这种情况,有些科研人员由于种种原因,对科研成果的价值不能真正了解与判断,或出于其他原因,会人为地夸大、拔高自己科研成果的价值。记者应头脑冷静,切不可轻信,倘若把握不了,不妨多方面听取意见、评价,特别是不同意见,以便正确鉴别、准确落笔。例如,欧洲航天局曾作出错误判断,说"太空中唯一能看到的地球表面建筑是万里长城"。中国人听此消息,多半不加质疑。但事实是,宽度仅近10米的长城,在36公里高度外就会从肉眼的视野中消失,更何况是几百公里外的太空呢?连我国宇航员杨利伟也坦言:"我在太空中能看到美丽的地球,但真没看到长城。"

5. 讲求效应,掌握时机

就一般原则而言,新闻报道应当讲究时间性,应当争先恐后。但是,科技新闻报道并非如此,一项科技成果何时公开报道最为适宜且无负面影响,这是记者、编辑需要用心考虑的问题。有些科技成果虽然很具价值,但从政治上考虑,从国家和人民的利益着想,暂时保密比马上报道要好。再则,还可能涉及专利权问题,如某项科技虽属首创,但如果专利还未申请到,报道便抢先了,后创者则可能先申请了专利,那么,首创成果的单位或个人就要蒙受莫大损失,记者本人也将追悔莫及。

6. 突出个人,兼顾群体

如前所述,科技报道要见物见人,以见物为主,见人为辅,也就是说,不能见物不见人。长期以来,科技记者被"写人惹祸"的思想困扰着,常常新闻一发表,就招来种种指责,诸如"突出个人、贬低群众","对组织领导强调不够"之类,以致最后造成领导者不悦、报道对象遭同事白眼的结局,甚至有些报道对象发誓"从今以后不再接受记者采访",有些科技记者也发誓今后不再写人。

毫无疑问,科技报道涉及写人时不能搞平均主义,应当突出个人,如某个研究团体的学术权威、学科带头人及某个科研项目的独立承担者。不突出个人,就意味着不实事求是。但是,个人要突出的是他的科研活动及成果,因此,对人物不能过分拔高、渲染,不能搞得面面俱到、十全十美。重大的创造发明,只能说明他在科研方面的才干与贡献,人们并不要求他在其他方面是强者,完美无缺,记者也没有必要将他搞成"高大全",否则,也属于不实事求是,报道必然会产生负面效应。

突出个人是需要的,但忽略群体的作用也是不对的。从科学发展、科学研究的过程可以得见:随着时代和科学本身的要求,科学家、科研人员的工作方式愈来愈多地采取集体合作的形式,组成了一个个特殊的小群体。许多科技成果的取得往往是集体智慧的结晶,是多方面携手合作的结果,与某个个人相比,只不过是贡献有大有小、攻关角色有主有次而已。因此,科技报道在突出个人业绩的同时,也应适当反映协作者的功绩,不能搞成"一花"独放,"绿叶"全无。另外,科研人员的成果能够顺利诞生,离不开党的政策和政府提供的物质保证,离不开有关组织领导的有效协调,因此,报道中适当地点一点,也是应该的。我国"神舟五号"载人飞船和"嫦娥一号"绕月卫星成功发射后,对科研人员和航天英雄的报道都搞得十分成功。

7. 注重解释,巧用修辞

有人将科技新闻同枯燥乏味画等号,其实不然。科技新闻涉及的许多术语和科学道理、现象,若能设法运用妥帖的比喻和形象化、拟人化的描述,结合通俗化的解释,是能令广大受众接受并喜爱的。

应当强调,科技新闻固然要突出科学性,但也要注意通俗性,"如果说科学性是科技新闻安身立命之本,那么通俗性就是科技新闻繁荣昌盛之道"。这是因为,科技新闻不只是写给少数专家、学者看的,而更是面向广大受众的。但是,几乎每则科技新闻所报道的内容,对大多数受众来说都是陌生的,加上有些科技记者单纯业务技术观点严重,把具体的科研过程、操作方法详详细细地报道出来,满稿子是技术名词、业务术语,这就使得科技新闻更加晦涩难懂。因此,科技新闻题材本身加上某些记者单纯业务技术观点束缚,就决定了科技新闻要注重解释,注重修辞手段。况且,科技新闻负有宣传科学、普及科学的任务,必须通俗易懂、深入浅出。清华大学李希光教授曾说过:"优秀的科学家可以在2分钟内解释清楚他的研究工作,优秀的新闻工作者应该学会用两句话报道清楚这项科学成果。"例如,2000年中国科技人员在辽宁西部1.45亿年前的火山灰里发掘出8块被子植物化石,被确凿证明是地球上最早的被子植物。报道若是就"被子植物"写被子植物,恐怕没几个人能懂。新华社记者吴小军在《科学家说,地球上第一枝花盛开在中国》一文中,将被子植物解释为花,这就没什么人不懂了①。

我国报纸近些年来发展很快,全国平均四五个人就拥有一张报纸,但普及率在城乡之间差异很大。据《新闻业务》曾刊登的江苏农村多点调查结果表明:农民稳定读者只占总人口的11.7%,且其中大多是干部、乡镇企业职工和学生,普通农民很少。究其原因,是报纸在初中以上文化程度的人中普及率较高,而三分之二以上的中国农民文化程度则在初中以下,这就意味着大部分农村群众尚被排斥在读者队伍以外。报纸的普及率尚且如此,那么,科技新闻的可读(听)性就更可想而知。然而,科学技术是第一生产力,随着改革开放的深入发展,包括农民在内的中国广大受众爱科学、学科学的热情以及对科技报道的关心程度日益高涨。因此,力求把科技新闻搞得通俗些,任务仍然十分艰巨,也是每个科技者的职责。"解释,解释,解释!不要让读者去猜。"(杰克·海敦语)科技新闻是读者一种永恒的追求,科技记者任重道远。

8. 善于结合,提升品位

科技报道若是就事论事,那么,对受众的吸引力可能就不大,影响力也可能受到局限。因此,如何善于将科技报道同重大时政报道相结合,记者善于从重大时政新闻中寻找科技因素,进而从科技角度切入,就可能较大程度地提升科技报道的品位和影响力。例如,北京奥运会三大理念之一即"科技奥运",从场馆设施到兴奋剂检测,包括开、闭幕式气象预测,均有很大科技含量,奥运会既是一场体育盛会,也是一场科技盛宴。《浙江科技报》开设了《北京奥运与浙江科技》栏目,集中介绍诸多鲜为人知的浙字号技术和产品数十项,大到"鸟巢"的钢结构,小到场馆内外的鲜花保鲜,报道效果甚好,许多稿件被其他媒体和网站引用和转载。

思考题:

1. 记者学习、掌握社会主义市场经济理论与政策有何重要现实意义?
2. 怎样解决经济新闻的"三难"问题?

---

① 谭立群:《新闻工作者要提高科学素养》,载《新闻记者》,2000年第8期。

3. 科技新闻报道对我国改革开放及经济建设有什么重要意义？
4. 科技新闻采写有哪些特殊要求？
5. 在当今新闻竞争中,通俗化有何重要意义？

第九章

人物与事件类新闻的采访写作

综观整个新闻报道,主要是报道事件或事实,但人是社会的主人,是创造历史的主人,人应当是新闻事件的主角,记者一般应当围绕人来对事件进行叙述。

第一节 人物新闻

所谓人物新闻,是指用消息形式报道人物活动与事迹的新闻体裁。相比较人物通讯、人物专访、人物特写等体裁,它是人物报道的一种轻武器,是中国无产阶级新闻武器库中早就使用的一种武器,也可以说是一个传统。如战争年代的妇女代表刘胡兰、地雷大王李勇、狼牙山五壮士、董存瑞、黄继光、邱少云、杨根思、罗盛教等英雄人物的报道,在社会主义建设年代就更举不胜举。

中共中央宣传部、中共中央书记处研究室曾在关于加强爱国主义宣传教育的意见中,把宣传英雄人物、先进集体的模范事迹,作为对全体人民进行爱国主义教育的一项重要的内容,并着重指出:"如果我们的人民每天都能从报刊、电台、电视上了解到身边层出不穷的先进人物、先进集体的模范事迹,那对促进社会风气越来越好,造成人人学先进、争先进的社会风尚将大有帮助。"

一、人物新闻的特点与作用

与人物通讯、专访等人物报道体裁相比,人物新闻同它们既有相同的一面,即都以人物及其活动作为主要对象,又有自身的特点,即作为消息的一个品种,其具有消息体裁的有关特征。与经济性新闻、事件性新闻等消息体裁相比,既有诸多相同之处,又有独特之处,且所起作用也有不同。具体为——

1. 短

一般说来,一则人物新闻六七百字,报道一个人,说清一件事,阐明一个思想,短小精悍,招人喜爱,鲜明突出,又节省版面。

短不单纯是形式问题,主要是效果问题,是你想不想让读者看、想不想发挥新闻作用的问题,是抵制长而空文风的问题。"我就是这么一大篇,看不看随便!"这是一种官僚主义的办报作风,是下决心脱离群众。

诚然,就编辑部而言,稍长一些的人物通讯甚至报道文学等,他们也感到没什么不好,也是一种需要,但是,一篇要占去好几篇消息体裁的地盘,他们也舍不得。因此,在报纸版面十分有限的情况下,人物通讯、报告文学等人物报道体裁,不可不要,但不可多要,人物新闻则是最适时的。上海《文汇报》曾经做过调查统计,在原先《献身四化的人们》专栏中,一年总共才发表40多篇人物通讯,后来,他们用同样的专栏、小得多的版面,改发人物新闻,仅两三个月的时间,就登了近50篇,且备受读者欢迎。著名人口专家马寅初老人平反的新闻,不能不算一个重要事件,新华社记者杨建业原先发了篇4 000余字的人物通讯,但各报都敬而远之,没一家刊用,后改为600余字的人物新闻后,30多家报纸随即采用。实践证明,人物新闻唯其短小精悍,记者可以多采写,报纸可以多刊登,读者可以多阅看。

2. 快

在深入改革开放中,各条战线的新人大量涌现,若要迅速及时展现他们的风采,靠人物通讯、报告文学等显然不行,因为篇幅长必然导致采写周期长,也就快不了,因此,应当充分发挥人物新闻的特点与作用。譬如,2010年5月18日,《湖北日报》刊发了人物消息《宁可清贫度日,不愿孩子失学,蕲春教师汪金权痴心助学》,顿时在全国引起广泛关注。《人民日报》、新华社、中央电视台等媒体迅速跟进报道,李长春等诸位中央领导分别作出批示,要求进一步精心组织好汪金权先进事迹和崇高精神的学习宣传活动。这一切良好的传播效果皆因为人物消息这一体裁快的特点的体现,若是搞成人物通讯或报告文学,洋洋数千字,采访加写作,十天半个月后才报道,"快"从何来?

3. 活

人物的语言、活动、思想风貌及细节,是新闻事件中最活跃的因素,人物新闻的特点又正在这里。正因为该体裁活泼引人,因此,对充满干巴巴的空泛议论和技术业务术语的呆板新闻是一个冲击。改革开放及新闻改革以来,《黑龙江日报》坚持把抓好人物新闻作为改进新闻报道的主攻方向,通过抓人物新闻,克服新闻报道中的业务性、技术性太强和空泛、枯燥的弊病,平均每年要刊发千篇左右人物新闻,且五分之一要上头条,颇为广大读者称道。央视的"东方视空"、"财富故事会"、"致富经"、"台商故事"、"华人世界"等栏目中每天推出一个人物,也颇受观众的喜爱。

4. 强

人物新闻中涉及的人和事,一般均来自广大群众中,来自社会生活中,用他们的事迹、思想去启发、教育、引导广大人民群众,这比单纯由上面发号召、作指示、提要求,或是充满说教味的新闻报道,其说服力要强得多。例如,眼下一些演员参加演出活动或电影拍摄如同儿戏,马虎到极点,甚至用假唱等糊弄观众,如此艺德招致广大观众极大的不满。老一辈文艺工作者、《黄河大合唱》词作者光未然则用他创作这部表现中华民族精神的不朽经典的激情和严谨,给我们塑造了一个文艺工作者应该具备的精神。请看《广州日报》2002年1月30日《〈黄河大合唱〉词作者逝世》一文的片断:

> 《黄河大合唱》已成为人类文化中不朽的瑰宝。这部写出中华民族精神和灵魂的巨作,不仅被视为关于这条母亲河的壮丽史诗,还被看成一个时代的象征。
> 1938年11月武汉沦陷后,光未然带领抗敌演剧三队,从陕西宜川县的壶口附近东渡黄河,转入吕梁山抗日根据地。途中亲临险峡急流、怒涛漩涡、礁石瀑布的境地,目睹黄河船夫们与狂风恶浪搏斗的情景,聆听了悠长高亢的船夫号子,光未然开始酝酿《黄河》的诗作。
> 因不慎坠马受伤,光未然一到延安就住进了边区医院。冼星海去医院看望这位阔别多年的好友,畅谈中透露了再度合作,谱写大型音乐作品的愿望。
> 5天之后,光未然从医院回到抗敌演剧三队下榻地,就带

来了刚刚口授脱稿的《黄河大合唱》全部歌词。1939年3月11日晚上,在月光映照下的西北旅社一个宽敞的窑洞里,光未然就着桌前的油灯为大家朗诵了作品。

掌声中,冼星海激动地站了起来,一把将词稿抓在手里:"我有把握把它谱好!我一定及时为你们赶出来!"他躲进鲁艺山坡上的小土窑里,在一盏摇曳着一簇微弱的小火苗的菜油灯下,仅用6天时间,完成了一次诗和乐的完美的结合,"分娩"出了一部不朽的经典之作。

4月13日,《黄河大合唱》在陕北公学的大礼堂里首演,由此很快传遍整个中国。

从光未然这位老文艺工作者的身上,当代演艺人员可学习的东西实在太多太多。

正因为人物新闻有如此特点与作用,所以,近年来我国的新闻媒体几乎都加强了这一体裁的报道力度,不少报纸、电台、电视台还开辟了有关专栏。总之,搞好人物新闻的报道是新闻工作者的一项使命,是媒体工作的一项经常性任务。

二、人物新闻的采写要求

1. 路子要宽,选人要准

所谓宽,即记者的眼睛不要光盯在名人、老先进身上,应当既有功绩卓著、赫赫有名的知名人物、权威人士,又有大量的普通百姓,即既要报道市长、司令员,也要报道护士、售票员。所谓准,即要选择那些做出体现社会发展的方向、具有时代特征、为受众所关注的事迹的人物。不是新近发生的所有事实都能报道,同样道理,也不是所有的人物及其活动都可成为新闻人物和构成人物新闻的。正如某一年"华东九报人物新闻竞赛启事"中所指出的那样:"人物新闻的采写对象,包括读者所瞩目的新闻人物,在某一方面的权威性人物,在社会主义两个文明建设中涌现出来的有特色的先进人物,某些鲜为人知的、报道后能引起社会反响的人物等等。我们的镜头,要对准那些在建设有中国特色社会主义伟大实践中成绩卓著的具有示范意义的干部、企业家、科学家、工程师、教师,以及工人、农民、学生、解放军战士等各个领域的普通劳动者。"

路子不宽,人物新闻的题材、新闻源就受到限制;选人不准,新闻人物就没有说服力、感染力或号召力。因此,这一要求是搞好人物新闻报道的基本条件和主要要求,采访中应当予以特别重视。

2. 突出重点,忌大忌全

人物新闻不能搞得面面俱到,不能贪大求全,只能"攻其一点,不及其余",即截取新闻人物最具新闻性、最具新闻价值的某一片断或侧面予以报道,因为世无完人,若是一味求全,则无典型可写。前《人民日报》总编范敬宜先生也曾经说过:"我的原则是:人不求全,文不求同。以全求人,则天下无可用之人;以同求文,则天下无可读之文章。"例如,年轻女工陈燕飞平时在厂里表现并不突出,然而关键时刻,她不顾个人安危敢下水救人,针对这一事迹,各报、台几乎都报道了,社会反响也很大、很好,但上海有家大报就是无动于衷,迟迟不予报道,许多读者打电话询问原因,该报记者还振振有词:"我们采访过了,她平时表现不怎么样。"

在这一点上,关键是紧扣针对性做文章,即紧扣当前形势,选择的人和事要能回答当前实际工作和人们迫切需要解决的问题,事迹和思想要有感召力,要能成为人们学习、借鉴的榜样。

3. 避免雷同,突出个性

人物新闻报道中有一个通病,即往往搞成千人一面、千人一腔,雷同倾向严重,无新闻人物个性可言,正如不少读者、听众批评的那样:人物被记者搞成"一具具僵硬的木乃伊,一个个机器人"。

从根本上说,人物是新闻的主人,但是,这些人物必须具有独特的魅力,必须是一个"活"着的人,可学可信的人。而真正要做到这些,采访写作中就必须体现"三个一"——

一人有一人的精神(思想)。譬如,汪洋是见义勇为,舍生忘死;任长霞是辛苦我一个,方便千万人;查文红则是为了培养贫困农村孩子的成长而舍弃了大上海生活的舒适安逸。

一人有一人的典型事件。譬如,2005年3月,江苏省委推出创业、创新、创优的"三创之星"重大典型宣传活动,首批被报道的南通的"中国花布大王"陆亚萍、盐城的商界女杰骆英、扬州的交巡警吴杰、射阳的养路工姚焕平等,记者们从谋篇布局到主题提炼、材料取舍,都力求揭示这些先进人物"这一个"的独特风采,着力展现他们最有亮点的一个方面,而不是"全面",这一宣传活动得到全省受众的高度赞扬①。

一人有一人的性格化语言。古人云:"闻其声,如见其人",言为心声。有个性的语言最能反映一个人的本质特征,要"将活人的唇舌作为源泉"(鲁迅语)。人物新闻一定要让人物自己出来说话,说自己的话,这样,人物就"活",新闻就活,豪言壮语、套语陈句之类只能导致人物新闻死气沉沉。例如,一位学者在同一天找来分别刊登在5家报纸上的5篇人物新闻,一篇是写50多岁的男信贷员,一篇是写41岁的女储蓄代办员,其余3篇是写青年税务员,5篇新闻结尾的对话如同一个模子里倒出来的:"群众一致称赞说:'你真是我们的贴心人啊!'""这是我应该做的。"事实上,新闻人物乃至社会生活中的每一个人,都有其体现个性的独特语言,记者在采访中应当悉心捕捉。例如,"石油工人一声吼,地球也要抖三抖"(王进喜语),体现了工人阶级的豪迈气概;"小车不倒只管推"(杨水才语),充满了乡土气息和农村基层干部的纯朴;"我愿做一颗永不生锈的小小螺丝钉,党把我拧在哪里,我就在哪里闪闪发光"(雷锋语),则反映了军人的气质。

实践证明,这"三个一"是新闻中最活跃的因素,只有这样,人物新闻才不至于搞成人物鉴定之类,呆板空乏,才能见人、见事、见思想。

4. 粗细结合,重在节制

粗,指对事件、活动的叙述必须是概述式的,因为不粗则不能压缩篇幅;细,则指人物新闻有细节描写,即对新闻人物的活动、音容笑貌等细节的描绘。这是搞好人物新闻的重要方法。以为人物新闻篇幅有限,不允许细节描写的看法,是与实践相悖的。但是,人物新闻中的细节描写,不同于人物通讯中的细节描写,不能下重墨,必须有节制,只能粗线条、白描式的用几句话、几十个字极俭省地予以勾勒,正如新华社记者李耐因在《新闻人物,人物新闻》一文中所说的那样:"记者们在新闻里表现细节,只能像上海杂技团演员在一个小圆桌面上表演花样滑冰一样,范围虽小,表演却非常精彩。"人物新闻《杨紫琼驾驶摩托车飞越万里长城》一文对粗细结合以及节制的关系处理得较为合理。新闻首先叙述这是一场不用吊钢丝、不用电脑特技骑摩托车飞越长城的"亡命"戏,可谓是史无前例。在用了300余字作了铺垫后,新闻随后就用上了一个较为节制的细节描述:"一切准备就绪后,杨紫琼深呼吸

---

① 刘宏奇:《典型报道该向"百姓故事"学什么》,载《传媒观察》,2006年第12期。

一下,骑着那部重型摩托车驶上用作助冲的跳台,现场传来几下刺耳的引擎响声后,电光石火间,杨紫琼便在极速16秒下,连人带车成功飞越了长城,且擦着城墙飞过,令在场人士看得胆战心惊。当大家看见杨紫琼安全着陆后,现场即传来如雷般的掌声,为她的成功而欢呼。不过杨紫琼事后谈感受时,也不禁一额冷汗。"[1]全文尽管只有500余字,却详略得当,错落有致,主题也揭示得十分明晰、深刻,实属人物新闻中的一个精品。

随着新闻界的共同努力,新闻体裁的采访写作,包括人物新闻在内,必将有一个显著的提高。

第二节 人物通讯

所谓人物通讯,即指较详尽反映新闻人物活动与思想的通讯体裁。通常分为三类:一类是写先进个人与集体的,如《热泪为什么一次次滚落——任长霞真情一生震撼采访记者》[2]、《任长霞传奇》[3];另一类是报道转变中的人物和有争议,甚至是后进与反面人物,这一类题材过去较少,改革开放后多了起来,如改革初期,关于改革者步鑫生、首批个体经营者代表人物年广久的报道,以及对落马贪官成克杰、胡长清、文强的报道;还有一类是反面文章、反面人物正面做的报道,如《歌声,在大墙里回荡》,上海《新民晚报》记者俞明骁等就是抓住正在监狱里服刑的人员如何积极改造、不断进步为题材而写就的报道,开阔了人物通讯的路子,对社会的和谐发展产生了异曲同工的积极意义[4]。

这些年来,包括人物通讯在内的典型人物报道有逐步由主流走向边缘的倾向,一些媒体和记者将其看成是不得已而为之的无奈之举,是"遵命文学"。这一倾向是应当纠正的。

人物通讯在采写中还需注意以下事项——

---

[1] 《深圳商报》,2004年1月9日。
[2] 《新民晚报》,2004年6月9日。
[3] 《南方周末》,2004年6月3日。
[4] 《新民晚报》,2004年6月9日。

1. 主题明确,特点鲜明

社会生活中的每个人,由于社会经历、生活轨迹各不相同,所以生活、行为等方式也不尽相同,各有特点。记者在采访时,只有悉心捕捉到人物的与众不同之处,并据此提炼新闻主题,那么,主题才会明确,特点才会鲜明,报道的才真正是"这一个人"。

实践证明,人物的特点捕捉得越鲜明,人物通讯的主题就提炼得越明确,作品给人的印象就越深刻。先进人物焦裕禄、王进喜、栾茀、孔繁森、任长霞等人物使人印象深刻,无不与主题明确、特点鲜明有关。著名记者田流曾指出:"报道一个劳动模范……应该研究这位劳模和别的劳模有什么不同,一定要找出这个'不同'来,有了这个'不同',那些最能表现这个劳模本质的材料、事迹,就站到前列来了,那些别的劳模都会做、都要做的事迹、材料——对我们要报道的这个劳模说来是次要的事迹、材料,就容易被区别开来,就容易被淘汰了。这样,我们虽然只写他一两件事,反而更能表现这个劳模的特点。"这番话至今仍不失启迪意义。例如,当任长霞去世消息传出后,上海《新民晚报》记者任湘怡等赶往河南省登封市采访,在《热泪为什么一次次滚落》一文中,记者选用了两个材料:"今年2月,任长霞去郑州开会,会议结束她'溜'回父母家。母亲问,吃饭了没?我弄个馒头。任长霞吃完馒头匆匆走了。这是母亲最后一次见到女儿。""3月,母亲想闺女了,对任长霞说,你没空来看我,那我来看你吧。在登封住了两天,可女儿一直没空。任母只好打电话给女儿:算了,我先回去了,下次咱娘儿俩再见面吧。没想到,终究再也没见上。"一个一心为公、全副精力扑在事业上的人民公仆的形象跃然立在读者面前,感人至深①。

2. 精心选材,富有气息

人物通讯与人物传记的重要区别在于,人物通讯要有新闻性,要体现时代特征,要富有时代气息。穆青同志曾说过:"一篇好的人物通讯,往往会起到人物的某一段传记、时代的某种记录的作用。"他认为:"能否高瞻远瞩地提炼出能够反映时代特征的主题,并且从这个高度来表现英雄人物的革命精神和思想风貌,就成为决定人物通讯成败、优劣的关键。"实践证明,要使人物通讯体现时代特征、富有时代气息,就必须在主题明确的基础上,精心选择同当前工作和形势密切相关、群众

---

① 《新民晚报》,2004年6月9日。

关心和呼吁的人和事,使人物通讯具有强烈的现实意义,使形势的需要、时代的呼唤同新闻人物本身所具有的特点得到完美结合。

3. 抓好情节,带动全篇

人物通讯能否波澜曲折、引人入胜,人物形象能否充实、饱满,主要取决于情节及其处理。可以说,记者抓取了有特色情节,并对其进行了有张有弛的艺术处理,人物及人物通讯就立得起来,反之,就可能苍白无力。所谓情节,就是事情的变化和经过,它是由一系列能显示人物与人物之间、人物与环境之间的复杂关系的具体事件所组成,是由诸多细节所构成。例如,2005年11月至2006年7月,风靡全国的一个典型人物的报道——浙江林学院大一男生刘霆背尿毒症母亲上学。之所以该典型先后为《人民日报》、新华社、央视、中央人民广播电台等近300家新闻媒体所报道,恐怕还得归功于首先报道该典型的浙江《今日早报》。2005年11月13日,该报记者在网上获悉这一信息后,当即与值班部主任联系,并在分管副总编等的策划下,当日下午就赶往临安采访当事人,并于当晚9点完稿,第二天一早在全国率先报道。《大一男生,背起母亲上大学》一文反响之所以如此之大,并荣获第16届中国新闻奖二等奖,除了题材本身价值等因素外,主要还在于情节、细节取胜。作者用"妈妈,一份菜我们分着吃"、"妈妈,父亲走了还有我呢"、"妈妈,我来给你打针"等为小标题,并带出相关情节和细节,力求以细节说话,以情感动人,进而深化主题,带动全篇。记者说:"我是含着泪写完报道的。"许多读者也在来信中反映:"他们看新闻报道,找到了久违的流泪感觉。"①

4. 重视环境,兼顾群体

任何一个新闻人物,总是生活在一定的社会环境之中,其成长总与这个社会环境有着千丝万缕、密不可分的联系,换句话说,其思想言行是对其所处社会环境作出的自然反应。再则,任何人物的成长,总与领导的关心、群众的支持有着不可分割的联系。因此,人物通讯不能脱离社会环境而孤立地去表现,否则,新闻人物的许多思想言行就显得不可理解,人物就会失去生活的"原型"。另外,要实事求是地反映领导与群众对新闻人物的关心、支持与影响,要突出一人、兼顾群体,不要抬高一人、贬低一片。例如,上海《新民晚报》2002年1月28日第7版《有

---

① 转引自《新闻实践》,2001年第10期。

个阿婆叫"雷锋"》一文,讲的是退休工人王青影老人10多年如一日关心、培养"野小鬼"晨晨的事迹。文中既讲王阿婆10多年来在孩子身上所花的心血,也讲居委会干部、社区民警、学校领导和班主任对孩子的关心、帮助,使人感到人物可亲、可敬、可近、可学。

重视人物通讯报道,是许多报纸的一个优良传统,上海《文汇报》人物通讯量多质高,常常在第一版予以刊登,2011年春节起,该报又在第一版辟出《上海春早——记者寻访凡人善事》专栏,每天刊发一篇百姓身边的先进人物和事迹,深受读者欢迎。《光明日报》经过多年办报实践,悟出一条办报经验,即"要办好报纸,没有重点报道不行;要抓重点报道,没有重点报道组不行"。抽调进重点报道组的记者都是采写人物等通讯体裁的好手,蒋筑英、栾弗等一批英雄模范人物,都是《光明日报》率先推出的。但是,就大多数媒体和记者而言,在典型人物报道上还是一个薄弱环节,广电总局"宣传党的意志与反映人民呼声"课题组2003年对6个省市的听众和29个省市的广电系统,以及中央三台的新闻从业人员这两个领域分别进行了抽样调查,结果显示:在"您认为新闻宣传最应该减少的报道内容"一项中,"先进典型的报道"不约而同地排在第三位,仅仅名列"会议的报道"、"党和国家领导人活动的报道"之后,两个领域的受调查者观点空前统一;而在"您认为新闻宣传工作必须改进的方面"一项中,"典型宣传"则被新闻工作者排在了所有类项的第一位,听众观众则将其列在第二位,仅排在"会议报道"之后。更为重要的是,在"您认为影响新闻宣传效果的主要因素是什么"一项中,听众和观众则把"报道缺乏可信度"列在了榜首位置[①]!

第三节 专 访

所谓专访,即指对新闻人物或单位进行专题访问的通讯体裁。一般分为人物专访(亦称人物访问记)、事件专访和问题专访。所谓人物专访,即指对新闻人物进行专题访问的通讯体裁。

[①] 梁建增、孙金岭:《增强公信力是改进典型宣传工作的重中之重》,载《新闻记者》,2004年第12期。

专访,尤其是人物专访的涌现,是这些年我国新闻实践的一个突出现象。许多报社、电台、电视台设立专访专栏和节目,许多记者则因为不断采编出成功的专访而成名。众所周知,已是阳光卫视老板的原中央电视台著名节目主持人杨澜,如今还在世界各地跑着,追访经济和文化领域的名人、要人,与他们进行高质量的对话。

一、专访的特点

相比较人物通讯、人物消息等体裁,专访的特点有——

1. 针对性

相对而言,专访要比一般通讯体裁更讲究针对性,选择的人和事及问题,应具有明确的背景和强烈的现实性,不能随便访访,泛泛问问,得有明确目的。如在毛泽东同志诞辰110周年纪念日之际,《解放日报》记者先后访问了毛泽东同志的外孙女孔东梅、孙子毛新宇,发表了《我心中的外公》、《听毛新宇说爷爷》独家专访,很有针对性和明确目的[①]。

2. 代表性

访问什么人、提及什么事,要求具有代表性,也即典型性。如台湾有些人给统一祖国设置障碍,造成一部分台商到大陆投资办企业疑虑重重,那么就访问对台办公室主任;教育部准备实行素质教育,怎么贯彻执行等,就访问教育部部长。例如,胡锦涛主席访问法国,在法国国民议会发表重要演讲,强调要把中法关系推进到更高水平。《解放日报》记者当即访问中国前驻法国大使吴建民,让他谈胡主席这次访法的深远意义[②]。

3. 适合性

环境对人的心境影响很大,也常常影响访问的气氛。美联社记者休·马利根说过:"假如让你选择访问的场所,要设法做到在后台约见演员,在车站约见侦探,在会议室约见法官,在室外竞选讲台约见政治家,在栏圈里约见野牛骑士,这样如果没有恰当的话可供引用的话,你至少也可以从他所在的自然环境中找到主题。"专访通常讲究访问时机的选择和访问场合的选定,常常时机和场合选择得适当,不仅给专访

---

① 《解放日报》,2003年12月23日、26日。

② 《解放日报》,2004年1月27日。

平添现场感,且新闻价值也陡增。近一阵子来,纳米科技骤然变热,"纳米"成了许多中国人茶余饭后的热门话题。那么,中国是否已经进入了纳米时代?纳米科技究竟会给中国科技乃至社会的发展带来什么影响?上海《解放日报》记者在2002年1月28日召开的"2001年上海纳米科技发展研讨会"会场访问了中科院副院长白春礼院士,对上述问题作了详尽的解答。由于访问时机和场合选择适当,广大读者感到报道可信性强。

在改革开放的年代,新人新事层出不穷,新问题新矛盾也日趋繁多,需要及时、迅速地作专题性的报道,专访这一报道体裁快捷、灵活,且感染力强,因此,应大力倡导。

二、专访的采写要求

根据专访的特点,其采写要求主要有——

1. 精心选择人物

人物选择得是否恰当,往往决定专访及其采写的成败。访问对象一般分为两类。

一类是新闻人物。通常由先进人物、政府要人、专家学者等组成。

另一类是知情人。即某些与重要新闻事件或新闻人物有关的知悉内情的人物,他们提供的内幕、背景情况,对于阐释事件真相或全面展示人物形象,都起着独特作用。例如,在为刘少奇同志平反时去访问王光美同志,在写有关米卢的报道时则去访问李响。事实上,许多知情人也就是新闻人物,只不过此一时彼一时也。

新闻人物的选择不能随心所欲,选择的原则是由事选人,即因事件、问题、专题等而选择。例如,实施《教育法》之后,地方政府如何按照《教育法》确保教育投入,《文汇报》记者浦建平就去访问静安区区长,这是很对路的。

访问对象选定后,为了尽快找到沟通双方思想感情的桥梁,或是能造成一个轻松融洽的访问气氛,记者必须尽可能收集并研究访问对象的有关情况,同时,认真周密地拟订一个采访计划及谈话提纲。号称"世界政治访问之母"的意大利女记者法拉奇,几乎在每次访问重要人物前,她总是用几个星期的时间做准备,设法找到有关访问对象的文字材料和书籍,一遍遍地阅读,认真做笔记和写研究心得,最后拟订采访计划和谈话提纲。

2. 准确把握时机

把握专访的采访时机是门艺术，直接关系专访的价值大小和成败。例如，《铁道游击队》里刘洪和李正的艺术形象恐怕无人不晓，英雄们当年叱咤风云的根据地枣庄的破烂相恐怕也无人不知。如今，英雄们的生活原型在哪里？今日枣庄发生了什么巨变？这是人们渴望知道的，记者也早有报道这一题材的心愿。有一年5月的一天，原铁道游击队大队长和代理政委的生活原型刘金山、郑惕为悼念战友双双来到枣庄，《枣庄日报》抓住这一良机，在枣庄宾馆访问了这两位令人崇敬的老英雄。当记者问当年的刘大队长回家乡的感受如何时，这位解放后任苏州军分区司令员并定居苏州的老干部激动地说："变化真大！简直让人认不出来了。过去咱这枣庄就一座洋楼，一条洋街，现在了不得，同我住的那'天堂'（指苏州）差不多少了。我真想迁来定居，享享家乡的这个福。"作者精心选择抓取老英雄回故里并通过他们之口，让今日的枣庄与昔日的枣庄及今日的"天堂"苏州相比，以反映枣庄的巨变，多好的时机！多大的价值！

3. 合理安排观察

专访固然应该以访为主、以问为主，但为了增加专访的感染力，有必要对访问的人或事及场景作一番描绘，要再现场景，要揭示气氛。因此，就需要记者在访问中合理分配注意力，在用脑、用口、用手的同时，适当分配一些注意力到眼上去，悉心观察。一篇访问记，观察所得的材料虽然占篇幅不多，但有它没它，可读性、可视性等效果截然不同，报道主题与新闻价值也大不一样。例如，当有人对历史的种种可能性进行探究与假设的时候，曾推论毛泽东假如不是在民族危亡的年代为探求和实践救国救民的真理而成为领导中国人民解放事业的革命家，并最终成为新中国开创者的话，他极可能会成为一个历史学家。如今，毛泽东的唯一孙子毛新宇正是一位成长中的历史学者。1995年8月中旬，中国明史第六届国际学术讨论会在安徽凤阳召开，毛新宇向海内外近200位明史学者宣读了他的论文《朱元璋废相及其历史影响》，赢得与会者的热烈掌声。《蚌埠日报》记者不失时机地访问了毛新宇，在《面对苍山如海的历史——访毛泽东之孙毛新宇》一文中，记者通过观察，在专访中描述道："新宇的魁梧身材和宽广额头颇像毛泽东，说话的语调及举止投足间亦充满几分爷爷豪迈大度的影子。这次明史讨论会上,他给人衣着上的印象仅是短短的小平头,短袖衬衫和背带式西装短裤,也爱吃辣椒和红烧肉,生活上他像爷爷一样不甚讲究,每当新宇就餐吃起红烧肉的时候,便使人想起许多回忆录里对毛泽东生活细节的描写……当我们谈兴正浓地评价毛泽东诗词时,新宇背诵起爷爷那首作于1936年的著名诗词《沁园春·雪》。50年后,这首词从毛新宇口中抑扬顿挫地涌出,依旧那样激荡人心……"尽管就穿插了这么点现场环境及人物形象描述,但专访就使人顿生如见其人、如临其境之感。

4. 注意谈话纪实

毫无疑问,专访的内容主要是谈话,体现形式也主要是谈话,故记者在报道中要把谈话的主要内容体现出来。方法有直接引语与间接引语两种,一般是两种方法兼而有之。具体处理中,应注意两个方面。

一是要尊重事实真相,尊重访问对象本意,不能歪曲,或将自己的想法强加于人。

二是保留谈话风格,体现访问对象的个性特征,最大限度地达到专访的"原汁原味"。如以扮演"宋大成"、"焦裕禄"等角色而深得人们喜爱的电影演员李雪健,在拍完18集电视剧《爱谁是谁》后,《蚌埠日报》记者访问了他。当记者问及以后有何打算时,他回答说:"我演戏不愿意重复自己,希望再演几个过去没演过的角色,让观众看到全新的李雪健。还是那句老话,认认真真演戏,老老实实做人。"①寥寥数语,一个与人为善、平易近人且执著追求艺术的李雪健便跃然立在纸面。也有的专访,作者大胆借鉴美国芝加哥WFWT电台节目主持人斯特兹·特克尔的文体方式,即省略记者提问部分及其他材料,作者也不作任何主观评价议论,而是用主人公的个性语言,让主人公自己独白。

5. 控制访谈方向

一般来说,访问对象大多数是见多识广、能说会道的,记者应善于把握控制住主题和访谈方向,否则,记者的牛鼻子容易被对方拴住。

要做到这一点,访谈前的准备必须精心,要事先设计多套谈话方案,要考虑到谈话中可能出现的种种干扰及应对之策。在这方面,我们应当学习意大利女记者法拉奇,访问前精心准备,访问中锲而不舍,不管遇上什么难应付的访问对象或场面,都能有条不紊,应付自如,直至成功。据她自己讲,1979年为了成功访问伊朗前宗教领袖霍梅尼,花

---

① 《蚌埠日报》,1995年10月20日。

了近四十天做准备,看了几十公斤重的关于霍梅尼的文字材料,为此,她瘦掉了十几公斤。

第四节 事件通讯

所谓事件通讯,即指较详尽反映具有典型意义的新闻事件的通讯体裁。要求记者选择某一典型事件,全面、客观地反映其来龙去脉,集中、深刻地揭示其思想主题和社会意义。该体裁通常分为三种:一种是以表扬、歌颂为题材,用以反映重大事件中所体现的时代精神、社会风尚和人们的思想境界及道德水准,如《新民晚报》2003年12月27日发表记者俞明骁采写的《为了200个呼吸器》通讯,讲的是重庆井喷灾情牵动上海人民的心,空气呼吸器是灾区的紧缺物品,上海紧急行动,200个空气呼吸器演绎出的故事,让人动情①。另一种是以批评、揭露为题材,用以触及社会生活和工作中的弊端,起催人猛醒、驱邪扶正等作用,如《电子增高器事件的幕前幕后》、《一个女模特儿的悲剧》、《台湾"3·19枪案"重审》等。再一种是介于表扬、歌颂与批评、揭露之间,即通过报道某一事件,揭示现实社会与生活中存在的问题、矛盾、热点或意义,起活跃思想、启发思路等作用,如《"献血状元"甜苦记》、《麦加朝觐伤亡事件纪实》等。

根据事件通讯的特点,采写时当注意下述事项——

1. 典型性强,要精心选材

大千世界,每天发生的事件成千上万,若是全部拿来报道,一无必要,二无可能,这就需要选择,即选择具有典型意义的新闻事件予以报道。例如,改革开放已经30多年了,中国绝大多数老百姓都过上了安逸舒适的生活,但尚有小部分贫困农村的群众还缺吃少穿,孩子缺少文化学习的机会。上海职工查文红克服了家庭困难,只身来到安徽淮北农村,每天吃的是两碗稀饭,却抱病要给孩子们上四五节课,这一典型人物及其事迹的报道,对广大受众感染力和震撼力就极大。因此,从某种意义上说,事件及涉及的人物是否选择得具有典型性,关系着事件通

---

① 《新民晚报》,2003年12月27日。

讯的成败。

2. 突发性强,要闻风而动

有些新闻事件固然可以预测,因为事先有预谋、有预告或有预兆,但就大多数新闻事件而言,突发性强,难以预测,如龙卷风袭击、飞机失事等事件就很难预测,因此,记者在采写事件通讯时的快速工作作风,就显得特别重要。如2002年1月初,天津市马路上呈现罕见的冷清,这源自一个传闻:据说某省一批艾滋病人来到天津,在商场、路边等公共场所,用装有含艾滋病毒血液的注射器乱扎市民,报复社会,以致闹得全城惊慌。《南方周末》、《天津日报》等记者闻风而动,先后采访公安局、医学专家,很快在2002年1月24日的有关报纸上详细作了报道,平息了老百姓的惊恐,稳定了社会。倘若作者动作迟缓一些,作风拖拉一些,那么,新闻事件就可能时过境迁,报道也可能是明日黄花。因此,从这个意义上说,作者的作风迅速与否,往往又是事件通讯成败的决定因素。

3. 思想性强,要深入挖掘

事件通讯旨在揭示现实生活中的问题和矛盾,引出一定的经验和教训,思想性较强,因此,报道反对面面俱到,忌讳就事论事,得靠记者深入挖掘材料,然后提炼一个集中、深刻的主题统率全文。如2003年2月24日,美国西密歇根大学学生会讨论撤掉学校中心广场中国国旗,事件一发生,激起了该校所有中国留学生的无比愤慨,他们四处奔走,团结奋战,终于迫使校学生会"永久搁置该议案,永不讨论",并向中国学生道歉。《新民晚报》驻当地记者通过深入采访,发表了《为国旗而战》通讯,详细披露了事件的前因后果,令读者思想上受到了一次深刻的教育[1]。

事物往往充满矛盾,采访中记者若能抓住矛盾着力开掘,就能揭示事物的前因后果与本质,就能使通讯的主题思想得以集中、深刻地体现。另外,记者注意把单个事件放到社会大背景中去写,着力反映事件的广度与深度,那么,事件通讯的主题也就能得以集中、深刻地开掘。如2001年7月17日凌晨,广西南丹县下拉甲矿、龙山矿发生了透水事故,数百名工友正在井下作业,生命垂危。按照以往的"事故处理经验",有关方面可以把一个震惊世人的特大矿难消弭于无形之中,记者

---

[1] 《新民晚报》,2004年1月2日。

即使参与报道,也可能将其作为一般正常事故看待。但中央及南宁数家媒体的记者,通过惊险万状的采访,特别是将这一事故放到社会大背景中去考察,最后向世人披露:这不是一起普通的矿难,而是官僚腐败的必然结果! 这便是事件通讯主题得以深刻开掘的结果。

4. 具体性强,要破题细问

与消息体裁相比,作为通讯体裁的事件通讯,应当讲究具体形象,可感可触,令读者有如经其事、如临其境之感。而要做到这一切,全靠记者在采访中,在注意主题需要和清晰把握事件脉络的前提下,仔细询问和观察,将一个个材料及细节弄得具体、实在。如 2003 年 2 月 2 日晚 6 时,哈尔滨天坛酒店发生严重火灾,33 人当场死亡,采写《追访哈尔滨酒店大火》一文的记者,当晚 10 时许就赶赴火灾现场,除了目击以外,还就火灾情形、抢救过程及若干细节,向当事人、消防队员及医护人员逐一访问,使报道具体生动,立体感较强,让读者顿生置身事件援救现场之感①。

5. 政策性强,要注意分寸

相当部分的事件通讯是批评揭露现实生活中的问题和矛盾的,这就要求记者注意掌握政策和揭露、评判上的分寸,即既要使问题和矛盾得以揭露,又要积极促使问题的解决与矛盾的转化,不能只图一时痛快,把话说绝,甚至连一些该适当保密的材料、有可能产生不良报道效果的材料也全部抛出,就欠妥了。如 2004 年 2 月 1 日沙特当地时间上午 9 点,在穆斯林麦加朝觐的一个重要地点米纳,发生数百人被踩死的惨剧。因为这涉及国与国和不同宗教信仰的关系,新闻报道政策性很强,因此,我国的媒体只是如实地报道了事实的真相,其余的则多一句话也不说,效果很好。

6. 延续性强,要跟踪追击

许多新闻事件固然是一次性的,记者可以搞一锤子买卖,但相当部分的事件具有延续性、连续性,或是处理防范不当,又接二连三地发生,因此,遇此情形,记者要发扬连续作战的作风,深入事件的内部,弄清事件的真相与背景,揭示深层次的原因,甚至挖掘出事件中的"事件"、新闻背后的新闻。如俄罗斯打捞因事故而沉没的"库尔斯克"号潜艇的事件,引起世人瞩目,自 2000 年 10 月 21 日起,惊心动魄的打捞行动全

---

① 《新民晚报》,2003 年 2 月 5 日。

面展开。中国记者随同挪威打捞母船"华雷加利亚"号一起行动,用日志的形式,将打捞现场的一幕幕每天连续不断地发回报社,深受读者欢迎①。

第五节 连续性报道

改革开放的不断发展,人们的思维、心态从单一到多元,从简单到复杂,许多新事物、新问题、新矛盾决非一篇报道所能说清楚的,人们不仅想获取更多信息,还想更深刻地理解这些信息所蕴含的意义,掌握信息的来龙去脉,甚至预测信息的发展趋向。因此,这就要求记者注意信息追踪,对重大新闻事件和人物作连续性报道,而连续性报道作为改革开放新形势和媒体竞争的需要正日益受到人们青睐,成为时代的必然产物。

一、连续性报道及其特点、作用

所谓连续性报道,即指对新闻人物或事件在一定时期内持续进行的报道。一般用于重大题材或正在发展过程中的事物,不断从新的角度反映过程的进展及其在社会上引起的反响,收到集中、突出的宣传效果,以形成舆论和引起受众的关注。换句话说,即对典型人物、事件或问题,从开始到发展、结果,作"一环扣一环"的过程报道,使信息传播得以强化,受众接受信息的心理意向得以增强,进而使受众对报道对象及其蕴含的意义有整体性、系统性的理解,并能有效地形成广泛的社会舆论和强烈的社会震动。譬如,无论是几年前对"不肯下跪"的青年孙天帅的报道,还是前不久对一位癌症病人《死亡日记》的连续披露,均属此列。连续性报道通常也称作追踪报道、"滚雪球"式报道。从类别关系上看,连续性报道又区别于那种只是在事件开始或结束搞"一次性处理"的单项式传播,它属组合式传播大类,即利用新闻信息之间的联系和制约关系,加以科学和艺术的组合之后再进行传播。因此,连续

---

① 《广州日报》,2000年10月27日。

性报道也可称为同步性组合传播。

连续性报道何以有如此独特作用并深得广大受众青睐？我们不妨从有关学科中对其作一番理论上的探讨和论证。新兴的现代科学方法论——系统论、信息论、控制论（统称"三论"），对此都作了较科学的阐述。

从系统论的角度出发，可从两个方面看此问题：一是系统无处不在，万物皆成系统，世界上万事万物都可以看作由处于一定结构中的要素构成的系统，而这些要素有机的、合理的优化组合，往往能引起事物质的变化和产生神奇之力量。新闻传播也自有系统，故亦同此理。二是随着信息的日益社会化和受众认识手段与能力的发展变化，人们将日趋注重整体性的思维方式，即从多侧面、多角度、多变量出发，把事物看成是一个有结构、有层次的整体性的系统，注重对事物作多项因果分析的认识，而不满足过去那种偏重于对事物作单项因果分析的"一次性报道"。

从信息论的角度出发，信息的主要特性之一，即信息不是静止不动的，而是不断运动变化的。这是因为客观事物是在不断运动变化着的。正是由于这种不断运动变化，就伴随存在着种种可能状态，因而标志事物运动可能出现的形式的信息，就源源不断地产生着和流通着。基于此理，连续性报道的"得宠"，也就在情理之中了。

从控制论角度看问题，信息是控制论的一个基本概念，控制的过程也可以说成是信息运动过程，而这信息运动过程应当通过"双向通讯"的反馈联系运动实现控制过程。所谓"双向通讯"，即指有去有回，从而形成一个由两条线路组成的而运动方向又相反的封闭线路，也即反馈联系。具体地讲，就是控制系统把某个信息传输出去后，又将信息作用的结果返回到控制系统，并对控制系统的再输出发生影响，信息在这种循环往返的过程中，不断改变内容，实现控制。

连续性报道的过程正是控制过程中信息的双向运动的实现。如1996年8月7日《河南青年报》率先在新闻特刊头版显著位置刊登了一则特殊的寻人启事："性别：男；籍贯：中国；职业：外资企业中国打工仔。1995年3月7日下午从珠海工业区瑞进电子公司因不屈从下跪愤然出走。"该启事犹如一枚重磅炸弹，在社会上引起强烈反响，广大群众在为这位中国青年不屈不挠精神拍手叫好之余，随即又产生"这位青年是谁"、"不肯下跪的具体原因和过程是什么"、"不知能否找到他"等探究心理。这些均属寻人启事这一信息作用的结果,反馈到新闻单位后,势必就对新闻单位的有关信息再输出发生影响。

二、采写的注意事项

在新时期的舆论宣传中,怎样更有效地利用连续性报道这一形式,很值得研究。基于新闻学原理和"三论"有关原理,采写连续性报道应注意下述事项——

1. 注意优化组合

系统论有个优化原则,即在对要素的组合上选择了最佳结构,从而发挥了最好的整体功能。根据这个优化原则,我们应当进一步注意:

第一,反对简单相加。系统不等于各部分之和,系统获得新质和新功能的秘密在于结构的有机性,在于它把各要素有机地组成一个系统整体,各要素受系统整体的规定,各自不具有独立性。如古希腊留传至今并曾使多少人为之倾倒的"维纳斯"雕像,虽然双臂残缺,不少艺术家也都极力想为其重塑双臂,补上这一缺憾,但总是失败,人们还是认为这尊双臂残缺的雕像最能体现外形美和精神美的高度和谐与统一。连续性报道亦同此理,要求作者不要过于枝节横生、四面出击,对材料要严密取舍,不要把在性质上并无多大相关的材料统统包揽进去,这样势必会影响连续报道的整体性。

第二,掌握报道节奏。既然是对同一对象进行连续、追踪性的报道,那么,掌握好报道节奏的问题就很重要。具体处理时的方法是,根据报道对象在其发展变化过程中的阶段性,抓住其在量变过程中某些质的飞跃,或于某日组合几条信息作"倾盆大雨"式的突出传播,或逐日、逐月地搞"绵绵细雨"式的发布。总之,不要搞平均主义,不要搞硬性凑合,一切以事物质的变动为准。如《河南青年报》对"不跪的人"的报道,就处理得颇有节奏感:从发寻人启事起,直至孙天帅被录为郑州大学学生、学校为他举行隆重的开学仪式止,层层递进,视事件的质的变化作一篇或两篇的连续报道;当事件进入高潮时,该报在1996年9月11日隆重推出"寻找那个不跪的人"的专号,在头版刊登了著名诗人王怀让的长诗:"中国人:不跪的人",并配发了孙天帅的大幅照片;第二版则刊登了团中央、团省委以及社会各界著名学者、专家发表的对这次寻人活动的看法;在第三版又用三分之一的版面为孙天帅登了一则求职广告:"本版广告只收800元,这也许是中国报纸收费最低的广告版面,但这800元中,却浓缩着一个曲折感人的故事……"新闻的冲击力再次得到巨大激发,第二天起,全国各地200多家企业先后争相邀请孙天帅去工作。

第三,讲究善始善终。连续性报道旨在强化新闻本身及其蕴含的社会意义,启发人们从更广、更深处去思索更多问题。因此,从这个意义上说,该形式的最后报道尤显重要。虎头蛇尾不行,有头无尾更不行,受众翘首以待"下回分解",连续报道若中途收场,人们当然不会满意。各地对一些灾难事件、腐败案件的报道常出现此类现象,受众很不满意。

2. 注意系统思维

传统思维难以摆脱平面性、单向性、静态性的缺陷,而系统思维则可使我们的思维立体化、多向性、动态化,使报道对象作为完整、清晰的模型呈现在受众面前。要达到这一目的,就要求我们在思维过程中,把事物的各组成部分有机地统一起来,进行多侧面、多角度、多层次、多变量的考察。

2006年5月2日,《解放日报》在一版推出了一个新颖而别致的专栏——《新闻连载》,吸引了许多读者的目光。从5月2日起,读者读罢今天的这篇,又盼着明天的那篇,直至5月6日读完最后一篇,不少读者流下了感动的泪水……

事情的起因是67岁的市民陆老伯给编辑部的信。信中讲述他一天突然昏倒在马路边,众多热心人立即伸出救助之手,将他送往医院抢救,陆老伯的性命保住了,却不知道是谁救了他,于是请求报社帮助寻找这些好心人。报社接到此信,马上组织记者采访,记者通过多方辗转查访,终于找到了从现场呼救、守护、送医院、办卡挂号直至急诊施救的这群发扬公德的接力人。记者边采访、边写作,一天一篇,把一个又一个动人的故事接连介绍给读者:《救我的好心人,你们在哪里》《他,又连打了两个110》《他们,帮着送上救护车》《医院里,抢救老人接力跑》《陆老伯面谢好心人》。

《解放日报》对一封市民来信做出快速反应,马不停蹄地追访、写作,并用《新闻连载》的方式发表,可见其雷厉风行的办报作风及急读者之所急、想读者之所想的精神。记者的报道不是冷眼旁观,而是热情洋溢地讲述着一个个感人的故事,因而能拨动读者的心弦。

在登载最后一篇报道时,报社还配发了题为《感动上海的公德接力》的评论员文章。① 由于该报对这一事件的连续性报道所进行的多侧面、多角度、多层次、多变量的系统思维,使广大读者对事件本身及其社会意义的认识大大深化,在对事物多种联系、多种质的认识上,其完整、深刻的程度也均达到预期的效果。

3. 注意反馈失调

控制论告诉人们,信息正是通过反馈机制的运动而实现控制和操纵的。但是,反馈过程的有效实现是要有条件保证的,不然的话,若是反馈失调,反馈过程将会引起严重的后果。

反馈失调通常指的是反馈过程中容易发生的两种情况:一种是反馈不及时,也即反馈"僵化"。前面提及的对一些灾难事件、腐败案件的报道就是这样,最初报道一问世,广大受众议论纷纷,对连续报道予以极大关注,但由于有关传播媒介反馈不及时,控制不得力,加之信道"噪声"干扰太大,故有关连续报道无下文,受众甚感失望。另一种是反馈过度。照理说,反馈本来的作用是要通过反馈的调节,使系统的行为更接近它所要实现的目标。但若调节过度,反而会使目标偏离,会从一个极端走向另一个极端。这种现象在控制系统的行为上被称为"振荡",容易形成物极必反,导致整个系统极不稳定。这种"振荡"现象在许多连续报道中都或多或少、或重或轻地存在。例如,2000年下半年起媒体炒得十分火热的陆幼青的《死亡日记》就是一个比较突出的例子。从媒体角度看,对"死亡直播"具有相当的新闻价值;从受众角度看,足以满足寻求新鲜、刺激的神经。但有关这一题材,连续报道持续半年之久,从中央到地方,从印刷媒体到电子媒体,一时间几十家媒体一哄而起,以致改变了原先对《死亡日记》报道的初衷,招致了媒体和广大受众的质疑:有关媒体和出版商是否出于商业目的炒作此事;有关媒体的报道是否干扰了陆幼青最后生命的平静生活。也有专家直指媒体存在的伦理问题:"媒体将病人及其家属的痛苦当成炒作的'卖点',受众在其引导下忽视了《死亡日记》中意义深刻的蕴含,而是追求感官的快感——这无异于是一场为了商业目的所上演的谋杀。"由此可见,连续性报道应当重视反馈调节,同时也要注意反馈失调。要权衡利弊,统筹考虑。特别是在目前版面有限的情况下,连续报道不宜"大

---

① 汪兆龙:《别开生面的新闻连载》,载《新闻战线》,2006年第11期。

而粗",而应提倡"小而精"。

连续性报道的"身价"虽在日益提高,但丝毫也不应由此而贬低、排斥"一次性处理"的单项传播报道。单项传播与组合传播功能不同,各有千秋,不能互相替代,不能"合二为一",犹如一个人的双臂或双腿,都是缺一不可的,只能是各司其职,互为补充。

思考题:
1. 人物新闻有什么采写要求?
2. 人物通讯有何采写要求?
3. 人物专访有何特点与作用?
4. 事件通讯采写中有哪些注意事项?
5. 连续性报道采写中应注意哪些事项?

第十章

教卫与文体类新闻的采访写作

　　随着构建社会主义和谐社会事业的日益发展,广大受众对包括教育、卫生、文化、体育等在内文化类的新闻的需求也必然日益提高。许多媒体将这一类的报道当作品牌经营,将陶冶受众高尚情操、塑造受众美好心灵、提高受众思想道德品质和科学文化素养为己任,这是非常有远见的明智之举。

第一节　教育新闻

　　所谓教育新闻,即指以教育为报道题材的新闻体裁。
　　在党的十七大报告中对发展我国的教育事业作了进一步的强调,"三个代表"要真正落实、体现也与教育事业密切相关,教育搞不好,改革开放要取得更大发展,也只能是一句空话。因此,教育新闻的地位与日俱增,教育新闻的发展空间无比广阔。
　　教育新闻的采写,应当注意下述事项——
　　1. 知识广博,见多识广
　　做记者难,做一名文教记者更难。这是因为:一是教育新闻的采访和报道对象一般都是知识分子,他们的文化知识水平高,记者若是知识贫乏,就很难对上话;二是教育新闻涉及的范围广、领域多,从自然科学到社会科学,天文地理、古今中外,几乎无所不包,都要求记者有相当程度的掌握,否则,就难以开展工作。实践证明,知识修养不断增强是教育记者的基本条件,一定的学识水准是教育新闻采访入门的向导。许多知识分子在采访中与记者不能顺畅地交谈,并不是知识分子不热情,也不是记者种种采访方法、手段使用不当,而是某些记者知识贫乏,故出现"话不投机半句多"的冷场局面。再则,记者具有一定的学识水准,还有助于在采访中识别、揭示新闻价值,并使新闻报道更加生动感人。

2. 密切联系,善交朋友

教育记者要较有成效地开展采访活动,就必须密切与专家、学者、教师、学生的联系,要非常熟悉他们的情况与意愿,要善于在他们中间广交朋友。有人说,知识分子孤傲、清高,很难接触,这是误解。其实,记者只要熟悉、了解他们,理解、尊重他们,关心、支持他们,同他们交上朋友,相互取得了信任,知识分子就会将你当自己人看待,采访中就会无话不谈,因为知识分子也是普通人,也有七情六欲,也需要与人与社会交往。2003年春节期间,《解放日报》记者徐敏分别走访了上海几所大学校长的家,了解大学校长们是如何品味新春的?结果非常有趣:上海交通大学校长30多年来一直喜欢收集地图,过年这几天正在家喜滋滋地欣赏自己收集叠起来有一米多高的地图;同济大学校长弹得一手好钢琴,学生举行歌咏比赛,总拉她去伴奏,春节期间,每天一有空闲,她总要在家弹上一会;东华大学校长则更喜爱听音乐,春节期间他终于有机会尽情享受一番了,一个人在书房里,打开音响,一任优美的古典音乐在屋子里流淌、回荡。校长们对记者说:音乐有一种奇妙的作用,让你身心放松,同时又帮助你打开思路,激发思维。当整个身心沉浸在美妙音乐中时,便会打开电脑,写下新一年的学校工作规划①。徐敏记者毕业于复旦大学新闻学院,工作时间仅短短四五年,但在读者中已有一定的知名度,除了其他原因外,密切与教育界的联系、善于广交朋友应该是一个重要原因。

与知识分子打交道应注意三点:

一是诚恳。知识分子一般都很实在,讲究实事求是,反对华而不实和虚情假意。因此,记者与他们交往一定要真诚守信,不能轻浮。某记者到复旦大学生物系采访一位搞遗传学研究的副教授,还没坐定,该记者便开始奉承道:"王教授,你是中国遗传学研究领域的泰斗级人物吧?今日有幸能采访您⋯⋯"还没等记者讲完,这位副教授就起身离开,因为人家觉得不值得接受一个不学无术又虚情假意的记者的采访。

二是尊重。从表面看,有些知识分子给人的感觉是架子大,难以接近,其实不然,知识分子一般都平易近人,他们也有说不尽的酸甜苦辣,

---

① 《解放日报》,2003年2月4日。

需要他人理解,希望得到他人尊重。因此,记者在采访中最忌指手画脚,或强加于人,谦虚、谦恭一点绝不是坏事。

三是主动。大凡知识分子都比较忙,白天在单位里搞教学科研,回家后不少人还要做家务,因此都比较惜时如金,轻易不会主动与外界联系。记者应当主动接近他们,有事要登三宝殿,无事也登三宝殿,特别是知识分子接触面窄,主要活动局限在本学科领域,横向联系少,记者若能主动及时地向他们提供一些他们希望得到的信息,从而推动他们的教学科研,包括知识分子工作、生活上有些什么疾苦,记者若能通过适当渠道帮助他们反映、解决,那么,同他们也就容易交上朋友。

3. 视野开阔,面向社会

教育实质上是个重要的社会问题,教育离不开社会的方方面面,反过来又影响、牵动着社会的方方面面。人的成长离不开教育,家长们省吃俭用、含辛茹苦,还不是为了能让子女受到最好的教育。因此,从某种意义上说,教育新闻的社会影响面是最广的,社会影响力是最大的。这就要求记者采访时视野要开阔,要善于跳出教育看问题,把学校与社会联系起来,善于从社会这个大学校、大教育的角度提出问题、解决问题。特别是在市场经济条件下,办教育更不仅仅是学校的事,是整个社会共同的事业。记者若能从这一开阔的视野审视、考察教育,那么,教育新闻的题材范围就扩大了,社会意义也就更加增强了。以往一些教育新闻枯燥乏味,得不到受众的关注,记者采访的视野狭窄,恐怕是一个重要的原因。

第二节 卫生新闻

所谓卫生新闻,即指以医疗卫生及健康为报道题材的新闻体裁。

在西方,医疗卫生新闻是普遍受到受众关注的。因为医疗卫生及生存环境同每个人的生、老、病、死密切相关,人人讲究卫生,人人注重健康,人人盼望长寿,卫生新闻能给他们及时传递相关信息与知识,甚至"福音"。如果说其他新闻有政治、经济、人种、国别等之分的话,卫生新闻则是所有受众具有共同兴趣和尽情享用的。中国正在向小康社会迈进,和谐社会的构建使中国人对健康卫生的需求超越以往任何年代。应当看到,医疗卫生报道要不断提高水平,这既是新闻报道"三贴近"(贴近实际、贴近生活、贴近群众)原则特质的体现,也是媒体在构建和谐社会中历史职责履行的重要方面。可以预见,医疗卫生新闻日后在中国各个媒体的发展前景,将不可估量。2003年2月10日,《解放日报》第一版几乎用整版篇幅刊登医疗卫生新闻:一篇是关于上海环保3年行动计划的报道,另有医保减负新措施出台、562种药品再降价等新闻,医疗卫生新闻的走俏从中可见一斑①。

卫生新闻在采写时,应当注意下述事项——

1. 作风踏实,虚心求教

医疗卫生采访首先碰到的难点是专业性、技术性强。医学有中医和西医两大系统,其门类颇多,仅西医外科就有普通外科、神经外科、胸外科、脑外科、心血管外科等,中医的诊断方法就有四诊(问、望、闻、切)、八纲(表、里、寒、热、虚、实、阴、阳),仅切诊就有浮、沉、迟、数、细、微、大、洪、弦、滑等10余种脉象。卫生又有若干系统,除医疗卫生外,又有防疫、食品、检疫和环境卫生等。因此,医疗卫生的采访困难确实很大。再则,"白衣天使"的社会地位很高,工作又十分辛苦,常常忙得连吃饭、喝水的时间都没有,因而给人的感觉是"火气"大、清高,很难接近。明白这些因素,卫生记者在采访时,作风态度就显得非常重要,精诚所至,金石为开,采访对象被你感动了,接下来的事情就好办,记者只要态度谦和、虚心求教,再难的题材也容易克服。

2. 微观细察,力求通俗

一般而言,医疗卫生的报道题材内容比文教、科技、经济等要深奥,但受众则相对更广泛,文化层次既有高的更有低的,因此,医疗卫生新闻的通俗化要求更高。除了在采访中适时虚心请教专家外,应当在现场注重微观细察,采集生动有趣的场景与细节,有助于新闻通俗易懂。譬如,用针麻技术进行肺切除手术,在整个手术过程中,医生一边跟病人说话,了解病人的反应,病人也自然轻松地作答,直至手术结束。记者在现场及时捕捉这一情节,令人信服地向受众说明了针麻的神效。

3. 客观公正,求真求实

医疗卫生事关亿万人民的健康与生命,因而记者在报道中分寸的正确掌握,就显得尤为重要,稍有偏颇,轻者,令受众吃错药,重者,则可

---

① 《解放日报》,2003年2月10日。

能误人性命。譬如,有些报道出于经济效益的考虑,将某种药效吹得神乎其神,令千万受众到处寻觅此药,结果是吃与不吃一样,冤枉钱倒是花了不少;有些报道为了突出宣传某医院、某医师的医疗水平高,不惜笔墨将某些疾病说得非常严重和危险,造成众多患有此病的病人和家人精神上增添莫大压力,惶惶不可终日。

4. 报道有度,善唱"和声"

医疗卫生的敏感话题较多,如看病贵、看病难、城乡医疗卫生条件的差距、医德医风、医疗卫生体制改革成功还是失败等,其中任何一个问题均牵动党中央和亿万人民的心,需要在相关报道时要慎之又慎,要注意度的掌控。但不少报道则缺乏度的调控,呈现"两头翘"的报道状态,如对医改的报道,电台叫好,报纸喊糟;昨天说好,今天叫坏;对医疗和药品价格的升降本应实事求是,不应一概而论,但媒体一见医疗和药品降价就一窝蜂地跟着大唱赞歌,价格稍有提高,又大批特批;由于历史的原因,医疗卫生界各学派观点、见解不尽相同,采访中时而会出现被采访对象贬低别人、抬高自己的现象,少数记者则头脑发热,偏听偏信,报道失去公正、全面。

一个人的疾病通常不是一日造成的,同样,医疗卫生条件的改善、水平的提高和体制的改革也不是一日成就的,得有个不断完善的渐进过程,况且,医疗卫生涉及的面实在太广,因此,媒体不应随意报道和妄加评论。特别是当下中国,医患纠纷颇多,医患关系紧张,患者受到伤害的同时,医务人员也成了新的职业伤害对象。因此,医患纠纷报道已提到讲法规、讲科学的高度。动不动就在报道中说"医院是摇钱树"、"医生只看钱,不看病",或者一味渲染"医院设立驻院警务室"之类的无奈、过渡之举,这都是对医患关系的随意践踏,是不公正、不负责的表现。2006年10月,中共中央政治局举行了以医疗卫生体制改革为内容的第35次集体学习,胡锦涛同志在会上重申了十六届六中全会通过的医改目标:"人人享有基本的卫生保健服务",即政府主导,建设覆盖城乡居民的基本卫生保健制度。医疗卫生的报道应紧紧围绕这个中心而展开,应多唱一些"和"声,多报道一些正面和主流的事物①。

---

① 顾德宁:《以和谐理论,统筹把握医疗报道》,载《传播观察》,2006年第12期。

第三节 文艺新闻

所谓文艺新闻,即指以文化艺术及娱乐活动为报道题材的新闻体裁。

现代大众传媒与文艺关系至为密切,电视事业的迅猛发展尤其能证明这一点。这是因为,文艺的意义在于满足人类娱乐的本能。大凡受到读者、听众、观众欢迎的报纸与广播、电视,可以断言,其文艺新闻报道一般都是强项。随着人们精神文化生活需要的不断增长,文艺新闻的"销路"将日益见好。如上海的《新闻晨报》,因为文艺报道内容丰富精彩,发行量逐年上升。因此,在新的形势下,文艺记者应当考虑如何进一步改进文艺新闻的采访写作,以便向人们输送更多、更好的精神食粮。

文艺新闻的采写要求主要有——

1. 体现特点,明确职责

文艺新闻的特点是什么?文艺记者的职责又是什么?这个十分简单明了的问题,多少年来不少文艺记者却未能搞清楚。要改进文艺新闻的采访写作,当首先解决这些理论问题。

文艺报道应该体现文艺性,这是文艺新闻的特点。缺乏"文艺味",这是文艺报道多年的弊病。在"左"的思想长期干扰、影响下,过去不少文艺报道只讲政治性,忽略艺术性,只强调对人的教育作用,忽略给人们以美和艺术的享受。文艺报道一度搞成公式化、概念化的东西,说透彻点,这样做无异是葬送文艺报道。

文艺新闻的特点与文艺记者的职责有必然联系。文艺记者不明确文艺新闻的特点,就不会明确自己的职责所在,就可能将报道搞成政治教材而让人们接受政治说教,而忘了自己真正的职责是帮助人们理解艺术、热爱艺术,提高艺术的鉴赏水平,最终使精神文明的内涵更丰富。

正如要寓理于事的道理一样,文艺新闻既要体现对人们的思想教育,也要寓思想教育于艺术享受之中。因为人们喜爱文艺新闻,是出于对艺术享受和追求的需要,记者只有看准这一点,受众才能产生共鸣,报道才有收效。例如《"梁山伯"结婚了》①一文,说的是在舞台上饰演古代悲剧"梁山伯与祝英台"中两位著名越剧演员范瑞娟和袁雪芬都已建立起幸福家庭一事。作者巧借中国老少皆知的这个故事为引子,生动而又深刻地揭示了现代"梁山伯"与"祝英台"幸福的社会原因,使读者在浓厚的趣味性中,不知不觉地领悟了深刻的思想观点:演悲剧的演员,自己已告别悲剧的境遇,优越的社会主义制度已使"梁山伯与祝英台"的悲剧时代一去不复返了。这篇文艺新闻虽出现在20世纪50年代,但至今读来,对唤起人们走社会主义道路的信心,仍不乏思想教育意义。

实践告诉我们,真正有特点的文艺报道应能产生这样的效力:对尚未观看演出、画展等的人们,应当能够吸引他们去看,并给以艺术欣赏、鉴赏上的指导;对已观看演出、画展等的人们,则要加深他们对艺术的理解、思想上的顿悟,并引起无尽的回味,而绝不是靠剧名、演员名字加几句"台风清新"、"舞姿动人"、"立意深刻"之类笼统、抽象的介绍所能奏效的。

2. 亲临现场,认真观察

不能指望未亲临现场采访的记者能写出有声有色的文艺新闻。因此,文艺记者必须强调要亲临现场。剧场、舞台、各类文化艺术展览厅等场所,是文艺记者应当经常光顾的。有关文艺演出、文化展出,记者一定要比观众加倍投入,必须认真观察,唯有这样,文艺新闻才能有现场感,字里行间才能流淌真情实感,从而才能使受众受到强烈的艺术、思想感染,并产生身临其境之感。

3. 实事求是,准确评价

大凡文艺报道,都涉及一个对作品、作者和表演者的评价问题。这就要求记者全面、充分掌握材料,本着实事求是的原则,准确而又有分寸地予以评价,"叹为观止"、"技艺过人"、"莫失良机"之类的溢美之词千万要慎用,因为这样容易提高人们的期望值,去看后容易失望,反而影响报道乃至记者的声誉、信誉。如影片《大河奔流》上演前,报纸、广播等有关报道对其赞誉备至,本来该影片还算不错,由于吹捧过高,人们乘兴而来,扫兴而归,常常是电影没放完,不少观众便离座而去,并大骂报纸、广播吹牛。

---

① 新华社1957年1月8日电讯稿。

准确评价应当包含两个方面内容：对好的作品、作者及表演者等应当肯定、赞扬，对艺术平庸，甚至腐朽、低俗之类，报道则应给予必要的批评甚至揭露、鞭挞。前一阵子，有些影片男欢女爱倾向严重，"床上戏"比例增加，江苏、深圳某些城镇借时装表演搞"脱衣舞"表演，我们的一些报道非但不予以批评指责，反而对其宣扬、捧场，以致产生恶劣的负面社会效应，这是严重的失职。实践告诉我们，文艺记者要有文化，要有品格，要有智慧，在当下残酷的市场竞争氛围下，陷阱遍地，谎言充斥，如何恪守职业道德，遵守新闻纪律，在文化和娱乐之间建立最大平衡，是文艺记者和编辑历史性的新课题。

文艺报道中的准确评价不是一件容易的事情。首先，文艺记者应该是文艺的爱好者和鉴赏家，不能想象一个对文艺无知、无兴趣的记者，能采写出品位高、质量好且评价准确的文艺报道。其次，文艺记者应熟悉文艺领域的情况，包括一切艺术流派和风格、水准，祖国的文学、戏剧、音乐、绘画、舞蹈等各个方面的传统及现状。同时，对国外的文艺，各省、市、自治区的文化艺术的情况及特色，都应有一定程度的了解。采访时，还应注意虚心请教专家、行家，评价或认识错了，可以即时得以指正。原《解放日报》文艺部老记者许寅，每次观看演出时，总请一位专家或行家坐在身边，看沪剧，请丁是娥或王盘声；看越剧，请袁雪芬或傅全香；看淮剧，请筱文艳或何叫天；看京剧，请童祥苓或杨春霞，便于随时询问、求教。因此，他出手的文艺新闻，评价从未出过差错，读者纷纷赞扬他写什么剧种像什么剧种，报道很有"戏味"。再则，欲求得评价的准确，应当注意多请教些行家和专家，因为行家、专家之间因种种原因，难免存在某些"门户之见"。因此，"兼听则明"此时就显得更为重要和必需。

4. 穿插背景，增强深度

文艺新闻容易写得一般化，但也可以写得有深度、厚度，其中的关键是采访的深度，即要求记者不仅要紧扣作品或演出本身，而且要视野开阔，应尽可能采集舞台、银幕、画面上没有的东西，如作者或表演者的创作动机、艺术构思及创作过程等。作为背景材料，这些方面往往寄托作者、表演者的思想与情感，而人们从作品和表演的表面又一时难以领悟，需要记者在关键处点一点，那么，文艺新闻的深度、厚度就可增强，也可增进人们对艺术作品及作者、表演者的深层次理解。例如，步入徐悲鸿纪念馆，满眼看到的作品几乎都是奔马，且都是瘦骨嶙峋、矫健异常的野马,没有膘肥毛滑、带着缰绳的驯马。但是,细心者也许会觉察到:只有《九方皋》一幅中的千里马例外,且带着缰绳。这是什么原因?《人民日报》的一则报道对此作了披露:在黑暗的旧社会,徐悲鸿先生愤世嫉俗,刚正不阿。他常说一句话:"人不可有傲气,但不能无傲骨"——这就是画家爱画野马不带缰的原因所在。而那幅《九方皋》呢?画家说:"因为它遇见了九方皋这位知己,愿为知己者用。"

5. 常来常往,成为知音

有些文艺记者采访一帆风顺,写作得心应手,看上去好像带有偶然性,其实,这绝非一日之功,其中主要奥秘是他们平时注意与艺术家们的密切交往。不少老艺术家有个共同的感受:平时家中来得最多的,除了同行、学生外,记者最多。从记者的职责来讲,文艺记者与艺术家之间,不能无事不登门,应当无事也登门,并建立挚友、知音关系。同时,不少老文艺记者几十年如一日地坚持收集艺术家们的有关资料,分门别类地给艺术家们建立"档案",因此,采访写作时可以信手拈来、左右逢源。

6. 心系群众,贴近生活

文艺乃至文化报道,其好坏的检验标准说到底,在于群众的满意度,在于报道是否真正反映了人民群众关心并参与了文化生活。《浙江日报》近几年来,积极围绕省委、省政府所定的文化大省的建设目标,全方位地报道文化大省建设过程中的重大举措和进展,满腔热情地报道群众文化的创举。2005年,富阳市农村出现一批农民文化经纪人,他们穿梭在村庄与文艺单位之间,引进了农民喜爱的各类演出,极大地丰富、活跃了农民文化生活。《浙江日报》记者在总编辑的率领下,深入富阳农村采访,长篇报道《农家生活也闹猛》见报后,在全省反响极大,许多县市农村纷纷效仿。

7. 严格核实,杜绝失实

据多次抽样统计,目前新闻失实率最高的是文艺娱乐新闻,今天登了某明星某件事,明天又登了更正,真真假假,假假真真,受众被弄得一头雾水,只能听凭记者自说自话、胡编乱造。

文艺记者要加强自律,不能一味听"猛料"、"八卦话题"之类摆布,要善于从多方获取和验证信息,最大限度地使新闻报道接近事实真相,宁可漏报,不可错报。一旦报道了错误信息,也要及时更正,并作出负责的表现。如《中国新闻周刊》副总编辑刘新宇,因手下编辑错发了一条关于"金庸去世"的微博信息,他当即引咎辞职并获准,体现了良好的职业道德素养和精神①。

我国的文化艺术眼下正进入历史上少有的兴旺发达时期,文艺记者大显身手的时候到了,娱乐新闻现已成为媒体争夺发行量、收视率的"撒手锏"。然而,许多艺术宝藏、艺术形式尚未发掘与反映,许多文艺理论问题亟待研究、整理与建立,对于这一繁重的任务和严峻的事实,我国的文艺记者与文艺工作者一样,应当具有清醒、充分的认识。

第四节 体 育 新 闻

所谓体育新闻,即指以体育活动为报道题材的新闻体裁。

从古至今,人类天性就对竞赛感兴趣,因此,体育新闻在受众心目中,是占有相当位置的。我国一位新闻学者有一次问来访的日本《读卖新闻》体育部长:"在日本,体育报道占什么位置?你这个体育部长受不受欢迎?"回答是:"我们报纸的体育报道是窗口,是能吸进新鲜空气的窗口,大家爱看,我也很受欢迎。"这家报社有自己的网球队,该报每期出12大张共24页,体育报道占4页到6页。另据美国《纽约时报》透露,该报每星期体育专刊达12页,美国人买了报纸,90%以上读者先看体育新闻。美国体育记者的名誉也很高,与著名运动员相仿。

体育报道是一种鼓舞士气、振奋斗志的精神食粮。近几年来,我国体育事业和其他战线一样,出现了空前繁荣兴旺的景象,体育报道也越来越受人们重视,从中央到地方的报刊、广播、电视,几乎都开辟了体育专栏和专题节目。上海《新民晚报》自1982年元旦复刊以来,所以能够日益深受广大读者的欢迎,始终不渝地重视体育报道是一个重要因素。该报还增出过《新民体育报》,不到一年时间,发行量就逾20万份,比创办时整整增长了10倍。现又办了《东方体育日报》,发行量也是稳中有升。

体育比赛有竞争性、群众性、时间性和国际性较强的特点,这些特点就决定了体育新闻在采访写作上的特殊性,同时也决定了体育记者

---

① 《羊城晚报》,2011年12月9日。

素质、知识等方面的特殊性。采写具体要求有——

1. 以快制快,分秒必争

这是体育新闻采访的首要要求。体育比赛本身是一项时间性、竞争性较强的活动,好多项目本身就是赛速度,如同闪电一般,稍纵即逝。作为体育记者,必须有较强的时间观念和快速的工作作风,有强烈的竞争意识。一进入比赛场地,必须投入全部身心,以快制快,争分夺秒地采制新闻。如果把一般记者的采访喻为一场战斗的话,那么,体育记者的采访往往就更是一场速决战。例如,在第23届奥运会上,中国射击选手许海峰一枪定音,夺得了这届奥运会第一枚金牌。许海峰枪声刚落,我国新华社便第一个向全世界发出了此消息,比东道国的美联社还快15分钟。日本共同社的同行祝贺说,你们也获得了本届奥运会新闻报道的第一块"金牌"。

2. 熟悉情况,深刻准确

分析有些体育报道,只是说某个运动员或某个代表队何时何地创造了一个什么新纪录,或是取得了一个什么新胜利,至于这些纪录、胜利是在什么情况下取得的,是超常发挥、偶然得之,还是"冰冻三尺,非一日之寒";是一帆风顺,占绝对优势,还是改变战术、顽强拼搏取得,均无背景材料交代,报道显得一般化,受众感到很不满足。另外,成绩预测屡屡失误,是中国体育记者的一个通病,是长期存在于我国体育报道中的一个严重薄弱环节。对25届巴塞罗那奥运会的各个项目成绩预测,中国记者所作的事前报道几乎全部失败,连体育记者自己都感到惊讶。这些弊病的出现,反映了有些体育记者对运动员、教练员的情况不熟悉,对运动项目、赛场情况不熟悉,因而采访只能被动应付,深入不了,写作只能作一般性的表述,成绩预测也只能带上较大的盲目性。

要当好一名出色的体育记者,一定要熟悉运动员、教练员,本省的、外省的、中国的、外国的都要熟悉,对他们的经历、身体素质、技术特点、心理特征、思想风貌等方面的情况,均应了如指掌。凡是报道出色的体育记者,都有积累运动员、教练员有关资料的良好习惯,或做剪贴,或制卡片,"闲时置下忙时用",每次采访就可以顺利进展。素有"预测专家"称号的《羊城晚报》体育记者苏少泉,以他广博的才学、超群的见识、准确的评断,为《羊城晚报》赢得了一大批读者。例如,有一年的汤姆斯杯决战,世界舆论一致看好印尼队,印尼羽球主席也发表讲话,认定印尼将卫冕成功。在此情形下,国内舆论也都谨小慎微,模棱两可,唯独苏少泉表示乐观。他凭借平日掌握的详尽材料和自己老到的功夫,认为中国队有可能第一次捧回汤姆斯杯,并幽默地指出:印尼羽球主席仅是"过坟场吹口哨"为自己壮胆而已。第一天比赛,中国队1:3落后,外界纷纷评述印尼队必胜无疑,又唯独苏少泉处之泰然,在报道中坚持己见。果然,第二天再战时,我队小将一个个如出山猛虎,力挽狂澜,气势如虹,连下四城,一举结束了汤姆斯杯与中国无缘的历史。当人们举起香槟以示庆贺的时候,不由得又一次惊叹苏少泉的远见卓识。苏少泉认为,比赛一开始,体育记者的心、手、眼等都不够用,要使体育报道迅速、生动、深刻、准确,就必须非常熟悉运动员、教练员的情况,充分掌握背景材料。否则,就难以适应赛场上的千变万化,报道就没有深度,也难保准确。

3. 强化观察,伺机提问

运动员、教练员最忌讳在紧张的训练或比赛间隙有记者前来采访,因为此时他们的注意力均指向、集中在训练或比赛上,记者插进去采访,无疑是一种干扰。再则,训练的重点、赛时的战术运用等,都带有一定的保密性,他们怕记者万一捅出去会招致被动。因此,在此种情况下,观察往往便成了体育新闻采访的主要手段,一进入训练场馆或赛场,便尽可能抢占最佳观察点,以便细致、全面地进行观察。例如,1995年2月27日上午9时,新任中国女排主教练郎平在柳州基地首次召开新闻发布会,用时仅20分钟。从北京机场发生的"抢郎平"事件后,记者们均采取了很冷静的态度,自觉遵守不单独采访的规定,参加这次新闻发布会的来自全国各地的近30名体育记者,也只是静静地听着,默默地观察着。从基地招待所到训练场馆,尽管步行只需5分钟,但有关方面还是让她和教练们坐在一辆灰蓝色的小车里,前面警车开道,后面紧随的是柳州市公安局保卫科的6名"保镖",记者又不能靠近她。到了训练场馆,按照"保镖"们的要求,所有记者必须距郎平10米开外。于是,细心观察更是成了记者们的主要采访手段,间或打些迂回战术,设法去问问那些和郎平接触过的人,了解郎平究竟讲了些什么。中央电视台记者尽管神通广大,但也不允许公开拍摄,最后在30米开外,才偷偷拍到些郎平和赖亚文谈话的镜头。

即使在非得当面访问运动员、教练员不可的情况下,记者也必须注意两点:一是要趁运动员、教练员空闲时访问。二是提问的内容事先要准备,提问要明了,谈话要简短。著名记者鲁光有一次谈到,国家女排在湖南郴州集训的20多天里,他专程去采访。但他看到队员们练得很苦,从早晨开始练,练到中午,午休后又练到吃晚饭,练得浑身汗淋淋的,上气不接下气,根本没法同她们谈话。晚上,当运动员们洗完澡,往床上一躺,浑身筋骨都痛,这是她们一天最舒服的时候,再拉她们谈话,又实在于心不忍。但采访任务不完成又不行,他终于想出了三个办法:一是多看。他没有待在屋里,而是到球场看姑娘们练球,有机会就问上一两句。如有一次,他发现运动员上场时,手上都缠着胶布,就问了一下,姑娘们说:缠的胶布做一身衣服都用不完。可见她们手指受伤是家常便饭了。二是多听。有一次,运动员们坐在屋子里休息、聊天,他也坐着旁听。不知谁说了一句:"咱们这次去日本,要争取拿世界冠军,这次不拿,就没机会了。"孙晋芳说:"不是争取,咱们去就是拿呀,非拿不可。"这样的对话,生动地体现了运动员的理想、信念和抱负。如果是一本正经地问她们:"你们对拿世界冠军是怎么想的?"姑娘们也许作不出如此生动坦诚的回答。三是多寻机会访问。经过数日观察,鲁光发现最好的访问机会是运动员受伤躺在床上的时候。杨希腿伤了,陈亚琼脚脖子扭伤了,她俩躺在床上,外面正下着雨,感到很寂寞,想到赛期迫近,心里甚是难受。他去陪她们谈话,她们很高兴,一高兴就什么都告诉他。鲁光看陈亚琼伤得不轻,很担心。陈亚琼却说:"我从打球时候起腿就没好过。你不知道我瘦啊,倒下去就咚咚响。她们都说我是'钢铁将军',怕我有一天散架子。其实,摔散了拣起来凑在一起我还能练。"多么朴实!多么感人!这是一本正经问答式谈话所难以收取的效果。

　　4. 掌握分寸,切忌偏激

　　体育报道的格调与措词要有一定的分寸,特别是报道成绩和胜利时,要头脑清醒,要留有余地,不能把话说绝,否则,往往要造成被动。如中国男排在一次亚洲排球锦标赛上,曾以3:2战胜韩国队,我国报纸、广播、电视可谓是一哄而起、一片欢腾,有的报纸不但发新闻、配照片,还发了社论,把话统统说绝,把采访中许多行家的忠告一股脑儿抛到九霄云外。然而,没隔几天,在决赛中人家又用同样的比分回敬了我们,取得了最后的胜利,我们的新闻机构对此几乎无声无息,显得十分被动。

　　体育报道要客观全面,胜利时要看到问题,失败时要总结教训,报赢也报输,报喜也报忧。任何事物都有两重性,输了固然使人不快,但对有志者来说,失败也会激发起不甘落后、来日再搏的斗志。同时,能使运动员、教练员看到自己基本技术、临场经验、精神面貌等方面的问题,从而能更有针对性地改进训练,为今后夺取胜利创造条件。正如周总理生前所说的那样:"失败是通向胜利的阶梯。"取得一些成绩和胜利,固然值得庆贺,但也不能搞到"沸点",作为体育记者,此时应显得格外冷静,应当在报道中体现这样的思想,即如何面对暂时的胜利,看到对手的长处,找出自己的不足,以便加紧训练,为夺取更大的胜利打下思想和技术的基础。

5. 提高认识,开阔视野

综观我国的体育报道,内外报道比例严重失调是另一通病。所谓"内",即指对我国参赛项目及运动员、教练员的情况报道;所谓"外",则指对外国(地区)参赛项目及运动员、教练员的情况报道。据调查统计,国内外的一些体育大赛,我国记者对外国(地区)参赛项目、人员及成绩等情况的报道,仅占总发稿数的1/10。

体育是整个人类精神的体现,是超越国界的。广大体育爱好者不仅关注本国运动员的比赛情况,而且也日益对各国杰出运动员、优势项目的比赛情况及其他资料产生兴趣。中国的体育要走向世界,世界的体育也必然要走向中国,这样,对内对外的两副体育报道重担,就历史地落在当代中国体育记者的肩上。对体育报道这一必然发展趋向,我国体育记者、编辑的思想尚有待拓宽,视野尚有待开阔,认识尚有待提高。

6. 控制情感,迅速发稿

在赛场上,体育记者要绝对保持冷静,别人观看比赛多半是为了娱乐,但唯一例外的是体育记者,运动场上的记者席也往往是全场唯一没有声音的席次。这是采访的需要,只有全神贯注于比赛过程,才能搞好报道。有位老体育记者谈到,体育记者要善于控制自己的感情,当万众欢腾时,千万别激动得忘了自己的记者职责,否则,新闻稿件就难以及时发出。这确为经验之谈。有这样一则趣闻:中国乒乓球队第一次获得世界男子团体冠军时,全场数千观众欢呼雀跃,抛帽子、掷鲜花,中国一摄影记者赶紧拍下了这振奋人心的一幕幕,接着,他就跟着观众一起跳呀、叫呀,压根儿忘记了赶紧发稿一事,他忽然发现,在欢腾的观众席上,却有一人默默无声一边在埋头写些什么,一边不时地掏出手帕擦拭眼角的泪水。上前一看,原来是新华社体育记者王元敬,正强按激动之情，在紧张地赶写新闻。假如王记者跟着观众一起跳呀、叫呀，忘记了此时此刻记者的职责是赶制赶发稿件，那么，新闻报道就可能落在人家后面。心理学告诉我们：处在激情状态下人的生理特征是，皮层下神经中枢失去了大脑皮层的调节作用，皮层下神经中枢的活动占了优势，这时人们很难掩盖内心强烈的愤怒感、喜悦感、悲痛感等，处于这一状态之中的人们，常常不能意识到自己在做什么。因此，体育记者的心理状态应当比一般记者要好些，要善于控制情感，要经常锻炼自己。

要搞好体育新闻的采访，除了上述诸要求外，体育记者还应具有相当程度的体育专门知识，对体育活动也要有相当的兴趣和爱好，身体素质好，也是体育记者的必备条件之一。另外，还应尽可能掌握摄影、开车等方面的技术。特别强调的是，体育记者的外语水平有待提高。体育新闻本身具有国际性特点，体育记者若不懂外语，无疑等于"哑巴"、"聋子"，只能待在一旁当看客。反之，外语水平高，采访活动效率就高，在第25届巴塞罗那奥运会上，新华社记者章挺权、义高潮等，不仅活动能力强，又精通外文，采访时如鱼得水，一会儿采访萨马兰奇，一会儿又访问美国黑人田径明星。回到住地，三下五除二，一刻钟时间就在电脑上把稿子写出来了，转眼间，稿子便传回了北京。随后，他们又投入到下一个采访任务中去了。

体育的本质在于不断进取，不断超越，体育报道之间是一场大角逐，体育记者之间正进行一场大竞争。广大体育编辑、记者如何认真总结以往报道的长短得失，力求使我国的体育报道再上一个新台阶，是再紧迫不过的任务了。

思考题：
1. 如何认识教育新闻的地位与前景？
2. 卫生新闻采写有哪些注意事项？
3. 文艺新闻采写的具体要求是什么？
4. 怎样准确评价文艺报道？
5. 简述体育新闻的地位及其特性。
6. 体育新闻有哪些采写要求？

第十一章

社会与生活类新闻的采访写作

如前所述,受众对新闻报道有两个方面的需要:一是时事政治、经济、科技等新闻,通常称为"硬新闻";二是社会生活新闻,通常称为"软新闻"。记者、编辑只有全面看待受众两方面的需要,方能拥有受众。

第一节 社 会 新 闻

所谓社会新闻,即指以反映社会生活、社会问题为报道题材的新闻体裁,俗称"8小时以外的新闻",即工作、上班时间以外所发生的新闻。

从本质上说,新闻是生活的反映。每一种新闻体裁的兴衰,都与它所处的时代密不可分,社会新闻的再度兴起,也是应时代的呼唤而生。党的十一届三中全会以来,人们的思想解放了,政治环境宽松了,许多思想禁区突破了,人民群众的物质生活水平提高了,政治条件、经济基础及人们的心理需求,使社会新闻有了萌生的土壤和产床。总结社会新闻在新中国成立后的"四起三落"情况,有助于我们对这一问题有更深刻的认识:解放初"一起",学苏联经验"一落";1957年改版"再起",1957年反右斗争"再落";20世纪60年代初"三起","文化大革命"中"三落";党的十一届三中全会后"四起"至今。

社会新闻之所以受到人们的偏爱,主要在于它所反映的内容与人民生活贴近,与人民利益相关,与人们的情趣相连,如友谊、恋爱、婚姻、家庭、邻里关系、社会治安、社会道德、天灾人祸及奇异的自然现象等。

一、社会新闻的定义

多少年来,不少新闻学者给社会新闻下过无数定义,如"社会新闻反映的是除了政治、经济以外的那部分的社会生活、社会秩序、社会风尚、社会问题、社会现象,以至一些影响到社会的自然灾害、影响个人生命财产的事故等"(刘志筠语);"社会新闻是以个人的品德行为为重点及具有社会教育意义的新闻"(赵超构语);是反映"社会主义时期人与人之间的关系"(钟沛璋语)等。这真是仁者见仁,智者见智。相比较而言,我国新闻界多数专家学者认同的定义是:社会新闻是用以反映社会生活、社会问题的一种新闻体裁。

二、社会新闻的特点

社会新闻之所以能使广大受众一见钟情,产生共同兴趣,是由其特点所决定的。具体特点有——

1. 广泛性

社会新闻主要反映社会生活、社会问题,告诉人们工作、生产以外所发生的社会现象和事件。据此,社会新闻题材广泛性的特点十分显著。不管是男女老少,还是干部群众,都喜爱这一体裁。可以讲,其他各类新闻体裁,就其广泛性来讲,很少有比得上社会新闻的。凡是与人们社会生活有关的环境与场合,不论是天上地下,是国内还是国外,都会出社会新闻,也会引起共同兴趣。例如,上海宝钢初建时,由日商承建的水塔进行注水试验时,纤细的塔身微微摇晃起来。当晚,设计水塔的日方责任人连连自责,羞愧万分,最后竟不顾别人劝慰,一头从15层的宾馆窗口跳了下去。这样的新闻,恐怕是人人都要看、都要听的。

2. 知识性

知识性既是社会新闻的特点之一,也是社会新闻的职能之一。当今受众看新闻、听新闻,既要满足"新闻欲",也要满足"知识欲",而社会新闻则往往带有知识性,能够满足受众的这一欲望。如野人、毛孩等社会新闻,既是新闻,又提供了有关知识,较好地体现了社会新闻的特点与职能。

3. 趣味性

这是社会新闻的主要特点,受众喜爱社会新闻,很大程度上取决于此。如《赖昌星不具"难民资格"》、《只因野鸡进门,就要逼死妻子》、《"飞来"的闺女》等,读者一见标题,就产生欲罢不能、必欲看完全文的浓厚兴趣。从某种意义上说,没有趣味性,也就难有社会新闻。在"文化大革命"期间,社会新闻统统被斥为"黄色新闻",记者、编辑被弄得谈趣味而色变。因而即使摆脱了"左"的束缚,但有一段时期,一提到社会新闻及趣味性,有些同志仍然瞻前顾后、心有余悸。例如,已经到了改革开放新时期,有位记者采写了一篇社会新闻,讲的是一对失散50年的兄妹团聚的事。然而某新闻单位就是压着不发,一是认为没有经过户籍警察的帮助,显不出新闻的思想性;二是认为故事情节太曲折,太富情趣。还是陶铸同志说得好:"不要怕趣味性,不要把趣味性与政治性对立起来,真正有思想性的东西,趣味性就强","要寓教育于趣味之中"。当然,在当今,有的媒体对趣味性的理解和追求有所偏颇,把"性"、"腥"、"星"的一些新闻作为自己媒体的主打,这样的导向就成问题了。

4. 突发性

多数社会新闻伴有突发性,从一定意义上讲,社会新闻属于事件新闻、动态新闻的范畴,如《上海动物园内虎口救人》、《喜剧演员突袭默多克,邓文迪反应敏捷挺身护丈夫》等社会新闻的事实,都是突然发生而事先无法预料的。

5. 思想性

社会新闻有没有思想性?答案是肯定的。其实,成功的社会新闻,其思想性一般也体现得较突出、深刻,读者看了这样的社会新闻后,思想上必然得到一次生动的教育。以《市长"交换"关牧村》一文为例,我国著名女中音歌唱家关牧村,有一次随天津歌舞团参加了英国、爱尔兰、塞浦路斯三国民间艺术节的演出。在英国一次酒会上,主人风趣地提议,要用他们的一位市长来交换关牧村,关牧村也开玩笑地说:"实在对不起,我只能把歌声留给你们,因为临来时,我把心留在祖国了。"另外,在访问演出期间,主人多次陪同中国演员参观市场,关牧村也只是看看,从不买任何东西。陪同参观的外国朋友最后忍不住问她:"你真的一点东西都不想买吗?"她一语双关地笑答:"我们中国有个风俗,姑娘从不背着妈妈买东西。"在当时国门刚打开的历史背景下,这则社会新闻对那些崇洋媚外或在洋人、洋货面前不顾国格、人格的少数读者来说,是颇能引起深思的。

值得强调的是,根据大量对受众的调查说明,当代广大受众,特别是青年读者、听众,思想活跃,善于思考,喜欢自我教育,不喜欢抽象、概念化、泛论说教性的新闻报道形式。因此,能将思想性、指导性与可读性、趣味性熔于一炉的社会新闻,是比较能引起读者、听众感情共鸣与心灵交感的,若再轻视社会新闻,忽略社会新闻对广大受众思想上潜移默化的良好教育效果,将是有负于受众和时代的。

三、社会新闻的采写要求

因为社会新闻的涉及领域广阔,题材分散,知识、趣味性强,又加伴有突发性,因而在采写上就有其特有的难度。因此,除了新闻的共同采写要求外,社会新闻尚有如下特殊要求——

1. 闻风而动,刻不容缓

因为许多社会新闻所反映的是突发性的事件,如一场火灾或一场地震过后所引起的社会秩序变动等,类似事件发生突然,信息传播也快,记者若不闻风而动、赶赴现场,争分夺秒地采访、发稿,那就时过境迁,新闻变旧闻。对这类社会新闻来说,记者的思维敏锐、行动迅速,往往是起决定作用的。例如,20世纪60年代初,誉满全美的男中音歌唱家、意大利歌剧表演艺术家雷奥纳德·华伦猝死在纽约大都会歌剧院舞台上,《纽约先驱论坛报》记者格拉蒙立即驱车赶往现场,一个半小时内采写出了《歌剧明星在舞台上猝然死去》的轰动新闻,一举获得1961年颁发的普利策新闻奖。事情经过如下:那天晚上格拉蒙采访任务完成后回办公室交差,偶然打开电视机,恰巧出现了华伦摔倒在舞台上的一幕。格拉蒙凭直觉感到,像华伦这样成熟的歌唱家,绝不可能在舞台上失态,而即使他摔倒了,也很值得报道。格拉蒙没有丝毫迟疑,立即赶赴出事地点。

2. 利用空闲,捕捉线索

新闻单位不可能专门派几个记者,成天到社会上去抓社会新闻;某一记者为了要抓几条社会新闻,特地用几天时间去逛大街、串商店,也不实际。所以,要使社会新闻线索不断,抓住"8小时以外"的时间做文章,是一个重要方面。如早上去菜市场买菜,星期天带孩子进公园,上下班的路上,采访的来回途中,都应该利用起来。一些老记者称这类时间为"边角料"时间,若利用得好,将大有所获。如2003年5月6日立夏这一天,上海《新闻晚报》记者在上班途中,就留心采到这样一幕:当天气温高达30℃,人们都换上了短袖薄外套,但不少人还戴着口罩,因为当年四月中下旬一场"非典"侵袭,使得人们即使进入夏季也不忘防止病毒入侵。《今天立夏》一文发表在当日晚报上,虽然算不上具太多新闻价值,但记者用意颇深,给读者启示颇深,也算得上是一篇新闻精品①。

3. 研究社会,多思好奇

这是获取社会新闻线索的主要方面。许多社会新闻虽然有突发性、偶然性特点,但这种突发性、偶然性存在于必然性之中,只要记者平时对某些事物具有好奇心,经常把一些社会现象、社会问题放在脑子里多转转,是能够较好地把握社会新闻采写主动权的。

记者脑子里要装下"小社会",凡是比较容易出社会新闻的社会各个角落、场合,如车站、码头、公园、商店、农贸市场、急诊室等地,要经常放在脑子里转转、想想,怎么样了? 有什么变化吗? 脑子想到了,两只脚便会自然朝这些地方迈。越是容易被人遗忘的角落,如监狱、殡仪馆等,越要想到,往往采写出来的社会新闻,也就越能引起受众的趣味和共鸣。例如,有一年春节,当人们都在喜庆佳节之时,全国优秀新闻工作者、《解放日报》记者俞新宝,却来到一个"被人遗忘的角落"上海龙华殡仪馆,通过深入细致地采访,他向广大读者报道:为了让人们过好春节,该场殡葬职工坚守岗位,并打破常规,做到随叫随出车接尸,从大年夜至年初三,共收尸300余具。该报道激起了广大读者对辛勤工作在这个"死角"上的殡葬职工的由衷尊重之情。

4. 广交朋友,建立热线

记者要广泛交朋友,善于交朋友,这是新闻工作的性质所决定的。因为社会新闻的线索遍布整个社会,所以,就要求记者更得多交朋友、交挚友,并建立起"热线"联系。记者应该在不同行业、部门、地区,都能交上一个乃至一批朋友,把自己的住址、电话告诉他们,这就等于在社会的各个角落安上了"探头"、"耳目"、"哨兵",便于及时掌握社会动向和新闻线索,社会新闻的数量、质量都可以得到一定程度的保证。"网大鱼多",鱼一多,便可挑大的。《羊城晚报》的社会新闻之所以多而好,该报曾辟的《读者今天来电专栏》是一着妙棋,全市不管哪个角落发生了突发性事件,即使是识字不多的老人和3尺孩童,只要拨通专线电话,报个简讯,该报就能立即作出反应。《新华日报》也推出了"新闻110",南京及周边地区,一旦有人拨通"新闻110","新闻110"的采访专车随即就到。上海《新闻晨报》等新闻媒体,都开设了新闻"报料"电话、"热线"电话。此类做法,已被越来越多的新闻单位效仿。

---

① 详见《新闻晚报》,2003年5月6日。

5. 讲究趣味，反对庸俗

即社会新闻既不能忽略新奇性、趣味性，又不能削弱思想性、重要性，两者要兼而有之、不可偏废。在这一点上，我们的认识与西方资产阶级记者相比，是有根本区别的。我们讲究健康、积极的情趣，反对猎奇，反对"有闻必录"；而西方资产阶级有些记者，则是偏重一方，为了迎合和刺激受众的某种变态心理和低级趣味，不惜猎奇，不惜"有闻必录"，至于对受众的心理影响和社会效果，他们是全然不顾的。例如《撒尿得遗产》、《101岁的送报人日前怀孕》等新闻，在西方比比皆是。

6. 力求辩证，客观全面

分析一些社会新闻，选材往往不很严谨，不讲究辩证，为了追求客观就丢掉全面，强调了这一面，就忘掉了那一面，从而造成了顾此失彼的不良宣传效果。例如，上海某报曾多次登载一位轮渡老站长的事迹，其中特别提及一个材料：一女青年在乘轮渡上班时，不慎将结婚纪念戒指落入黄浦江中，50多岁的轮渡老站长不顾个人安危，跳到江中，在江底足足摸了4小时，一块一块石子摸过来，终于在一块石子缝里摸到了这枚金戒指。江上数百艘船只停驶，江边数千人观看，人们齐声赞叹老站长的高尚品德。诚然，这位老站长的品质是"比金子还贵重"，但不少读者看了报道，自然产生了这样的想法：黄浦江上大船小船来往穿梭，轮渡工作安全第一，责任重大，身为站长，丢下本职工作和轮渡安全不顾，为了一枚金戒指，足足在江底摸了4小时，值得宣传吗？

再则，社会新闻中批评、揭露性的题材为数不少，在材料的采集与选用上，应当掌握范围，注意分寸，否则，容易产生副作用。如罪犯的狠毒手段、公安人员的侦破技能等，是否要问得那么细、写得那么透？很值得考虑。另外，由于道听途说、以偏概全、无限上纲，社会新闻引发的侵权官司较多，更值得我们注意。当然，我们不能因噎废食，再也不能受视社会新闻为禁区的"左"的观念的束缚，将一些有价值的社会新闻丢弃或作淡化处理，如辽宁黑老大刘涌被执行死刑，《广州日报》将其刊登在当日报纸一版显著位置，受众非常认同，而《解放日报》则在二版的"报屁股"位置刊发，显然是思想观念在作怪[1]。

7. 注重导向，提升品位

眼下的中国媒体有一种认识上的误区，总以为社会新闻格调低下，

---

[1] 《广州日报》、《解放日报》，2003年12月23日。

进不了主流化新闻、主旋律的行列,甚至把减少社会新闻等同于报纸品位的提升。事实上,自从有报纸等媒体至今,社会新闻与时政、经济、科技、文教、军事及国内外重大新闻等一样,是丰富多彩、不可缺少的重要组成部分。

我们应当确立这样的理念,即社会新闻是受众欢迎的、媒体必须关注并及时反映的重要题材,任何一则社会新闻都不是一个孤立的事件,媒体应当本着"社会新闻主流化运作"的认识,站在理性与建设性的立场上,跳出事件过程和表面,挖掘事件的性质,力求提升社会新闻的导向作用和价值品位。例如,2005年5月10日凌晨3:30左右,48岁的申屠开着面包车,带着19岁的儿子去进货。车经杭州艮山东路麦德龙路口时,与对向一辆重型自卸车相撞,满载泥沙的自卸车侧翻,将申屠父子的面包车压扁。自卸车司机龙某、面包车上的申屠父子共三人全部死亡。当时,几乎杭城所有的媒体都对这起车祸作了报道。《都市快报》在一版刊登了车祸的照片,稿件的信息单一:哪里又发生了一起车祸,死了几个人。该报只用很小的篇幅刊登这起车祸的消息,但却用一个整版刊登了与车祸相关的信息(见2005年5月12日第5版)。整版文章分三个部分,第一部分是"自卸车最易侧翻的两种情况",第二部分是"交警眼中的自卸车:超载、加高、拼装",第三部分是提醒广大私家车主"遇到自卸车敬而远之"。虽然也是车祸报道,但却让受众掌握更多的实用信息,很值得提倡[①]。

改革开放的深入,向新闻提出了新的挑战。传统的新闻观念和模式已不能适应瞬息万变、丰富多彩的现实生活,新闻应该进一步走向生活,走向立体,走向真诚,走向人的心灵,在这一点上,社会新闻的天地是最为广阔的。

第二节 灾害新闻

所谓灾害,即指由某种不可控制、难以预料的破坏性因素引起的、突然的或在短时间内发生的、超越本地区防灾力量所能解决的大量人

---

① 《新闻实践》,2006年第12期。

畜伤亡和物质财富毁损的现象。灾害具有突发性强、可预知预防性低、损害性大、对外援依赖性高等特性。

所谓灾害新闻,即以灾害孕育、发生、发展、危害及预防、抗灾、减灾等人类与之斗争为题材的新闻体裁。灾害新闻按不同的标准可有不同的分类,如按灾害孕育成灾过程可分为:灾害预防报道,灾害孕育状态报道,灾害后果报道,灾害成因报道,抗御灾害报道,灾害研究报道,以及防灾、对策、体制、政策、法规、行政活动等报道。如按灾害报道体裁则可分为:自然灾害报道(包括气象灾害、地表灾害、地质构造灾害、生物灾害等,即通常讲的"天灾"),人文灾害报道(包括生产性事故、交通事故、民间生活灾害等,即通常讲的"人祸")。灾害新闻大都是社会新闻,但社会新闻不都是灾害新闻。

社会学家于光远曾经说过:"灾害是永远不会退出历史舞台的自然—社会现象,人类的文明史实际上也就是征服自然、兴利除害的斗争史。"照理,灾害应该是新闻报道的一个不应忽略的领域,因为这是一个永恒的题材,科学再发达,也不可能完全断绝灾祸的发生。暂且不说西方新闻界对灾害新闻尤为重视的程度,就连我国古代报纸也是看重灾害新闻的,据目前可以掌握的材料看,我国至少早在1626年6月(明熹宗天启六年五月中旬)出版的一期邸报,即报房京报,就刊载了灾害新闻。全文约两千余字,详细披露了10天前(1626年5月30日,即明熹宗天启丙寅五月初六日)北京城内王恭厂发生的火药库爆炸事件。但是,我国新闻界在相当长的一个时期内,由于"左"的思想的影响和报喜不报忧的思维定势,几乎是谈"灾"色变,对这一类题材讳莫如深。后来对灾害新闻的认识虽有一个逐步清醒和提高的过程,但其发展历程仍属曲折、坎坷。直到"文化大革命"结束,经过拨乱反正、正本清源,党的实事求是思想路线得以恢复,灾害新闻才逐步名正言顺地重新登上中国新闻舞台,在新闻大家族中占有重要的一席之地。其中以上海《解放日报》1979年8月12日刊载的《一辆26路无轨电车昨日翻车》和《人民日报》、《工人日报》1980年7月22日同时登载的"渤海二号"钻井船翻沉事件为标志。

灾害是人们共同关心的事实,具有很高的新闻价值。这主要是由该题材的特性所决定的,具体有——

1. 突发性

灾害报道是没有常规可言的,因为灾害都是突如其来,新闻媒体又必须立即予以采写、编发,让人们马上知晓、迅速组织外援。汶川和日本大地震等事件,各地、各国记者都是以最快速度赶往出事地点,以最快、最有效手段向外界发布灾害新闻的。

2. 严肃性

灾害的发生本身是一桩悲惨、严肃的事情,灾害新闻起着传播灾情、争取外援、拯救灾民的重要作用,因此,必须极其严肃,丝毫马虎不得。

3. 客观性

要使人民了解真实的灾情,灾害新闻就必须准确、真实、客观,灾情不可扩大,也不应缩小,一就是一,二就是二,一时弄不清楚的,可采写连续报道,任何弄虚作假,都是灾害新闻不允许、人民不满意的。

4. 情感性

任何灾害都会造成损失,都会影响社会安定和人民安全,而人类对安全最具敏感。因此,灾害新闻本身具备了极大的情感因素,加上一方有难、八方支援,有关报道又充满了人间真情,受众对灾害新闻就更关心。

5. 科学性

科学性是灾害新闻的主旨,必须让人们通过灾害报道,澄清对灾害认识上的愚昧和麻痹,力戒迷信等非科学色彩,用科学和理性武装群众,找出灾害的成因,落实防止和抵御的手段及措施,可以说,这是灾害新闻独特的理性品格。

记者在灾害新闻采访中应当强调和注意的事项有——

1. 解放思想,实事求是

灾害作为一种客观现象,决不以人的意志为转移,不因报道就存在、就多发生,也不因不报道就不存在、少发生。报道灾害与丑化、损害国家形象也无必然关系。历史告诉我们,新闻报道排斥灾害新闻,其本身就是一种灾害。因此,记者在采访中一定要高举解放思想、实事求是的旗帜,改变观念,勇敢、迅速地向人民告知灾害的真相,让人民直面灾害的悲剧性质,激发起危机感和责任心,呼吁本国人民及国际社会的援助,与党和国家风雨同舟,患难与共,共同努力弥补灾害造成的损失。

2. 热情讴歌,正确导向

不回避灾情,直面灾害的悲剧性质,但又不是被动、消极地被灾害牵着鼻子跑,而是主动积极地采集党和政府及人民群众抗灾救灾的事实,热情讴歌抗灾救灾的壮举、义举,在灾害新闻中融入科学和理性,给人以正确的舆论导向,激发起广大干部群众的信心、力量和希望,这是灾害新闻所必须高扬的时代主旋律。记者在采访中必须围绕这一主旋律挖掘材料。这是因为大面积的灾害肆虐,事关国计民生、政局稳定和社会发展的大局,记者千万不可凭一时的感情冲动,不分主次地乱采乱写一气,一定要坚持主旋律。我国这些年来的洪灾、旱灾、地震等灾害报道,既按新闻规律办事,真实客观地报道了灾情,又坚持主旋律,高奏正气歌,上上下下、国际国内反映很好,给新时期的灾害报道提供了有益的启示。

3. 融入情感,弘扬人性

灾害新闻应当坚持以人为主体,其视角应集中指向人民。这是因为一场灾害过后,人们感到痛苦、悲伤,灾区人民对重建家园表现了极大的渴望,广大受众对灾区人民也表现了极大的同情和关注,因此,灾害报道的人情因素格外突出。例如,2003年我国许多省市遭受"非典"事件,可谓"国难当头",我国新闻媒体大量报道广大医务人员奋不顾身、慷慨赴难的动人事迹,字里行间浸透人情,对广大受众产生了极大的感染,在各地的义演中,许多演员在台上都泪流满面,结果,仅上海一地,各界同胞就捐款达上亿元。

再则,人民是历史的主人,是抗灾赈灾的主体,灾害新闻责无旁贷地应当热情讴歌人民群众抗灾救灾的英雄业绩。这就需要记者在采访写作中融入满腔的热情,从而才能推出极富人情味、感染力、感召力的佳作。

4. 科学普及,常抓不懈

从某种意义上说,防灾比抗灾重要,同样,平时对防灾科学知识普及的传播比报道灾害重要。如2003年12月23日,"中石油"川东钻探公司的"12·23"特大井喷事故发生,在死亡的243人中,气矿工人仅2名,其余都是附近的农民。因为工人知道如何预防硫化氢中毒,而农民对喷涌而出的硫化氢毒气的危害一点都不了解,只知道有一股强烈的臭鸡蛋味,然后在昏睡中死去。防灾与有关科学知识普及的传播重要性由此可见一斑。

西方较早地认识到传播和科学普及之间的密切关系,将防灾科普传播辟为传播学新的研究方向,即大众媒介把最初是少数人创建的科学知识转化为全社会共享的财富,帮助受众增强防灾知识和增强灾难预防观念。[①] 在我国对灾害新闻的报道中,防灾科普传播始终是一个

---

① 周小牒:《防灾科普:媒介传播新课题》,载《新闻实践》,2006年第12期。

薄弱环节,应当迅速加强,并坚持不懈。

在灾害新闻的采写中,记者应特别注意抓取灾害新闻的组成因素,具体有:

1. 死伤情况

灾害不论大小,一般都有人畜伤亡,这是构成灾害新闻的重要因素,其中主要包括死伤数目、脱险或获救数目、受伤情况、伤者的照料、死者的处理、死伤及脱险人员中有无知名人士等。

2. 财产损失情况

在某些人口众多的国家和地区,有时财产损失的重要程度和引起人们关注的程度,要超出人员的死伤这一因素,一笔巨大财产的损失或一座古迹的被毁等,可能更会引起人们的关注。

3. 原因

灾害的原因具有极大的重要性。即使一场天灾,仍然可以找出人力所应尽而未尽到的责任,如气象台、地震局、防汛指挥部等机构未及时预报或通知有误等。当然,在确定灾害新闻的原因时,记者一定要谨慎,在未获确凿材料和证据前,不要轻易下结论,要尽可能找到事件的参与者、目击者及其他有关方面人员(消防队、救护队、交通警察等)的证言。找到灾害的原因,有助于人们吸取教训,提高警觉,从而预防类似灾害的发生,或即使发生也可减少损失,同时,在突发性事件发生时,由于信息不对称,群众和社会同政府之间可能会产生一些不和谐因素,媒体若能本着高度负责的态度,不回避矛盾,主动介入,深入采访,及时将真实、可靠的信息告诉受众,可及时化解矛盾,令群众、政府等各方都满意。如2006年8月12日午夜1时左右,浙江省温岭市中华路316号民房着火,因火势迅猛,从着火到火被扑火,历时2个多小时,造成4死、1重伤的悲惨结局。由于消防队距着火点仅数百米,因此,事后传言四起,人们纷纷指责"119",某电视台也在当日报道中引用某所谓目击者的话说"消防队是在半小时后赶到的"。一时间,给当地政府和消防部门造成了非常巨大的压力。《温岭日报》闻讯后,迅速派出两路人马,详细采访目击者和报警者,仔细询问有关消防官兵,并到110指挥中心——核对报警电话时间同消防车出车时间的时间差,最后证实消防部门是在第一时间及时出动4辆消防车和22名官兵赶往现场。该报在相关报道中推出这些事实,并报道消防官兵灭火又救人的许多动人事迹,最终达到了传言的平息。

4. 救护、救济情况

受众对这一类情况的关切程度,几乎与灾害本身相等,不管是出于人类的同情心还是出于社会安全的考虑,救护和救济情况的及时报道,是最能给受众以满足的。

5. 灾区灾后情况

对灾区灾后的景象,人们也是十分关心和急于知道的。再则,一场灾害的严重性,除了死伤人数、财产损失等报道外,灾区景象的描述是最能直观表现灾害严重程度以及获取人们同情的。当然,这一类情况的报道要适度,一般不应过于渲染。

第三节 风貌通讯

所谓风貌通讯,即指用以反映社会变化及风土人情的通讯体裁。一般用于反映某个地区、单位发展变化中的新貌,从而帮助人们开阔视野、增长知识。不少风貌通讯所反映的风情状貌,是概略、轮廓画式的,因而风貌通讯有时也称作概貌通讯;许多风貌通讯是作者旅途所见所闻及感受的记录,因而风貌通讯也常称作旅行通讯。另外,报上常见的"巡礼"、"风闻录"、"纪行"等体裁,也属风貌通讯范畴。如《罗马,对汽车说"不"——意大利城镇禁车日见闻》一文,是一篇典型的风貌通讯。意大利人爱车,首都罗马每千人拥有小汽车数量多达800辆,道路拥挤不堪、空气污染严重是长期解决不了的问题。城镇实行禁车日后,记者在罗马看到:罗马的马路变得空空荡荡的,偌大一个城市只有公交车、出租车、救护车、消防车等在路上"欢跑"[1]。通讯写得很有意味。

改革开放以来,各地发展变化很大,给风貌通讯提供了日益丰富的题材,特别是边远和一些原先贫困地区,更需要记者将其新面貌、新气象报道给世人。因此,风貌通讯的生命力比以往任何时候都强。

风貌通讯的采写,既有通讯体裁采写上的一般特点与要求,也有其自身的采写特点与要求,通常为下述四点——

---

[1] 《新民晚报》,2004年2月10日。

1. 强调一个"跑"字

跑，意指不要习惯坐办公室，要出去多走走，多看看，与事件通讯、人物通讯及工作通讯相比，记者采写风貌通讯所跑的路往往更多，从一定意义上说，风貌通讯是用脚板跑出来的。瞿秋白不跑到苏联去，写不了《饿乡纪程》、《赤都心史》；斯诺不跑到中国来，不闯进延安去，也写不了《西行漫记》。单篇的风貌通讯采写也都是同理，《新民晚报》记者强荧若不到新疆、云南、广西去，也就写不出一篇篇令人叫好、叫绝的通讯。因此，记者在采写风貌通讯时，要比平时更为勤快。

2. 围绕一个"变"字

风貌通讯从选材到谋篇布局，必须紧紧围绕一个"变"字，写某地、某单位的新变化、新面貌、新气象。历史情况、背景材料不是绝对不要，可以少量选用些，用以衬托今日的发展变化。总之，要以"变"字为轴心，记者的头脑及笔要围绕"变"字团团转。

其次，记者要善于写出动中之变。即不要将风貌通讯写成平面式介绍的说明书等，而应向读者展示正在变动的立体式画面。如《如今过节新事多》一文，通过北京1997年国庆节一桩桩新鲜事，向人们展示了首都的节日风貌。

家住朝阳区水碓子北里的穆老太太10月1日早晨在一家早市上问过香蕉的价格后，感到纳闷："这价格怎么就没涨上去呢？"

原来，根据穆老太太的经验，逢年过节时，市场上农副产品的价格一定会高于平时，所以，国庆节还没到，老太太能以每公斤5元的价格买了一大把儿香蕉放在家里，准备国庆节期间招待亲朋好友。当时卖香蕉的小伙子也说，"到国庆节这样的香蕉准得卖4元一斤。"可是，国庆节早晨老太太上市场一看，各种农副产品不仅应有尽有，而且价格也不比平时高，甚至有些品种还低于平时。所以，穆老太太直后悔："还不如今天再买，又新鲜又便宜。"

据了解，商品如此丰富、价格如此平稳的国庆节市场，竟没让政府掏钱。今年北京市政府在组织国庆节市场供应的过程中，改变了过去"计划+补贴"的组织方式，没有财政补贴，也没有动用市场风险基金，完全依靠市场经济规律来调节市场供应,调动经营者的积极性,结果,政府负担减轻了,市场上商品丰富了,价格也降下来了。

中国农业大学的李教授,有一儿两女,均已成家。今年国庆节期间,李教授全家改变了以往在家里吃吃玩玩的过节方式,全家10口人到黄山旅游去了。李教授行前对记者说:"用大吃大喝的钱外出旅游,既增长知识,又有益健康。"

据了解,今年国庆节期间上海市走出家门旅游的市民有100万人,而有关人士估计,北京怎么也在这个数字之上,而到北京来旅游的人数更是别的城市无法相比的。

通讯接着还详述了人们节日争购鲜花等新鲜事,向读者展示的显然是多层次、多角度的立体式画面,从而使读者深切感受了新闻主题[1]。

再则,写变也不是面面俱到,不是包揽万象,在众多的变化中,作者应选择具有代表性、特征性的变化来写。

3. 融进一个"情"字

风貌通讯是反映风土人情的,要使该体裁真正、深深地打动人和感染人,作者应饱含热情,应尽量进入角色,做到物我相融。在具体表达上,作者在以叙事为主的同时,可以较多地穿插议论与抒情,力求叙议结合、情景交融,从而激起读者感情的波澜和心理的共鸣。穆青同志采写的《金字塔夕照》(载《环球》1982年第9期)一文是典型一例。在他的笔下,夕阳照耀下的埃及金字塔是美的,简直是美不胜收。但是,作者笔锋一转,又写出了金字塔的另一面:"一阵轻风吹过,飘起地上游人丢弃的片片纸屑,也带来沙漠地带那种特有的干燥郁闷的气息。夕阳已逐渐下沉,暮色正从沙漠的边缘悄悄向这里逼近。四野的游人渐渐稀疏、远去……这时,我忽然觉得,金字塔其实是荒凉的。""夕阳的余晖逐渐消退下去,不知什么时候,月亮已苍白地悬挂在金字塔的上空。"在这里,作者看似写景,实则是动情,是融情入景、借景抒情:荒凉、苍白的景色,流露出冷清凄戚之情;同美妙神奇的金字塔放在一起,极不协调,但揭示了埃及当时的现实,寄托了作者的同情。"如果有机会再来埃及,我倒想看看金字塔的黎明。"读者终于获得感受:写夕照

---

[1] 《北京经济报》,1997年10月4日。

仅是一种烘托,预示黎明到来则是真正的目的;对夕照下的金字塔,作者既寄予深切的同情,更满怀祝福的深情。

4. 兼顾一个"识"字

介绍各地的风土人情和发展变化,本身就是介绍历史、地理等知识。读者喜欢风貌通讯,是因为风貌通讯有他们感兴趣的有关知识,既然读者不可能事事阅历、处处亲临,那么,要"见多识广"的话,求助于报上的介绍便是一条很好的途径。况且,如今的受众求知欲特别旺盛,风貌通讯在满足受众这一心理需求时,有着得天独厚的优越条件。因此,记者在叙述各地风土人情、发展变化时,莫忘适时地穿插有关知识,以使受众获得更多的满足与享受。例如,范长江在《从嘉峪关说到山海关》一文中,从历代帝王对边防政策的历史角度谈起,既使读者丰富了有关历史知识,也因为作者借古喻今的娴熟功力,使读者对新闻主题,对当时的有关政治形势,有了深刻的理解。

当然,记者在介绍有关知识时,应当首先自己弄懂弄通,要讲究科学性与真实性,要慎用、少用"甲天下"之类的词语,更不能不经考证,以讹传讹。

第四节 新闻小故事

所谓新闻小故事,是通讯的一种体裁,素有"小通讯"、"袖珍通讯"之称。其特点与作用是,从社会生活、社会实际的侧面取材,主要用以反映新人、新事、新气象、新风尚,反映时代洪流的"浪花",可以收以小见大、"一叶知秋"之效。人们对新闻小故事往往有所偏爱,因为它篇幅短,人们花时少,容易看;因为有故事,人们喜欢看。特别是我国目前报纸版面紧张,大通讯占"地"多,因而小故事也容易受到编辑的青睐。

小故事是通讯的基础体裁,大通讯离不开小故事,有时就是由几个小故事串接而成。因此,从一定意义上说,写好新闻小故事是写好大通讯的基本功。

小故事的采写要求应当掌握下述六点——

1. 取材范围要小

小故事的主要特点是小,除了篇幅短小、字数通常限制在 500 字左右以内,还有就是选材范围要小,即涉及面不要太广,一般是"一人、一事、一题",或者说,小故事的立意要从大处着眼,谋篇则要从小处入手。否则,就失去小故事的特点了。

2. 人物事件要真

新闻小故事属新闻范畴,必须严格遵循新闻报道的真实性原则,必须是真人真事,不允许虚构,不能与文艺创作等同。但是,小故事失真的现象时有发生,表现突出的方面有——

一是为了增强人物的典型性,不惜把几个人的事情堆在一个人身上。其实,世无完人,小故事中的人物并不要求很全面,只要其某个方面突出,其他方面一般也就可以了,大可不必拔高求全。过于全面了,反而令人生疑。

二是为了增强报道的思想性,随意添加思想及心理活动。一类是在人物活动的关键时刻,硬加上"他默念着"、"他暗想"等,其实多半是作者自己在"默念""暗想"。手头有份材料,说的是有篇关于破冰救人的报道,讲救人者在下冰窟前如何想起毛主席的教导,眼前如何闪现罗盛教的光辉身影。稿子送给被报道者看时,对方说:"毛泽东的教导我曾学过,但当时来不及想,罗盛教我还不知道是谁。我当时只想,再不快救她,她就没命了。"另一类是在人物根本不可能细细思考的前提下,偏要让人物来一大段"心理表述"或"思考、独白",如手榴弹顷刻之间要爆炸,黄继光一跃而起扑堵机枪眼,都要使主人公来个二三百字的思想及心理活动,几秒钟的时间,能允许吗?这显然是某些记者不懂科学、违反常识而干的蠢事。

三是为了增强故事的生动性,虚构细节描写。故事的生动性在于事情本身,在于记者采访时的深入挖掘,指望到了写作时再去虚构一些细节,或是搞合理想象,那就只能造假。

上述现象虽出现在写作阶段,但根子则在采访上。如果记者在采访时认真挖掘典型性、思想性及生动性,那么,违反真实性的现象就将大大减少。

3. 故事情节要奇

许多有经验的记者都认为:小故事要花大力气写。这个"大力气"则主要花在写好故事情节上,这是小故事写作的关键。有了情节,新闻故事才有波澜,人物和事件才立得起来。而要使故事有情节的关键,则又是抓住一个"奇"字,要出人意料、出奇制胜。在奇的基础上,故事情节还应讲究层次性、完整性。总之，这个"奇"字，既受故事内容本身的制约，又取决于记者谋篇布局的功力。

在具体写作中，记者应侧重写人物的活动，而少写背景之类；重描写，少议论；重具体，少概括。但有些记者不善于花这种"力气"，当情节或事物矛盾进入关键之处，正需要具体展开、深入时，则一笔带过："通过学习"、"经过一昼夜的奋战"、"通过三年的努力"等等，究竟怎么学习、奋战、努力的，读者不得而知。如有一则小故事写一老工人如何克服困难、坚持学文化的事例，该老工人为什么要学文化的背景之类交代很多，而到了关键之处，即老工人克服了些什么困难、怎样克服的情节，作者仅用了一句话："困难再大，也没有老工人的干劲大，他终于攻克了文盲关。"新华社社长穆青写铁人王进喜就值得我们学习：王进喜学习《矛盾论》时，矛盾两字不会写，他就先画了个贫农，再画个地主，用来表示矛盾的意思。一次，王进喜用了几个晚上写了一封信，请人帮助修改，改了又抄，一连20遍，别人说："我替你写吧。"他说："我不是为了写信，我是想学文化。"同样是写老工人学文化，哪一篇写得好，谁在采访、写作时善于花力气，答案十分清楚。

4. 涉及褒贬要慎

新闻小故事的题材大都是正面表扬，因此，报道时应有所突出、强调、侧重，有鲜明的倾向性，但要全面，不能搞绝对化、片面性。小故事写作也应避免为了突出一个人或某一方面，不惜贬低一群人或另一方面的做法。如有篇《夜读》的小故事，写的是某干部勤奋学习的事迹，故事开头这样描写："深夜，走近职工大楼，只见别人家的灯光都已熄灭，唯独李书记的窗口里还透出明亮的灯光……"突出干部的学习精神固然不错，但以广大群众似乎都不爱学习作铺垫，这种处理方法就值得考虑。

5. 表现形式要活

小故事的题材内容可谓是丰富多彩，故表现形式也应当是多种多样、不拘一格。但是，长时期来，小故事的表现形式是一个薄弱环节，为一些框框、套套所束缚。如小故事的开头往往是"一天式"居多：一天凌晨，一天上午，一天深夜；再则就是"大拇指式"：一提起某人，人们便会跷起大拇指说……；形容矛盾冲突，不是"狂风夹着暴雨"、"电闪雷鸣"，就是争得"面红耳赤"、"不可开交"，似乎风和日丽之时的平心静气交锋就不可能；表现活动结束或困难克服，不是天刚好放晴就是正巧天亮:"此时,一轮红日冉冉升起,灿烂的阳光照射在小王、小李兴奋的脸上。"

也不是说上述表现形式不好,但不管什么场合、事件都这样套用,用滥了,读者就会"肉多嫌肥",也容易怀疑报道的真实性。实质上,做事的形式结构没有定律,作者只需用较短的篇幅把事情讲清楚并吸引读者看完全篇即可。重要的是记者要有创新意识。

6. 语言文字要实

一些记者爱在小故事里堆砌修饰语和形容词之类,满以为很美,其实这类词越多、级别越高,文章就越糟,"就像脸色苍白的病人抹上胭脂,红是红了,但明显是涂上去的,不同于健康人的红润,给人以一种虚假感"。

质朴永远是一种美德。老记者姬乃甫曾说过:"通讯语言的美,当从雅俗共赏的方向去努力。"显然,小故事的语言文字要朴实、大众化。具体有两个环节应把握:一是多用动词,少用形容词。形容词虽能概括事物的性质,但使用多了,则可能使人对事物产生模糊、抽象的感觉。而动词则形象、生动、实在,容易使文章产生活力。二是遣词造句尽可能具体。真实的东西,不等于生动、实在的;只有具体的事物,才是生动、实在的。有些记者写通讯不善于具体,或是离具体总差那么半步,结果,总使人感到有"虚"感、无活力。如"鸟儿在飞翔"、"路边有许多树"、"他非常高兴地说"等等,总令人感到不实在。若是改写成"海鸥扑击浪花掠过"、"路边每隔五步就是一株白杨"、"他眯着笑眼说",由于将事物具体化了,故给人的感觉也顿时实在、形象了。

第五节 特 写

所谓特写,即以描写为主要表现手段,对能反映人和事本质、特点的某个细节或片断,作形象化的"放大"和"再现"处理的一种新闻文体。它既不同于一般的消息、通讯,也不同于文学作品,而是两者"杂交"后的产物。不能划归新闻(消息)体裁是理所当然,暂时只能归于通讯之列。该体裁种类有:人物特写、事件特写、旅行特写和速写等。

特写是五四运动时期出现在我国报端的,20世纪20年代末期有了较大发展。随着新闻事业的发展,特写在中国近几年报刊上又重新活跃起来。该体裁之所以重新受到读者的青睐,是因为改革越深入,竞争就越是激烈,特别是报纸新闻为了更好地参与竞争,就更要求新闻"镜头化",要求记者凭"直观"写。因为特写能使新闻事实成为"可视形象",能给读者以强烈的情感刺激与艺术享受,是报纸新闻同形象化的电视新闻抗衡、竞争的一个重要方面。因此,特写体裁的身价日益倍增。

要采写好特写,应当特别注意以下六个环节——

1. 观察须严细

因为特写是截取事物的细节或片断作形象化的"放大"和"再现",提高镜头化和可视性,因此,记者对用以"放大"和"再现"的细节或片断就一定要观察仔细,这是特写体裁一个基础性、前提性的重要环节。只有这样、放大、再现后的细节或片断才是既形象又真实的,否则,就可能出现如同"哈哈镜"中的失真变形形象。例如,江苏宜兴市菜贩坐地倒卖、欺行霸市一度猖獗,极大地损害了消费者和生产者的利益。为了弄清事实真相,《宜兴报》一女记者某日凌晨3点半便来到现场观察,将菜贩子欺行霸市、坐地倒卖的一幕幕情景尽收眼底,然后用特写形式放大、再现,引起社会极大反响。

特写讲究近镜头,注重放大和再现新闻要素中的一两个,要点突出,以少胜多,简洁朴实,明快有力。因此,要求记者具有平时加紧训练敏锐观察、在短时间内快速描绘事物的能力。

2. 选材须精当

一般的新闻或通讯,也有个精选材料的问题,但是,因为它们重在交代新闻事件的始末,即要求新闻事件的完整性,包括经验、效果及背景等,因此,时间及选材跨度大,材料相应就多些。特写则是根据体裁与主题的需要,撷取细节或片断,继而不惜重墨地予以形象化地突出处理。换言之,新闻和通讯的选材强调事物的纵断面,而特写则强调横断面。因此,在对材料的选择上,特写要求更高,难度更大,必须深入挖掘、反复比较才行,而不能轻易将一些意义不大、情趣不浓的次等事实拿来放大、再现。可以这样说,精选新闻事件中的某个横断面,是写好特写的前提,没有这个选择,也就没有特写。例如,在改革开放、建设四化的今天,总有一些领导干部的精神状态不能到位,《志丹,志丹;富县,富县,你们的县长来了吗?》一文,说的是延安市开生产救灾电话会,这样一个重要的会议,志丹、富县两个县的正副县长却分别迟到17分钟和15分钟,选择这个侧面,并以特写形式来批评某些领导干部的思想作风和工作作风,就显得特别形象、深刻。该特写还着意抓取会场上人们急不可耐地"瞅着手表"、"会议室内烟雾弥漫,话务员在不停地高喊"等场景,较成功地使气氛得到了渲染,主题得到了深化。

  在新闻特写中,结合叙述和描写,可适当选择一定的背景材料穿插其间,用以说明和烘托新闻主题。例如《主席后代将出唱片》一文,说的是在毛泽东诞辰102周年之时,中国唱片总公司和广州新时代影音公司将联手推出一盘由毛泽东的孙子——毛新宇演唱的磁带,磁带选择的大部分都是与毛泽东有关的歌曲,其中包括毛新宇自己作词的两首歌曲。毛新宇作为毛泽东的后人,用歌声表达对爷爷的怀念。特写穿插了这样一段背景材料:"据中国唱片总公司的制作人曾健雄介绍:想让毛新宇初放歌喉,是因为一次毛泽东思想研讨会上,毛新宇偶然唱了一首歌,歌惊四座、字正腔圆。"

  3. 结构须紧凑

  一般的新闻或通讯结构,按照事实重要程度和内在逻辑联系的顺序来安排层次,或是按照事件的时间顺序来组合事实,通常表现为高潮在前,低潮在后,或是高潮、低潮、高潮相交错,也可能根据内容和表述上的需要,常常作些形散神不散的"松散结构"处理。如报道一开始,可先摆出一个高屋建瓴的提示,一个抓人视线的画面,一个扣人心弦的情节,然后则放慢节奏,从"开天辟地"慢慢道来。特写则不然,它的结构强调紧凑,不容松散,也没有高低潮之分,要求作者抓住某个事实,高潮接高潮地写,要气势夺人、一气呵成。

  结构紧凑看似写作的事,实质更是采访的事,即要求记者在采访中就应一并考虑这个问题,从而在材料的挖掘上更有针对性。

  4. 篇幅须短小

  一般新闻和通讯因强求事件的完整性,加上要说明事件为什么会产生的原因及其意义,还得适当地穿插背景材料,故篇幅一般可以长些。特写则是写单个细节或片断,至于新闻事件的前因后果、来龙去脉等,则一笔带过或不予涉及,故篇幅也就相应短小,一般在500字到千字之间。如由于温家宝总理亲自过问,重庆云阳的熊德明女士不仅讨到了包工头欠丈夫的2 000元钱,还获得了2003年"中国十大经济人物"的提名。一夜之间,熊德明成了全国媒体的跟踪对象。《解放日报》在特写《熊德明：猴年特安逸》一文中，舍弃事件的来龙去脉，集中笔墨反映由于讨回了该得的工钱，所以猴年的春节过得特安逸这一主题，全文短短300余字，但文章的说服力和感染力很强[①]。

根据特写篇幅短小的这个特点及要求，记者在采访时就必须清晰自己的重点，而不应在无关紧要的材料上多费精力。

5. 角度须奇异

一般新闻、通讯可以写全景、远景，而特写则是通过记者的微观细察，通过一个较奇特的角度，对准两个有特色的近景，按动"快门"，收取以小见大、出奇制胜之效果。如，它应该撇开一场球赛的全过程，抓住某一运动员的特征、特有表现或一球之争作重笔描绘；应该舍弃整个会议程序，专写两个问题的讨论场景或某个有意义的会见等；应该截取新闻事件时间进程中的某一瞬间或某个细节入笔，然后再充分展示和尽情描绘。如《解放日报》曾刊登过一篇中国女排处于低潮时期的特写：《女排出征目击记》，作者巧择中国女排出征前集合队伍的散乱、稀拉片断："11点25分，国家训练局宿舍楼前开始走出教练、队员。楼前、楼道内散乱地堆放着大箱小包"，"个个打扮得入时漂亮……11点45分，大巴士缓缓驶出训练局。教练董传强突然发现楼道里还有两个箱子。有人马上冲向大门口去拦车。'这么大的人了，连箱子都要别人看管，养成的什么作风！'教练忍不住说了一句。'还有两个人没上车呢！'送行者中有人发现刚才像是少了队员。于是又有人到楼上去叫。两队员终于出现在楼前，一个一袭粉红套裙，一个一身白色西装短裙，略施粉黛踩着高跟鞋款款走下台阶，跨上大巴士。"通过出征这一角度，从而使人深刻地窥见了中国女排在奥运会上惨遭失败的原因。

6. 表达须艺术

新闻报道的表现手法一般有4种：叙述、议论、描写、抒情。一般新闻是以叙述为主，夹叙夹议，描写与抒情则视具体情况，可多可少，可有可无；一般通讯虽以叙述为主，然议论、描写、抒情须兼而有之，相辅相成。新闻特写则突出描写与抒情，借景抒情，寓情于景，情景交融，叙述与议论则根据需要而穿插一二。

所谓特写的描写，即抓住某个细节或片断，集中笔墨、较为细腻地加以描绘，使景物历历如绘、充满活力（采访时，哪些细节或片断要突

---

① 《解放日报》，2004年1月27日。

出描绘的,记者应心中有底);所谓特写的抒情,即指记者要有激情,要被自己所描写的事物所感染与激励,从而使笔下流淌激情,熔描写与抒情于一炉,使读者备受感染,产生共鸣(采访中,记者的情感随时被激发,应不失时机地在采访本上作简录,以免时过境迁、过后即忘)。具体表现时,一般是将目击式与感受式有机结合在一起写。还是以《女排出征目击记》为例,记者在描绘了国家训练局宿舍楼前、楼道内的散乱、"个个打扮得入时漂亮"、"还有两个人没上车"等目击材料后,开始抒发感受:"没有夺金牌的祝愿声,没有朗朗的欢送声,大家在楼道前久久地没有散去。"捧读这样的特写读者能不受感染?能不由衷地产生共鸣?

第六节 批评性报道

所谓批评性报道,即指用以反映和揭露当年工作和生活中的错误、问题及不良现象的报道。其目的是消除消极因素,促进社会的良性发展。近年来,传播媒介中的批评性报道,在量和质上,都比以往有较大幅度的提高与改进。但是,与不断发展与深化的改革开放的形势要求相比,距离仍明显存在。这里面既有采访写作具体方法、技巧上的问题,更有新闻工作者和各行各业干部群众的认识问题,亟待转变。

诚然,任何一个单位或个人都不希望受到传播媒介的批评,从这个意义上说,批评性报道是"得罪人"的事情。但是,传播媒介如果因为这些而放弃批评性报道这一形式,对有关单位或个人严重危害党和国家利益的错误过失视而不见、充耳不闻,或装聋作哑、故意回避,那么,则无异于助纣为虐,是一种严重的失职行为,党的新闻宣传的指导性等就无从体现,同时,不仅危害社会的整体利益,也危害有关单位或个人的局部利益。因此,只要我们正确看待批评性报道的意义、作用,在采访写作时讲究一定的方法、技巧和策略,就能达到批评教育、纠正错误的目的,就能将"得罪人"的程度降到最低点。

一、批评性报道的意义和作用

1. 积极开展批评,是传播媒介与生俱来的一个重要职能

这是因为,传播媒介有反映舆论、影响舆论的特性。传播媒介是传播新近发生的事实,当然也包括某个单位或个人错误过失的事实,况且,这种传播是公开而不是隐蔽的,是面向千万受众而不是面向极少部分人的。正因为如此,某个单位或个人的错误过失,一经公开报道,就实实在在地暴露在千万受众面前,任何人既不能隐瞒遮盖,也难以置之不理。而不像内部通报那样,往往收效不大,被批评者甚至可以不予理会。"不怕上告,就怕登报",正是说的这个道理。

2. 积极开展批评,是当前新闻改革一个重要而迫切的课题

在一段较长的时间里,我国新闻报道习惯走的是报喜不报忧的不正常的路子,特别是十年动乱中,新闻报道尽唱赞歌,粉饰太平,"假、大、空"新闻泛滥成灾。如何从这种不正常的状态中挣脱、解放出来,真正走向既报喜又报忧的实事求是的路子,是目前摆在我国新闻工作者面前的一项重要而又迫切的任务。

说实在的,报忧并非坏事,更不是抹黑。尚处在社会主义初级阶段的中国,体制本身的弊端和前进路上犯有过失、错误,当属在所难免,也是客观事实。社会及其生活中的某些"黑",决非新闻报道抹上去的,正相反,新闻报道将这些"黑"揭露出来,给予积极、有效的批评,动员人们予以注意并进行斗争,同时指出改正、克服的途径与方法,这不是抹黑,而是擦黑。新闻工作者和媒介管理者若是对其回避、遮盖,只能于事无补,也不是辩证唯物主义者的应取态度。

3. 积极开展批评,是党和政府有力量的体现

党中央在1954年关于改进报纸工作的决议中指出:"各级党委要经常注意,把报纸是否充分地开展了批评,批评是否正确和干部是否热烈欢迎并坚决保护劳动人民自下而上的批评,作为衡量报纸的党性、衡量党内民主生活和党委领导强弱的尺度。"实践证明,新闻报道敢于触及时弊,把政治、经济、文化生活中的某些错误、过失给人民作较为彻底的亮相,人民通过这样的新闻报道,看到了党和政府敢于讲真话、吐实情,真正坚持真理、正视错误,反而认为我们的党和政府真正有力量,真正兴旺发达,充满希望,增强现代化建设的信心。同时,党在揭露、批评

这些错误、过失的过程中,自身的纯洁性、战斗性也得到增强。新闻报道若是一味大唱赞歌,或是新闻单位想批评揭露,但被党、政府的某个部门给压下了,那么广大群众反而反感、失望,对党、政府的形象反而无益。同时,这也是党和政府的某些部门和领导一时没有力量、失去真理的体现。

4. 积极开展批评,是人民群众民主管理国家的主人翁精神的生动体现

人民群众常常将自己的想法、呼声、要求甚至不满,通过电话、走访、读者来信等形式反映到编辑部。考察其实质,这是他们信赖传播媒介的举动,是他们民主管理国家的主人翁精神的生动体现。传播媒介若是及时、有效地进行传播,就势必加强和促进他们与媒介之间的信赖程度和紧密联系,也势必激发他们民主管理国家的热情与增强主人翁意识。例如,在2009年北京奥运会期间,有读者给《人民日报》反映,北京鸟巢出现一纸杯矿泉水卖10元钱的现象,《人民日报》当即核实并以《如此赚钱太霸道》为题予以报道,立即制止了这一行为,社会反响很好。

改革开放以来,我们运用传播媒介积极开展批评,及时揭露、批评国家中的政治、经济、文化生活等方面的不良现象,从而提高了党、政府在人民心目中的地位,密切了党、政府与人民群众的联系,有力地推动了事业的发展。但是,这一工作与形势要求和人民的愿望相比,还做得远远不够,有些新闻工作者和党政部门的领导思想观念尚未更新,还心存疑虑,怕乱了方寸。实质上,积极地开展批评,已成为促进我国社会主义事业健康发展的一个杠杆,改革开放的全面深化,也愈来愈离不开积极的批评。因此,端正和提高对批评性报道的认识,改进这一报道形式的方法和手段,是当前新闻改革的一个重要而迫切的课题。

二、采写批评性报道的注意事项

批评性报道的难度远远高出其他形式的报道,因此,要求记者在既慎重又敢碰硬的前提下,应该特别重事实准确并讲究方法、策略。具体为——

1. 深查细访,捕获细节

相比较表扬性报道,批评性报道更应以事实说话,要像马克思所说的那样"多注意一些具体的现实"。分析以往的批评性报道,是一种只

重说理、不重事实的倾向,即记者不重视在采访中悉心观察、捕捉能说明问题的典型、具体的细节,而只重视在写作时不适当地加进超脱客观事实之外的评论、议论,结果弄得报道"事微理巨,道貌不合",既说服不了被批评者,也不能使广大受众信服。典型事实、具体细节哪里来?全凭记者深入社会实际、悉心采访而得。我们应当像王克勤、简光洲等记者那样,冒着生命危险,突破层层封锁,亲临新闻事件现场耳闻目睹,详细占有第一手材料。作者只是借助于对这些事实的阐述,表达自己的观点,读者则是从这些具体事实的阐述中,自然得出作者希望他们得出的结论。

2. 反复核实,务求准确

批评性报道是用以直接批评一个单位或个人错误过失的,政策性、原则性很强,因而准确性要求也很高。如果疏忽大意、马虎从事,造成事实上的出入,就可能伤害同志,造成混乱,不仅问题解决不了,还可能使自己陷于被动。因此,记者要有一丝不苟的采访作风,多方面听取意见,反复核实事实,甚至作为工作程序,稿件未见报前,应送给被批评者本人看过。不应当主观臆断、捕风捉影或是夸大事实,应当提倡建设性,避免破坏性。从一定意义上说,准确是批评性报道的生命。

3. 语言质朴,巧用含蓄

批评性报道要感人,甚至使被批评者也感到心悦诚服,与作者的文风有直接关联。标语口号式或批判、审判式的吓人、压人之类的文风,决不会产生积极的效果。反之,"用语平常"、"质朴"等清新、实在的文风,却能收到好效果。如《12个小时与137辆小车》、《一位副部长的"酸、甜、苦、辣"》等报道,通过质朴无华的用语、入情入理的叙述,不仅感人,而且立意也高。

批评性报道的文字若是太露,虽能体现分量,但因刺激性太强,效果未必好,因此,作者要善于使文字含蓄、俏皮些,看似轻松,但却寓意深刻、很有分量。试以《6万大军破冰雪,还有观敌瞭阵人》一文为例:一夜大雪,使长春市各主要街道白雪覆盖,清晨,6万扫雪大军走上街头。叙述到这,记者笔锋一转,写下了一段耐人寻味、颇见分量的文字:"下午3点30分,记者骑车沿斯大林大街察看,见斯大林大街75号、77号、79号、81号、74-1号……门前白雪依旧,竟找不到一兵一卒。市政府11月8日的'军令'早已下过,不知他们为何按兵(冰)不动?!"这段批评文字具体、实在,特别是短短一句"不知他们为何按兵(冰)不动?!"情态毕现,境界全出,在含蓄之中对错误进行了鞭挞。

4. 分寸得当,贬褒有致

批评性报道大都是一些负面、阴暗面的记录,它揭露、鞭挞的,或是社会上的歪风邪气,或是工作中的官僚主义,大量的是思想、工作作风方面的问题,属人民内部矛盾。对于这类问题的批评,应是实事求是的,应是与人为善、和风细雨的。也就是说,既要旗帜鲜明、尖锐泼辣,又不能言过辞激、强加于人,不能不顾一切地冷嘲热讽、肆意挖苦,更不能随便扣帽子、打棍子,应当让人读了报道后,只觉得有同志、朋友式的严肃,而不感到有敌对性的苛刻。这是因为,批评只不过是一种手段,通过这一手段所要达到的目的则是,经过报道去针砭那些日益暗淡、缩小的阴暗面,从而让被批评者和广大读者都受到教育,达到扶正祛邪、改进工作、增强团结、振奋斗志的目的。概言之,批评的目的是救人,而不是整人;是对事,而不是对人;是建设性的,而不是破坏性的。

在具体表述中,记者要严格掌握批评的方向和尺寸,不要轻易搞一锅端,错误、过失明明有十分的,最初批评、揭露时搞个七八分就停一停。在批评的过程中,及时报道被批评者的反映,或是对被批评事实的不同意见,或是对批评的认识和改正错误的近况。作者要善于抓住被批评者的积极因素做文章,提倡贬中有褒、贬褒有致、重在"转化"的报道方法,从而就可以使被批评者感到自己并没有被一棍子打死,只要有了认识和改进,就能得到肯定和表扬,也可使其他被批评者照有"镜子"、学有榜样,真正收到"批评一人,教育一批"之目的。总之,作者应把批评动机与效果有机地统一起来。例如,《新民晚报》2011 年 4 月 2 日 A4 版以《铲平花园扩楼,挖地三尺造房》为题,批评上海白金瀚宫小区某业主不顾公众利益,违规搭建的错误行为。事后,该业主深感内疚,主动出具整改方案,拆除违章建筑。《新民晚报》当即又在 4 月 7 日以《"我立即整改,希望你们监督!"》为题,登载该业主悔改的消息,使这一批评报道收到了积极效果①。

三、应当依法办事,确保道路畅通

现实告诉人们,批评性报道道路不畅、严重存在五难:一是采访

---

① 《新民晚报》,2011 年 4 月 7 日第 1 版。

难,一些被批评单位和个人往往对记者采访设置障碍,甚至刁难;二是稿件送审难,某些领导采取护短的态度,对他们被批评的下级竭尽包庇之能事,拖延、扣压甚至否定送审稿;三是见报难,某些新闻单位领导怕得罪人,怕引火烧身丢掉乌纱帽,撤掉记者采写的批评稿;四是解决问题难,稿子见报后,问题常常得不到解决,被批评者吵闹不休,有打不尽的官司、扯不完的皮;五是批评者处境难,有些记者、通讯员或提供情况的人,常常因此而遭到歧视、排挤或打击报复。因此,要使批评性报道道路通畅,需要新闻工作者有特殊的修养。但是,仅靠单方面的努力远远不够,要彻底解决问题,就得有法律保护,即应当尽快制定一个有关法律和特别条款,对提供情况和采写批评性报道的人,切实予以保护,甚至给予一定形式的表彰和奖励;对那些拒绝批评甚至搞打击报复的人,应视情节轻重,予以处理和制裁;同时,也包括事实上造成出入,甚至搞假报道,严重损害单位或个人名誉的作者,应承担法律责任的内容。唯有这样,才能保证批评性报道道路畅通,使这朵带刺的玫瑰常开不败。珠海市1995年5月25日颁布的《珠海市新闻舆论监督办法(试行)》试行后,成效显著,对各地有较大的参考价值。该办法规定:"珠海市党政机关、行政执法机关、司法机关、事业单位和群众团体的公务活动,除涉及国家安全和有关保密规定外,都必须接受新闻舆论监督。珠海市委、市政府主管新闻工作的职能部门及珠海市新闻单位记者,在履行新闻舆论监督职能进行调查采访时,任何单位、部门、个人都应该密切配合,如实反映情况,不得拒绝、抵制、隐瞒。"同时强调:"批评报道刊登前,各新闻传媒要确保事实确凿,但任何被批评对象不得要求审稿。被批评单位和个人对舆论监督的新闻有异议时,可通过正当途径反映,不得以任何手段干扰新闻舆论监督工作。"天津、重庆等省市也都有相应的规定出台。

  2004年3月的全国人大十届二次会议上,有代表呈上了关于尽快制订《新闻监督法》的提案,得到广大代表的赞同。

思考题:
1. 要拥有受众,必须兼顾他们哪两种新闻的需要?
2. 建国后社会新闻经历了哪"四起三落"?
3. 社会新闻的具体特点是什么?
4. 社会新闻有哪些采写要求?

5. 简述灾害新闻的地位及其特性。
6. 灾害新闻有哪些采写要求？
7. 灾害新闻有哪些具体组成因素？
8. 简述风貌通讯采写的具体要求。
9. 新闻小故事有哪些采写要求？
10. 特写在采写中要注意的主要环节是什么？
11. 批评性报道的现实意义是什么？
12. 批评性报道应注意哪些业务事项？

第十二章

新闻报道的基本要求

俗话说,家有家法,行有行规。要干好社会上三百六十行中的任何一行,都必须遵循该行的基本要求,包括新闻采访和写作在内的新闻工作也概莫能外。从新闻工作的性质与实践需要出发,其基本要求通常概括为坚持真实性、坚持思想性、坚持时间性与坚持用事实说话4项。

第一节 坚持真实性

所谓真实性,即指新闻报道必须反映事物的原貌,通常也称为准确性。

从根本上说,新闻的本源是事实,事实是第一性的,反映事实的新闻报道是第二性的,事实在先,新闻在后,有了事实,才有新闻。主张新闻报道必须真实准确,老老实实地按照事物的本来面目去反映它、解释它,这是辩证唯物主义的科学态度。真实性是新闻事业的生命所系,是取信于民的力量所在,也是新闻学的起码常识,失实虚假报道则是对真实性的反动。

社会生活中的任何人都有获取新闻的需要,任何新闻传播活动都与人的生存及生活环境的改善、与人的切身利益息息相关。新闻报道若不是真正的事实信息,就偏离了人的新闻需要,信息若是虚假的,就可能贻害社会和人类。因此,新闻传播从一开始就以传播真实的事实信息为特征。不清楚这些道理,就不能当记者。原中共中央宣传部部长陆定一同志有一次曾对《新闻战线》记者感叹:"新闻工作搞来搞去还是个真实问题。新闻学千头万绪,根本性的还是这个问题。有了这一条,就有信用了。有信用,报纸就有人看了。"邵飘萍先生也在《实际应用新闻学》一书中特别强调:"凡事必力求实际真相,以'探求事实不欺读者'为第一信条。"在这一点上，西方记者也看得较为清楚，如美国著名的报人普利策在1883年至1911年主持《世界报》期间，一再告诫记者要"准确、准确、准确"，"必须把每一个人都与报纸联系在一起——编辑、记者、通讯员、改写员、校对员——让他们相信准确对于报纸就如贞操对于妇女一样重要"。1923年美国报纸编辑协会制定的《新闻工作准则》中也规定："诚实、真实、准确——忠诚于读者是一切新闻工作的名副其实的基础。"

有人说，假新闻是"文化大革命"的产物，是林彪、"四人帮"的发明，此说是不对的。1958年10月1日《天津日报》说曾经登载这样一条新闻："毛主席视察过的（天津市）东郊区新立村公社新立村水稻试验田获得高额丰产"，"经过严格的丈量、过磅和验收，亩产十二万四千三百二十九斤半。"尽管是言之凿凿，但稍有常识的人一眼便可分辨真假。事后调查证实，这则报道是假的。但从那个年代起，失实报道犹如海水决堤，大量涌出。到了10年内乱期间，假新闻更是登峰造极，人们称报上登的是"造谣新闻"、"阴谋通讯"。有读者给当时的《人民日报》总编辑写信，信封正面客客气气写着"总编辑同志收"，背面则写"戈培尔先生收"。时至今日，新闻失实现象有相当程度的好转，但还不能说完全根绝，一松懈便又抬头，诸如《广州出现注水西瓜》、《160岁老寿星在南阳出现》、《北京出现纸馅包子》等等之类假报道至今仍大有市场，以致广大受众产生由此及彼、因一推十的泛化心理，对新闻报道仍持有"只能信一半"的观念。特别是在网络舆情日益高涨的今天，网络假新闻有增长的趋向。如2009年全国十大假新闻评选中，网络占到三篇：《奥巴马送金正日iPhone和苹果电脑》（环球网）、《女黑老大包养16个年轻男子供自己玩乐》（《时代周报》网络版）和《杨振宁证实夫人翁帆怀孕3个月》（中国日报网），极大地损害了网络媒体的公信力，难怪《新闻记者》主编刘鹏2011年3月发文惊呼："网络传播技术使虚假新闻呈爆炸式扩散"。因此，对这个问题我们还不能掉以轻心，还得经常向记者、编辑敲敲警钟，还得花上大力气，彻底铲除诱发受众产生逆反、泛化等心理的最主要原因——新闻失实，以维系党的新闻事业的生命。

一、真实性的具体要求

在实际工作中,若是掌握了真实性的具体要求,并能用它们对事实的真伪程度严格进行把关,那么,新闻失实现象便可大幅度地得以减少。这些具体要求有——

1. 构成新闻的基本要素必须真实

通常包括时间、地点、人物、事件等,因为这是新闻赖以成立的起码因素,若有半点虚假,都会招致人们对整个新闻事实的怀疑,故千万马虎不得。譬如,某件事明明是张三干的,记者却错搞成李四所为,尽管时间、地点、事件等因素都不错,熟悉内情的受众就不会相信、接受这个新闻。

2. 新闻所反映的事实的环境和条件、过程和细节、人物的语言和动作等必须真实

新闻报道不同于文学创作,即使在谋篇布局、遣词造句时要调动些文学艺术手段,也必须绝对服从、忠实于事实的真实,基本事实不能变动,否则,就不成其为新闻报道。

3. 新闻引用的各种资料必须确切无误

一般包括数字、史料、背景材料等,采访中一定要注意反复、多方核实,在可能的情况下,要找到原始材料,并请权威人士或当事人、知情人核实,若引用已经转手、加工过的资料,当慎之又慎,在没有把握的情况下,宁可不用。

4. 新闻中涉及的人物的思想认识和心理活动等必须是当事人所述

在以往报道中不时出现的"此时,他脑中闪现雷锋、王杰的光辉形象"、"在冲上去的一刹那,她默念着……"及"大家一致认为"等表述,据查多半不是当事人所述,而是记者在代想、代说,甚至在当事人已去世或客观实际不可能允许当事人"闪现"、"默念"太多东西时,有些记者还在津津乐道地塞上大段这类东西,实在是连起码常识都不顾了。难怪有读者给报社写信指出:"你们记者真神啊,能从死人嘴里掏出活材料。"

5. 讲究分寸,留有余地

该要求有两层含义:一是要求新闻报道既客观全面,又要注意防

止片面性、绝对化，否则，即使是一个基本真实的事实，也会令人生疑。例如，国内传媒曾经广泛播发的《甘肃省人民政府开了四天会没花一分钱》一文，人们承认这个会是开得俭朴的，但不免要问：即使不大吃大喝，喝杯开水花不花钱？开盏日光灯、用个话筒什么的花不花钱？因此，"没花一分钱"的说法叫人难以接受。二是在许多情况下，单单就某一个具体事实而言，是绝对真实的，但是，将该事实放到全局、大背景下考察，就很难说是真实的了。例如，农村生产责任制的推行和党的一系列农村经济政策的落实，确实使我国各地农业生产和农村面貌改变了、发展了，及时、准确地反映这些事实，是广大记者的责任。但报道不能偏激，不能不顾各地农村变化有大有小、发展有快有慢，甚至几千万农民尚处在贫困线以下的事实，而一个劲地鼓吹：一个地方农民经济刚有点好转，就称之为"向穷困告别"；某地农民手头稍微活络一点，就说成是"中国农民现在是正愁有钱无处花"；某报在一篇评论中甚至称8亿中国农民现在已处在"吃讲营养，穿讲质量，住讲宽敞，用讲高档"的富裕阶段。这就有失实之嫌了。这是因为，整体不是个体的简单相加，宏观也并非微观的简单放大，微观科学固然是宏观科学的前提，但宏观科学更是微观科学的指导和保证。因此，若遇上述情况，就要求记者采访时应从辩证角度出发，科学地把握住具体事实与全局的联系，把握住报道的口径与尺寸。诚然，新闻报道一个时期应有一个时期的重点，也应该用较多事实、篇幅反映重点，但是，侧重不能变成唯一，更不能用侧重面否定另一面，报道"奔小康"就不敢报道贫困，反映市场繁荣就不去反映物价涨势过猛，那就容易导致受众对新闻报道生疑，甚至诱发受众产生逆反心理，包括一些广告作品也是如此，请看 2006 年 11 月 24 日《新民晚报》第 6 版的消息：

"一盒立马见效"毫无根据
工商叫停"衍年骨晶"广告

本报讯（记者 薛慧卿） 保健品见效不见效，由不得广告说了算。昨天，市工商局公开叫停"衍年骨晶"广告，认为其宣传内容已超出该保健食品经核准的功能范围，对消费者造成误导。

近期，本市工商部门在广告监测中发现，湖南泰尔制药有限公司在本市媒体上大量发布"衍年骨晶"保健食品广告。

该产品全名为"衍年骨晶牌保津元片(男士型、女士型)",核定的保健功能为增加骨密度,改善睡眠。但是,其在广告中宣称能"改善中老年人骨骼损失症(腰酸背痛、骨头痛、关节痛),对精气损失症(精气不足睡眠差)也特别有效"、"恢复青春荷尔蒙水平,活化细胞、器官组织",作出"一盒立马见效"、"一盒无效,全额退款"等不科学的断言和保证,并以"教授"名义和形象作保证。

工商部门认为,"衍年骨晶"的广告宣传内容已经超出该保健食品经核准的功能范围,广告中含有大量真实性有待查证的内容,误导了消费者。市工商局已责令暂停发布该产品广告,并将进一步展开调查。

所以,新闻报道在任何时候都应注意多侧面、多层次,既保重点,又讲全面,从宏观与微观、个体与整体的结合上去考察事物。

二、新闻报道失实的原因

新闻报道失实由多种原因造成,但主要由采访不足造成。认真剖析这些失实原因,可以使记者思想上得以警觉,作风上得以转变,技能上得以成熟,从而堵塞新闻失实的一个个漏洞,最大限度地保证新闻真实性。

新闻报道失实既有客观上的原因,更有主观上的原因,具体有——

1. 初步接触,不明要求

这主要是指刚刚从事新闻工作的青年记者,由于没有工作经验,或没有系统接受过新闻业务理论的教育培训,尚不懂"吃饭的规矩",因而在报道时往往将文学创作与新闻报道等同,一些虚构、塑造之类的假新闻就因此冒出来。

2. 作风浮夸,粗枝大叶

不少记者的思想和工作作风较成问题,在采访时,或是走马观花,被表象、假象之类遮住视线,或是偏听偏信,搞先入为主,或是心不在焉,粗制滥造新闻。诚如著名记者范敬宜在一首打油诗里指出的那样:"早辞宾馆彩云间,百里方圆一日还,群众声音听不着,小车已过万重山。"如此这般,报道就难免失实。例如,邓颖超在世时,在有一年中秋过后的某一天,曾对记者说:"你们写的《中秋佳节话友谊》,报上登了,我看过了。那篇文章有两个地方不符合实际,第一,文章说'人民大会堂江苏厅秋菊盛开',你们看,这里摆放的'秋菊'是绢制的,怎么能写成'秋菊盛开'?第二,那天日本朋友唱了《在北京的金山上》和《歌唱敬爱的周总理》两支歌,你们的文章里却写成只唱了《歌唱敬爱的周总理》一支歌。"接着,她严肃地强调:"我们的新闻报道一定要真实,确切!"要堵住这个失实口子,记者的思想和工作作风由浮夸转变为深入扎实是个关键。2003年春党中央提出"贴近实际、贴近生活、贴近群众"的"三贴近"新闻报道原则,事实上,只有真正做到了"三贴近",才能贴近事实,贴近真理。

3. 知识不足,真假难辨

记者的本意并不想造假,但是,由于某一新闻事实涉及某方面知识,而记者对这一知识并不掌握,采访时就缺乏辨别力,故容易把假的、错的事实当成真的、对的予以报道,甚至常常闹出笑话。例如,上海东方电视台有位记者有次上街体验交通警察的辛劳,拦下一位绿灯灭了、黄灯亮起急欲穿行的中年男子。记者责问:"为啥闯红灯?"该男子答道:"我是黄灯亮着红灯还没出来想穿过去的,没有闯红灯。"记者说:"红绿灯只有红和绿两种,哪有黄灯?"坐在电视机前看这则新闻的观众只能哑然失笑。显然,记者若是知识修养好一些,要避免这类差错并非难事。

4. 道听途说,不经核实

许多失实报道,就是因为记者道听途说又未经过核实、验证而造成的。如前不久盛传于我国众多媒体的"白岩松自杀"、"央视主持人方静是间谍"、"金庸去世"等假新闻皆源于此。记者究竟应不应该道听途说?对这个问题应当从两方面看:一方面,记者应该也必须养成道听途说的习惯,可以说,这是记者的职业习惯。在上下班的交通车上,在外出采访的车船上,或是平时走亲访友,别人在谈论什么,而且无意避开你的话,记者都不妨凑上去注意听听,甚至可以参与交谈。实践证明,许多新闻正是记者道听途说得来的。新闻、新闻,是"闻"来的嘛!但从另一方面看,道听途说的材料必须验证。这是因为,这些材料经过七转八传,虚假的、走样的成分颇多,如果要拿来报道,则记者一定要到新闻事件发生的地点,找到当事人、知情人等,仔细验证材料,否则,光凭道听途说就信以为真,新闻报道将被闹到不可收拾的地步。据《扬子晚报》2006年4月14日报道,为了严肃新闻宣传纪律,杜绝新闻宣传中的虚假新闻,兰州晨报社对采写失实报道《垃圾场惊现儿童残肢》的两名记者予以开除。该报道在没有进行深入调查、弄清事实的情况下,凭道听途说,主观猜测,把使用过的医学标本写成被碎尸、被煮熟的儿童残肢,造成了恶劣的影响。特别要指出的是,假新闻一旦搭上了网络这辆"快车",便愈加疯狂,甚至产生媒体间"多米诺骨牌"效应。如2001年2月25日,英国的《星期日泰晤士报》在《上海计划建造可容纳十万人的摩天大楼》一文中声称:"上海将建造一座可容纳10万人、高达1121米、300层的摩天大厦。这将是全球最高的摩天大厦,比现时最高、位于马来西亚首都吉隆坡452米的双子塔大厦还高出一倍有多。"香港《文汇报》转载了此稿,上海最早报道的是《新闻晨报》(2月27日)。网站最先报道的是大洋网(2月26日)。几天之内,此消息出现在全国几乎所有的网站上,更多的媒体则在此后纷纷跟进。后据知情者披露,这只是欧美某位建筑商的设想而已。由此可见,核实、验证道听途说的材料,是堵住这类失实报道的有效措施。

5. 追求生动,合理想象

新闻报道欲求得生动感人,记者的功夫应当首先和主要花在采访上,即通过深入细致的采访,采集、挖掘生动感人的事实。采访决定写作,采访搞得深入扎实,则写作容易生动感人;采访肤浅草率,则必然导致写作的贫乏。有些记者并不认识采访与写作的关系,常常到了写作阶段,为了弥补采访的不足,求得事实的生动感人,竟不惜违反新闻报道真实性要求,凭借主观随意性的猜测臆想,闭门造车,搞所谓的合理想象。这个缺口一打开,失实报道便顺势冒了出来。前苏联记者波列伏依是闻名世界的军事记者,但有一次因为采访中的疏忽,导致报道失实。详情是这样的:第二次世界大战结束后,他转入采写和平时期的建设报道。有一次,他到莫斯科一家工厂采写战后第一篇反映一位成绩显著的老工人的报道。通讯登出两天后,该老工人来到编辑部,气鼓鼓地说:"波列伏依同志,您给我胡诌些什么玩意儿呀?"原来,通讯中有这样一段细节描写:"他早早地起来了,穿上了节日的盛装,刮了刮脸,仔仔细细地梳了梳头发。"波列伏依采访时,这位老工人戴着帽子,现在,老工人当场摘下帽子,头上一根头发也没有。这使得波列伏依十分尴尬与内疚。可贵的是,波列伏依正视错误:"这件事使我永远确信无疑:一个新闻工作者,不论是为报纸写文章,还是写作其他任何作品,甚至是艺术特写,他都不能、也没有权利展开幻想的翅膀,即使是在细节描写上,也应该做到准确无误。"

6. 急功近利,夸大事实

一些记者出于某种功利,当某一事物尚处在欲发生而未发生的阶段时,就大搞"提前量",搞"合理预言"。如把"动工"说成"竣工",把"正待收割"说成"已获特大丰收"等,结果,这个事实或是最后没有真正发生,或是发生了但并不是原先预料的那个样,新闻报道便失实了。例如,某省人民广播电台前不久在一篇法制报道中说:"该犯罪嫌疑人因用刀砍伤对方,有可能被判五年以上有期徒刑。"但最终法院对其判决结果是无罪释放,因为他属正当防卫,砍伤的是一名持刀抢劫犯。新闻要尽快与受众见面,这是应当的,但必须是在事实发生之后,一味的"见报第一"、赶浪头,就容易导致失实。在少数记者手中正掌握着一种"膨化技术",即把一说成十,把十说成百,随意夸大事实。如有篇报道写到某农村一生产队实行责任制后的变化,文中说这个生产队发挥山地多的优势,实行专业责任制,用经济手段管理和发展生产,一年就改变了贫穷落后面貌,全村买了发电机,用上了电,16个光棍娶上了媳妇。而实际情况是,发电机是一年前上级配发的,两台全坏了,在这一年内,村里光棍没有一个娶上媳妇。新闻中的这一"膨化技术",是一种恶劣的文风,应该坚决摒弃。

7. 移花接木,偷梁换柱

有些报道,就事实而言,是绝对真实的,但由于对该事实前因后果的分析、解释上,记者根据某种意图搞了些动作,以致报道让人感到牵强并有失实之嫌。例如,上海某报曾报道市郊南汇区的一个"长寿乡",报道中列举的80岁以上的人数、百岁以上老人的健康事实皆属实,但在分析为什么长寿的诸多原因时,记者指出:"这个乡之所以成为长寿乡,是因为改革开放以来,农民生活安定,医疗卫生条件不断得以改善。"长寿者增多,这些固然是主要原因,但不是全部原因,这里有遗传、地理自然等原因,况且,改革开放才十来年,对百岁老人来说,是跨了几个朝代的人,这10多年的安定生活,恐怕并不能概括长寿的原因。再则,对新闻图片的肆意修改始终也是新闻界的一大顽疾。例如,对共产主义战士雷锋1965年所拍的持枪照片,原照片背面明明是凌乱的灌木,之后发表时却被换成了松柏;"文化大革命"前毛泽东、刘少奇、朱德、周恩来四位领导人的合影,后来长时间却将刘少奇抹去。为了政治和宣传的需要任意修改照片的这一恶劣业务手段该被唾弃了。

8. 沽名钓誉,胡编乱造

或是吃了、拿了人家的,或是在名利上有所图,于是,就不惜编造假新闻,虽是发生在极少数人身上,但影响极坏,严重损害媒体的声誉,也败坏了自己的名声。例如,明明只有两万人的一个乡,竟报"植树可达一亿多株";明明是正在研制阶段的"西施美"化妆品,非要说成是"已去世20多年的京剧大师梅兰芳曾长期使用"。更有甚者,湖北省浠水县一通讯员,竟用"严肃"的笔名在报刊上滥发假新闻,说他在从兰州部队的回家途中,在火车上丢失了钱包,一位好心的兰州姑娘马上解囊相助,送钱给他做路费,连名字都不愿意留。于是,《感谢你,兰州姑娘》一文在《兰州日报》登了;他又把兰州姑娘改成广州姑娘,时间、地点稍加改动,以《感谢你,广州姑娘》为题寄给《羊城晚报》,也发了;《中国青年报》也接着发了这位"严肃"的文章。一时间,弄得新闻一点不严肃。特别是电视新闻报道的造假现象有愈演愈烈之势,组织拍摄、扮演重拍、张冠李戴、偷梁换柱的手法随意使用,观众十分反感。例如,2003年10月28日,在某电视台一档社会新闻栏目中,出现了一条这样的新闻:在喧闹的城市街头,一名年轻男子突然晕倒在地。随着他身边女友的哭喊,路人展开了一场生命大营救。在施救过程中,一位路过的医科女大学生还毫不犹豫地对晕倒的男子做了人工呼吸。之后,在大家的帮助下,晕倒的男子被送到了医院进行紧急抢救。

应当说,这是一条难得的好新闻。整个新闻现场感极强,画面动感十足,不仅充满了悬念,还洋溢着一种感人肺腑的精神力量。然而,一些细心的观众在看完新闻后就会产生诸多疑问:其一,这是一条突发性新闻事件,在事先没有任何准备的情况下,记者何以能够在第一时间、第一现场拍到画面呢? 其二,此条新闻以记者的三次出镜所提出的三个设问来贯穿:"该男子突然晕倒了,路人会有何反应呢?""到了医院没钱治疗,医院会采取何种态度呢?""众人对此现象怎么看呢?"在如此紧张的生命救助过程中,在年轻人的安危牵动着现场无数人心灵的氛围之中,出镜的女记者何以只是关心路人的反应、关心医院的反应、关心众人的看法,而唯独对年轻人的安危置之不顾呢? 其三,整个新闻中,画面的拍摄角度极为丰富,在事件刚刚发生时甚至还有一个从高处(至少是二楼以上)俯拍的全景画面。莫非记者特意准备了两台摄像机？其四，病人被送到医院后，医生在面对一个突然晕倒的病人时，何以能够如此从容不迫、按部就班？当然，产生种种疑惑的观众毕竟只是少数，在节目播出之后，更多观众给电视台打去电话，表达他们对热心救助场面的赞赏。在接下来的几天里，此栏目还作了追踪报道，对当时奋力救人的热心人——进行了寻找并作了采访。

毫无疑问，这条新闻使得整档栏目获得了很高的收视率，可事实上，这是一条由电视人策划出来的彻头彻尾的假新闻。那名突然"晕倒"的年轻男子和他女朋友是某大学艺术专业三年级的学生。他们被告知电视台正在制作一个旨在了解市民善良热心程度的调查，要找演员来帮助他们完成。在获知他们的真实身份将在节目中点明之后，他们开始面对着摄像机进行了一场生动的表演……①北京"纸馅包子"一类报道更是登峰造极，简直到了无法无天的地步。

新闻失实是新闻事业的大敌。大敌不除，报纸、广播、电视、网络无信誉，新闻界无宁日。因此，广大新闻工作者对此应当警钟长鸣，同新闻失实现象作坚持不懈的斗争。近年来，各新闻单位虽然对新闻失实现象制定了一系列防范和处置措施，如一经发现失实，或登报批评或收回稿费及取消半年乃至一年用稿权等等。2005年3月，中共中央宣传部、国家广播电影电视总局、国家新闻出版总署发出了《关于新闻采编人员从业管理的规定（试行）》。规定强调，新闻采编人员要坚持真实、全面、客观、公正的原则，确保新闻事实准确。要认真核实消息来源，杜绝虚假不实报道。新闻报道在新闻媒体刊发时要实行实名制。新闻采编人员有虚假报道、有偿新闻等行为，情节严重的，一律吊销记者证。凡被吊销记者证的新闻采编人员，自吊销之日起5年之内不得从事新闻采编工作。2006年4月9日，北京千龙网等50个网站联合向全国互联网界发出文明办网倡议书，全国各大网站纷纷响应。但是，这总还是"头痛医头，脚痛医脚"的权宜之计，不能从根本上解决问题。直至现在，"妙笔生花是记者的诀窍"、"无假不成文"、"坚持真实性是课堂语言"等论调还颇有市场，假新闻或"疑似假新闻"仍比比皆是，这是很值得深思的。特别应当提醒的是，有少数记者片面强调媒介经济是"眼球经济"、"注意力经济"的某一面，视"宁可错，不可迟"为法宝，以观众能够"啊"的惊奇地叫一声为追求，这是绝对不能让其蔓延的。若要杜

---

① 《新闻记者》，2005年第11期。

绝新闻失实,下述三点是根本大计:一是加强每个新闻工作者对新闻事业性质的认识和新闻失实危害性的认识,从而迅速转变思想作风和工作作风,提高同失实现象作斗争的自觉性。在这方面我们应向广西日报传媒集团学习,他们敢于自曝"家丑",将旗下《南国早报》等媒体这几年失实新闻案例汇集出版《我们错了》一书,作为集团编辑记者学习的警示教材,使全体编采人员把维护新闻真实性内化为媒体"立报之本",把新闻职业道德作为做人、作文之"根";二是建立科学的管理机制和规章制度,切实做到层层把关,确保报道真实。中央人民广播电台的"中国之声"栏目做法很值得学习,近几年来,他们通过建立严格、规范、科学的采编播机制与流程,确保资讯传播及时、快捷、真实,通过修订、完善《中国之声宣传制度汇编》、《中国之声节目生产流程》等,使全体编采播人员自觉按制度工作,按规范办事[1];三是尽快制定一部新闻法,对真实性原则用法律形式给予保证,从而在法的威慑下,在较大的力度上堵塞新闻失实的缺口。

第二节 坚持思想性

所谓思想性,即指新闻报道的思想观点或政治取向。在中国指马列主义、毛泽东思想、邓小平理论和"三个代表"重要思想以及科学发展观在新闻报道中的体现。即指政党的新闻事业通过具体的新闻报道,以影响、指导受众的思想和行动,把他们导向到一定的目标上去。思想性也俗称指导性。

力求在有关新闻报道中体现马列主义、毛泽东思想,这是我国新闻报道的特色和基本要求之一,也是中国社会主义报刊、广播、电视、通讯社的性质与任务所在。我们党办报刊、广播、电视及通讯社等,绝不是无为而治,总有一定的政治目的。这是因为,要建设具有中国特色的社会主义,单靠物质不行,同时还得靠精神,靠建设高度、健全的社会主义民主和法制,在随着生产力发展的同时,得努力开发民智,提高全民族的文化和精神素质。再则,我国目前正处于全面改革开放并向纵深发

---

[1] 《中国广播》,2011年第4期,第17页。

展阶段,几乎每天都会出现不少新现象、新事物、新矛盾、新问题,它们究竟是正确的还是错误的?是有生命力的还是无生命力的?是真正的新事物还是旧事物复活?所有这些都需要新闻传播媒介作认真探索研究,及时给人们以思想上的指导。因此,新闻报道不能单纯就事论事、言不及义,需要用马列主义、毛泽东思想的基本立场、观点、方法和党的方针、政策,回答实际工作、生活提出的有普遍意义的问题,以指导人们的思想和言行。

但是,上述理论仅仅回答了有关坚持思想性问题的一个方面,即要坚持思想性。问题的另一方面是,究竟怎样使新闻报道较好地体现思想性,从一定意义上说,这是坚持思想性问题的关键。这是因为,"报纸是作为社会舆论的纸币而流通的"(马克思语)。即,报纸是办给人看的,读者是办报人和报纸的"买主",报纸只有当读者买了、看了才能发挥作用。况且,现在的受众不同以往,其构成与知识水准等都有了变化,他们喜欢独立思考,不喜欢耳提面命式的思想指导。特别是经过 30 多年的改革开放,人们更有强烈的自我判断意识,面对社会和人生的各种现象与矛盾,他们勤于和善于思索,迫切想求得再认识或新认识,不满足传统观念和现成答案。因此,仅仅是以记者、编辑一厢情愿的想法为指导,而置广大受众的心理要求于不顾,那么,坚持思想性、指导性多半要落空。从心理学角度不妨再进一步分析这个问题:人都有自我意识的能力,其表现为认识自己与认识别人的统一,认识主观世界与认识客观世界的统一。同时,人的这一意识的产生与形成,都是以自身与周围世界、客观事物相分化为标志,是通过对他人的认识、与他人的交际中而实现的,即如马克思所说:"人起初是以别人来反映自己的。"[1]人们表现出来的这一良好心理品质,固然是新闻报道要求思想指导性的重要条件,但是,新闻工作者也不应忽略,人们又都有自尊和自信心理,不顺应受众的心理需求和不尊重、不相信受众的生硬说教或硬性强求,效果就不能如愿或适得其反,甚至诱发或加剧受众的厌烦心理。因此,从上述两个方面来看待坚持新闻报道思想性的问题,才是全面的,在具体报道时若能配之以适当的技能,效果才是理想的。

---

[1] 《马克思恩格斯全集》第 23 卷,人民出版社,1972 年版,第 67 页注释。

一、传播信息是思想性得以实现的客观条件

新闻工作者应当努力找到思想性与受众心理需要的交叉点,这个交叉点找到了,思想性或指导性实现的客观条件就具备了,道路也就畅通了。其实问题并不复杂,只要明确新闻媒介的主要功能和受众接受新闻报道的主要目的,理顺新闻媒介与受众的关系,答案也就清楚了。新闻媒介的主要功能是传播信息,受众接受新闻报道的主要目的是获取信息,新闻媒介与受众的关系,即欲使人知者同欲知者间的关系。撮合双方达到一致的交叉点及新闻报道所需要的客观条件,便非信息莫属。

现代社会正逐步进入信息时代,信息是重要的资源,而报纸等传播媒介则是广泛、大量、及时传送这一资源的重要渠道。处于信息时代的广大受众,则渴望及时得到这些信息资源,并渴望更深刻地理解这些信息所蕴含的意义,了解其来龙去脉,同时预测其趋向。因此,新闻工作者只要注重传播信息,思想性、指导性得以实现的客观条件就具备了;也只有注重传播信息,吸引受众看报、听广播和看电视,思想性、指导性的实现才有可能。我国曾在一场新闻业务理论讨论中,有同志指出:"寓思想性、指导性于新闻性之中"的口号,这是很有见地的。有关报刊在对读者的调查中,提出了报刊受读者制约的三条理由:一是报刊是办给读者看的,读者是它赖以生存的基本条件;二是读者不是被迫看的,思想指导和宣传教育是一种信息交流,只有读者愿意接受才能奏效;三是读者是有选择地看报的。提出这三条理由是明智的。总之,强调新闻报道的思想性,不应忘却新闻的主要功能,不应忘却受众接受新闻报道的主要目的。否则,坚持思想性就失去客观条件,就没有前提和基础。

二、抓准问题是思想性强的关键

一般说来,广大编辑和受众衡量一篇新闻的质量高低,往往不是先看其写作技巧如何,而是先"掂分量",即看新闻是否提出和解答了当前有普遍指导意义的问题。记者精心选择某个事实,提出某个切中时弊的问题,受众感到正中下怀,毫无疑问,这篇新闻的思想性、指导性必

然强;反之,纵然是在写作上再花工夫,思想性、指导性也难以体现出来。因此,如何抓准问题,或如有些老记者所讲的"点子"出得好、敲得准,是思想性、指导性强的关键。

那么,在具体采访中,记者应该抓些什么问题呢?

1. 抓社会发展过程中迫切需要解决的问题

各地、各单位的领导和广大群众,在贯彻执行党的方针政策、促进社会健康发展过程中,均希望报纸、广播、电视等能及时报道一些走在前面且走得扎实的典型,也希望报道一些虽然走在前面但濒临失败的典型。因为这些正反典型的及时报道,或能起树帜引路、排难解惑的作用,或能起引以为戒、免走弯路的效力,便于受众自我意识的自然形成。例如,眼下排堵保畅是我国各大中城市共同面临的难题,北京是"首堵",上海是"国际大堵市","堵城遍布全国","治堵"是上下企盼解决的最大愿望之一。《万名公务员仅10辆公车》一文披露:日本东京几乎平均两个人一辆车,但却道路畅通,成为全球治堵最成功的城市,融民资建轨道交通,严格控制公务车使用等措施是治堵良策。文章一经刊登,反响强烈①。

2. 抓广大群众普遍关心的问题

实践证明,凡是广大群众普遍关心、议论纷纷的问题,都可能是实际工作、生活中迫切需要回答和解决的问题。记者若从这一方面抓问题,往往能与受众的心理需要一拍即合,产生较强的思想性、指导性。例如,带孩子去儿童专科医院就诊,对绝大多数家长来说,都是一个备受煎熬的艰难历程。上海《文汇报》记者对此专门作了采访,并发表《儿科陷困局,医生缺口逾20万》一文,指出诊疗费用偏低、人才流失严重、政府补贴不足等是造成这一困局的主要原因。该文一经发表,引起政府和社会各方的较大重视②。

要抓准问题,记者必须处理好下述环节——

其一,要完整、准确地学习领会马列主义、毛泽东思想和党中央政策、指示的精神实质。因为这是广大新闻工作者的理论武器和行动指南,离开它,新闻工作者就会如同盲人骑瞎马,不辨方向。

其二,坚持深入实际,调查研究。作为记者,政府机关当然要跑,但

---

① 《新民晚报》,2011年3月1日。
② 上海《文汇报》,2011年2月18日。

更要深入基层,因为机关提供的材料往往只是"流",来自生产、生活的第一线的材料才是"源"。记者只有经常沉入生产、生活的"海底",与人民群众同呼吸、共命运,新闻线索才可能丰富,抓问题才能及时、准确、深切。

其三,思想解放,肯钻敢碰。问题抓得好而准的报道,常常不是轻而易举之事,特别是抓一些批评、揭露性的报道,常常更会遇到一些困难和阻力。这就要求记者思想解放,不畏艰险,敢于碰硬,有坚持不懈、一钻到底的精神,或者说,要敢当、争当为弱势群体"鼓"与"呼"的当代"包公"。实践证明,只要记者站在党和人民的根本立场上,坚持实事求是的原则,坚持按照新闻规律办事,触到棱角不怕扎手,遇有阻力、压力绝不退缩,是能够抓准、抓好问题的。

三、增强可读性是思想性强的业务手段

有些同志认为,只要原封不动或是稍加穿靴戴帽地把领导机关、业务部门的决定、指示或会议文件报道出去,就算有了思想性、指导性,甚至将此看作是新闻报道不犯错误的诀窍。显然,这种理解是不全面的,是办报、办台人群众观点薄弱的一种表现。

新闻媒介在反映领导机关、业务部门的指示等时,毫无例外应按新闻工作规律办事,通过新闻这个特有的手段给受众以思想上指导。党的第三代领导人曾在《关于党的新闻工作的几个问题》一文中指出:"新闻宣传在政治上同党中央保持一致,绝不是机械地简单地重复一些政治口号,而是站在党和人民的立场上,采取多种多样的方式,把党的政治观点、方针政策准确地生动地体现和贯彻到新闻、通讯、言论、图片、标题、编排等各个方面。"己所不欲,勿施于人。如果不是这样,硬是把思想性、指导性搞成"指令性",搞成"牛不喝水强摁头",那么,报纸就会脱离生活、脱离受众。事实也已证明,板起面孔说教,空道理连篇,早已令人生厌。有些编辑也不得不承认:空洞说教的报道,连编辑看这些玩意儿都提不起劲,却要求千百万受众领教并接受指导,怎么说得过去呢?

为了不使受众产生反感并消除排斥力,业务手段处理上的核心问题是使思想性与可读性(可听性、可视性)有机统一。所谓可读性,即通俗易懂有趣味。可读性与思想性不是冤家对头,而恰恰是相辅相成

的"兄弟"。可以讲,思想性与可读性的结合、统一是新闻报道的规律和业务手段,也是宣传的一个艺术。1956年5月28日,当时的党和国家领导人刘少奇在听了新华社负责同志关于新闻报道的四个基本要求汇报后指出:"新闻要有思想性和艺术性;不能只强调政治性立场,还应当强调思想性、艺术性和兴趣。"

要使思想性与可读性有机地统一,业务手段上应当注意下述三点——

1. 引而不发,含而不露

这里既包含态度问题,即尊重受众,相信受众的理解、接受能力,又有艺术要求,即新闻的思想观点在文字上不直接显露,而是将其藏在精心选择的事实以及对事实艺术的叙述之中,让读者、观众、听众看完、听完新闻报道后自己去想,自己去得出结论;他自己下了结论或悟出道理,自然就会心悦诚服地接受指导了。不能再像过去有些做法那样,在新闻稿件中用大段文字对读者、观众、听众大搞"应该怎样"、"必须怎样"、"强调怎样"及最后还"号召怎样"式的"狂轰滥炸"。在西方新闻界,这种方法通常称为"藏舌头"。舌头即指新闻的思想观点,或称为显"果"藏"因"法,传播学则称之为目的隐蔽法。尽管说法不一,但实质相同,即记者只需把事实或结果摆出来,目的、原因、观点等则让受众去猜而得之或悟而得之。只要记者艺术地使用这一业务手段,那么,就能即刻收取"含不尽之意于言外"之效,就能达到潜移默化地进行思想指导的艺术境地。譬如,以一位大学教师讲课效果不好为题材,新闻报道若是把"舌头"显露出来,则一定是这般写:"×教师课讲得乱七八糟,一塌糊涂,效果极差,学生一致感到不值一听,纷纷要求教务部门撤换教师。"若是把"舌头"藏起来,则应当这样表述:"×教师讲课时,三分之一学生看小说,三分之一学生打瞌睡,其余的三分之一则时而交头接耳,时而看看手表,盼望下课铃声早点响起。"两种写法,效果孰优孰劣,显而易见。纽约《北美日报》评中国报刊文风时指出:"其实含蓄比夸张效果好得多。真正有内容、有深度的东西从来不是张牙舞爪、锋芒毕露的。板面孔一副官腔的东西,当然只能拒人于千里之外。殊不知,即使是谈严肃重大问题也是可以诙谐幽默放松一点的。掌握得体,并不会影响深度、流于庸俗。拼命追求花哨是浅薄的表现。"①这番话是颇值得我们品味的。

2. 借用知识，纠正偏见

思想性、指导性若从根本上说，就是通过新闻报道，用新的信息和知识，去满足受众的求新欲和求知欲，进而矫正原来的错误认识或是畸形歪曲的言行。特别是在当前，我国正处在前所未有的开放环境，今后将更加开放，人们几乎每天都可能遇上新事物、新问题、新矛盾，凭原有的知识去解释、适应这些新东西已力不从心。为了适应这个环境和形势，人们渴望新闻报道提供更多的新信息、新知识充实自己，以便在摸索前进中能有方向，少走弯路。记者若能明确受众的这一心理变化与需求，自觉地、艺术地将知识性与思想性熔于一炉，则新闻报道在思想性、指导性上往往能收到理想的效果。例如，2003年春，因为"非典型肺炎"事件，引起广州市民恐慌，听说盐水能消毒、杀菌，市民便纷纷抢购食盐，有人一买就是四五百斤，不法分子趁机造谣；继而市民又抢购大米，一时，广州、惠州、东莞、肇庆等地掀起一股疯狂的抢购风。到2003年2月中旬，从恐慌到平静，抢购风有效得到遏制，社会和市民生活秩序恢复正常。虽然在"非典"暴发初期，媒体没有尽到向公众告知的责任，但在平息谣言、初衷是为求稳定方面还是起了"纠偏"作用的。如媒体向市民解释："非典型肺炎"虽有极强的传染性，但绝大部分可以治愈，只要增强个人保护意识，政府和群众高度重视，众志成城，是可以预防和战胜的；一边则告诉市民，市场粮油、食盐等储备非常充足，确保市民可以随时买到，也绝不会涨价。报道中还特别请中国呼吸道疾病专家解释"非典型肺炎"，市民从报道中了解了相关知识，心理自然恢复平静②。

由此可见，及时传播新知识，做好服务工作，满足改革开放中各阶层人士对新知识的渴求，是当前新环境、新形势对新闻报道体现思想性、指导性的新要求。

3. 增强趣味，寓教于乐

人们均有讲究情趣的心理特征，如果记者能改变过去那种呆板、乏味的说教形式，而在新闻报道中增强健康向上的情趣，将思想性、指导性寓在趣味性之中，那么，新闻报道则会备受欢迎，思想性、指导性也一

---

① 全国记协《记事》第14期。
② 《广州日报》，2003年2月13日。

定会较好地得以体现。有些记者心存疑虑：思想性是极其庄重、严肃的东西，而趣味性则是轻飘、低级的东西，两者如同水火一般不能相容。应当指出，这是一种偏见和误解。思想性、趣味性应当统一，也可以统一，"寓教于乐"古今有之，即使在无产阶级领袖极其严肃的经典著作中，也不乏妙趣横生的情节和文笔。无数新闻实践也足以证明这点。例如，《光明日报》记者曾选择了一个小得不能再小但颇有情趣的题材——有关方面乐意充当雌雄各一的两只小白猴的"月老"，而将一个大得不能再大的思想政治主题——海峡两岸中国人统一的问题，揭示得淋漓尽致。白猴，是自然界罕见的一种珍贵动物，全世界原先仅发现一只，是雌性的，生养在我国台湾。为了能繁衍后代，台湾有关报纸曾向世界发出信息，公开为名为"美迪"的雌白猴征求配偶。真乃是天助人愿，第二只白猴发现了，是云南永胜县几个农民在山林中捕捉的。巧中之巧的是，这只白猴是雄性的。《光明日报》记者捷足先登，用题为《台湾雌白猴急求配偶云南雄白猴喜送佳音》发了一篇 600 余字的新闻，并配了一幅白猴图片。文中提出，如今由云南提出愿当"月老"，促成分别生活在海峡两岸的白猴的"美满姻缘"。于是，科学新闻披上了浓厚的政治新闻色彩，而这一色彩又融在情趣横生的事实中，政治、情趣的结合达到水乳交融的地步，实属我国多年少见的雅俗共赏、各界同好的珍闻。

长时期来，坚持新闻报道思想性的问题尽管大力倡导，但说实在的，并没有很好地解决，相反，受众的逆反心理及对新闻报道的不信任感，却至今没有减弱。因此，如何坚持并艺术地体现思想性，以使更多的读者、观众与听众更加信任、热爱报纸与电视、广播，仍属一个严峻的课题，千万忽略不得。

第三节 坚持时间性

所谓时间性，即指迅速及时地报道新闻。力求迅速及时地把新近发生、发现的事实报道出去，最大限度地缩减新闻事实的发生与报道出去这两者之间的时间间隔，这是新闻报道的重要特征，是新闻存活及构成新闻价值的重要条件，也是新闻的珍贵处所在。这是因为，新闻姓

"新",是"易碎品",是高度"速朽"的商品,报道慢了,就贬值,就成了"雨后送伞"。新闻的时间性有时也会涉及、影响政治工作与对敌斗争的主动。如《我三十万大军胜利南渡长江》一文一经发表,南京、上海等地的蒋军官兵闻风丧胆,官太太们纷纷收拾细软,大举南逃。因此,从我们的角度看,时间性绝不仅仅是时间上快点、慢点的问题,有时还应从政治角度严肃看待。

西方新闻学一般认为,决定新闻价值的首要因素是新闻时效。在他们看来,最没有生命的事物莫过于几小时以前发生的新闻,最早刊出最后消息是任何报馆所奉行不悖的原则,更把"昨日"两字视为死敌。为了抢到新闻,抢到独家新闻,他们甚至不择手段,同行之间大打出手。这种做法固然不足取,但争分夺秒抢新闻的观念与作风,我们可以也应当借鉴和学习的。例如,美国总统里根遇刺事件发生后仅一分钟,合众国际社电传机就打出了由该社记者狄安·雷瑙尔兹抢发的简单快讯。日本的广播新闻节目均实行滚动式传播方式,即前一小时播出的新闻,到了下一小时,至少已有百分之五十被淘汰。无论怎么说,西方记者从过去注重"抢今日"到如今的"争分秒"的时间观念,是无可非议的。

长期以来,我国的一些记者时间观念较差,许多新闻不新,用"最近"、"前不久"、"前些日子"、"日前"等弹性很大的字眼作新闻时间根据的新闻,可谓比比皆是,报道十天半月前的事情不算旧闻,半年一年前的事情换上"最近"等字眼予以报道也不足为怪。如某省粮食部门某年12月开了个会,当时未予报道,直到169天后,即到了来年的5月,报纸才予以报道,时间概念换上"不久前",粮食部门的干部群众只能掩口窃笑。难怪新华社的新闻订户墨西哥《至上报》国际部主任批评我们:"我不理解为什么在中国发生的事,而你们的消息往往比西方通讯社的要迟到。本来我们的报纸对于中国的消息以及中国周围的消息,尽可能采用新华社的稿件。但是,我们编辑工作的原则是等消息而不是等通讯社。你们的消息来迟了,我们只好采用西方通讯社的消息了。"

认真分析一下新闻报道迟缓的主要原因,可以归纳为四点:一是有关记者、编辑的观念陈旧,作风素质较差,"大锅饭"吃惯了,以致凡事笃悠悠、慢三拍;二是新闻机构的管理体制不太合理,审稿制度繁琐,一篇稿件往往要"过五关、斩六将",周转一多,"活鱼"就难免拖成"死鱼",甚至"臭鱼";三是通讯、交通设备更新慢,不少记者的装备尚不完善,与时代发展脱节,大城市以外的交通工具也很简陋,不少新闻单位的印刷设备还较落后;四是发行渠道的单一,长期以来是"邮发合一"的发行制度,造成发行层次多,辗转费时。

当然,我们也欣喜地看到,近些年来,在各行各业争速度、抢时间进行经济建设的影响下,我国广大新闻工作者的时间观念也在急剧发生变化,也已强烈地意识到当今社会日益注重时效的趋向,并纷纷起来同新闻报道的迟缓现象作斗争。如,新华社曾采取积极措施,率先在全社上下掀起"争分夺秒抢新闻,精心写作求质量"的热潮,以此作为打开新闻改革局面的突破口。在新华社的影响下,我国各新闻媒介普遍结合新闻改革,从多方面着手,狠抓新闻的时效,各新闻媒介之间也进行激烈的竞争,广大记者的时间观念比以往得到较大程度强化。如1993年8月5日,深圳清水河危险品仓库爆炸事件发生仅一分钟,《深圳商报》记者赵青就在现场抢拍了照片,爆炸的巨大气浪将他抛到天空几米高,摔在地上后,被飞来的石块、钢筋、泥土埋住,全身多处受伤,左脚跟粉碎性骨折,但昏迷中的记者还把相机紧紧抱在怀里。北京时间2003年3月20日上午10点30分左右,美国对伊拉克发动大规模空袭,举世关注的伊拉克战争爆发。10点33分50秒,中国新华社向全世界发出第一条快讯:"巴格达响起空袭警报"。就是这9个字,使新华社以20秒的优势抢在全球媒体之前,成为第一家报道伊拉克战争爆发的媒体。受众看到这条"热气腾腾"的新闻,不禁由衷地盛赞时下中国媒体在新闻时效上的进步①。

坚持新闻报道的时间性是一个带综合性指标的问题。在我国目前物质基础尚比较薄弱的情况下,要克服新闻的迟缓现象,保证新闻的时效再上一个新台阶,应当抓紧七个环节——

1. 新闻从业人员的时间观念要转变、强化

当今社会是一切都讲高速度、高效率的社会,各行各业比以往任何时候都亟须信息,从某种意义上说,新闻报道的时间性就是富民政策的桥梁,也是新闻从业人员新时期群众观点的具体体现,更是一个国家新闻事业发达程度的重要标志。这个观念若不强化,新闻从业人员就可能落伍,对工作就意味着一种渎职。

---

① 《东方封面——激扬历史的人物》,复旦大学出版社,2004年版。

2. 新闻从业人员的工作作风修养要增强

作为记者，要尽快改变过去那种习惯在"低速公路"上行走的工作精神状态，必须闻风而动、争分夺秒地采写新闻稿件；作为编辑，要"热件热处理"，不能慢条斯理；作为新闻单位的各方面管理人员，要采取最经济、有效的手段，将有价值的最新事实传播、发送到受众那里，尽可能使报道成为"冒热气的新闻"。上述三方面人员，记者往往更为主要，记者的工作作风不转变，采写动作缓慢，那么，其他方面人员的动作再迅速，也往往于事无补。因此，要求记者一旦获取某个新闻线索后，就迅速占有理想的交通工具；在赶赴新闻事件发生的现场后，尽快占有通讯工具；一旦获取有价值的新闻事实后，立即通报编辑部。新华社原社长郭超人先生就曾指出："动作不快，笔头不快，慢腾腾、懒散散、四平八稳的人是当不好记者的。"

应当特别强调关于抢新闻和抢独家新闻的问题。我们不能像从前那样笼统、偏激地把抢新闻指责为西方资产阶级记者的工作作风。抢新闻，即为抢时间，在这个问题上不存在什么阶级性。西方新闻学对时间性及抢新闻原则的阐述虽然出发点不同，但其立论是基本正确的，观点是鲜明的，与我们没有本质区别。从心理学角度看，"抢"即竞争，竞争能使事业产生动力，从而推动事业前进。正是靠着这个竞争，我国的新闻事业这些年来才取得了惊人的进步和发展。所谓独家新闻，即指第一个被发现并予以报道的新闻事实。从一定意义上讲，能否经常抢到独家新闻，是报纸、电台、电视台有无力量、有无特色、有无水准的具体体现，是一个名记者的具体标志。特别是在同一地区有众多新闻媒介并存的情况下，抢新闻就显得更为迫切和重要。可以这样说，赶场子、抢新闻，是记者工作的一种常态。例如，2011年日本大地震和海啸爆发事件的第二天，据粗略统计，新华社、《人民日报》、中央电视台及各地报台派出近200名记者前往日本，仅上海派出的记者就近50名。当然，作为中国记者，还需顾及中国的国情，在这个问题上还应注意两点：一是注意抢和压的辩证统一，即抢新闻要考虑政治和社会效果，应当在准确、无副作用的基础上抢，而该压的则压，要服从一定的组织纪律和遵守相关的新闻政策。既强调抢，又注意压，既主张迅速，又讲究及时，这是我们的历史经验，是社会主义新闻事业的一项原则，应当遵循。但对于突发性事件必须迅速作出反应和报道，决不允许隐瞒或拖延。通过2003年的"非典"事件，新闻界获得了共识：一定要遵循以胡锦涛为总书记的党中央的工作路线：人民的利益高于一切。二是要剔除和排斥西方资产阶级记者那种损人利己、不择手段抢新闻的做法。如，为了争夺一个采访对象或是占据有利位置而打得鼻青眼肿的做法，更是我们万万不可效仿的。概言之，我们对抢新闻的态度和原则是：一是不失时机地迅速采写新闻，争分夺秒；二是根据时机有效及时地发布新闻，不一味图快。

3. 采编人员的分工不宜过细

按照我国新闻单位现有的体制，对采编人员的分工过于细致，跑工业的记者不能采写工业以外的稿子，跑大学的记者不敢跨中小学的门，即使分管以外的新闻事实蹦到面前，也不敢问津，唯恐有"狗拿耗子"或"抢人饭碗"之嫌。而编辑则只满足于编改稿件，一般不出去采访。这种"黄牛角，水牛角，角（各）管角（各）"的现状若不加以改变，将会继续危害新闻时效。

新闻单位的人员设置、分工和工作范围、程序等现状，应当迅速改变。原则是应适应新闻工作的规律和根据新闻报道的需要，适当的分工是可以的，也是需要的，但过细、过死，人为地画地为牢、囿于一隅，无疑是一种作茧自缚。有人建议，记者就只抓头条、抓快讯、抓短新闻，而专题调查、典型报道、经验综述、评论等，则可让编辑或各行各业的专栏作者采写。也有人建议，记者不宜过于受行业、地区局限，可以"满天飞"，可以搞"下去一把抓，回来再分家"，或干脆搞采编合一，既利于新闻时效，又利于出名记者。仁者见仁，智者见智。不管说得有无道理，但有一点是可以肯定的，也是共同的，即广大新闻工作者都希望探索新闻体制的改革，以利时效的提高，以利我国的新闻事业。

4. 先简后详地搞连续报道

面对一个新闻事实，特别是一个突发事件或重大事件，为了赢得时间，记者可先就新闻的结果发一个简讯，然后再通过深入采访，就新闻事实、事件的背景、起因、发展情况、影响范围及各界的评述等，作深度、连续的报道。因为简讯涉及的范围小，篇幅短，采写周期短，故容易抢发。如李娜勇夺法网女单冠军的当晚，新华社仅发了一则短消息，报道了事件的结果，第二天起，则一篇又一篇地详尽地报道她这些年所走过的艰难路程、国家体育总局对她的关心、大赛前的生活起居、心态调整及世界对她夺冠的反应等等，向受众作详尽报道。在新闻改革中，我国许多报纸、电台都开辟了短新闻栏，如江苏《新华日报》早就提出"新闻快讯化"的口号,创办《今日快讯》专栏,刊登省内各地市最新发生的主要新闻,然后再组织力量有选择地搞连续报道。这种快慢相交、长短结合的做法,深得省内外读者的欢迎。

5. 简化审稿制度

新闻的特性要求人们,稿件除了在写作、修改、排版、印刷等必要环节上停留一些时间外,不应当在任何人的桌面上耽搁。新闻稿件无须篇篇送审,可审可不审的就不审。这是因为,审稿人一般都是领导干部,工作较忙,出差频繁,送审稿往往得不到及时处理。即使非审不可的稿件,记者也必须做好工作,说明理由,力求做到审稿人等送审稿,使送审稿做到"立等可取"。有人曾说:"送审即送命",即送审稿往往"死"于审稿途中。这种现象应当引起人们关注。还是应当提倡文责自负,应当相信绝大多数新闻工作者既会对上面负责,又会对广大受众负责,更会对自己负责,故意糟蹋稿件从而糟蹋自家名声的记者,应当说是不存在的。

西方通讯社及新闻媒介新闻时效之所以快,有一个重要的原因,即从记者采写稿件到报道出去,中间没有太多的环节,稿件到了编辑手中,只消几分钟时间,一般就可发出,最快的仅一两分钟。在西方编辑看来,迟发消息是丢脸的事。我国新华社在近几年里,对此也有了较大的动作,如对国内新闻报道的"今日新闻"中,规定凡属事件性新闻,记者必须在事件发生后的两小时内将稿件发到总社,特别急的新闻,经一道编辑处理就发。这一做法对各新闻媒介都是颇有启迪的。

6. 尽可能更新通讯设备和交通工具

在当今发达国家,通讯技术自动化程度相当高,电子计算机进入了编辑室,记者配备手提电脑,编辑在电脑上作版面设计,稿件录入电脑,或由记者通过电子邮件发过来,新闻从采写到传播,基本自动化。加上交通工具的现代化,小车、摩托早已普及,西方有些国家还给有关记者配备直升机。拿我国的报业来说,采写编排技术接近世界先进水平,但有的地方条件相对比较落后。我国的物质基础还不雄厚,想一下子改变现状不切合实际,但是,只要各有关方面予以重视,肯下决心,并搞好新闻媒介的经营管理,那么,在一定程度上更新通讯设备和配备交通工具,还是可望可即的。

7. 组织强有力的多渠道发行网

比较上述各个环节,影响新闻时效的主要症结对报纸来说是发行问题。目前我国实行的主要还是"邮发合一"的发行制度,即由邮政部门统一办理报纸订购、计划发行与传递工作。当然,这一发行网络有其优越性,特别是对于广大农村读者来说,目前只能依靠这一发行制度。但是,这一发行制度因发行层次多,辗转费时,加上近年来报刊量的急剧增加,已越来越不适应需要,使传递新闻时效受到较大影响。

他山之石,可以攻玉。日本的报刊订阅率达 91.6%,居世界第一,但其中邮寄仅占 0.1%。原因何在? 主要是该国拥有强有力的发行制度,如按户投递制度,即报社雇贩卖人和送报员,哪怕是再远的农村订户,也有专人直接送报刊上门。在改革开放的今天,发行制度若能改革,其意义绝不仅限于增强新闻时效,实在是一件一举多得的好事。为了适应报业与政府财政"断奶"的体制改革和新闻市场的激烈竞争,《洛阳日报》1985 年起率先打破单一的邮发渠道,第一个实行自办发行。

近 20 年来,我国实行自办发行的报社已逾千家,发行的报纸占我国一半的市场份额。许多报纸都有自己专门的发行机构和队伍,各大中城市的报亭、报摊及卖报人随处可见。上海"百家报刊服务社"的流动售报队伍不断壮大,服务网点遍布全市;北京《京华时报》则推出新鲜的售报方式——让机器人"吉姆"上摊卖报,令读者感到非常新鲜:"买报纸都变成科普了。"

总之,只要各有关方面一起努力,采取切实可行的措施,相信我国的新闻时效会不断地跨上新台阶。随着改革力度的加大和物质基础的日益雄厚,赶上甚至超出西方的新闻时效,也是指日可待的。

第四节 坚持用事实说话

所谓用事实说话,即指让新闻的思想观点通过事实自然地得以流露。记者一般总是带倾向性地选择事实,因此,事实能反映、体现记者的立场与观点。新闻的特殊价值和独特作用,就在于它能通过报道客观存在的事实,以体现某个道理或观点,从而感染、影响受众。可以讲,新闻的作用和威力,全在事实中。读者、听众、观众爱新闻,是因为新闻事实中有他们需要知道的信息和值得信服的道理及思想观点。受众普遍喜欢《焦点访谈》，拿该栏目制作人自己的话来说就是："我们注重了用调查的方式讲故事，也就是用事实来说话。"胡乔木同志在《人人要学会写新闻》一文中概括得很好："我们往往都会发表有形的意见，新闻却是一种无形的意见。从文字上看，说话的人，只要客观地、忠实地、朴素地叙述他所见所闻的事实，但是因为每个叙述总是根据着一定的观点，接受事实的读者也就会接受叙述中的观点。"

一、新闻为什么要用事实说话

1. 新闻的本源是事实

事实是新闻最基本的内涵，没有事实，也就没有新闻。在一般情况下，文学靠的是艺术虚构，评论靠的是论理，而新闻则靠的是事实。新闻一定得是新近发生的事实的报道。

2. 事实胜于雄辩

事实具有不容置疑、无可辩驳的说服力和感染力。新闻报道固然发挥着组织、鼓舞、激励、批判、推动的舆论作用，指导人们遵照党的理论、路线、方针及政策行动。但是，新闻报道不同于政府的指令，更不同于法，没有强制性。实践已证明，过去那种充满空话、大话以愚弄受众的新闻报道，人们根本不予理睬，他们只是信服于事实，感染于事实。因此，新闻报道只能是通过摆事实而讲道理。例如，报道一个人如何讲奉献，任凭你空话说千道万，老百姓也很难受到感染，更不会信服。而有关对全国劳动模范徐虎的报道，不尚雕琢，不事铺张，仅靠摆出他十年如一日，每天晚上7点钟准时开启便民联系箱，查阅居民报修单，即使节假日或刮风下雨也从不间断为民服务等几个事实，就征服了读者。

然而，不善于用事实说话的新闻报道并不少见。归纳起来，主要有两种：一是滥引政策条文和领导讲话，将新闻文章化。有些新闻报道通篇看下来，竟然没有一个事实，全是政策条文和领导讲话的改头换面。与其说是新闻报道，还不如说是政府公告和会议公报之类；二是用议论代替事实。譬如，报道先进人物，不是着重写他们做了些什么，而是写他们说了些什么。其实，所说的这些话多半又是记者用套话、空话代说的。报道学习、贯彻什么文件或会议精神时，不是着重写人的"行动"，而是写人的"激动"。新闻即使到了该具体推出事实之处，往往也是以"他通过3年的刻苦钻研，终于攻克了技术难关，填补了一项空白"、"干部群众通过学习,统一思想,提高认识,一致表示……"等笼统、空洞的议论一笔带过。显然,出现上述情况,问题的实质是记者没有搞好采访这一环。

二、怎样用事实说话

事实能说话,但怎么把话说好,说得感人,就有艺术上的讲究。记者不能做笨拙的宣传家。从采写角度讲,应注意下述四点——

1. 精选事实

这是较好用事实说话的前提和保证。面对众多事实,记者不能搞捡到篮里都是菜,也不能不分主次、事无巨细地端出事实的全过程,而应当根据新闻主题的需要,去粗取精,去伪存真,最后精选出最为典型的事例。例如,反映党风、社会风气逐步好转的事实有许多,而《广州日报》记者则以《节后第一日,公仆忙些啥》为题,报道春节后第一个工作日,广州市委、市府及各系统的干部即有条不紊地投入工作,为民办各种实事,此文角度巧,事实新,具有较强的可读性[①]。

2. 多细节,少议论

用事实说话并不排斥议论,但是,这种议论必须依托于事实,要为事实服务,即通常讲的要成为点睛之笔。要做到这些,议论时就应当注意:一不能多,多了就喧宾夺主;二不能俗,俗了就为败笔。老新闻工作者吴冷西同志在谈到广播电视新闻工作时指出:"现在我们的记者不会写新闻,特别是不会用事实写新闻。"他谈到这样一个例子:徐州酒厂女工吴继玲,在粉碎葡萄时一只手被机器截断后,在各方大力协助下被送到上海抢救。这一事件本身就已感人,足以说明社会主义制度的优越,但记者在报道中又偏偏加上一笔:"真是社会主义好啊!"吴冷西同志指出:"这是新闻写作的败笔。"

要较好地用事实说话,应当精心采集细节。细节能传神。美联社记者休·马利根指出:"生动的细节可以使纸面上的文章留在人们的心灵上,渗透到人们的情感中去。"请看该社记者20世纪80年代初写的《北京的夏天》一文中的片段:"时髦姑娘,阔边遮阳帽,身着薄薄的棉织短衫,一双白手套,镀金边的太阳镜(没去台湾制商标),胸别金刚钻石饰针,脚穿二英寸(五厘米)高跟鞋,透明齐膝尼龙袜,身上不时飘

[①] 《广州日报》,2003年2月9日。

出阵阵香水味,裙子飞舞……一些讲究漂亮的男青年,西式运动装、领带、烫发……中国'解冻'了,开放了。"

3. 多解释,少晦涩

采访时常会遇上一些难以弄懂的事物,如专用术语、技术名词、操作程序等,若是原封不动地照抄照搬,不加任何解释、说明,势必就晦涩难懂,报道就死板,事实就没有很好地说话。此时,责任心强和有经验的记者,总是通过仔细、反复地询问与观察,将这些事物弄懂弄透,然后深入浅出,用受众能够接受的语言叙述,报道就通俗易懂,事实就"说话"了。例如,联合国教科文组织曾经开过一个世界气象工作研讨会,令中国人自豪的是,与会各国气象专家一致认定:全世界气象预报准确率最高的是中国辽宁省东沟县气象站。遗憾的是,我国新华社一记者没能让这事实把话说好:"中国辽宁省东沟县气象站不仅能够基本上准确地作出短期、中期和长期预报,而且还能作出超长期天气预报。"除了对气象学有兴趣、有研究的人以外,谁能看懂或听懂这个事实?法新社一记者是这样解释报道的:"绝大多数气象站可以告诉你今天、明天甚至两个星期内是否下雨,然而中国一个县的气象站不仅可以做到这一切,还能相当有把握的对今后10年内的气象变化作出预报。"面对这样的事实报道,即使识字不多的老人和儿童也能接受、理解。

怎样让新闻为更多受众看懂以扩大受众范围,是世界各国新闻界都十分关注的问题。早在20世纪90年代初,西方新闻学者就预言:21世纪最初几十年,国际新闻界千竞争、万竞争,最大的竞争莫过于通俗化竞争。我国读者、听众、观众平均文化程度较低,新闻通俗化的问题更应重视。

4. 插叙场景、背景和人物形象

这种做法,旨在增强新闻形象性和感染力。不妨再回到真实性要求上去说几句。新闻真实性应当包括两个含义:第一是事实真实,即"五个W"和引用的全部材料要准确无误。第二是形象真实,即对所报道的人物风貌和现场情景等,能有合乎事物本来面目的艺术写照,使新闻做到有神、有形。应当说,事实不真实,新闻无生命;形象不真实,则生命就干枯,没有活力,不能给人以难忘的印象。美国著名记者威尔·柯里姆斯利曾说过:"最好的写稿人总是把报道写成似乎可以触摸到的有形物体。如果你不这样做,那么你写的报道就会变成过眼烟云。

读者也就感觉不到它的存在。"①

新华社 1948 年 10 月 10 日电讯稿《活捉王耀武》一文很能说明问题。记者在叙述这个前国民党高级将领、山东省主席逃离济南城时,穿插了如下的人物形象描写:"他穿着对襟夹袄和黑色单裤,扛一个棉被卷,混在难民群里逃出了济南。起初,他雇一辆小车,自己装作有病的商人,腿上贴了张膏药,破旧呢帽低低地罩着眼睛。后来他又雇了两辆大车,另换衣服,索性假装生病,用手巾蒙上脸,盖上两床棉被,躺在大车上呻吟。"仓皇逃命,跃然纸上!这种细节描写的效果,对于刻画人物和表现新闻主题确实不应低估。

思考题:

1. 真实性有哪些具体要求?
2. 增强可读性的业务手段主要有哪些?
3. 欲增强我国新闻时效应当抓住哪些环节?
4. 应当怎样全面、正确看待抢新闻?
5. 怎样较好地用事实说话?
6. 怎样理解增强新闻通俗化的时代意义?
7. 新闻报道时的议论有哪些注意事项?

---

① 〔美〕查尔斯·A·格拉米奇编:《美国名记者谈采访工作经验》,新华出版社,1981年版,第47页。

第十三章

记者修养

　　记者修养这一章虽然放在全书的最后,但其重要地位却是实在不能低估的。从某种意义上说,记者的修养是搞好新闻工作的根本,对新闻报道业务起着统率的作用。

　　在我国,新闻工作是宣传教育工作的组成部分,是一项精神劳动。新闻工作者成天与人打交道,新闻在采访、传播过程中无时无刻不在与人、与社会发生作用,即新闻工作者通过自己采写的报道,向人们宣传党的方针、政策,灌输共产主义思想,传授各方面知识。因此,新闻工作者自身的作风、知识、技能、职业道德、情感等方面的修养,就至关重要。诚如中央高层领导曾说的那样:"教育者必须先受教育。为了更好地担负起以正确的舆论引导人的任务,新闻工作者,特别是共产党员和领导干部,必须努力提高自己的思想政治素质和业务素质。新闻战线的同志,特别是中青年同志,既要志存高远,又要脚踏实地,在打好思想政治和业务根底上,老老实实地下一番真功夫、苦功夫。"

　　目前,我国新闻界缺乏名记者,记者队伍在政治、业务上青黄不接的现象严重,有些同志还存在着一种轻视记者修养的错误倾向,"只要能应付报道,就能当记者"的思想尚有一定市场。外国新闻界也有类似现象,如有人提出,新闻学校只要开一门《新闻写作》课就行了。对此,连西方的一些学者也认为是谬论。著名新闻学家麦克杜戈尔曾予以驳斥:"不幸的是,在新闻学以及其他任何领域中,绝没有'只要写作'就够了的便宜事。莎士比亚是不朽的,这主要不是由他的词汇和风格造成的;他之所以不朽,是因为他的思想伟大。"

　　最近,中国记协对我国有关地区新闻从业人员的情况调查表明,新闻记者编辑的结构呈现"三多一少"的新形态,即非新闻专业背景的人员多,占40岁以下的68%;年轻人多,占40岁以下采编人员的56%;高学历者多,本科及以上学历者占到94%;拔尖人才少,达到优秀资质标准的仅占40岁以下人员的0.4%①。这个调查数据在全国具有代表意义。因此,不少专家纷纷呼吁:尽快建立《新闻采编执业资质标准》,实施新闻传播人才"综合素质建设工程"。在今后的实践中,检测一篇优秀的新闻作品,除了从横向结构上看其是否具备新闻的五要素和新闻采写相关要求,还要同时从纵向结构上看作者相关综合素质和修养的体现。

著名报人范敬宜曾在首都女记协举办的"国情与新闻报道名人名家系列讲座"上,结合自己几十年新闻实践经验,列举大量事例,提出从四方面提高新闻工作者的自身素质:

> 提高把握全局的能力,
> 保持旺盛不衰的激情,
> 培养淡泊名利的心态,
> 锻炼得心应手的文笔。

具备记者修养与条件非一日之功,每一个立志献身于党和人民的新闻事业的新闻工作者,都要在自己平时的工作、生活中,自觉地、不断地加强培养各方面的修养,具备有关的本领。我国著名记者陆诒曾对复旦大学新闻系学生风趣地说过:新闻工作者的修养是一个"无限公司",不存在够不够的问题,也永远不会"毕业",要干到老,学到老。

第一节 作风修养

在记者的修养中,首先是要有优良的思想作风修养。其内涵即:记者要有一定的马列主义、毛泽东思想的水平和党的政策水平,具备无产阶级的立场、观点、方法,坚持四项基本原则,在政治思想上同党中央保持一致,并具有较强的事业心和责任感。

从心理学角度讲,新闻采访和写作是一项意志活动,必须表现出相应的意志品质来,也即良好的思想作风修养,其中主要包括意志的自觉

---

① 《新闻记者》,2010年第7期,第4页。

性、持续性和自制性等。有了自觉性,记者才能在行动中有明确的目的性,并能较充分认识活动的社会意义,使自己服从于社会的要求,即使牺牲个人的一切,也要坚定、勇敢地克服困难,排除艰险,不达目的,决不罢休;有了持续性,记者才能坚持长时间地以旺盛的精力和坚定的毅力投身于党的新闻事业;有了自制性,记者才能善于控制和支配自己的情感与言行,表现出应有的忍耐性,并有独立见解,不人云亦云,随风而文,迫使自己排除干扰,直达采访活动的目的。1936年夏天,在日本军队从内蒙古东部急剧向西部入侵的紧急关头,著名记者范长江即赴西蒙腹地采访。为了避开日本别动队及侦探的注意,他化装成商业公司小职员,搭车行程五千里,途中饮露餐霜,夜宿戈壁。为了尽快赶回东蒙,早日报道西蒙危急情形,在已无车可乘的情况下,他毅然决定改骑骆驼,横越沙漠。经过这一趟死亡之旅,范长江到达定远营地时,脸上皮肤溃烂,连熟人也认不出他来。范长江的行为充分体现出了一个追求真理的记者所具备的意志上的自觉性、持续性和自制性。

在我国,记者是党和人民的喉舌与耳目,是党同人民群众联系的纽带与桥梁。记者通过新闻报道的形式把党和政府的政策迅速告诉群众,又把群众的呼声及时反映出来,帮助各级党委和政府了解实际工作中和人民群众中存在的情况与问题,为制定方针政策提供依据。正如刘少奇同志1948年10月2日《对华北记者团谈话》中指出的那样:"党是依靠你们的。党怎样领导人民呢?除了依靠军政机关、群众团体领导人民外,更多更频繁的是依靠报纸和通讯社。……中央就是依靠你们这个工具,联系群众,指导人民,指导各地党和政府的工作的。人民也是依靠你们。人民想和中央通通气,想和毛主席通通气,有所反映,有所要求,有所呼吁。……你们记者是要到各地去的,人民依靠你们把他们的呼声、要求、困难、经验以至我们工作中的错误反映上来,变成新闻、通讯,反映给各级党委、反映给中央,这就把党和群众联系起来了。"[①]由此可见,新闻不仅仅是一项光荣的事业,更是一项神圣的事业,记者是社会主义物质文明和精神文明的传播者、教育者。因此,这项事业要求每个记者都必须具有高度的事业心和责任感,要充分认识自己的工作性质、意义和肩负的历史使命,而绝不是"怀揣记者证,身背照相机,见官'高一级',别看多神气"所能替代、应付的。

---

① 《刘少奇文选》上卷,人民出版社,1981年版,第399页。

思想作风修养的核心是新闻工作者的事业心和责任感。古今中外，几乎所有的名记者都认为：采访写作的技巧可以放在其次，而事业心、责任感却是最重要、最根本的。正如著名记者穆青所说："我觉得记者的责任感是最根本的。对党的事业的责任感，对人民群众的感情，这是记者最主要的两条……新闻敏感呀，政治观察力呀，都是由这两条派生出去的。"老记者萧乾也曾十分风趣地说："倘若死后在阴曹地府要我填申请下一辈子干什么的话，我还要填'记者'。"可以断言，只有将全副身心放在工作和事业上，才能醉心于党的新闻事业，酷爱新闻工作。例如，知名记者强荧，常常是写好遗书，冒着九死一生的风险，去新疆沙漠、广西原始森林、北极等地采访，体现了一名新闻工作者强烈的事业心和责任感。

工作作风修养是作风修养的另一重要内容。在我国，新闻工作者是为社会主义事业奔走不息的"特殊流浪汉"，新闻是"跑"出来的。著名教育家陶行知先生在贺《新华日报》创刊八周年题的一首诗《新闻大学》中有这样一段："皮鞋穿破穿布鞋；布鞋穿破穿草鞋；草鞋穿破穿肉鞋；采访的朋友辛苦了，要表述大众的欢乐悲哀。"此诗颇有意味地反映了记者工作的艰苦性。

工作作风的核心是新闻工作者的牺牲精神和冒险精神。新闻事业的确是一项十分艰苦且具有冒险性的事业，需要记者具有牺牲精神。可以这样说，在正直、勤奋的新闻工作者前进的路途上，布满"荆棘、高山、激流与险滩"。从某种意义上讲，新闻不是用"墨水"写成，而是用"汗水"甚至"血水"写成的。2003年的伊拉克战争初期，美英联军死亡的人数只不过200人左右，而牺牲的记者则近20人。据总部设在纽约的保护记者委员会2004年1月2日公布的最新统计数字，2003年全球共有36名记者因工作的缘故被枪杀，与2002年19人相比数字有较大增长。又如，"九一八"事变以后，当时在《申报》任职的史量才先生，同情救国运动，支持宋庆龄、蔡元培、鲁迅等发起的民权保障运动，主张对当时《申报》的版面进行改革，内容予以刷新，使该报一步步办成倾向进步、主张抗战的报纸。这些主张引起了蒋介石对《申报》和史量才的极大不满。蒋介石通过当时在上海地方协会挂名的大流氓杜月笙拉史量才到南京面谈，企图拉史量才同流合污，但未达目的。蒋介石最后威胁说："把我搞火了，我手下有100万兵。"史量才毫不示弱地冷然回答："我手下也有100万读者。"1934年，史量才先生在沪杭公路海宁县境内,惨遭国民党特务暗杀。因此,任何要有所作为的新闻工作者,都得有足够的吃苦甚至是牺牲的思想准备。所谓风险,包括自然界风险、打击迫害的政治风险、枪林弹雨的战争风险等。并不是记者故意要自讨苦吃和寻求风险,而是时代的风雨和新闻工作的性质决定、逼迫记者非吃苦、牺牲、冒险不可。据最新统计,2010年全球有105名记者因公殉职,在过去5年里,全球有529名记者遇难。正如一位老记者所形象总结的那样:"记者肯流汗,才敢叫新闻报道冒热气;肯流血,才敢叫新闻报道放光芒。"

诚然,和平时期当记者,一般用不着去冒枪林弹雨之险;现代化的交通工具和通讯设备,也大大减少了记者的劳动强度。但是,要出色地完成报道任务,吃苦耐劳和不计个人得失的精神,勤奋、顽强、扎实的工作作风,仍是每个记者所必备的。譬如,来到中央电视台的《焦点访谈》组,你会发现这里的所有人总是忙个不停,每天都在高负荷地运转着。记者们常常刚刚从外地采访回来,真想回家美美地睡上一觉,但是,总导演已为他们递上了一小时后的飞机票。所有人都毫无怨言,因为他们已习以为常。黑龙江电视台记者、范长江新闻奖获得者陈小钢更是记者中的佼佼者。2000年5月19日,他冒着生命危险,艰难地攀上珠穆朗玛峰8150米的高度。这里的空气只有平原的20%,牦牛早已却步,连雄鹰也不敢飞越,在缺氧折磨得几乎疯狂的情况下,他仍面对镜头,向电视观众进行直播,成为当时世界上在最高海拔作新闻报道的职业记者。另外,由于社会风气尚未根本好转,暴力干涉新闻采访权,记者采访被打事件屡屡发生,据不完全统计,2003年见诸报端的记者采访被打事件就达10余起,其中包括新华社、中央电视台、《济南日报》、《南京晨报》、长沙电视台等10余家媒体①。

改革开放以来,党风党纪教育不断展开,广大新闻工作者的工作作风修养也有了增强,一批批受到党和人民称誉的好记者正不断涌现。但也应当看到,由于种种原因,尚有一部分记者,特别是一部分青年记者,采访作风不够踏实,常要被采访单位提供各种方便,刮风下雨就懒得出去,有的光想在大城市里兜,不愿到农村、山区等艰苦地方去采访。这种作风应当引起重视并需迅速转变。作为媒体的领导者和组织者,应当积极地建立相应的机制,让年轻记者编辑经受锻炼。如经营管理

---

① 《东方早报》,2003年12月17日。

位居全国省级电台前三甲的天津人民广播电台,从2006年起,长时间、大投入地开展"百名记者在基层"活动,至今已进行了56批,使556人次得到了锻炼,确立了"基层是沃土,生活是良田,群众是老师"的认识,他们以组建小分队的形式,通过选择一个典型环境,集中采访一个主题,扎扎实实在基层练作风、练业务,很有成效。各地媒体应当效仿①。

西方国家的一些记者,立场、观点虽然同我们不一样,但他们对工作作风方面的修养还是比较讲究的。美国新闻学创始人之一普利策讲过的"懒人是当不了记者的"这句话,现已成了西方记者的座右铭。许多资产阶级新闻学著作中,都把"能够接受艰苦的、长时间的不规则的工作"作为记者要则制定下来。我国的记者更受到良好的教育,有着诸多的优越条件,理应在这方面比他们做得更好。

综上所述,在古今中外新闻史上,没有一个有作为的记者是与"懒"字、"怕"字有缘,桂冠的获得是勤奋刻苦、无私无畏的自然结果。

第二节 道德修养

在新闻宣传战线上工作的全体人员,都必须具有高尚的理想、志气、道德和情操。如何加强新闻从业人员新闻职业道德的修养,在当前具有特别重要的意义。

所谓新闻职业道德,即指记者在采写、传播新闻过程中与人、与社会相处时的行为规范。我国最早提及新闻职业道德内容的当数宋代对民间小报的指控,如"造言欺众"、"以无为有"、"乱有传播"等。率先明确提出"提倡道德"是报纸职责之一的是徐宝璜先生,而最早将"品性"认定为"记者资格"第一要素的则属邵飘萍先生。新闻职业道德包括的具体范围和基本内容有——

1. 坚持真理,忠于事实

应当不屈服于任何邪恶势力,不当"风派"记者,不弄虚作假,在任何情况下,都应以党和人民的根本利益为出发点。中国新闻教育泰斗

---

① 《新闻战线》,2011年第1期,第45页。

王中教授曾一再告诫:"记者不要做'文娼'。"品味此话,至今仍觉意味深长。

2. 谦虚谨慎,戒骄戒躁

在采访中,应当摆正自己与采访对象的关系,不好为人师,不高人一等,以诚相待,虚心求教。

3. 深入实际,体察民情

应当关心广大群众的疾苦,及时反映他们的呼声与要求,不能麻木不仁、不闻不问。《中国经济时报》"揭黑记者"王克勤为了揭开兰州证券黑市内幕,黑老板先以30万元欲收买他,后以500万元要买他的人头,并狂喊:"我们要血洗你全家!"但王克勤丝毫不为所动,分别给父母和妻儿写下遗书,冒九死一生,最终,《兰州证券黑市狂洗"股民"》一文发表了,一些人被送进了监狱,千万股民拍手称好[①]。

4. 互敬互学,积极竞争

记者与记者之间,新闻单位与新闻单位之间,根本利益和奋斗目标是一致的,应当不断增进友谊,共同进取,即使要展开竞争,也应凭借正常的业务手段去健康、积极地进行,不应搞不利于事业和破坏团结的行为与活动,决不允许让那种不择手段、互挖墙脚的恶劣行径出现在我国记者队伍之中。

5. 摆正位置,不谋私利

新华社原社长郭超人曾说过这样一句颇有意味的话:"记者笔下财富万千,记者笔下毁誉忠奸,记者笔下是非曲直,记者笔下人命关天。"由此可见记者肩负的社会责任之大。每一个记者都应当摆正个人与集体的位置,妥善处理好公与私的矛盾,决不允许用党和人民给予的某些权力去牟取私利。需要指出的是,在当前,一些记者在职业道德上,严重背弃新闻工作者的职责与纪律,利用工作之便,拉关系,谋私利,或是拉生意、做掮客,或是索要钱物,搞"马夹袋、红包"之类的有偿新闻。这种现象且有泛滥之势。2002年6月22日山西省繁峙县义兴寨发生金矿爆炸事故后,新华社山西分社与另3家报社的11名记者竟然收受巨额现金和金元宝,进而帮助矿主隐瞒事故真相。消息传来,广大受众为之震惊!人们用种种形象的语言来描绘这种记者的形象,说他们是"蜜蜂"又是"苍蝇",是"接生婆"又是"掘墓人",是"改革的播

---

① 《中国经济时报》,2001年2月3日。

火者"又是"腐败的模特儿",是"赶场子(指鉴定会、庆祝会、竣工典礼、开业仪式、恳谈会)、捡袋子、碰杯子、凑稿子"的"能工巧匠","信爹信娘不信报,防贼防盗防记者",等等。《新民晚报》曾在"今日论语"栏目《逢8发与记者发》一文中就谈到:眼下每月遇到有"8"的日子,不少企业人士以为是"发"的良辰吉日,纷纷安排开业或庆典活动,此时,也正是记者赶场子、发大财的好时光。时至今日,此风似乎不见收敛。一位总编感叹:"逢8我几乎在编辑部找不到记者。"此风如果不刹,清正、廉洁的记者形象如果不重塑,还奢谈什么"铁肩担道义,妙手著文章"?正如印度诗人泰戈尔所说的那样:"鸟翼绑上了黄金,鸟还能飞得远吗?"

6. 甘为人梯,严禁剽窃

指导通讯员采访,帮助他们修改稿件,这是每一个记者、编辑职责范围内的事。但常有一些通讯员反映:好端端的一篇稿件交编辑部后,或经记者、编辑稍加改动,或一字未改,登出来了,但自己的名字不见了,换上了"本报记者×××",自己的劳动成果就这么莫名其妙地被他人占有了。

"记者是社会的良心。"重视新闻职业道德修养,是我国新闻事业的传统。大凡在事业上有成就的我国记者,都十分注重这方面的修养。当代著名记者柏生曾经在《做新闻记者的几个原则》一文中指出:"做新闻记者的第一个原则,是要修养人格。""这是因为,新闻记者负有批评社会、指导社会的重大责任。如果自己人格有缺点,怎么能够批评他人、指导他人呢?"范长江在《怎样学做新闻记者》一文中也指出:"新闻记者要能坚持真理,本着富贵不能淫、贫贱不能移、威武不能屈的精神,实在非常重要。"全国优秀新闻工作者、时任新疆电视台记者孙伯华说得颇为幽默:"吸油水的笔是流不出墨水来的。"

上述6项,记者若是做不到,就趁早改行,否则,一定误人误事。

记者与人、与社会相处的具体关系主要有三个方面:一是记者与新闻事实的关系;二是记者与群众的关系;三是记者与同行的关系。

第一,记者与新闻事实的关系。坚持新闻真实性原则,从而对党的事业负责,对受众负责,这是新闻职业道德的核心内容。不管是屈服于邪恶势力,还是由于作风浮夸而导致报道失实,均应视为不道德的行为,理所当然地应该受到舆论的谴责。

一个正直的记者,没有权利以任何形式弄虚作假。讲真话,让事实说话,是科学的态度,是宣传的艺术,也是记者高尚道德品质的体现。他必须对新闻报道的全部事实负责,所有报道,必须从事实出发,以事实为依据,并经过严格认真的核实,否则,就不予报道。我们"得像董狐①那样,紧握住自己这一管直笔,作真理的信徒,人民的忠仆。一方面,凡是真理要求我们说,要求我们写的,就不顾一切地写,人民心里所想说,所认为应当写的,就决不放弃,决不迟疑地给说出来,写出来。另一方面,凡不合真实和违反民意的东西,就不管有多大的强力在后面紧迫着或在前面诱惑着,我们也必须有勇气、有毅力把它抛弃,决不轻着一字"②。例如,轰动全国的山西繁峙矿难发生后,有 11 个记者被收买,而《中国青年报》记者刘畅却不为金钱所动,以一种"超然独立的态度和廉洁不贪的气节",毅然采写了《山西繁峙矿难系列报道》,并荣获了第十三届中国新闻奖一等奖。

历史的经验告诉我们,记者必须对新闻报道的全部事实负责。不能听到风就是雨,上边来了什么新精神、新说法,就赶紧跑到下边找例子,甚至文件还在印刷厂,印证新精神的科学性、正确性的报道就出来了。而应该先冷静地思考一番,这种新精神、新说法是否真有道理,不应盲从,坚决不当风派记者。即使新精神、新说法是正确的,也要认真看一看,思考一番,吃透了,摸准了,对搞好新闻报道也有百利而无一害。邹韬奋先生有句格言:"天下作伪是最苦恼的事情,老老实实是最愉快的事情。"此话在坚持新闻报道真实性原则的今天,仍不失现实意义。

第二,记者与群众的关系。记者与群众的关系一般指两个方面:一是记者与采访对象的关系;二是记者与受众的关系。

记者与采访对象的关系,说到底,这是一个态度问题,即是你先当学生后当先生呢,还是自命不凡,要人家对你俯首听命?有位老记者说得很贴切:"一篇报道,实际往往是记者、通讯员同采访对象共同劳动的产品。"以这样的认识处理相互关系,则关系就易融洽,采访对象的自尊心理得到保护后,便会反馈出更大诚意尊重记者,并热情配合记者

---

① 董狐:春秋时期晋国的史官,以直笔写史而名传后世。
② 《新华日报》社论:《记者节谈记者作风》,1943 年 9 月 1 日。

将采访活动搞好。否则，就正如美国新闻学者麦尔文·曼切尔所说："有时，记者制服了一个盛气凌人、不服从引导的采访对象，但访问本身却失败了。"

记者与受众的关系。这一关系处理得如何，涉及创办报（台）的基本方针。新闻媒介靠群众支持，受众是报（台）的"上帝"，这是确定无疑的。记者要密切与受众的关系，当从两个方面努力。首先，要创造一切机会广泛接触受众。在受众中要多交朋友，与他们展开经常性的交往。交往，是人的个性心理活动形式之一，任何人活在世上，都必然要和别人交往、接触，而且，交往、接触的范围越广泛，同周围生活联系的形式越多样，他深入到社会关系各方面时才会越深刻，精神世界才会越丰富，个人的心理品质、才能、性格也才会得到更好的教育和锻炼。大凡有作为的记者，对广泛与受众交往这一点，都是十分注意的。范长江就曾说过："一个记者应该在群众中生根，应该到处都有朋友。"他平时也正是这么做的，上自军政要人，下至和尚、乞丐，他都注意交上朋友。其次，要及时处理受众来访、来电、来信。受众常会给报社、电台、电视台来电、来信甚至来访，无论是提供新闻线索，反映社会动态，还是倾吐自己的要求、愿望，都体现了对党报（台）的信任与支持。报（台）也确实少不了这一信任与支持。记者如何以高度负责的精神，认真及时地加以处理，通过适当途径给予回音，这同样是记者新闻职业道德的一条基本守则。在西方，受众的来信等通常由总编辑亲自处理。然而，在这一点上，我们有些记者不是做得很好，对读者、听众来信、来稿，借没时间阅看为由，或一压数星期、数月，或看都不看一遍，一退了之，一转了之，有群众来访，你推我，我推你，谁都不愿主动接待。这种种做法，都是新闻职业道德所不容的。

第三，记者与同行的关系。这一关系通常包括三个方面：一是新闻单位与新闻单位之间的关系；二是新闻单位内部之间的关系；三是记者与通讯员之间的关系。

新闻单位与新闻单位之间的关系。我国的报纸、通讯社、广播电台、电视台等新闻单位，都是党、政府和人民的喉舌，工作目标是一致的，没有根本的原则分歧和利害冲突。同行相轻、妒贤嫉能是不对的，互挖墙脚、背后踢脚，那就更有悖新闻职业道德。正确的关系应当是：为共同事业而奋斗的记者、编辑之间应建立同志间的真诚情谊，要同行相亲，同行相敬，同行相助。在处理这一关系上，应注意两个问题：一是抢独家新闻与组织纪律问题。应该讲,各新闻单位与记者之间,应开展积极、正常的竞赛。这是因为,在人的个性心理中,竞争是一个重要方面。所谓竞赛,是个体或集体的一方力图超过另一方成绩的相互行动,它是人们相互联系的一种积极形式。通过竞赛,可以使人受到对方力量的感染,提高个人的兴趣和能力,有利于形成良好的个性品质。没有竞赛,活动就没有效率,事业就不能进步。因此,抢新闻应该提倡,一个新闻单位的独家新闻应该是多多益善。但是,我们所提倡的抢,应是凭真本领去抢,凭熟练的采写技能抢,反对一切不择手段的抢。同时,这种抢,在特定的时间、特定的场合,应受一定的组织纪律性的约束。譬如,某一新闻,若是上级授权某一新闻单位单独或率先发布,或是规定各新闻单位在同一时间里发布,大家也都点头答应了,那么,谁家都不应违反组织纪律而擅自抢发。否则,就违反了新闻职业道德。二是对同行失误的态度问题。新闻单位在新闻报道中发生失误,这是难免的。身为同行,不论哪个新闻单位出现失误,应该感到一样惋惜或痛心,在引以为戒的同时,还应尽可能地给对方以安慰和鼓励。然而,有些新闻单位的有些同志并不是抱这样的态度。如,某个新闻单位发生什么失误,群众中议论纷纷,另一些新闻单位的某些记者,并不是站在同行角度也感到脸上无光,而是幸灾乐祸,并借采访之机或其他场合,极力传播同行的失误,唯恐他人不知,有的甚至还在自己的报刊、广播里发文章旁敲侧击、冷嘲热讽。这一类做法,都是违背新闻职业道德的。

　　新闻单位内部之间的关系。按照社会各行业、系统的分布情况,报(台)内部也相应分设若干部组,各部组每周、每月所发稿件占多少版面(时间),一般也相应有个比例。再则,党政的中心工作一个时期有一个时期的重点,新闻报道一般要围绕这个重点作集中、突出的处理,有关部组承担的报道量自然就大些,占版面(时间)就多些。部组的如此分设和版面(时间)的如此分配,无论是从工作角度还是从宣传角度考虑,都是必须的。每个部组乃至每个记者,对此问题应确立崇高的集体感,应用整体的观念来看待报道量和版面(时间)的分配。心理学指出,集体感是道德感中一种非常重要的情操,它是由于有着共同的崇高理想而发生友爱互助的一种情感。为共同事业、共同目标和共同利益奋斗的人们,只有建立这一情感,才能意识到个人利益应服从集体利益,才能抵制"山头主义",才能和集体同呼吸、共命运。事实上,有些部组和记者不具备这一集体感,遇事不能从整体利益出发,而是死死占住"小山头"不让,为争版面(时间)、争头条常常闹得不可开交,应当说,这是新闻职业道德所不容的。

记者与通讯员之间的关系。广大通讯员历来是报社、广播电台、电视台、通讯社的"编外记者"、"消息来源"与"专业之师",是一支不可忽视的新闻报道的重要力量。

通讯员大都生活在基层和群众之中,在了解社会动向和群众意愿方面,条件比记者"得天独厚"。因此,要搞好新闻报道工作,记者除了自身努力以外,还要靠广大通讯员的努力。这是我党几十年新闻实践所证实的事实。一个记者若是与通讯员关系密切,互相尊重,通力合作,那么,他们负责报道的那个行业、地区的新闻宣传工作定会有声有色。

但是,总有一些记者同通讯员的关系处理得不太融洽,甚至很僵。细细分析,通讯员有责任,而主要责任则在记者身上。其主要表现有:

"雇佣观念"严重。少数记者对通讯员不是视同志式的平等关系,而是视为主仆关系,"有事是亲戚,无事不相识","召之即来,挥之即去"。这般处理,通讯员的自尊心理及工作热情必然受到挫伤,因而相互间不可能建立起诚挚的情谊。

轻视通讯员的劳动成果。这是一个比较突出的问题。如有的记者接到通讯员来稿,发现题材很好,于是,便找些稿件在采访写作上的不足之处为由,撇开通讯员而独自作些补充采访,稍加修改后,最后单独以自己名义发表;有些记者见通讯员来了一篇好稿,甚至连招呼也不打一声,就把自己的名字署在人家前面。如此等等,不一而足。

将通讯员视为"捞外快"的渠道。某些记者以稿子做交易,搞"关系学"。譬如,平时懒得下乡,但一到"时鲜货"上市季节,或是某个企业有些什么"内销"、"试用"产品之类,脚就跑得勤了,往往也就在这个时候,有关这些单位的稿件就容易见报。不少地方通讯员进城送稿现象十分普遍,有些同志还美其名曰:"编辑当面指正,通讯员当场改稿,能保证稿件的质量和时效。"此说究竟有无道理,我们暂且不论,但有一种现象应该指出:即这些通讯员常常是"脑力劳动"与"体力劳动"一起来。何谓"脑力劳动"? 当面改稿是也。何谓

"体力劳动"？花生、香油、螃蟹、鱼肉、烟酒之类手提肩扛"铺路"、"进贡"是也。

那么，记者与通讯员的关系究竟应当如何处理呢？当从三个方面处理——

一是要把通讯员看作是专业之师。据一般统计，报（台）每月的发稿量，通讯员一般约占50%，常常达到60%。这是因为他们绝大多数生活在社会基层，熟悉生活，了解群众，因此，记者应当拜他们为师，紧紧依靠他们搞好新闻报道工作。依靠得好，就犹如各地都安排了"哨兵"，消息灵通，耳聪目明，新闻报道工作就会搞得更加有声有色。

二是甘于做无名英雄。编辑、记者帮助通讯员修改稿件，既是自己的应尽职责，也是崇高思想与美德的具体体现，许多老编辑、老记者几十年来也正是这样做的，他们默默无闻地甘为他人作嫁衣、作阶梯，在通讯员和青年记者的稿件中倾注了自己的才华与心血。

三是努力维护、塑造自身形象。在加强新闻工作者队伍思想和作风建设的今天，记者的言传身教很重要。事实上，把庸俗的"关系学"带到神圣的新闻事业中来，既害党报（台）威信，也损自身形象。可以这样说，记者伸手接过对方馈赠礼品和钱款的同时，也给自己的形象抹了黑。有些单位送礼和钱款给你，也属迫不得已，记者前脚走，人家后脚就骂娘的也属常事。一位企业经理在请记者吃饭后曾轻蔑地说："记者的价值不就是几个菜、一瓶啤酒加一个'马夹袋'吗！"中宣部负责人曾强调：搞有偿新闻就是腐败。他指出："广大新闻工作者要大力弘扬忠于党和人民、坚持党性原则、坚持正确导向、坚持实事求是的新闻职业精神，切实遵守敬业奉献、诚实公正、清正廉洁、团结协作、严守法纪的新闻职业道德。"①

邹韬奋先生所说的一段话很发人深省："像我这样苦干了十几年，所以能够始终得到许多共同努力的朋友的信任，最大的原因，还是因为我始终未曾为着自己打算，始终未曾梦想替自己刮一些什么。"总之，广大新闻工作者一定要努力做到：既要使文章精彩动人，也要让品质光彩照人。

① 详见新华社2003年10月20日电讯。

第三节 知识修养

在国外,有人认为现在所处的时代已到了知识爆炸的时代,每隔5年左右,旧的知识大约要更新20%。这种说法和估计的科学性程度如何暂且不论,但随着现代科学的发展,知识更新周期和递增速度无疑超过了以往任何时候。而在这当中,每一种新的知识出现后,新闻报道往往率先起着传播作用。毫无疑问,记者的知识修养也比以往任何一个时候都显得重要。

一、知识修养的重要性、必要性

在当前,记者具有较好的知识修养,有着十分重要的现实意义。

1. 能提高采访活动效率

记者是社会活动家,社会接触面极为广泛,若是具有较好的知识修养,就便于同社会各阶层人士接触、交谈,有利于采访活动效率的提高。若是知识贫乏,采访对象所从事的行业、专业的"ABC"知识及基本情况也全然不知,那么,对方心理上就会出现轻视记者的反映,就会削弱接触、交谈兴趣与热情,采访活动效率就会受挫。例如,西方著名电影明星费雯丽在参加为重新发放学院奖的她主演的一部获奖影片首映仪式时,有一记者问她:"你在影片中扮演什么角色?"费雯丽顿时惊讶万分,立即冷漠地回答:"我无意同一个如此孤陋寡闻的人交流。"

2. 能满足受众求知心理

相比较以往年代的受众,如今的读者看报纸、听众听广播、观众看电视,不仅要满足新闻欲,也要满足知识欲。从某种意义上说,报纸、广播、电视等是人民的教科书,记者是党和人民聘请的"教师",因此,要较好地输出"一滴水",理应先得蓄满"一桶水"。

3. 能加强对新闻的感知力和判断力

从心理学角度讲,知识是万能的"力",知识与能力互相联系、互相制约,知识是能力的基础,知识可以转化为能力,并能促使能力的提高。实践证明,一定的知识修养是记者采访写作综合能力提高的基础和重要因素,采访中对新闻事实的感知力、判断力、写作时引经据典的敏捷性等,都离不开知识修养。反之,记者在识别新闻真假优劣时就可能成为"睁眼瞎"。例如,《北京晚报》一位记者在一次报道中批评河北省某蚊香厂"孔雀牌"蚊香有毒,造成各地客户纷纷退货,工厂倒闭,损失达50万元。后来,蚊香厂领导向法院起诉晚报,法院经过调查、审判,晚报败诉。原来,记者在采访中听市防疫站的同志说该蚊香中含有××化学物质,就想当然地认为对人体有害。其实,蚊香中所含的××化学物质只要不超过规定指数,燃烧时只会驱除蚊子,对人体不会造成损害。美国《纽约太阳报》采访主任丹那早在1880年就说过:"记者必须是个全能的人,他所受的教育必须有广阔的基础,他知道的事情越多,他工作的路子越广,一个无知之徒,永无前途。"

二、知识修养的范围与内容

新闻工作者的知识修养,通常包括三个方面——

1. 理论知识修养

在新闻工作者的知识修养中,理论知识修养是最重要的。在我国的新闻工作者队伍的建设中,要求抓好五个"根底",即理论路线根底、政策法律根底、群众观点根底、知识根底、新闻业务根底。将理论路线根底列在首位,说明该根底又是最根本的。这是由新闻工作性质决定的。因为新闻工作主要职责之一是用马克思主义理论作为认识工具,对社会客观事物进行调查研究、观察分析,从而认识和反映客观事物,这个过程实质也是向受众提供一种认识工具,帮助人们正确认识客观,自觉规范自身言行,达到个人与社会的最大和谐。因此,记者自身的马克思主义理论知识修养自然就显得十分重要。

从实际工作来看,一个记者在采访写作活动中,将报道写活、写短等固然重要,但主要是看准、写深,遵循和揭示规律,也即能否较好地发现和解决问题,能否抓住、揭示事物的特点与本质。有些报道犹如白开水一杯,淡而无味,对受众缺少说服力和影响力,或是人云亦云,失去主见,甚至黑白颠倒,症结就主要在于记者理论根底不扎实,对事物缺乏及时分辨的能力和正确的辩证思维。在我国,过去、现在乃至将来,理论知识修养如何,都是一个记者称职与否的重要标志之一。

因此,记者眼光要远大,要舍得花时间,系统学习、钻研理论原著,完整、准确地理解和掌握马列主义、毛泽东思想及其他的理论科学体系,反对搞实用主义、本本主义,要注意理论联系实际,应当经常、自觉地从理论角度总结自己的新闻实践。

2. 新闻专业知识修养

这是指新闻学专业基础业务知识修养,其中主要包括中国新闻理论基本体系、中外新闻事业史及采访、写作、编辑、评论、摄影、广告、公共关系、媒介管理等业务知识。

新闻学专业基础业务知识,对当了一段时间的新闻工作者来说,你不去钻研它,实际工作也能应付,于是,新闻无"学"的观点曾一度占有市场;钻研了,却又感到是"无底洞"。不学以为满足,越学越知不足。原有知识要更新、充实、发展,新的知识领域亟须开拓。因此,新闻无学之说不是无知,也是偏见。

由于种种原因,目前我国的近 100 万记者、编辑中,仅有一小部分毕业于大学新闻系或各类专业训练班,受过较系统的专业知识教育,大部分则是"土生土长";分散在各地各单位的数百万通讯员,接受新闻专业知识教育的平均程度就更低一些,基本上靠自己摸索、闯荡。不容否认,他们情况熟悉,经验丰富,政策水平等也高,一般能适应新闻工作。但也应看到,由于缺乏系统的专业知识教育,他们当中的许多人业务能力提高到一定水平后,就很难再有提高,突破、飞跃则更属难事。

新闻事业的发展趋势表明,未来的新闻工作者必须经过系统的专业知识学习。西方的许多新闻学专家都强调:未来的记者必须经过大学新闻传播系的专业训练。改革开放以来,随着我国教育事业的发展,我国的新闻教育事业也得到相当程度的发展,新闻工作者队伍青黄不接的严重状况已开始出现转机。但是,目前的新闻教育状况仍然适应不了突飞猛进的新闻事业发展的需要,因此,如何广开门路,以多种形式、途径办学,迅速培养、造就大批合格的新闻人才,特别是制订、落实有效的培训措施,科学地设置课程体系,分批培训在职新闻工作者,以提高他们的专业知识素养,仍是一项艰巨而繁重的紧迫任务。各级新闻宣传部门应当立即同各新闻院系携手合作,认真做好这项具有战略意义的工作。从 2002 年初起,中共上海市委宣传部与复旦大学共建新闻学院,全面参与和指导该院的学生招生、教学、科研、师资队伍建设、学生实习及硬件建设等工作。学院则积极派出师资培训在职新闻从业人员。这一具有战略性的工作和合作,对各地有一定启示。目前,广州、南京、广西、北京等地新闻院系正相继推行这一做法。

3. 基础知识修养

这主要指文学、史学、哲学、经济学、语言学、心理学、社会学、法学等学科知识。记者工作离不开笔,采访写作离不开调查研究的基本理论方法。因此,文学、语言学、哲学等知识无疑是重要的;记者成天与人打交道,不懂心理学、社会学等知识,就难以开展有效率的活动。经济报道越来越多,经济现象越来越复杂,记者不熟悉经济理论显然不行;史学则能使记者具有远见卓识,对事物增强预见力和判断力。此外,记者对天文、地理、数学、物理、化学、医学等方面知识,也应有一定程度的了解和掌握。对自己负责报道的行业的专门知识,应力求达到"准专家"水平。现代社会越来越欢迎专家型、复合型人才,新闻事业亦然。

有些国家的《新闻法》明确规定:从事工业报道的记者,必须具有工程师资格证书;从事农业报道的记者,必须具有农艺师资格证书;体育记者要达到二级运动员水平;卫生记者要具备医师资格证书。著名音乐家贺绿汀也曾指出:"报社最好能有一个真正懂专业的音乐理论编辑。在国外,一些较大的报纸,都有一个比较有权威的音乐理论专业人员,担任写评论及审稿工作,发表具有指导性的谈话、文章。"事实上,编辑、记者知识水准的高低,小到关系一篇报道的准确、深浅程度,大到关系自身乃至新闻单位的声誉。原美国《纽约时报》总编辑安德,堪称世界报刊史上罕见的编辑奇才,他广博精深的知识修养,令同行无不叹服,称赞他是集数学家、文学家、史学家、物理学家、地理学家于一身的编辑。1922 年,安德根据埃及古墓上的象形文字,精确地考证出 4 000 年前埃及发生的一起弑君事件,使不少考古学家自愧不如。更为人称道的是,安德曾在科学伟人爱因斯坦的讲稿上发现错误,当时他把这个错误告诉爱因斯坦讲稿的译者亚马当斯教授,回答是:"翻译无错,爱因斯坦就是这样讲的。"安德极其肯定地说:"那么,就是爱因斯坦错了。"后来求证于爱因斯坦,爱因斯坦回答说:"安德是对的,我在黑板上抄写时,把公式抄错了。"

常言道:工欲善其事,必先利其器。记者的"武器"锋利与否,很大程度取决于知识修养。邓拓为《燕山夜话》写了几百篇文章,篇篇都寓思想性于知识性之中,且大都是"倚马可待",编辑到他家索稿,他当场作文,编辑只要坐个把小时即可取走。他写社论,边写边排,写毕,小样也已排出。邓拓何来这么大的神通?主要是他的知识渊博。他自幼好学,23岁就写成《中国救荒史》,25岁当《晋察冀日报》社社长,30岁当《人民日报》社总编辑,他是中科院学部委员、清史专家,又是书法家,既能写诗,又善写散文,新闻"十八般武艺"样样皆通。

毛泽东曾经指出,随着经济建设的高潮的到来,不可避免地要出现一个文化建设的高潮。现在看来,这个高潮早已到来,而且,随着改革开放和现代化建设的不断发展,极大地提高全民族科学文化水平的要求将提上一个更高的层次。作为党的新闻工作者,在新的历史时期,应当站在时代的高度来看待自身知识修养的重要性和紧迫性。

第四节 技能修养

搞好各方面的修养固然必须,但可能只是一个学者、贤者;如果缺乏技能修养,还不能算是一个合格的记者。从某种意义上说,记者在其他修养完成后,技能修养的高低有时往往能起到决定性的作用。在数字化时代的今天,这一修养尤为重要。从心理学角度看此问题,道理及答案也一样,即人的活动是由一系列的动作组成的,活动能否顺利进行和完成,主要依照人对实现这些动作的方式掌握到何种程度为转移,动作方式完善化了,技能修养搞好了,则活动进行得就顺利,就有效率。范长江曾这样概括:"一个健全的记者所不可少的技术,在采访方面:流利的谈话、速记、打字、摄影和至少一门外国语。在表达方面:写论说、通讯、特写、译电、翻译和演说。在行动方面:骑马、游泳、骑自行车、开汽车、打枪、驾船、长距离徒步、航海习惯,将来最好能开飞机。"[①]

记者的技能修养,主要包括下述六项——

1. 熟悉和掌握方言和土话的技能

记者工作也属人际交流活动,而此种交流则主要靠语言进行。中国地域之广,民族之多,语言种类之杂,给记者进行的这种人际交流活动增添了极大的难度。譬如,同样一个省份,苏州的记者到了苏北,碰上的采访对象若是一口方言,记者采访就未必顺利;同样,南昌的记者

[①] 中国人民大学新闻系编:《中外记者成才经验谈》第五部分。

上了井冈山,当地的方言与土话恐怕也难以听懂。所以,一个记者在某地从事新闻工作后,应当尽快熟悉这个地方的方言,并经过反复练习,尽可能达到听懂和能简单会话的程度,对当地一些更难掌握的土话,也应积极主动进行接触,力求达到基本听懂、理解的程度。从这个意义上说,记者应是个大众语言的艺术家。

增强此种技能修养,对顺利进行人际交流、提高采访活动效率十分有利:记者若能听懂采访对象用方言、土话叙述的新闻事实,则能加速自己对事物认识过程的完成;若是听不懂,则思维活动必然受阻,对事物就难以产生认识。再则,在与采访对象交谈时,记者若能不时地说上一句半句当地的方言或土话,则必然活跃访问谈话气氛,加速双方在情感上的交流。1993年7月21日,福建省"闽狮渔2294"号、"闽狮渔2295"号两艘渔船与台湾省渔轮"三鑫财"号在台湾海峡发生渔事纠纷,国务院台湾事务办公室决定派3名红十字会人员及2名记者赴台看望被押的18名大陆渔民。国家为什么选中新华社的范丽青和中新社的郭伟锋两人作为大陆首次访台的记者?除了他们其他方面的条件具备以外,一个是福建人,懂闽南话,一个是广东人,懂客家话,是一个重要条件。还有,在新闻写作中,记者若能适当引用一句半句当地读者、听众熟悉、感到亲切的方言和土话,那么,无疑会增强新闻报道的生动性和亲和力。

2. 熟悉和掌握至少一门主要外语的技能

随着我国对外交往的日益拓展,记者在许多场合接触外国人士的机会将会日益增多。熟悉和掌握至少一门主要外语,尤其是英语,并能基本用外语直接与采访对象交谈,势必能提高采访活动效率,并常常能捕捉到独家新闻。例如,一次在日本举行的世界羽毛球锦标赛,《新民晚报》派了记者王志灵去报道这次大赛,同时去的还有中央及上海等新闻单位的10余位记者。一天,王志灵路过丹麦队教练员、运动员休息的住地,只见门口竖着一块纸牌,上写"因抗议裁判判罚不公,决定明日罢赛"等字句,侧耳一听,房间里吵吵嚷嚷,均是丹麦队教练、球员的骂声、埋怨声。王志灵当即将其整理成文发回《新民晚报》,成了一篇很有价值的独家新闻。事后,同去的10余位中国记者纷纷询问王志灵,是靠什么手段挖到这一新闻的?原来王志灵是靠懂外语看到、听到这一新闻的。虽然多数记者也曾路过丹麦队住地,看到过这块纸牌,听到吵嚷,但是由于不精通外语,看不懂听不懂,便未能获得任何信息。

因此，在某些需要的场合，记者如果不懂外语，就等于失去听觉或视觉。靠翻译采访，费时费力不说，还无疑等于"在一对恋人谈心时，当中夹着一个陌生人"，十分别扭。

老新闻工作者穆青曾语重心长地指出："如有条件，我真希望我们的记者，人人都懂外语。"凡志向远大、目光深远的新闻工作者，特别是中青年记者，都应当从现在开始，下决心用几年时间，持之以恒地学习、掌握一门主要外语。

3. 熟悉和掌握摄影、摄像及操作制图软件等技能

随着读者看报要求的日益提高，越来越要求版面上出现更多的高质量、高水准的新闻图片，以求图文并茂，满足对美、对艺术的需求。因此，就要求广大新闻工作者努力抓拍有价值、有意义的"瞬间"，让报纸版面呈现更多的可视镜头。更何况新闻图片常常能收"一图胜万言"之效，是新闻报道不可缺少的一个体裁门类。特别是当今已到了"读图时代"，这一技能的重要性就更为突出。

文字记者要改变长期以来"单打一"的报道手段与方式，迅速掌握一定的摄影技能，以丰富自己的采访成果。上海《解放日报》的俞新宝、《新民晚报》的陈继超、《每周广播电视》的管一明等记者，既是摄影记者，文字报道又颇具水平，很受同行及读者称道。广播电视和网络媒体的记者，除了会熟练操作摄像机、录音机、剪辑机和网络操作技术等外，还应会操作制图软件等，要熟练地把握文字、图片、音频、视频各自的特点，又能将它们有效地综合利用。事实上，新闻事业的飞速发展和新闻队伍的青黄不接，迫使每个记者必须一专多能，都要成为"多面手"。可以预言，新闻的"十八般武艺"，谁掌握得多，运用得好，谁就能在日趋激烈的新闻竞争和媒介融合中立于不败之地。

4. 熟悉和掌握电脑操作技能

随着新闻事业的发展，我国现行的严重影响时效的新闻传播通讯方式将会日益改进，现代化的传播通讯设备将会日益更新。为了建立记者与编辑部之间的"热线"联系，以后记者外出采访，特别是到较远、较偏僻的地区采访，随身的"武装"将日趋齐备，如手提电脑、录音笔及海事卫星电话等。为此，就要求记者、编辑尽快掌握电脑操作等技能，并熟悉修理这些机件的技能。

5. 熟悉和掌握驾驶各种交通工具的技能

掌握这方面的技能，是基于两方面的需要：一是凡是有人群或是

人烟稀少的地方,都会有新闻发生,也不管路近路远,都需要记者去采访,故记者应当因时因地制宜,掌握使用多种交通工具的技能。二是随着新闻事业的发展,新闻时效的竞争会愈演愈烈,交通工具的不断更新和熟练使用,是争取时效的一种重要手段,有时甚至是决定性因素。若仅仅会骑自行车,则会在未来的激烈竞争中败北。香港《文汇报》派往洛杉矶采访奥运会的两位记者张国强、陆汉德,年仅二十来岁,但其工作效率之高令大陆记者自叹弗如。他们不仅能写稿、拍摄、暗房冲洗及放大,电脑操作等技能也十分娴熟,既懂英语,又开得一手好车,常常采访完毕,他们已驾车离开去另一处采访或赶回去发稿,大陆记者乘坐的出租车才刚刚赶到。

采访中可能用到的交通工具很多,除自行车外,一般还包括摩托车、小汽车、汽艇、雪橇、直升机等,另外还有马、骆驼等。

华中科技大学新闻系在20世纪80年代中,就率先在国内新闻院系本科生中开设汽车驾驶必修课,这是很有先见之明的举措。复旦大学新闻学院在新闻、公安等部门的支持下,也于2002年在学生中开设驾驶课,学生在校期间就获得了驾驶证。

我国新闻界眼下正在流行一句话,即"记者三件宝,外语、驾驶和电脑"。可以说,掌握这三方面的技能,已成为当代记者的标志之一,也成为我国越来越多记者的共识。

6. 熟悉和掌握辨向、测时技能

采访中,种种意想不到的情况都可能出现,甚至使记者陷入困境。譬如,在深山老林里行进,突然发现指南针丢了,于是就不辨方向,原地打转;在偏僻地区采访,手表突然停了、坏了,于是就不知时辰,深感不便。记者若是平时能注意培养并掌握这方面的技能,如根据树叶的朝向、星星的位置等辨方向,依据太阳下木棍、身体等物体影子的折射角度测时间,就可能迅速走出困境,如期完成采访任务。例如,在一次边境反击战中,新华社一记者组,有一次深入对方腹地观察,突然发现指南针丢了,脚下是沼泽地,四周都是高大树木,30米开外,便是对方阵地,且有许多布雷区。该记者组的4位记者却十分沉着冷静,根据各人平时掌握的有关知识,最后确定了方向,终于撤回了安全地带。否则,别说是完成采访任务,恐怕命也难保。

记者的技能修养当然远不止上述这些,随着物质基础的不断增强和新闻事业的不断发展,部分技能修养可能随之淡出生活,甚至被自动化所替代,但更多的技能修养会不断提出并需要强化,特别是我国记者,对此必须有充分的思想准备。

第五节 情感修养

实践证明,在信息传播的同时,记者与受众的感情也在进行互动。受众在接受信息和阅听新闻作品时,固然要受到理智的指导,同时也要受到情感和心理的支配,通常所说的通情达理、由理导情、情理并举等,都是说的这个道理。因此,新闻作品要产生吸引受众的魅力,除了真、新、快、活、强等及要求具备思想深度、生活宽厚度外,还得有感情的浓度。新闻报道只有情理并举,或情在理之前,才有感召力,才有指导性,才能担负起引导社会舆论的责任。例如,中央人民广播电台中国之声《神州夜航》节目就深受广大听众欢迎,主持人向菲由于全身心投入该节目,深得广大听众的信任和爱戴,许多听众有什么烦心事都愿意向她倾吐,甚至有正在逃亡、意欲自首的犯罪嫌疑人都打来电话,向菲在给予指点后亲自陪其自首。

应当说,记者在采访中的百折不挠和在写作中的精益求精的功力与底蕴,都与情感有关。情感是人们在长期的社会实践活动中逐渐产生的一种主观体验,它同需要、意志、动机、兴趣、理想等密切联系,促进和维系人们进行各类活动。列宁曾经指出:"没有'人的情感',就从来没有、也不可能有人对真理的追求。"[1]因此,加强情感修养对搞好采访写作,有着十分直接、重要的意义,也可以这样说,任何成功的新闻报道和传播活动,记者必然经历一个发乎情、止于意、成于思的过程。诚如著名新闻传媒人杨澜所言:"没有热情做不了媒体人。"

1. 情感是融洽采访气氛的桥梁

事实上,采访是人际关系的一种形式,情感则是人际关系的核心心理成分,良好的人际关系则是关系双方的情感共鸣的两心相应。譬如,去少数民族地区采访,傣家人给你端上蒸蚂蚁,佤族人则送上一碗鼠肉烂饭,这是人家的传统名肴,一般只有贵客才能吃到。记者若不嫌弃,

---

[1] 《列宁全集》第20卷,人民出版社,1958年版,第255页。

即使不习惯,但也能稍许弄点尝尝,他们则非常高兴,满腔热情地接待你;记者若是嫌弃,死活不肯尝一口,人家则会认为你看不起他们而冷落你。同样道理,记者去采访一位环卫工人,不敢同对方握手,去殡仪馆采访一位焚尸工,不敢喝人家端上来的茶,你就很难撬开对方金口、得到材料。有时采访的成功与否,感情融通起着决定性的作用。

碰到接待冷漠、态度生硬的采访对象,造成采访气氛一时沉闷或紧张,记者若是情感修养好,则常常能化生为熟、化冷为热。凭着炽热的情感,记者可以先找新闻人物、报道对象周围的人了解其情况及脾性等,可以闲聊与采访对象共同熟悉并感兴趣的问题,也可以闲扯某一段相同的经历,或可以拉拉同乡、校友、亲友等各种关系,那么,双方之间的桥梁便可能架设。例如《人民日报》老记者纪希晨有次去四川某油区采访。一开始,采油队的负责人十分冷淡,支支吾吾,不愿详细回答问题。纪希晨就琢磨着如何找到一座交流的桥梁。渐渐地他从那位负责人谈话中听出了陕北口音,而纪希晨战争年代曾在那儿生活过。于是,他就突然问那位负责人:"你是哪里人?是陕北绥德的还是米脂的?"这一招果然灵验,闲扯一阵后,对方态度大变,对记者亲热起来,接着,两人又谈起了共同的一段经历,更是朋友加兄弟,那位负责人谈兴大发,记者如愿以偿。

事实上,绝大多数的采访对象是可以接近、交往的,情感上的冷漠、疏离只是暂时的,是可以转化的,关键是看记者能否主动接近和接近是否得法,是否有"逢山开路、遇水搭桥"的本领。人要有乐群性,因为工作的需要,记者平时更得注意培养自己的乐群性。

2. 情感是构成谈话的基因

采访中,谈话提问的构成是需要情感的。欲使许多采访对象启开话匣子,是需要记者投入相当情感的,有时一般提问手段不能奏效时,则需要记者采用激问式,即在谈话提问中穿插一定强度的刺激,调动对方的情感,强行撞开缺口后,探得事实的真相。例如,自称"世界政治访问之母"的意大利女记者法拉奇有次采访美国原国务卿基辛格,基辛格老谋深算、不动声色,法拉奇与其进行一番常规周旋后,然后成竹在胸、步步紧逼:"我从来没有采访过一个像您这样避而不答问题或对问题不作确切解说的人,没有人像您那样不让别人深入了解自己。"基辛格听后感到十分舒服,洋洋自得。岂料法拉奇在这虚晃一枪后,针对基辛格的个性,突然给予实质性的一击:"基辛格博士,您是不是有点腼腆呢?"为了维护自身形象,基辛格不得不答:"美国人喜欢牛仔,他单枪匹马地进入城镇、村庄,除了他骑的那匹马以外一无所有……这样令人惊叹的浪漫人物对我正合适,因为单枪匹马一向是我的作风,或者说是我的技能的一部分。"谈吐之间,基辛格有点目空一切、忘乎所以,似乎在他的眼里,整个美国政府只不过是一个受他护送的"车队"。这番谈话公布于众后,白宫哗然,公众也纷纷指责基辛格的狂妄,以致基辛格后悔万分,说他和法拉奇进行了"同报界成员进行过的最糟一次交谈"。

3. 情感是促使记者采访的动力

总的来说,记者的事业心、责任感离不开情感,每采访一个人、一件事,也离不开情感的驱使。譬如,要反映群众疾苦,要有同情感,要采写批评揭露性稿件,得有正义感。抽去感情的因素,采访的动力乃至采访的效果都将不复存在。有些采访甚至是在泪水中进行的。新华社河南兰考采访小组的记者曾经说过:采访焦裕禄同志的事迹时,我们一次再次地流着眼泪记笔记。大家都说,这是自己采访生活中最动感情的一次,而且感情非常深挚,非常真切。穆青同志事后曾深有体会地说:"多少年来,我们深深地体会到,这种和英雄人物思想感情上的息息相通,水乳交融,有时是掺和着血和泪的。它往往产生一种无论如何都抑制不住的冲动和激情,这是一种巨大的力量,甚至简直是一种魔力。它能使你如呆如痴,整天吃不下饭,睡不着觉,周围的一切好像都不存在了一样……这种激情,这种强烈的责任感,像一条无形的鞭子,鞭策着我们去克服一切困难,尽自己最大的努力去把它写好。"①

4. 情感是写作激情的源泉

差不多每个记者都有这样的体会:心情愉悦、情绪饱满时,提起笔来便会文思敏捷、一气呵成;心绪烦闷、萎靡不振时,往往就文思迟钝、生拼硬凑。确实,新闻写作是要动感情的。正如作家黄宗英所说:"我写《小木屋》,是含着泪水写成的。"她认为,只有人心与人心的交流,笔下的人物才有血有肉。她采写女林学家徐凤翔,首先是和对方交朋友,关心祖国高山森林的生态研究,为对方的事业奔走呼吁,还亲自进藏,先后几次到海拔四五千米的藏北地区采访,最后在严重缺氧的环境中流着泪水写稿。这需要多深厚的感情! 著名女记者柏生很重视这种情

---

① 穆青:《谈谈人物通讯采写中的几个问题》,载《新闻战线》,1979 年第 4 期。

感因素,她指出:"对采访的人和事,自己在感动着,就有写作的冲动,自己的感情也必然带到了笔下。无动于衷的写作,不仅十分困难,也叫人十分苦恼。罗曼·罗兰说:'要散布阳光到别人心中,总得自己心里有。'要使读者感动,自己首先得要有激情。内心无实感,笔下就无实情,当然不会打动读者。"

5. 情感是新闻报道的重要构件

剖析一则新闻作品,情感往往是重要的成分和内容:就题材而言,人情味、情趣性是新闻价值的构成因素之一,其越强,对受众的感染力和引发的共鸣则越强;就表现手法而言,新闻报道的四大表现手法是叙述、议论、描写、抒情,其中抒情、议论、描写离不开情感,即使是叙述也要"寓情",这是古来有之,否则文章就没有生命。正如清代王夫之在《姜斋诗话》中所说:"情、景名为二,而实不可离。"寓情于景,寓情于事,物中寄情,情景交融,让事与情、景与情始终相随而生,相易而变,受众在接受事实的信息同时,也在接受感情的信息。如通讯《为了周总理的嘱托》中有一段描述:"如今,这些白杨树已经有碗口粗了。可是,为全村赢得这些荣誉的人,却受到这样的折磨。白杨树在迎风呼号,那是在为老汉鸣咽,为这不平而忿怒?!"作者借白杨树的成长景物寓情,将自己对农民科学家吴吉昌的同情淋漓尽致地表达出来。这样的表述,既使报道有了生动感人的意境,又使情感与景物成了一个有机体,成了新闻报道的一个重要成分和内容。

第六节 体 质 修 养

在新闻工作者的修养与条件中,强健的体魄是十分重要的,是具有基础性质的。这是因为,新闻工作既是复杂的智力劳动,也常常是强度较高的体力劳动,加上新闻工作者的工作、生活规律更是常常被打破,因此,新闻工作要得以顺利完成的物质基础和保证,是必须有良好的身体素质。时任上海《文汇报》体育部主任马申,前几年身强力壮,在国内外的重大赛事上,他往往凭借自己跑得快、能熬夜的长处,加上其扎实的业务功底,经常是"一马当先",抢发了许多其他记者所不能企及的好稿。然而近些年来,年纪上去了,锻炼少了,身体胖了,这个病那个病来了,因而出去采访也少了,年逾五十的他,常常发出心有余而力不足的感叹。前不久复旦大学新闻系聘请他给学生授课时,他意味深长地指出:"身体是革命的本钱,也是记者的本钱,更是体育记者的本钱啊!"

老记者柯夫在《怎样做一个新闻记者》一文中论述记者必备的5个条件时,"坚强的体魄"是其中的一条。聂世琦在《新闻记者的修养》一文中,则把"健全的体格"列为所有修养中的第一条。范长江在《我怎样做新闻记者》一文中,更是把"健康"看成自己成长的"四个经验"中的一个。

现代新闻事业的竞争愈演愈烈,对记者的身体素质要求也就越来越高,躺在病床上,再好的理想也难以实现,再出众的才华也难以施展。在这方面,记者应当注意下述三点——

1. 始终保持乐观、积极的工作和生活态度

记者也常有不顺心甚至遭受委屈的时候,然而,越是在这个当口,记者对工作和生活的态度越要保持乐观、积极,要学会及时排除烦恼和忧愁,否则,长期被不良的情绪缠绕,对健康十分不利。

2. 尽力养成良好、有序的工作和生活习惯

记者的工作与生活有其特殊性,其他行业的工作可以是8小时,但记者工作时间远不止这些时间;别人到了晚上九十点钟,可以安然熄灯睡觉,但记者则可能拧开台灯、铺开稿纸或是打开电脑赶写报道,有的则可能还在外面紧张地采访。记者是很累的,一时不调整,则可能影响第二天工作的效率;若是长期不注意调整,则一定会损害自己的健康。"40岁是记者的生死关。"中外新闻界有识之士发出的这一忠告和警告,我们再不能看成是危言耸听。上海《新闻记者》2000年第6期发表的《上海市新闻从业人员健康状况抽样调查报告》指出:上海市一般职业人群中死亡者的平均年龄为60.93岁,中国科学院在职科学家死亡者的平均年龄为52.23岁,医学上把死于35~54岁这个年龄段称之为早死年龄段,而近年上海新闻界在职人员死亡者的平均年龄竟为45.7岁,实在令人震惊!全国新闻界类似的调查统计数据则更是令人坐立不安,据最新报道,2011年5月18日至23日短短六天内,我国竟有三位媒体人英年早逝,先是5月18日央视财经频道资深编辑马云涛,因胃癌晚期离世,时年36岁;后有《深圳晚报》文艺部记者黄蕾,5月22日因病去世,时年31岁;再接着是郑州电视台政治频道记者刘建,5月

23日突发心肌梗死离世,时年28岁①。而早他们三位几天因病去世的上海电台著名主持人张培也不过55岁。因此,记者必须在动荡不定的工作、生活环境中,不断增强自己的适应能力。同时,尽力制订出自己作息时间表。中午,要尽可能争取打个盹,哪怕十来分钟闭闭眼睛也好;晚间,除了必要的采写任务或应酬以外,应当争取早早入睡,那种"宴请天天有,卡拉OK三六九,不喝不唱到下半夜不罢休"的生活方式应当纠正;早上,则争取早些起床,坚持体育锻炼,每个记者都至少有一两项自己爱好的体育锻炼项目,或是跑步,或是打太极拳。

3. 合理安排自己的一日三餐和睡眠

营养对一个人的健康很重要,其道理无需详述。但是,忽略营养这个健康要素的记者却不在少数。有些记者早上不睡到"最后一分钟"不起床,顾不上吃什么就往编辑部里赶;中午又常常因为赶稿子,啃个面包了事;晚上有单位宴请了,就猛吃猛喝一场。久而久之,没有不坏身体的。因此,一日三餐记者要合理安排,要按时用餐,不要暴饮暴食,睡眠要尽量做到早睡早起,"夜车"千万不要开,睡懒觉习惯也千万不要养成。

总之,记者的其他修养和条件是重要的,但若是缺少良好身体素质这个最基础的修养和条件,则一切都无从谈起,每个新闻工作者都必须高度重视这个问题。

第七节 公 关 修 养

在平时的采访活动中,记者若是有意识地在社会上编织起广泛的公关网络,同众多采访对象建立起深厚的私人友谊,则采访活动一定会更得心应手,并且常常会有意想不到的收获。这是因为,建立起友谊的采访对象会主动积极地帮助记者,一有新闻线索便会及时提供给记者;再则,他们接受记者采访会无拘无束、倾心交谈,记者可以从中获得若干真实的材料。此时,许多有关采访的方法、技巧都显得毫无意义,任何官样文章、虚情假意也都化为泡影。例如,1898年,美国《俄亥俄州

---

① 《新闻晚报》,2011年5月26日。

报》记者麦基同一位名叫赫里克的银行家关系甚密,赫里克后来曾任俄亥俄州州长,并任法国大使多年。在这期间,赫里克私下已为麦基提供过无数价值极高的消息。1901年,当麦金雷总统遇刺送医院抢救而消息又绝对封锁时,赫里克及时把总统秘书打给共和党领袖韩那的电报给麦基看,第二天,麦基就以第一个报道总统伤势严重的新闻而闻名于世。在我国,这类事例也比比皆是。早年的邵飘萍、范长江等,常常能发表些震惊天下的新闻,皆得力于他们平时建立起的关系网络和朋友情谊,从军政要员到和尚、乞丐,各行各业,三教九流,都有他们的朋友。现在也是如此,许多年轻记者都十分重视公关,在采访写作中获益匪浅。只要细心观察分析,每天报纸上、广播电视里最精彩、最有价值的新闻报道,许多是通过种种联系和私人友谊获得的。

记者在同各界朋友的交往中,欲求得对方的信任,应当注意以下三点——

1. 不要轻易失信

在人与人的交往中,守信是很重要的,这是一个坚实的基础。记者在与朋友的交往中,更应讲究信誉。譬如,对方向你提供了信息,并不在乎你披露消息来源,那么,你尽可以报道。人家同意你报道事实,但不愿意披露消息来源,记者则应尊重双方的意愿。若是朋友向你提供某个消息,仅仅供你作参考,考虑种种因素,请求你记者不要作公开报道,那么,记者就应尊重对方,信守诺言。若是欺骗对方,统统披露,那么,必然会带来不良的结局。特别是政界人士或知识分子,若是记者拿了人家的钱不还或是在报道中批评、侮辱了对方,对方可能还能忍受,事后进行弥补,可能还会恢复关系,但若违背了双方商定的诺言,不顾人家的利益和难堪,擅作报道,则一定引起对方内心深处的反感和厌恶,下决心再也不同记者交往。这是因为,信任产生于友谊之中,但其价值则高于友谊。

2. 不要忽冷忽热

只要对方真心诚意地帮助记者并确实对新闻报道及新闻事业负责,那么,记者则应主动积极地与对方交往,不断增进友谊,甚至在对方工作上、生活中遇到困难时,应想方设法给以关心和帮助,千万不能时冷时热,搞有事是朋友、无事不相识一套。全国"三八"红旗手、首届全国优秀新闻工作者、范长江新闻奖得主、《科技日报》高级记者郭梅尼,是很值得称道的一位优秀记者。年轻朋友称她为老师,知识分子将她看成自家人,被她报道过的残疾姑娘曹雁则称郭梅尼为"妈妈",找对象,要郭梅尼做主,结婚了,也先把爱人带到郭梅尼家,与"妈妈"一起先庆贺一番。曹雁动情地对郭梅尼说:"别的记者写完稿子,联系就该结束了,我的稿子已登了几年了,咱们怎么还这么好呢?"答案很清楚,郭梅尼始终以一颗火热的心,与采访对象交朋友,当他们有困难时,总是那么热情、恳切、真诚地帮助他们。

3. 不要夹杂私利

记者与被采访和报道对象交朋友,纯粹是为了新闻工作,为了共同挚爱的新闻事业。在这一珍贵、纯洁的友谊中,容不得半点庸俗的交易成分,就好比眼睛里容不得一粒灰沙一样,否则,对方就会看轻甚至讨厌记者。极少数记者曾许诺采访对象,决不披露消息提供者姓名,但一转身,为了自己的某种需要,将消息来源披露无遗,令对象哭笑不得,极度尴尬、被动,如此,日后叫人家怎么再敢与记者打交道?有些记者看中对方的地位与手中的权力,动不动就请人家为自己办一些私事,日子一长,又有谁再敢见记者?还是郭梅尼说得好:"我不图万贯家财,也不求高官厚禄,只想积累思想、积累生活、积累知识,成为一个富有的记者。"①

事业在发展,历史在前进,对记者的修养与条件的要求将与日俱增,对此,每个当代新闻工作者都必须有充分的思想和精神准备。

思考题:
1. 增强记者修养有何现实意义?
2. 思想作风修养与工作作风修养的主要内容是什么?
3. 新闻职业道德的具体范围与内容是什么?
4. 怎样认识"有偿新闻"?
5. 怎样认识知识修养的重要性与必要性?
6. 联系采访实际,简述技能修养有哪些重要性。
7. 怎样看待记者的情感修养?
8. 健康对记者工作有何意义?
9. 记者在同各界朋友的交往中应当注意哪些方面?

---

① 载《新闻爱好者》,1996年第8期,第7页。

第十四章

近百年中国新闻采访写作史述略

第一节 近百年中国新闻采访史述略

在中国,真正意义上的新闻采访与写作的实践以及相关理论的初现,当从"五四"运动时始。

一、"五四"时期和第一次国内革命战争时期

当新文化运动的曙光照亮世纪之初的征程时,我国新闻界的早期新闻采访实践也步入了实质性地实践与改进的时代。其主要标志是:重视直接采访,派遣驻外采访;从采访内容来看,注意经济新闻的采制,社会新闻的采访也从幼稚而发展,由受歧视而登大雅之堂。

（一）驻外采访的勃兴

我国新闻界对驻外采访的重视始于19世纪末。为了"通中外之故",尤其是"通外情"的政治目的,以《国闻报》、《民立报》为代表的若干报纸,开始在外患频仍的年代,"延请通晓各国文字之士"担任驻外记者,如杨笃生、章士钊就曾任过《民立报》驻欧特约记者。但是,早期的驻外记者多是由一些留学生兼任的,并非专职记者。驻外记者采访活动的真正勃兴始于"五四"。1918年"一战"结束后,国人迫切要求了解世界形势的巨大变化,国内各大报竞相加强国际新闻的报道,派遣驻外记者与日俱增。1919年巴黎和会召开,中国政府派代表团参加,时任《大公报》主编的胡政之以唯一的中国记者的身份采访了和会,这是我国记者采访国际会议之始。但这种境外采访仍是临时性的,而非长期驻外。

直到1920年10月,我国新闻界驻外采访的新纪元才正式开启。

这年秋天,在刚从欧洲回国,深感国内报纸大有必要向国外派驻记者的梁启超的帮助、撮合之下,上海的《时事新报》和北京的《晨报》"合筹经费,遴派专员,分赴欧美各国,担任调查通讯事宜"。两报一共选派了16名特派记者、通讯员前往,人数之多,阵容之强,前所未有。此举的目的与意义正如两报在《共同启事》中所言:"吾国报纸,向无特派员在外,探取各国真情。是以关于欧美新闻,殊多简略之外。国人对于世界大势,便每日研究困难,愈趋隔阂淡漠,此诚我报一大缺点也。吾两报有鉴于此,特用合筹经费,遴选专员,分赴欧美各国,担任调查通讯事宜,冀稍尽吾侪之天职,以开新闻界之一新纪元焉。"①各个记者及其所派驻的国家分别是:陈筑山为美国特派员,陈溥贤与刘秉麟为英国特派员,刘延陵为法国特派员,吴统续为德国特派员,瞿秋白、俞澹庐(颂华)、李崇武三人为俄国特派员。同时,《晨报》驻美国特约通讯员为罗家伦,驻英国特约通讯员为傅于,驻法国特约通讯员为张若名(女)、张崧年。《时事新报》驻英国特约通讯员为郭虞裳,驻法国特约通讯员为周太玄,驻德国特约通讯员为王若愚、Gersdavff。

尤值一提的是外派俄国采访的三人,是我国最早采访十月革命后的苏俄社会的首批新闻记者。1920年10月16日,正式离京赴莫斯科,辗转3个月,于1921年1月25日抵达。路途中,瞿秋白就将其见闻、观感报道给《晨报》。访问苏俄期间,他们采写了大量的旅行通讯和几十条新闻专电。在这三个人当中,由于只有俞颂华一人曾在报社工作过,对新闻业务相对熟悉,因而很可能这些未署名的专电多是出自他的手笔。在"通信"方面,瞿秋白的采访写作最为突出,有人统计,从1921年6月到1922年11月间,仅《晨报》发表的瞿秋白旅俄通讯就有35篇,16万多字。这些通讯在当时晨报所发表的中国人访俄报道中超过了一半,如《共产主义之人间化》等通讯如实地、深刻地报道了世界上第一个社会主义国家初期状况,增进了国人对俄国十月革命的认识。此外,他还写了《饿乡纪程》、《赤都心史》两部通讯集。除三人合作采写的通讯外,驻俄时间最短的俞颂华单独采写、发表的通讯不在五篇之下,如发表在《晨报》上的《与二个俄国人的谈话》、《旅俄之感想与见闻》、《俄国旅程琐记》等。在莫斯科的短短3个月里,俞采访过列宁和

---

① 《晨报》,1920年11月27日第2版。

莫洛托夫①。1921年5月19日,俞离开莫斯科,前往柏林任《晨报》和《时事新报》的驻德国特派记者,为时两年半,采写了大量的旅欧通讯。李崇武驻俄期间也采写过不少通讯,如1921年6月24日至28日连载在《晨报》上的《莫斯科二月见闻录》。

与此同时,赴法国勤工俭学的周恩来,在学习之余也成了《益世报》的驻欧洲通讯员,采访了欧洲政治、经济、工人运动的情况以及中国旅欧留学生、华工的生活和斗争情况,在此基础上写作的大量旅欧通讯,成为《益世报》国际新闻的亮点。为提高在新闻竞争中的实力,《申报》此间也在伦敦、巴黎、纽约、柏林、东京等大城市聘请专职或兼职通讯员,形成较完备的通讯网。另外,1921年1月创刊的上海《商报》也曾派遣驻外特派员,采访国际新闻,如王新命、龚德柏就曾任该报的驻日记者②。

但这一时期所派出的"特派员"或者延请的"特约通讯员",大多不具有新闻业务知识与背景,并且他们的活动大都以个人名义采访新闻,这势必影响了采访报道的水平,表现在报道形式上,电讯过少,通讯过多,前者的成就远小于后者。

(二) 独家新闻的采访

20世纪20年代中国新闻界的一大通病是,"外来之新闻多,而自行采集之新闻少"。戈公振当年曾指出:"若各通讯社同日停止送稿,则各报虽不交白卷,至少必须缩成一版。"③过分依赖通讯社造成各报的新闻源单一与彼此雷同。

为打破依赖通讯社办报的成规,《大公报》建立了一个覆盖面广、机动性强、反应灵敏的记者、特派员与通讯员采访网络。在此保障之下,实现地方通讯和本埠新闻完全由本报记者、通讯员采写,在容量达两个总版的要闻版新闻中,本报专电和通信占了一半以上,甚至曾有过一段时间,其要闻版全用自己的专电,不用一条外稿。以1926年9月1日该报的第二版(要闻版)为例,总共12条新闻中,11条为本报专电、特讯和通讯,仅有一条为国闻社发的电讯。又譬如1927年"八一"南昌起义的消息,京津地区各大报登载的消息均源自"东方社电",唯

---

① 方汉奇:《报史与报人》,新华出版社,1991年版,第457页。
② 王新命:《新闻圈内四十年》,台北海天出版社,1957年版。
③ 戈公振:《中国报学史》,商务印书馆,1928年版,第221页。

有《大公报》用的是"本报上海专电"①。独家新闻更是《大公报》孜孜以求的,同时也是它的业务方面之所以能迅速地后来居上的一大原因。《大公报》精心营造获取独家新闻的三条途径:一是关系网,二是靠信誉,三是靠记者的新闻敏感。譬如,1928 年张学良在东北改旗易帜以及后来在中原大战的尖峰时刻通电拥蒋这两个爆炸性特大新闻,都是胡政之凭借与张的密切私交而获得,由《大公报》独家报道的。中原大战前夕,该报报道的冯玉祥已离异的独家消息,则是因记者徐铸成的新闻敏感而得。

《申报》等著名报纸在新闻采访理念的探求、实践方面,也为 20 世纪 20 年代的中国报界树立了楷模,在采访技巧、方法的探索、运用方面,一代名记者邵飘萍则为后人留下了宝贵的财富。时人曾评曰:"中国有报纸 52 年,足当新闻外交记者而无愧者,仅得二人,一为黄远生,一为邵飘萍。"②作为"中国新闻史上第一个享有特派员称号的记者"③,邵具有高超的采访技巧,常常能够采访到别人所不能采访到的独家新闻。著名报人张季鸾曾称赞他说:"每遇内政外交之大事,感觉最早,而采访必工。北京大官本恶见新闻记者,飘萍独能使之不得不见,见且不得不谈,旁敲侧击,数语已得要领。"④在担任《申报》驻北京特派记者期间,他两年内为《申报》采写了 250 多篇"北京特别通信",名噪一时。

(三) 社会新闻由幼稚到发展

在 20 世纪之初的中国新闻界,社会新闻与政治新闻、财经新闻相比,其地位是卑微的,各报社在机构设置上,也没有与政治、财经等并列的社会新闻部。从事社会新闻采访的多是些素质相对较差、被称为"探访"的人,也即是指"包打听的"——这一带有贬义的社会称谓反映了当时采访社会新闻的记者的社会地位不高。"自命新闻记者之人,不屑深入社会之下层……视采集社会新闻为新闻界中低级之职务"⑤。

事实上,就价值而言,社会新闻与政治新闻、财政新闻并无高下之分,都是构成报纸的必要材料。正如邵飘萍所言,一张报纸绝不可能只

---

① 方汉奇:《中国新闻事业通史(第 2 卷)》,中国人民大学出版社,1996 年版。
② 《新闻文存》,中国新闻出版社,1987 年版,第 485 页。
③ 方汉奇:《报史与报人》,新华出版社,1991 年版,第 405 页。
④ 《京报特刊》,1929 年 4 月 24 日。
⑤ 《新闻文存》,中国新闻出版社,1987 年版,第 428 页。

由一纸电讯或者一篇通讯组成,它必须色色具备,才称得上"完备之报纸"。在20世纪20年代,随着新闻事业不断发展,社会新闻的地位得以逐渐提高,社会新闻的采访也得以重视。这首先表现在社会新闻采访的主体——新闻记者的身份演变上:由"老枪访员"到专任外勤记者。1920年,上海《时事新报》第一次派人采访会审公廨的公开法庭,开了上海报界派专任外勤记者采访社会新闻之先河,其他各报纷纷效法,打破了"老枪访员"垄断社会新闻采访活动的局面。所谓"老枪访员",是指那些为几家报纸提供新闻的"公雇访员"。

其次,就新闻的数量而言,报刊版面上的社会新闻不断充实。1921年,英国《泰晤士报》社长北岩爵士来华访问中国新闻界,并作关于"狗咬人不是新闻,人咬狗才是新闻"的经验交流。当时的新闻界对此推崇备至,如《申报》副刊《自由谈》的主编周瘦鹃曾就此大呼:我们新闻界的同业啊!快各去搜寻那些人咬狗的材料吧①!在此追求新奇的新闻价值的指引下,以《申报》为代表的诸多报纸上时而登载一些奇闻逸事,使得原有的社会新闻更为充实。譬如,1922年7月6日,《申报》就曾采访得《溥仪胡适谈新学》的社会新闻,读来颇有趣味。报道是这样的,"溥仪日前在琉璃厂买书,偕行者有庄士敦等。溥仪喜读胡适文集,并于翌日打电话约胡适入宫。胡适要求免跪拜,溥仪自接电话,谓君为新学泰斗,当然不能跪拜。胡适遂入谈甚久。溥欲延胡为师,胡允为友。"从采访的角度看,这则社会新闻的可取之处在于采访中注意到了有关细节问题,例如,电话是溥仪"自"接的而不是侍从接的。不足之处亦有暴露,例如,对于时间,采访就不到位,溥仪与胡适到底谈了多久?这本是很能说明问题的,而报道中只用了一个模糊的概念"甚久"。

再次,就思想性而言,20世纪20年代的社会新闻的社会意义也随着其地位的提高而提高。譬如,1923年11月6日,《申报》在本埠新闻中登载《钟耐成夫妇投江》一篇,报道称平江志士钟耐成和他新婚不满一月的妻子,因愤世嫉俗而双双投入钱塘江自杀。遗书称,他们的自杀非为金钱、情恋,实在是不愿苟活在贪污恶浊的世界看国会贿选、战祸弥漫。一周后,又报道了上海大世界剧场将此事编成了戏剧,起名为《愤贿选,夫妇投江》。这则新闻的真实矛头实际上已指向黑暗的政治

---

① 宋军:《申报的兴衰》,上海社会科学院出版社,1996年版,第102页。

现实,反映了黑暗社会中的人们难以自救的精神状态,触及了深层的社会问题,较之那些仅作茶余饭后谈资的奇闻逸事,已是质的进步。

(四) 经济新闻与体育新闻的采访

在私营大报企业化时期,报纸之间的竞争十分激烈。对经济新闻、体育新闻采访的重视与投入,成了社会新闻之外的又一热点。

"商业——新闻事业的先驱"这一命题被西方新闻学者奉为考察世界新闻事业史之圭臬。的确,从世界新闻史的角度来看,报纸一经诞生,便把传递商情作为一项重要内容,经济的新闻采访被置于优先的位置。以"商业报"自诩的《新闻报》在与《申报》竞争中的经营战略定位即是以工商为主,兼及其他——以经济新闻为主,以工商界为主要读者对象。它于1922年4月最早辟"经济新闻"专栏,然后又增辟"经济新闻版",经济信息十分灵敏。其新闻采访报道面不断拓宽,涉及汇兑市场、证券市场、金融市场、本埠商情等。就地域而言,又分"国内经济事情"和"国际经济事情"[①]。为确保经济新闻来源充足,除派专门记者采访外,还在各行业及一些大的工商企业聘请兼职通讯员,随时向报社提供信息,当时在中国银行供职的唐有壬就曾专门为《新闻报》采写"财政新闻"。

我国的现代体育采访报道,大约开始于"五四"运动前后,据说最早的体育刊物是《体育杂志》,由留日学生徐一冰主办。有据可考的是,周恩来在天津南开读书期间曾为校刊采写过79篇体育报道[②]。在当时的报界,最重视体育新闻报道,影响最大的当推《时报》。针对《申报》、《新闻报》不太重视体育新闻,黄伯惠主持的《时报》则另辟蹊径,特辟体育新闻专栏,凡国内外重大体育赛事,必派记者前往或约请特派员采访。由于它的体育新闻采访报道内容丰富,江浙一带以及江南地区的学校纷纷订阅《时报》。譬如1930年,全国运动会在杭州召开,《时报》特地派出摄影记者前往采访。为了及时冲印照片,《时报》特地租赁沪、杭、甬铁路局半节车厢,将暗房设备装在里面,比赛期间,每天在杭州开往上海的最后一班车上,将当天拍摄的比赛场面、选手照片冲洗出来,等车到上海,立即将照片送到报馆刊发。这样,当日在杭州采

---

① 马光仁:《上海新闻史》,复旦大学出版社,1996年版。
② 马信德:《体育新闻学 ABC》,中国新闻出版社,1985年版。

访拍摄的照片,次日均能于上海见报①。

二、抗日战争和解放战争时期

在中国现代史上,20世纪30—40年代是一段内忧外患、战火绵延的艰难岁月,战争成了贯穿这20年历史的主线,"战争与患难"成了这一时代影响新闻事业发展的社会因素,同时也是新闻事业聚焦的主题与服务的对象——无论是新闻采访实践,还是关于新闻业务的教学、研究,无不在这一时代主题的统领之下,艰难地进行着探索与发展。

（一）党报理论的形成与无产阶级新闻采访实践

从"五四"运动到第一次国内革命战争时期,是无产阶级党报理论的萌芽时期,而党报理论的真正产生并逐步形成,则是在第二次国内战争时期。

虽然这个时期的无产阶级党报理论尚处在产生、形成的过程中,还不完备、不全面,但它的破土而出,毕竟开辟了一条健康发展的崭新道路,对党的新闻事业起到了统领的作用。表现在对采访的影响上,首先,它从宏观上框定了这一时期宣传报道的方针、政策的指向：一切为革命,新闻报道应对根据地建设和对敌斗争有所裨益。其次,它间接规定了该时期新闻采访报道的目的,以及达到这一目的的方式方法的大体框架：

第一,采访工作必须根植于群众之中。重视在工农群众中培养通讯员,依靠通讯员,走群众路线。譬如苏区的《红色中华》、《红星报》创建伊始,就着手营建通讯员网,白区的《上海报》、《红旗日报》,更是依靠地下党、赤色工会和一些进步团体,在工厂、学校秘密发展自己的通讯员,创建采访网。

第二,采访必须实事求是,注重在采访中求证、调查研究。毛泽东早在《〈政治周报〉发刊理由》中强调,"只是忠实地报告我们的革命工作的事实。"到土地革命时期,无产阶级党报对于尊重事实、在采访中调查求证的认识更进了一步,坚信"事实胜于雄辩",将报道真实的事实作为唤起民众的主要手段,批驳敌人谣言的有力武器。

第三,记者既要采访,又要在平时做群众工作,在战时拿枪投入战

---

① 刘家林：《中国新闻通史（下）》,武汉大学出版社,1995年版。

斗。譬如《红星报》经常刊登由许多通讯员一边作战、一边为报纸采写的"来自火线上的消息",而新四军的《拂晓报》在地方采访的记者,既参加区党委组织的实验工作团,组织农会,征收公粮,又采写稿件。不少记者是先下基层学做实际工作,在学会发动群众、掌握政策、发现问题、分析问题之后才学会采访的①。

正是在这样的报道思想的指引下,国统区和根据地的党报开始了采访报道的艰难实践与探索。

(二) 著名媒体的采访实践

在国难当头、战事频仍的年月,国势成了压倒一切、与每个黎民苍生休戚相关的天下最大事。这就决定了抗战时期新闻采访报道的题材与范围——抗战、民生、民主。

1.《申报》的采访报道

"九一八"事变后,史量才的政治思想和办报方针开始趋向进步。自1932年实施革新以后,《申报》的进步倾向表现得越来越明显,以"实际做"的精神,逐步实现其采编方针:国外通讯的采写,如"欧洲、美国、苏联以及华侨,尤其是日本,务尽多刊载有系统之通讯";国内通讯的采写,"力求普遍,于各地方的民生疾苦、政治经济情况,务求有系统的记载。东北失地的现状,尤为注意"。对于商业新闻的采写,也"逐步加以改善"②。1937年4月9日,《申报》派出记者俞颂华、孙恩霖假道西安抵延安采访,这是继外国记者斯诺、《大公报》记者范长江之后,上海报纸首次派记者前往延安采访。在前后16天的时间里,俞、孙两记者走访了延安市区和军民共居的街坊,拍摄了大量的照片,访问了毛泽东、周恩来、朱德、徐特立、张国焘等共产党领导人,并且和毛泽东长谈了一个晚上。他们回沪后,写成《由西安到陕北》的长篇通讯,阐明抗日的前途与中国共产党抗日救国的主张,称陕北是"国难深重中的一线曙光","陕北的主张和行动亦是全国人民一致的主张"。通讯几经国民党当局新闻检查,多处被删节,且不准在《申报》上发表,最终只得在《申报周刊》第二卷第二十期上发表,《申报周刊》还以延安拍摄的照片作为封面发表,照片中延安城墙上的"和平统一,团结御侮"、"停止内战"的大标语清晰可见。《申报》这次对延安的采访报道,向全

---

① 申凡:《新闻采访学纲要》,华中理工大学出版社,1986年版。
② 《申报月刊》,1932年11月30日。

国人民传达了关于中国共产党和陕北根据地的重要信息。

2.《大公报》的采访报道

在同一时期,《大公报》的采访也有独到之处。的确,在20世纪40年代末,《大公报》曾错误地为没落势力帮腔,发表过一些不利于人民的言论,但在分析具体问题的时候,如果能暂时撇开意识形态因素,单就它在新闻采访方面,《大公报》的采访活动体现了一个纯粹的媒体奉新闻为圭臬的职业操守,始终处于引领同业的前沿,即便是在后来的解放战争时期,报纸有错误的评论,但仍不无如实地采访报道。

(1)为民请命的灾情采访。

1935年秋,鲁西、苏北发生大水灾,洪水肆虐了几十个县,成千上万的灾民流离失所。《大公报》随即派出萧乾与画家赵望云一同前往山东采访水灾。萧乾负责文字的采写,赵则在实地踏访的基础上绘出灾区实录,以文字与速写相配合,形象地展示灾情。这在采访方式上不能不说是《大公报》的一大创举——一次成功的尝试。《大公报》陆续发表了萧乾采写的《鲁西流民图》、《山东之赈务》、《大明湖畔啼哭声》、《苏北灾区流民图》、《邳县的防灾工作》、《宿羊道上》、《宿羊山麓之哀鸿》和《从兖州到济宁》等一系列水灾报道,并配发赵望云的灾情速写,向人们较完整、形象地展现了一幅"流民图"。《大公报》对于这次灾区的采访报道,引起了社会各界的极大反响,各地捐款大批地汇到报馆,《大公报》索性正式成立了募捐委员会,为灾区正式募捐。这次采访(对于萧乾来说,这是第一次职业性的采访),留给萧乾与赵望云的最深刻的体会是,记者也好,画家也罢,都要有一颗关怀民众的心,以反映民间疾苦为己任[①],而《大公报》则最早为他们提供了关怀民众的条件与场所。

(2)动荡时局中的西北采访。

当中国工农红军经过万里长征而实力犹存,胜利会师于陕北,并公开宣称陕北作为抗日根据地时,中国的大西北成了引人注目的焦点。有一个叫范长江的年轻人决计作一次西部旅行,以让更多的人更清楚地了解中国的西北。他首先找到了《世界日报》的老板成舍我,谈了一番他的采访计划,这位名为"舍我"的精明报人,因为年轻人的无名气,做了一回错误的决定:不予合作。遭到拒绝的范长江找到《大公报》的

---

① 萧乾:《我与大公报》,载《大公报人忆旧》,中国文史出版社,1991年版。

胡政之，双方一拍即合，《大公报》给予实际上还不是正式记者的范长江以"大公报记者"的名分，并预支稿酬，使得范长江能于1935年的7月开始影响深远的西北采访。《大公报》陆续刊载范氏旅途采写的通讯，并将这些著名通讯汇集成书，名为《中国的西北角》。在此之后，《大公报》又正式派遣范长江继续在多事的西北采访，范出入绥远、宁夏、陕西，并前往延安采访，为《大公报》采写了大量通讯，这其中就包括1937年2月15日在《大公报》上海版发表的、第一次披露"西安事变"真相的《动荡中的西北大局》。

（3）战事采访。

早在1936年8月至12月，《大公报》就派范长江赴内蒙古与绥远战地采访，刊登范采写的《忆西蒙》、《百灵庙战后行》等长篇通讯；1937年1月至4月，范长江由内蒙赴陕北采访，2月17日到28日，《大公报》连载范长江赴西安、延安采写的《西北近影》，同年4月，又登载《陕北之行》等长篇通讯。"七七"事变后，抗战全面爆发，直到1938年秋，范长江一直是《大公报》的战地记者，跟随战争的进程，他为《大公报》采写了几乎每一个著名会战的报道，先是到卢沟桥、保定等华北前线，后转赴察哈尔、山西等西线采访，期间《大公报》发表了他采写的《西线风云》等战地通讯。同年10月，范南下上海，采访报道淞沪会战，不久，战线西移，他经南京到武汉，沿途写下多篇战地通讯。1938年，他一直在中原战场，采访淮北战役、台儿庄战役和徐州会战。在范长江离开《大公报》后，张高峰成为《大公报》的另一知名的战地记者，在解放战争期间采写过辽沈、徐蚌等战役的不少专电。

重视国际战事报道也是《大公报》的一大特色，国际新闻和国外长篇通讯的采访报道一直是《大公报》着力经营的所在。胡政之本人就是《大公报》第一个去国外采访的记者，同时也是当年采访巴黎和会的唯一中国记者。在"二战"期间，《大公报》曾派出萧乾、黎秀石、朱启平、吕德润四人到国外战地去采访。1939年，胡政之与前往英国担任伦敦大学东方学院讲师的萧乾约定，萧乾在授课期间担任《大公报》驻伦敦特派员，为《大公报》采写新闻。在英7年间，萧乾采访了欧洲战场，为《大公报》发回众多电报、特写和通讯，如《赴欧途中》、《银风筝下的伦敦》、《一九四〇年的圣诞》等名篇。1944年6月，欧洲第二战场开辟，萧乾接受胡政之的劝告，放弃攻读学位，在伦敦舰队街设立《大公报》办事处，并领到盟军的随军记者证，成为欧洲战场上唯一的中国记者。他为《大公报》采写了几十篇颇具特色的战地通讯、特写,如《英国大选及其政党前途》、《美国关切我团结反攻》、《德国之政治前途》、《复兴途中的法国》、《从占领德国看日本问题》、《英美人士盼我团结》、《从外长会议看欧洲外交》等。

黎秀石是在1944年被派往国外,担任《大公报》的东南亚战地记者,并随美国太平洋舰队到日本,在停泊在东京湾的"密苏里"号战舰上采访了日本签字投降仪式。意味深长的是,黎秀石用他在12年前,也就是1932年冬,日军入侵热河时拍下日寇飞机轰炸后的断壁残垣的同一部相机,在"密苏里"号战舰上拍摄了日本投降的照片!据他回忆,他当时站在离签字桌30米处,镜头正对着太阳,在逆光的情况下很难拍清,就在中国代表徐永昌签字受降的那一刻,天空飘过来一片乌云,挡住了阳光,他赶紧拍了两张①。

3. 中国记者采访的若干第一次

即便是在山河破碎、战火纷飞的岁月,新闻事业也未曾停歇摸索与前行的脚步。这期间出现的中国新闻采访史上若干对重大事件的首次报道,部分地呈现了新闻采访的发展历程。

1936年12月12日凌晨,震惊中外的"西安事变"爆发,在消息封锁的情况下,记者赵敏恒(解放后曾任复旦大学新闻学系教授)凭借其高度敏感的新闻嗅觉,当天通过路透社,第一个将"西安事变"的特大消息向全世界报道。当时赵任包括路透社、美联社在内的7家新闻媒体的特约记者,1936年12月12日9时半,国民党政府当局打电话问他西安有没有什么电报?路透社在西安有无记者?有无电台联系?富有极强新闻敏感的赵立即意识到西安可能出事了,他立即着手证实这一猜想,打电话给交通局,得知陇海路列车一反常规,现在只到华阳,不到西安。这个消息进一步证实了他的判断是正确的,于是当天他给伦敦发出了西安发生"事变"的电报。

如果说在第一时间内对"西安事变"的报道体现了记者非凡的敏感与职业素养,中国首次对奥运会的采访报道则在体现中国记者机警的同时,更反映了弱国记者在世界范围内与同业竞争的弱势与艰辛。第一个采访奥运会的中国记者是冯有真。由于当时中国的国际地位低下,体育落后,外国人看不起中国的运动员,也看不起中国的体育记者,

---

① 《大公报人忆旧》,中国文史出版社,1991年版,第110页。

采访十分困难。冯无奈中只得想出一个"蓄须之计",在自己的嘴唇上装上假须,化装成日本记者的模样,这样才在柏林艰难地采访报道了第十一届柏林奥运会。

由中国记者第一个报道日本正式投降,则是件富有戏剧性的事。1945年9月2日,日本外务大臣在美国旗舰"密苏里"号上正式签署日本投降书。参加签字仪式的有:美国的美联社、合众社,英国的路透社和中国的国际新闻社、中央社共5家通讯社代表。因为当时的军舰上只有一部无线电台可供记者使用,谁先使用这部电台,谁就是最先报道日本投降签字消息的人。大家争持不下,最后决定以人人机会均等的抓阄的形式定夺,当时中央社驻香港年轻记者曾安波幸运地抓到了1号阄,最先将这一轰动世界的消息发往设在重庆的中央社总社,由中央社向世界报道①。

4. 旅行采访的出现

所谓旅行采访,是指记者选择特定的路线,沿途边走边进行的收集新闻素材的游历、考察活动。它是一种集流动性、刺激性、艰辛性于一体的见闻式采访活动,将采访、考察的结果写成的通讯叫旅途通讯。在20年代瞿秋白赴苏俄采访之后,20世纪30年代初,胡愈之、《大公报》特派员曹谷冰、戈公振先后前往苏联进行旅行采访,分别撰写《莫斯科印象记》、《苏俄视察记》和《从东北到苏联》,在当时颇受关注。但综合考量,在30年代,反映国际情况影响最大的旅行采访还属邹韬奋的欧美之行,并撰成的《萍踪寄语》和《萍踪忆语》两部旅途通讯;反映国内情况影响最大的旅行采访要算范长江的西北之行,并写作的长篇系列旅途通讯《中国的西北角》,轰动一时。

(1) 邹韬奋的欧美旅行采访。

自1933年7月至1935年8月,邹韬奋原本是因躲避国内的政治迫害而流亡国外,但出国前他即打算将此次的流亡当作一次旅行游记,随时将沿途的见闻、感想写出,邮寄给《生活》周刊发表。其旅行的路线是先后前往意大利、瑞士、法国、英国、比利时、荷兰、德国、苏联和美国。他每到一处,无论是在车船上,还是在城市农村,均细心观察,深入调查,共采写159篇通讯,"不愧为带着精密地图的旅人"。韬奋的旅行采访之所以能够如此成功,不外乎以下主要原因:首先,采访的主题

---

① 白润生、龚文灏:《新闻界趣闻录》,复旦大学出版社,1995年版。

紧紧地把握住了时代的脉搏,一切采访活动都围绕着探求世界格局中的"中华民族的出路何在"这一时代主题来展开。韬奋曾说过,在国外采访写作时,他"心目中却常常涌现着两个问题:第一是世界的大势怎样?第二是中华民族的出路怎样?中国是世界的一部分,我们要研究中华民族的出路怎样,不得不注意中国所在的这个世界的大势怎样,这两方面显然是有很密切的关系"①。正是这一时代的主题赢得了读者的广泛关注。其次,多层次、多侧面地深入采访,以获得展现主题的第一手材料,并且将精心观察与审慎思辨贯穿于采访活动的始终,从而能揭示问题的实质。从英国议会到美国南部的黑人生活,从社会政治、经济、文化问题到两性关系,从关乎全局的世界大事到巴黎街头的浙江籍贩夫走卒,多个层次、多种角度,都是作者耳闻目睹、深入采访的切入点。通讯采访"最重要的是深入社会底层和各种人物接触,实际体验生活,方能采取有价值的通讯材料"②。为了得到可靠的材料,他实地考察了美国的贫民窟,还冒着生命的危险参加黑人的秘密会议。更难能可贵的是,韬奋的采访不止于一般意义上的有闻必访、有闻必录,而是将采访与思辨紧密结合。譬如他不为资本主义社会"华美的窗帷"的表象所惑,而是揭示其背后的悲剧与惨相;但他同样没有因此而妄下断语,而是细察到那里的科技昌明、物资丰裕、讲究效率,指出资本主义并未到"油干灯草尽"的时候。对于苏联的采访,他既观察到了新生事物蓬勃生长的景象,同样也注意到了那里的弊病与缺点,如办事效率不高等。正是在精心采访与审慎思索的基础上,他才会得出须以过去的状况、现在的实绩和消除缺点的趋势,作为衡量新生社会制度的标准③。再次,从技术手段上看,韬奋不仅能熟练地用英语交流,还曾经自学法语、德语和俄语,这无疑有助于他的采访活动的顺利进行。

(2) 范长江的西北采访活动。

范长江的旅行采访活动的实施是当时的局势促成的。1934年10月,中国工农红军撤离江西中央根据地,开始长征,这是当时时局中的一大热点。长江对红军的关注是从《国闻周报》上阅读《赤区的土地问

---

① 《萍踪寄语初集弁言》,载《韬奋文集(第2卷)》,三联书店,1955年版。
② 《怎样写作地方通讯》,载《生活周刊》,1933年10月7日,第40期。
③ 《关于苏联的一般概念》,载《韬奋文集(第2卷)》,三联书店,1955年版。

题》开始的,后来他有机会到南昌的一位下级军官的朋友那里大量阅读了苏区油印的小册子、传单、文件,对红军的兴趣更浓。1935年春,为了研究红军北上抗日后中国的动向,时为《大公报》通讯员的范长江,向胡政之提出,以《大公报》"旅行记者"的名义去中国西南、西北去旅行考察,为《大公报》撰写通讯,只要稿酬,不要差旅费和薪水,胡表示同意。于是长江从1935年5月起,随四川共商团离津南下,旅行路线是首站塘沽,再乘船至烟台,经青岛、上海,溯江而上,抵重庆、成都,于长江沿途采写"旅行通信",《大公报》予以及时登载。1935年5月10日,《大公报》头版"旅行通信"栏首载长江的"旅行通信(一)"——《塘沽码头》,以后逐日连载,一直到6月27日才告一段落,这次旅行是长江西北之行的一次热身,为西北之行作了准备。

1935年7月,范长江正式开始了西北之旅。他自四川出发,经川西,过陇东,越祁连山,沿河西走廊,翻贺兰山,穿内蒙古草原……足迹遍及川、陕、青、甘、宁5省区,行程6千多公里,南起成都,东至西安,西经西宁止于敦煌,北由宁夏而终于包头,历时10个月,到1936年夏结束。从1935年7月9日起,《大公报》陆续连载长江"旅行通信(十九)":《成渝道上》等通讯,9月20日起,开始以第四版连载《成兰纪行》,一直到1936年6月12日载《祁连山北的旅行》为止。这些旅途通信深刻揭示了西北地方的弊政,反映了西北人民悲惨的生活,并在《陕甘形势片段——民间传说的故事》、《成兰纪行——"苏先生"和"古江油"》等通信中首次透露了红军长征的真实信息。1936年8月,《大公报》将连载的"旅行通讯"辑成《中国的西北角》出版,畅销一时,在短短一年间再版9次。1936年12月12日,"西安事变"爆发。范长江以其特有的敏感,预感到中国的政局将发生重大变化,为弄清真相,他冒着生命危险,突破严密封锁,从绥远赶赴西安,并前往延安采访一个星期。在延安,长江彻夜采访了毛泽东,详细了解了10年内战及江西革命根据地5次反"围剿"的经过,中国现阶段革命的性质问题、民族矛盾问题以及中共的民族统一战线政策等。从1937年1月至4月,他根据陕北采访的材料,写成《动荡中之西北大局》、《西北近影》与《陕北之行》等长篇通讯,以后辑入《塞上行》一书。《动荡中之西北大局》在国内首次披露了"西安事变"的真相,《陕北之行》则打破了国民党的长期新闻封锁,向读者热情介绍了陕北革命根据地与中共领导人的一些情况,"中国新闻界之正式派遣记者与中国共产党领袖在苏区公开会见者,尚以大公报为第一次",范长江也就成了当时自由进入延安采访的第一个中国新闻记者①。

在西北采访过程中,范长江不仅采写了大量的通信,而且配合文字报道还拍摄了许多照片,他是集文字采访与摄影采访于一身的。过去有人认为范长江去西北采访只写了大量报道,没有拍照片,这其实是一个误会②。据蓝鸿文先生考证,从1935年9月到1936年7月31日,《大公报》刊出署名长江摄的照片至少有26幅,当时《大公报》办了一个不到半个版篇幅的《每日画刊》,其中第927期和967期两期的《每日画刊》是长江的西北写真专集。前一期以《祁连山北旅行写生》为题,发表《嘉峪关》等7幅照片;后一期以《贺兰山的四边写真》为题,发表《黄河大峡岩壁立》等6幅照片。这两期照片是配合《大公报》正在连载《祁连山北的旅行》和《贺兰山的四边》两个长篇文字报道刊出的。另外,像《铁龙桥》、《川藏交通工具牦牛》、《护送记者之藏兵》、《拉卜楞全景》等11幅照片,分别见于1935年10月1日、2日、4日、22日、25日、27日、31日的《每日画刊》,而《将离兰州的牛皮筏子》和《大峡最险之乱石窝子》两幅照片则是和文字报道安排在一起,同时见报的。此外,1936年8月版的《中国的西北角》书中也收入长江拍的55幅照片。

具有轰动性的西北采访活动奠定了范长江在中国新闻界的地位,他因此成为20世纪30、40年代最负盛名的记者。他的采访活动为何能取得如此成功?其西北采访的特色何在?从宏观上来说,首先,他具有高度的新闻敏感和对时局的判断力,为他的采访活动确定了一个触及时代脉搏的宏大主题——试图解答当时全国人民迫切需要回答的两大问题:一是红军北上以后中国的动向,一是即将成为抗日大后方的西北地区的历史和现状究竟怎样。若无敏锐的新闻嗅觉,他是不会想到在1935年这样一个山雨欲来的动荡之秋,向《大公报》请求自费开始他的西北纪行的;若无对时局的非凡的判断力,不是时时琢磨着两大全局性的问题,他到了成都以后,也不太可能抓住"一个由成都经松潘上兰州的旅行机会",而临时改变先期的路线,而直上兰州采访。其次,韧性的战斗精神与献身精神是他能克服艰难险阻,成功完成西北采访的重要支撑。在局势动荡的年月,在匪患连年的西北行进,已很危

---

① 范长江:《塞上行》,新华出版社,1980年版。
② 蓝鸿文:《范长江西北采访真的没有拍照片吗?》,载《新闻界》,1999年第3期。

险,再加上一无专项盘资,二无专备车舆,其困难可以想见。正如长江自己所说,采写的作品"没有一篇不是在生死线上换来的"。他还在《中国的西北角》、《塞上行》两书中多次袒露心声,"记者本亦视生命如草芥之人,唯总觉得必须保护生命到能完全将观察所得报告给读者为止,始不负此一行。"若无一种战斗的献身精神,他如何能翻越海拔5 000米的雪山,横渡"平沙万里无人烟"的戈壁滩,从骆驼上摔下昏迷几死,仍坚持"在危急爆发前,把这些地带的情形弄个明白"?

从采访技艺的微观层面来分析,长江的西北采访活动的成功启示,可以归纳为以下几点:

第一,厚积而薄发,在访前做大量的知识与资料的积累是旅行采访所必需的。范长江在西北采访中,充分显示了其厚实的知识根基。他是从1934年就开始关注苏区的土地问题了;对于沿途的史地人文,他在采访前更是做了大量的阅读收集,谙熟于胸。譬如他抵达西安采访时,杜甫有关长安的辞章《丽人行》、《曲江三章》中描写了长安的名句如"三月三日天气新,长安水边多丽人"、"曲江萧条秋气高,菱荷枯折随风涛",便浮现于眼前。后来范长江在《记者工作随想》一文中总结道,"记者一定要多做各种各样的札记,读书、访问、观察、思索,都要围绕着这一两个大问题和无数小问题不断积累"。这真可谓是他旅行采访的经验之谈。

第二,高超的交际能力和适应环境能力。这是旅行采访能否顺利进行的关键所在。与其他采访不同,旅行采访沿途所至多是陌生的地域、陌生的情境、陌生的人群,没有相当的人际交往能力,不能随遇而安,迅速适应各种环境,与不同的采访对象打成一片,取得对方的信任,就很难获得采访的线索与材料。在采访内蒙古西部额济纳旗图王时,他了解到"图王太太和太爷喜欢打麻雀牌","为了采访更多的消息",长江便投其所好,"夜间就在蒙古包中作方城之战,五寸高的小方桌,四角燃起外间来的鱼油烛,大家盘足坐在蒙古包中,勾着腰打牌……"正因如此,长江才成为人们注目和可以亲近的人物,在西北边陲的采访活动才游刃有余。

第三,充分运用眼睛明察细访。旅行采访通俗地说就是边走边看,在动中采集、在动中观察是其题中应有之义,现场观察居于第一重要的位置。无论是《中国的西北角》还是《塞上行》中的通讯,之所以能成为垂范后人的名篇,除写作之功外,具有先决意义的还是因其细致入微的现场观察。譬如《中国的西北角》、《塞上行》两书中所采写的三幅奔马图，写藏马"皮鞭响处，马蹄风生，马鬃直立，马尾平伸"，两匹蒙古马"急行时，八蹄如轮，不分脚步，鬃毛平伸，随风荡漾"，而夕阳西下的大草原上飞奔的群马则是"鬃飞尾直眼回顾"，真可谓活灵活现、栩栩如生。

5. 战争采访形成高潮

战争影响了新闻报道（"倒金字塔式"结构就是在美国内战中创造的），战争更需要新闻报道。20世纪30、40年代的中国，始以"军阀重开战"，继之五次"围剿"、国共内战，再之八年抗日，终以解放战争，战事报道在这20年间新闻史上的地位可见一斑。现稍作梳理，举其要者，以解读之。

（1）陆诒的战地采访。

陆诒是一位在战争中成名的名副其实的战地记者，从20世纪30年代初到40年代末，他采访过这一战争年代近乎所有的有影响的战役。就战地而言，他踏访过华东、华北、西北、华中、华南；就战役而言，他采访过太原会战、徐州会战、淞沪会战、武汉会战，以及豫湘桂战役；就采访的对象而言，除广大的抗日军民外，他还采访过蔡廷锴、冯玉祥、张自忠、李宗仁、毛泽东、周恩来、朱德、彭德怀、刘伯承、邓小平、贺龙、左权、萧克等数十位国共军政要人。他是这一时期极具典型、有着自己独特的采访风格的战地记者。

（2）阎吾的军事报道。

与陆诒有些不同，阎吾虽也是在抗战中走上前线的，但他是在解放战争中成长，活跃在解放战争前线，以及此后的抗美援朝战场、中印边界反击战、中越自卫反击战前线的记者。其战地采访最大的特点是情景采访，即用眼睛捕捉，用身心感受，这也是搞好战地采访的必要条件。用阎吾自己的话来说，所谓情景采访，情是指记者的感情；景是指战争的图景。"情，应该出于记者对历史的责任感，应该是时代的激情。对于一个军事记者来说，这个情，就是对正义战争的歌颂，对敌人、对侵略者的憎恨；而对人民军队，则是满腔热爱的手足之情。景，是指景物，是抒情的根据。战场上的景物和情况是千变万化的。从它们的关系来看，情是景的灵魂、主题思想，也是报道的指导思想。光有情，没有景，没有生动的现场材料，新闻就会概念化，那就写不成情景新闻，只能写成战报或评论了。相反，光有现场材料，没有思想感情，那就会变成有闻必录的大杂烩。"报道中要做到情景交融,在采访中就必须亲临前线,亲眼观察,亲身感受。亲临前线的好处是不仅可以节约时间,提高效率,而且可以获得在后方访问中难以获得的材料。在1946年冬蒋军重点进攻山东解放区时,新华社指派阎吾与前线记者宋大可赴沂河、沭河间的战场上采访。在前线,宋大可指着炮火轰击的地方对阎吾说:"有人把炮击写成'炮弹击起屡屡的黑烟',其实,只要留心看看,你就知道那不光是'黑烟',而且是'烟土',并不是'屡屡的'而是'滚滚的'。做一个前线记者,不仅要亲身上火线,而且还要准确地观察……"阎吾领会了用眼观察重要性的第一课。从此,他在采访本上写道:"战斗在第一线上是幸福的人",以此来鼓励自己不怕艰苦危难,深入火线直接采得报道的材料。他也正是在这样的采访实践基础上,终于赢得了"情景记者"的美名。

6. 中外记者对延安与抗日根据地的采访

（1）斯诺对延安的采访。

埃德加·斯诺是第一位到达陕甘宁根据地采访的外国记者。1936年6月中旬,他以美国记者的身份到达西安,7月初到达离西安最近的红色据点——安塞县白家坪。从7月到10月中旬的3个多月里,他在陕甘宁边区进行了广泛的采访活动,10月12日离开保安,同年11月14日,上海英文报纸《密勒氏评论报》首先发表他采写的长篇报道《与共产党领袖毛泽东的会见》以及他拍摄的毛泽东头戴八角军帽的照片。随后,1937年1—2月间,上海英文报《大美晚报》等英美报纸相继发表他采写的陕北报道。美国的《生活》杂志登载了斯诺拍摄的70多幅照片,《亚洲》杂志发表他采写的《来自红色中国的报道》。在此基础上,1937年他又撰写成30多万字的《红星照耀中国》出版,并一版再版。这些报道很快被译成中文,1937年在上海秘密出版的《外国记者西北印象记》就收集了斯诺的13篇陕北报道。斯诺的陕北采访,突破了国民党对红区长达10年的封锁,他最早向世界报道了中共和红军的真相,使人民惊奇地发现,"原来还另外有一个中国"。在中国共产党建党80周年之际,当年斯诺访问毛泽东的史实,已被拍成电影《斯诺与毛泽东》,搬上银幕。

这是一次典型的"中心—外围—中心"式迂回探究采访。这种采访方式运用的前提是要有充分的时间保证和采访对象的适当配合。时间对斯诺来说,不成问题,对毛泽东会接受他的专访他也有充分的把握：一则他是由宋庆龄介绍前来的,二则斯诺觉得"毕竟我是一种媒体,他(毛泽东)通过我第一次得到了向世界发表谈话,更重要的是向全中国发表谈话的机会。他被剥夺了合法地向中国报界发表意见的可能,但是,他知道,他的看法一旦用英文发表出去,尽管国民党实行新闻检查,也会传回到大多数中国知识分子的耳朵里。"斯诺的判断是正确的。1936 年 7 月 15 日他到达延安的当天就对毛泽东进行了第一次采访,与毛彻夜长谈。8 月初到 9 月下旬,他到达甘肃、宁夏红军前线部队,进行实地考察细访,并同彭德怀、徐海东、聂荣臻、左权、程子华等红军领导人访谈。在对根据地、对红军有了具体的、较深入的认识后,斯诺再于 9 月下旬回到保安,又与毛泽东访谈了 12 个通宵。借此机会,他不仅采访到了中共对时局,对抗战的态度、方针、政策,他还详细了解了红军长征的主要经过和毛泽东的革命经历。事实证明,他所采用的从中心到外围,再回到中心的采访方法,对于重大敏感问题的采访是行之有效的。因为中心与外围的情况可以相互参照、相互印证、相互启发、相互补充,有利于记者对问题真相的探究与揭示。

斯诺在采访中对错问法的运用达到了炉火纯青的地步。这不仅有助于他采访的顺利、深入地进行,也是他在采访技法方面留给后人的经验财富。错问法是提问的一种,是借助明显错误的问题来试探、考察、了解采访对象的真实看法的方法,也可称为以误求正法。斯诺在陕北访问中,一次听到几个四川籍的青年说起四川老家的土匪活动。他反问:"你是说红军吗?"对方回答:"不,不是红军,虽然四川也有红军,我是说土匪。""可是红军不也就是土匪吗? 报纸总是把他们称为共匪的。"斯诺进一步错问。"报纸不得不把他们叫做共匪。"青年反驳道。"但是在四川,大家怕红军不是像怕土匪一样的吗?"斯诺再次反问。"这个嘛,就要看情况了,有些人是害怕他们的,可是农民并不怕他们,有时候还欢迎他们呢。"青年人回答。"红军不是杀人吗?"斯诺再次紧追不舍。"杀得还不够!"这时在旁边的一位老者忍不住反驳。斯诺聪明地通过这一连串的错问,有意引起对方的相反反应,从而印证了真实的材料。

(2) 外国记者群对抗日民主根据地的采访。

抗战全面爆发前后,在斯诺西北采访的感召之下,不少外国进步记者纷纷前往红区抗日根据地采访,形成了一股"中国红区热"。他们采写了许多通讯报道,及时、详细地向世界介绍了中共的政治路线与主张,报道了根据地的情况。如贝特兰采写的《华北前线》、卡尔逊采写的《中国的双星》、福尔曼的《来自红色中国的报道》、斯坦因的《红色中国的挑战》、爱泼斯坦的《中国未完成的革命》、斯特朗的《中国人征服中国》、贝尔登的《中国震撼世界》等,其中较著名的有史沫特莱、斯特朗与汉斯·希伯的采访。史沫特莱于 1937 年 3 月到延安,采访了毛泽东、朱德、周恩来等中共领导人,访问了贺龙、彭德怀等红军将领,将延安的真实情况报道给世界,此后她赴山西抗日前线采访,在武汉失守后,又到新四军中采访。斯特朗于 1937 年来到山西南部八路军总部采访,对八路军的敌后抗战进行报道,1946 年再次采访解放区,并访问毛泽东。汉斯·希伯在 1938 年春由武汉到延安,采访毛泽东,1939 年初,访问皖南新四军军部,采访周恩来与叶挺将军,1941 年他从苏北进入山东沂蒙山区抗日根据地,采访报道敌后八路军的抗日斗争,直至 10 月在战斗中牺牲。

(3) 中外记者西北参观团对延安的采访。

这是继斯诺、史沫特莱等记者之后,到根据地的一次规模最大、影响最大的采访活动。中外记者西北参观团由 21 人组成,其中外国记者包括美联社、《曼彻斯特导报》、《基督教科学箴言报》记者斯坦因,《时代》杂志记者爱泼斯坦,合众社、《泰晤士报》记者福尔曼,路透社记者武道,塔斯社记者普金科以及夏南汗神甫共 6 人;中国记者有《大公报》记者孔昭恺,《中央日报》记者张文伯,《扫荡报》记者谢爽秋,《国民公报》记者周本渊,《时事新报》记者赵炳琅,《新民报》主笔赵超构和《商务日报》"记者"金东平(实为特务)。1944 年 5 月 8 日,他们由重庆出发,采访的第一站不是延安,而是被国民党特意安排的采访山西阎锡山的"变法"与"新政",6 月 9 日才正式抵达延安。他们主要的采访内容有三个方面,一是与中共领导人作访谈。10 日,朱德举行记者招待会,12 日毛泽东接见记者团,记者同他进行了 3 个小时的访谈。二是实地参观延安的工厂、学校、机关、医院等单位。三是同延安劳动、文艺界座谈。记者们采访了延安劳模吴满有以及文艺界著名人士萧三、丁玲、艾青、萧军等。7 月 12 日记者团离开延安,他们回到重庆后,将延安采访的材料撰写成文发表,大多数比较客观、公正地报道了根据地情况,如《新民报》用 1 个月的时间连载赵超构的《延安一月》,并汇集成书出版,影响巨大。斯坦因在《时事新报》上发表《毛泽东朱德会见记》,爱泼斯坦写了《我所看到的陕甘宁边区》等 20 多篇通讯,在《政治家日报》、《纽约时报》等著名报纸上发表。

三、建国初期

从新型新闻事业在全国范围内的普遍建立,到以《人民日报》改版为中心而掀起的一场规模巨大的新闻工作改革热潮,新中国的新闻事业在建国之初,即开启了一条繁荣与自省的发展之道。从以农村为中心到以城市为中心,从对战争报道的优先性到向重视政治、经济报道的转型,从全盘学习苏联经验到反躬自省,新中国的新闻业务建设在1950年至1956年间,呈现出引人注目的发展与变化,这一时期的新闻采访也在演进中走向繁荣。

(一)采访的制度性安排

1950年3月29日至4月15日,国家新闻行政管理机构新闻总署主持召开了新中国成立后的第一次全国新闻工作会议,"改进报纸工作、加强与群众的联系"成为本次会议的首要议题,联系实际、联系群众、批评与自我批评被认为是改进报纸工作的三个主要方面。据此,为使新闻工作适应新的形势,加强与社会实际、与人民群众的联系,同年5月1日,新闻总署颁布《改进报纸工作的决定》,要求"应当改革报社的组织形式和工作方法,改变现有的妨碍联系实际的编辑采访通讯联络等各项工作各自为政的状态,建立编辑部门集中统一的领导,并应按照社会生活的不同方面(例如公私营工商业与工人问题、农业与农民问题、军事与军队、思想文化与教育出版等)实行适当的分组,以便各组的编辑采访人员可以获得关于各方面的专门的知识,并将编辑采访的工作联合在一起"。这一文件精神的实质是在新闻体制方面要求实行总编负责制,同时对新闻采访作出新的制度性安排,即调整过去的编辑、采访、通联三分格局,实行采编合一制。

为此,1949年8月正式成为中国共产党中央机关报的《人民日报》在编辑部内改设政治、工商、农村、文艺、群工部等部组,与此同时,报社选派能力强、水平高的编辑、记者赴各省担任首席记者,聘任各省政治条件好的干部任特约记者,以加强第一线的采访力量;并加强报纸的通联工作,编印出版内部定期刊物《人民日报通讯》,密切与通讯员的关系,从政治、业务上培训通讯员。至1956年,该报的采编人员已由1949年100多人猛增到300多人,通讯员队伍达到万人以上。

根据1950年3月中共中央发出的《关于改新华社为统一集中的通讯社的指示》和同年4月中央人民政府作出的《关于统一新华通讯社组织和工作的决定》两个文件，新华社的性质由党的宣传机构成为国家通讯社。与《人民日报》一样，它也相应地调整了编辑部门，加强了采访力量，为改变过去报道面比较狭窄的情况，在1953年3月的编委扩大会议上，新华社提出成为"消息总汇"的总任务。所谓总汇，在国内报道方面，就是要"汇集反映国家基本情况的消息，体现党的路线、各项方针政策的消息，能发扬人民群众的爱国主义和国际精神的消息，关于广大人民群众切身利益、能增进人民知识的消息"①。要达到总汇的目标，必然要求扩大报道面，扩大采访的题材与领域，其"中心是要扩大能体现党的路线、任务、方针政策的新情况、新事物、新人物、新经验"。为此，总社要求各分社及其记者要进行大量的情况积累，有计划地组织采访。情况的掌握，尤其是对全国情况的充分掌握，是采访选准题材、抓准问题的基础与依据，所以，进行基本情况的排队和日常情况的排队是十分必要的。前者在于掌握全国和各地与实现总路线和总任务有关的必备情况，掌握特点和规律；后者就是要摸清当前主要工作的特点和动向，以及群众的主要思想情况。根据情况排队的结果，总社对于全国各分社的经常采访报道重点，要有大体上的安排，对于各分社的日常报道，要根据日常情况排队的结果，并联系经常报道的重点，由总分社或总社批准执行，有计划地进行采访报道②。

(二) 盛典的协同式"激情采访"

新中国开国盛典的报道，主要是从1949年9月下旬中国人民第一次政治协商会议召开，到10月初中华人民共和国中央人民政府宣告成立期间进行的，全国通讯社、报刊、电台等媒体第一次大规模协同采访，及时、具体、真实、生动地报道了开国盛典的全过程，声势浩大，影响深远。

在对人民政协会议的报道中，中国新闻界27名记者和4名外国记者一同进行了会议采访。在报道过程中，当时尚未成为国家通讯社的新华社行国家通讯社之实，统一采写编发有关会议重要新闻的通稿，如9月21日19点人民政协会议开幕的消息，即由新华社采写，《人民日

---

①② 朱穆之：《贯彻"消息总汇"方针需要解决的一些问题》，载《论新闻报道》，新华出版社，1989年版。

报》等全国许多报纸据此报道:"中国人民渴望的中华人民共和国开国盛典——中国人民政治协商会议,已于今日下午7时在北平开幕。"①在会议开幕后的1个半小时,北平新华广播电台播发了会议消息,并于21点15分,播出了毛泽东在会上致开幕词的采访录音:"占人类总数四分之一的中国人从此站起来了。"除此之外,运用讲话录音、实况广播、录音报道等多种形式,新华广播电台还自行采编了许多有关政协会议的新闻。

刚成为中共中央机关报的《人民日报》除了大量登载会议新闻、报告、国家领导人的重要讲话等新华社统一采访发布的新闻外,对旷古盛事的独家采访更是全力以赴、孜孜以求。采访成为该报编委会周密部署的首要环节,为保证对大会的报道"及时、准确、集中、突出",外出采访的记者大多调回北京,加上临时抽调的编辑人员和聘请的社外作者,共24名记者专门从事对大会代表的广泛采访。经事后证明具有重大影响的代表访问记,仅从从事该项访问的记者人数来看,这"在当时已算得上是浩浩荡荡了"②。就采访的比例、数量而言,也是十分可观的,在9月22日至10月上旬的短短10余天里,该报共采写54篇专访,接受采访的代表占参加会议的638名代表的1/12还强,在第五版特辟专栏《中国人民政协代表访问记》中发表。这些访问记有声有色地介绍了政协各方代表的光荣事迹,读者争相传阅,赞扬政协代表"真正是勇敢勤劳的中华民族的典范"。

10月1日,新中国开国大典在天安门广场举行。对于开国大典的采访最值得一提的是,北京(9月27日人民政协会议通过6项决议案,改北平为北京)新华广播电台和全国各地广播电台联合进行了长达6个多小时的首次现场实况采访广播。所谓实况转播是在现场实地播送事件的各种音响。为了使听众了解现场情况,新华广播电台除转播毛泽东主席的讲话、朱德总司令的命令、广场上的军乐声、部队口令声等现场音响外,播音员齐越、丁一岚轮流向听众解说,描述大典的盛况,报道国家领导人在天安门城楼的活动,介绍受检阅部队和游行群众队伍的组成。新华广播电台成功地进行了这次史无前例的大典报道,为我国广播媒体进行重大活动的现场采访与即时转播积累了宝贵的经验。

---

① 《中华人民共和国盛典中国人民政协开幕》,载《人民日报》,1949年9月22日。
② 李庄:《人民日报风雨四十年》,人民日报出版社,1993年版。

此后的每年"五一"、"十一"节庆,中央电台和地方电台都要实况转播首都和当地的庆祝游行活动。摄影记者在新中国成立的采访活动中也起了不可替代的作用,他们在装备落后的情况下,克服困难,记录下了开国盛典的历史性场面。譬如当时在中南海负责报影科工作的女摄影记者侯波,为了拍摄毛泽东在天安门城楼宣布中华人民共和国中央人民政府成立的镜头,苦于没有广角镜,竟不顾个人安危,将身体探出城楼去抓拍,终于留下了"开国大典"这一著名历史照片①。摄影记者高梁10月1日清晨在天安门广场采访时,面对广场旗杆上预备升起的高高飘扬的红旗拍下的新闻照片《东方升起第一面五星红旗》,与侯波的《开国大典》一样,其意义不仅是一次成功的采访,更重要的是为后人留下了珍贵的历史记录。新华通讯社仍然担任了对开国大典的重要新闻的采访任务,该社记者李普采写的消息《开国大典》与《大公报》名记者杨刚采写的通讯《毛主席和我们在一起》等,成为报道开国盛典的一批优秀新闻作品。

(三) 抗美援朝的军事报道

1950年6月25日朝鲜战争爆发,10月,中国人民志愿军入朝参战。从1950年11月到1953年,关于抗美援朝的宣传是我国新闻机构的主题。1950年7月中旬,《人民日报》战地特派记者李庄,会同法国《人道报》记者马尼安、英国《工人日报》记者魏宁顿组成一个采访团赴朝鲜前线。李庄随人民军主力采访,从7月21日至9月中旬,共采写了《美丽的山河 勇敢的人民》等12篇战地通讯,吸引了众多读者。同年12月中旬,《人民日报》派出实力雄厚的7名干将:李庄、田流、林韦、谭文瑞、陆超琪、姚力文、张荣安,组成记者团,赴朝采访。在此后两年多的时间里,记者采写的关于抗美援朝这一头等大事的新闻,始终占据了《人民日报》头版和国际版的大量篇幅。

新华社对于抗美援朝的采访也是投入了大量人力,报道及时、有力。在朝鲜战争爆发前,新华社已在平壤建立了分社,1951年1月,新华社在朝鲜前线又特别成立中国人民志愿军总分社,并于6月从总社和各分社抽调30多人增援志愿军总分社,让志愿军总分社担当起主要的军事报道任务。据不完全统计,在1951年至1952年两年中,新华社

---

① 张涛:《中华人民共和国新闻史》,经济日报社,1996年版。

志愿军总分社向总社发回的新闻、通讯等千余篇,93%左右被总社采用①,仅对上甘岭战役的报道,志愿军总分社前线记者组李翼振、石峰、张结、路云、王玉章、姜庆肇等记者在组长陈伯坚的领导下就发稿60篇,其中54篇被总社采用,这在人民新闻事业的军事报道方面是史无前例的。新华社总社认为,志愿军总分社发稿量之大,采用率之高,大大超出了解放战争时期军事报道水平②。

在对朝鲜战争的采访报道中,涌现出了一批优秀的新闻作品和新闻记者,其中李庄、阎吾和魏巍的采访活动及其作品是不能不提的。《人民日报》记者李庄采写的通讯《复仇的火焰》、《被人们欢呼"万岁"的部队》是报道志愿军入朝作战初期的代表作。对于战地采访,阎吾有他自己独到的体认。他认为当随军记者要搞好战事报道,必须懂得军事,学会打仗的本领,练会各种军事动作,这样才能到最前线去,取得战火中采访的主动权。有一次,他随前线某师部冲过昭阳江,占领嘉里山,向美二师纵深发展,由于美军炮火猛烈,阎吾所在战斗团20多名指挥员全部牺牲,在这危急关头,身为记者的阎吾挺身而出,指挥部队攻占制高点,阻击敌人达5个多小时,直至大部队赶来。正是在这一采访理念的指引下和勇往直前的实践中,他成功地采写了特写《朝鲜军民撤离汉城时秩序井然》、通讯《这里没有你们的发言权》、消息《开城前线停火即景》等一系列重要军事报道。作家魏巍作为《人民日报》的特约记者,在朝鲜战场采写的军事报道同样影响巨大。他在战争相持阶段采写的通讯《谁是最可爱的人》,以其深刻的主题而蜚声遐迩,成为"朝鲜战争军事新闻作品中最有影响的名作,也是中国人民志愿军军事报道的巅峰之作"③。这篇通讯在写作上因精选事例,以少胜多,向来备受推崇,但其前提是采访的充分,对典型材料的充分占有。他在初稿中就写进了20多个事例,若无翔实的材料作基础,何来精选?所以,与其说《谁是最可爱的人》是写作的成功,不如说是在采访到位的前提下写作上的别具特色。

(四)国际会议报道

1954年4月至7月,周恩来率中华人民共和国代表团参加日内瓦

---

① 方汉奇主编:《中国新闻事业通史(第3卷)》,中国人民大学出版社,1999年版。
② 张涛:《中华人民共和国新闻史》,经济日报出版社,1996年版。
③ 张涛:《中华人民共和国新闻史》,经济日报出版社,1996年版。

印度支那会议,这是新中国首次参加重大国际会议,也是新中国新闻界第一次采访报道的重大国际活动。为报道这次会议,我国派出在当时算是阵容强大的记者团,由来自新华社、《人民日报》、《光明日报》、《大公报》、《中国青年报》和《世界知识》杂志社的30名记者组成,吴冷西任团长。对本次会议的采访,是不同媒体间的又一次战役性协同作战。会议新闻由新华社记者沈建图、陈适五、李平、杨翊等负责采访,其他媒体按照各自需要采写通讯和评论。新华社记者按日采写述评性新闻,介绍会议情况,宣传中国代表团主张,《人民日报》记者内部又有分工,精通英、法、俄文的汪溪、李风白专门采写带有花絮性质的"日内瓦散记",吴文涛、杜波、李庄则负责采写政论性通讯。会议期间共采写"日内瓦通讯"30多篇,如《印支人民共同意志不可侮》、《和平的敌人原形毕露了》等。从总体上说,本次会议的采访是成功的,记者们积极到现场进行紧张的采访,设法参加各国代表团的"吹风会",领取各国代表团的发言稿,同各国的发言人和记者接触,观察了解会议动向与情况,抓紧时间采写稿件。在历时3个多月的会议期间,周恩来总理关心并指导记者团工作,他不仅对于会议新闻报道的方针、业务思想,经常给予具体指示,而且还审阅重要稿件,指导记者的采写活动。由于这次会议是在极其复杂的国际环境中召开,会议进程曲折多变,周总理告诫记者团在采访时,"要严守组织纪律,贯彻代表团的意图,记者在报道中要多用事实,少发议论,不要把话说得太满,以免情况变化时陷入被动"。这实际上也是任何大型国际活动采访都必须遵循的守则①。

1955年4月,新华社、《人民日报》对于万隆会议的采访报道,是继日内瓦会议之后宣传新中国和平外交政策的又一次出色的国际活动报道。是年4月18日至24日,在万隆召开的亚非会议是第一次没有美国等西方列强参加,由印尼、印度、缅甸等5国发起,邀请中国等一共29个亚洲和非洲国家参加的亚非人民自己的会议。新华社、《人民日报》等媒体记者对大会进行了及时的采访,以会议新闻、述评、通讯、会议日记等形式进行报道。影响较大的有《人民日报》记者吴文焘写的《考验》、《从万隆开始》等5篇通讯,李慎之、张彦采写的长篇通讯《人民的心同亚非会议在一起——亚非会议日记》等,《人民日报》分别在会议期间和会议结束不久予以发表。

---

① 蒋元椿:《一次重大国际会议报道》,载《新闻业务》,1984年第11期。

(五) 财经报道

在基本完成社会主义改造的7年中,财经新闻的采访报道是新闻工作的一项重要内容。如1949年10月1日新中国成立之日,新华社即播发了一条重要的财经新闻:面值500元、1 000元的人民币新钞发行两周以来,各地物价保持平稳。同年11月至12月,第一届全国税务会议、全国粮食会议相继在京召开,下一年的全国财政收支预算也在中央政府委员会第四次会议上通过。对于这些关系国计民生的财经会议,记者都进行了采访报道,这也是新中国成立后首批财经报道的内容。1950年至1952年期间,最为突出的是关于统一财经工作的如下方面的采访报道:财政收支统一到中央,公粮统一、税收统一、编制统一、各地现金的调动统一于银行等。从1953年起,我国进行大规模的经济建设,国家开始实行发展国民经济的第一个五年计划。"一五"计划的重点是156项重点工程建设,新闻媒体在经济建设方面也着重采访报道这些工程建设成就,展示国家经济建设日新月异的面貌。例如对鞍钢三大工程建设,宝成、成渝、鹰厦铁路和武汉长江大桥等路桥工程建设,一汽制造厂、飞机制造厂等重大工程的巨大与难度都进行了充分的报道。1952年,作为国家建设工程重中之重的鞍钢开工,这年冬天,新华社、《人民日报》、中央人民广播电台和《东北日报》等新闻单位的大批记者前往鞍钢,进行采访报道。《人民日报》记者安岗、陆灏在鞍钢采访了大量的消息和通讯,1954年的《人民日报》曾连续发表。新华社及时连续地报道了鞍钢三大工程:第一轧钢厂、无缝钢管厂、七号炼钢炉从动工到胜利竣工的全过程,记者李峰采写的消息《无缝钢管厂已呈现出一片竣工现象》、《中国第一根无缝钢管诞生了》见诸于当时。长江第一桥——武汉长江大桥的建设也具有极大的新闻价值,新闻界对此也进行了大规模的报道,从政务院通过修建大桥的决定开始,到1957年10月15日建成通车,记者们对大桥设计、地质勘探、修建工程、通车等环节进行了全程跟踪采访报道,新华社武汉分社记者冯健等担当了建桥采访报道的主要任务,经总社播发的关于大桥的消息、通讯等多达50余篇,万余字①。

此外,时任《人民日报》西南记者站首席记者纪希晨,对西南地区第一条铁路——宝成铁路建设的采访报道也十分著名,《渭河桥头》、《跨过秦岭》、《岭南水去江起潮》、《大巴山下》、《剑门关外别有天》等

---

① 张涛:《中华人民共和国新闻史》,经济日报出版社,1996年版。

都是纪希晨采写的名篇。记者商恺在精心采访的基础上,以系列通讯的形式(《旅行在鹰厦铁路上》)报道了铁道兵战士克服重重困难,忘我修筑鹰厦铁路的事迹。

就经济报道的特点而言,在恢复国民经济的头两年里,报道比较零碎,多是就事论事,罗列现象有余,剖析问题不足,没有明确地提出问题、解决问题。毛泽东曾对此批评道:现在报纸上的宣传,一言以蔽之,没有路线。而"一五"计划的采访报道则克服了这一缺陷,指导采访的报道路线明确,即采访报道的目的在于通过报道,向读者宣传我国集中力量发展重工业和交通运输业、轻工业的重大意义,说明在发展生产的基础上改善人民物质、精神生活的意义,以吸引人民群众关心、支持、投身重点工程建设。譬如记者在报道鞍钢工程建设的重大意义时,深入浅出地指出,姑娘们头上的发卡也离不开钢材。同时,新闻界还根据经济建设发展的需要,通过报道提出奋斗目标或口号,在报道鞍钢工人王崇伦通过技术革新,1年干了4年的活时,便号召人们向王学习,进行技术革新。报道鞍钢的"孟泰仓库"后,在全国就掀起了爱护国家财产、发扬主人翁精神的热潮。

(六)新闻改革背景下的新闻采访

改革的缘起是因为对学习苏联新闻经验的反省。在"一边倒"向苏联的政治氛围中,中国新闻界以苏联为师是顺理成章的事,在建国初期,学习苏联新闻工作经验一直是中国新闻事业建设的一个重要指导思想。一方面,我国新闻界大批译介、学习苏联新闻工作理论与实践的文章;另一方面,1954年各媒体纷纷率团前往苏联取经,掀起对口学习热潮。人民日报社学习《真理报》,汇集出版《学习〈真理报〉的经验》;新华社访问塔斯社,编印了《塔斯社工作经验》;中央广播事业局代表团访苏后,也编印了《苏联广播工作经验》。

如此大规模、全方位地学习苏联新闻采访、写作、评论以及经营管理等等,有益的一方面普遍提高了中国新闻业者的实务水平,采访水平首当其要。譬如第三期《新闻工作》中介绍的一篇苏联记者谈随军采访经验的文章,所谈的若干原则,"从士兵到团长,都是谈话的对象,但你应当更多地到连队中去,写士兵"、"什么事情都要自己亲眼看到"、"要真正体会一个人,必须深入实际去体会生活"等等[①],就很值得借

---

① 《新闻工作》,1950年第3期,人民日报出版社,1950年合订本。

鉴。事实证明这对我国新闻记者对抗美援朝战争的报道大有裨益。但暴露的问题是在急功近利的心态与盲从迷信的心理指引下,对苏联经验的借鉴沦为了照搬照抄的教条主义。对于报纸学习苏联经验,早在1954年7月17日中央政治局通过的《中共中央关于改进报纸工作的决议》中就要求:"报纸上的新闻报道必须认真加以改进。应当准确地、多方面地、生动地、及时地报道人民的实际生活,报道党和人民政府的政策的实施情况和各种工作的具体成就,使新闻报道充分发挥以事实进行政治鼓动的作用。新华通讯社所发布的新闻电讯亦应根据上述要求,作进一步的改进。"①对于学习苏联的弊端,毛泽东在1956年4月所作的《论十大关系》的报告中进行了分析指正。随后,刘少奇多次与新闻界谈话,明确指出:"我们的新闻报道,学塔斯社的新闻格式,死板得很,毫不活泼。我们不能学这种党八股。"在这样的背景下,以《人民日报》改版为起点的一场短暂的新闻改革应运而生。

1956年7月1日,《人民日报》正式改版,改版的三大重点之第一点,即是对采访报道的改革,要"扩大报道范围……生活里的重要的新的事物——无论是社会主义阵营的,或者是资本主义国家的,是通都大邑的,或者是穷乡僻壤的,是直接有关于建设的,或者是并不直接有关于建设的,是令人愉快的,或者是并不令人愉快的,人民希望在报纸上多看到一些,我们也应该多采集、多登载一些"②。新闻报道的范围要扩大,新闻采访的任务明显增加。当时要求头版每天采写的新闻不得少于15篇,在刚刚改版的7月份,该报登载的新闻日均达到74条,占到整个版面的4成。经济新闻的采访又成了整个新闻采访中的重头戏,以改版后的头两个月的第一版头条新闻为例,经济新闻的比重超过50%③。

同年,新华社在新闻采访方面也进行了相应的改革。根据要把新华社建成消息总汇,新闻报道须内外并重、精确、充分、及时等目标,新华社在国内、国际新闻的采访报道方面,进行了大刀阔斧的改革。在改进国内新闻采访报道方面,总社主要从以下两个途径入手:一是提高采访效率和报道质量。为此,采访领域必须扩大,报道必须克服片面

---

① 转引自《陆定一新闻文选》,新华出版社,1998年版。
② 《致读者》,《人民日报》社论,1956年7月1日。
③ 方汉奇主编:《中国新闻事业通史(第3卷)》,中国人民大学出版社,1999年版。

性。首先,在观念上必须牢固树立起新华社不仅要着重报道正面事实,也要报道反面事实;不仅要报道人民在社会主义改造和建设中的成就、先进事迹和经验,也要及时反映工作中的困难和问题,揭露缺点、错误;新华社不是简单地宣传政策的正确,而要反映政策在群众中受到考验的情况与人民的呼声,这就要求记者在采访中既要敢于负责,反映真实情况,又要深入调查研究,实事求是,权衡利弊,照顾全局,注意时机,一切以有利于人民事业、有利于对敌斗争为原则。在扩大采访面上,记者不能只限于生产、工作和学习方面,凡是关系民生,群众普遍关注的问题,都要注意及时反映。二是改革报道组织。新华社以扩大国内记者网、改进分社组织机构和实行记者工作定额制三方面为突破口,来加强采访工作。针对新华社地方记者一直以分社为单位进行活动,平时集中在省(市)分社,有任务时才到各地采访的组织格局,造成记者对各地情况不熟悉,消息不灵通,采访不易深入,且往返于省城与各地费时,活动范围受限等缺陷,总社决定以现有省(市)分社为中心,在全国重要的城市、工农业地区和少数民族地区逐步增设常驻记者或特约记者,构筑密切联系实际、联系群众、反应灵敏的记者网。1956年,总社向全国36处派出了常驻记者,还发展了一批特约记者。其结果是记者对情况更熟悉,消息灵通,行动便利,不仅效率提高、报道量增加,而且采访更易深入,报道质量提高。为了克服分社机关化的工作方式,使之成为真正机动灵活的采访组织,总社要求分社精简机构,减少层次,分社社长必须集中精力加强记者的政策思想和业务领导,每年至少要保证有2/3的时间用在领导业务方面,并要直接参加采访。

在改进国际报道方面,为实现在12年内把新华社基本建成世界通讯社的目标,总社首先迅速发展国外记者网,从国内分社中抽调一部分记者转做国际报道,派往国外。1956年新华社相继建立卡拉奇、开罗、喀布尔、金边、伦敦等10个国外分社,以提升驻外采访的力量。其次,在报道方针方面,明确定位新华社的国际报道必须是"全面的真实的","全面地报道世界各国发生的各种各样的重要事件,而不限于只报道对我有利的进步的事件"。

经过改革,新华社的记者数量与新闻采集力量得到较大的发展,1956年,国内分社达到31个,从事国内新闻采写的记者有400多人,摄影记者有115人;国外分社计20个,驻外记者28人。从发稿业务来看,新华社对中央级报纸每天发全部稿件,国内、国际新闻各3万字;对省级报纸每天发稿3万字,此外,还对中小城市报纸适当发稿。国外广播分7条线路定向发稿,英文每日1万字,俄文每日3 000字。

但是,随着反右运动的来临,这次改革很快流产了。在这次短命的改革中,广播以及其他非党机关报,如《文汇报》、《光明日报》、《新民报》等,在新闻采写方面也进行了相应的改革,但随着反右斗争的扩大化,改革不久也夭折了。

(七)"大跃进"与浮夸

1958年5月,党的八大二次会议通过了"鼓足干劲,力争上游,多快好省地建设社会主义"的总路线。这条总路线及其基本点致命的缺点在于对客观经济规律的忽视,急于求成,夸大了主观意志和主观努力的作用。在此路线的指引下,全国开始了"大跃进"运动和人民公社化运动,以高指标、瞎指挥、浮夸风和"共产风"为主要标志的"左"倾错误恣肆地泛滥起来。在此期间,全国新闻机构被席卷其间,推波助澜,宣传报道了许多"左"倾错误,"大跃进"这个口号,就是最早出现在《人民日报》之上的。

在狂飙突进的"大跃进"运动中,高产"卫星"放自各行各业。1958年初夏,有媒体报道小麦丰收,亩产达到几百斤,紧接着,这个数据不断翻新,6月30日,报道河北安固县一农业社的小麦亩产已达到5 130斤,7月12日,河南西平县和平农业社试验田的亩产又越至7 320斤的新高。至于水稻、红薯等产量的报道,更是光怪离奇,1958年8月13日,《人民日报》报道,湖北省麻城县麻溪河乡早稻亩产36 900斤,比1957年增长14倍以上;福建省南安县胜利乡花生亩产1万多斤,比1957年增长6倍以上。8月27日,《人民日报》派赴山东寿张县调研的记者,以来信的形式报道《"人有多大胆,地有多大产"》,见报时还被附加了编者按:"这封信生动地反映了那里'大跃进'的形势,提出了一些足以启发思想的问题。"在此风的蛊惑之下,到了9月1日,《人民日报》特约记者采写的报道中,河北徐水人民公社一亩山药产量已达120万斤、小麦亩产12万斤、皮棉亩产5千斤。

在工业战线上,新闻机构宣传的重点是大炼钢铁运动。1958年钢产量翻番是"大跃进"的主要标志,"以钢为纲"、"让钢铁元帅升帐"的宣传标语遍布于各种宣传载体。媒体对大炼钢铁运动的报道成为继抗美援朝运动后,声势最宏大的一次立体宣传。全国的报刊电台在热烈赞颂"全民炼钢"运动的同时,不断报道各地出现的"高产卫星",仅以是年9月29日的《人民日报》为例,就集中报道了80多个钢铁"高产卫星",其中有9个日产万吨以上生铁的省,73个日产千吨生铁的县,2个日产5千吨钢的省,一个日产4千吨钢的省。

1958年如此,1959年仍然是"大跃进"的一年,直到1960年7月,国民经济出现了严重的困难,"大跃进"不得不停下来,全国新闻机构对"大跃进"运动的宣传才完全结束。这期间,各新闻媒体对"大跃进"运动的宣传报道,虚假掩盖真实,高调排斥真话。

当时,虽然新闻界也有很多人对"大跃进"中的浮夸、蛮干有看法,但新闻媒介是"一手高指标,一手右倾帽"①。谁若有所表露对"卫星"的异议,报刊动辄给他(她)扣上"保守"、"条件论"、"观潮派"之类的帽子,当时的报纸发表了许多批判"观潮派"的文章,《新华日报》1958年第22期转载的《红旗》杂志评论员文章《驳工业战线上的怀疑派》就是一例。

(八) 大兴调查研究之风

"大跃进"的灾难性后果使得国民经济不得不进入调整时期,而媒体对放"卫星"的宣传,也使得其自身陷于被动。在纠"左"的情况下,中央重新提倡调查研究。1961年1月,毛泽东在中央工作会议和八届九中全会上号召大兴调查研究之风,一切从实际出发,要求1961年成为实事求是年。1961年1月29日,《人民日报》发表名为《大兴调查研究之风》的社论。是年5月,刘少奇在关于《人民日报》工作的谈话中指出,报纸工作人员是"调查研究的专业工作人员",报上的一切文章是调查研究的结果,他勉励记者、编辑要认真作调查研究工作。

在此背景之下,各媒体在采访中努力加强调查研究工作。针对"大跃进"中采访工作存在的弊病:记者采访找干部多,找群众少;跑上层机关多,到基层单位少;参加会议多,到现场去少;拿现成的书面材料多,亲自做调查的少,新华社总社国内编委会提出《记者在采写工作中加强调查研究工作的几点意见》。《意见》阐述了毛泽东的"没有调查就没有发言权"和刘少奇的报纸工作人员是"调查研究的专业人员"的重要论断,强调指出:调查研究是记者工作的根本方法;没有调查,就不能正确制定报道计划;没有调查,就不能定出适当的题目;没有调查,就不能写出好的新闻报道。不作调查研究就写稿件,等于下决心闭着

---

① 黄瑚:《中国新闻事业发展史》,复旦大学出版社,2001年版。

眼睛说瞎话。在日常的一切采访活动中,都应贯彻调查研究的精神。要向各种人物、各阶层人物作调查,不要只向干部作调查;要听取各种不同意见,不要只听自己愿意听的意见;要听取正面意见,也要听取反面意见;要对各种意见进行全面分析。一件事情要不要报道,如何报道,要在经过调查以后,从实际出发作出决定。如果经过调查,证明原来的设想不符合客观实际,就应该不怕推翻自己的设想,决不能不尊重客观事实,故意"隐恶扬善"。编委会号召记者"到群众中去,到基层单位去,作好调查研究工作"。这不仅是提高新闻报道水平的根本方法,也是培养记者、丰富记者知识、改造记者思想作风的重要方法。此外,华北、东北等地的一些报纸也纷纷举行关于调查研究的座谈会,大家达成共识:大兴调查研究之风,不仅能够有效地提高报道质量,更好地宣传贯彻党的政策,而且能帮助新闻工作者改进工作作风。各媒体纷纷成立调查研究的机构,制定加强调查研究的计划和规定。如《天津日报》在报纸上特辟《调查研究要有正确的态度》、《调查研究要有正确的方法》等专栏。有些报纸和广播电台在要求记者、编辑学习调查研究外,还指导、帮助通讯员作调查研究。新华社所办刊物《新闻业务》,在1962年以《做一个名副其实的专业调查研究人员》为题,设专栏发表文章多篇,交流学习体会和工作打算①。在深入基层、深入群众中,记者们总结出一套行之有效的调查研究法:①解剖麻雀法,即通过蹲点,掌握基本情况,解剖局部来发现一般规律;②建立采访根据地法,或曰点面结合法。记者在了解一个点外,还要了解其他的点,乃至一个地区的情况,以便分析比较,发现问题;③专题调查法,即记者带着一个具体的问题深入基层采访,目的明确;④参加党组工作,或随同领导同志一起下基层,进行各种调查研究;⑤回访检查法,即配合检查"大跃进"以后三年来的新闻工作,派工作组到过去报道较多的地方和单位去,调查群众对媒体的意见,以改进新闻工作。

　　由于"左"的路线在当时未能肃清,新闻界的调查研究也一直是蹒跚而行,但总的说来,调查研究对于新闻采写的积极作用还是明显的。最为突出的表现是,在20世纪60年代前半期,产生了一批有影响的新闻报道作品。

---

① 丁淦林:《中国新闻事业史新编》,四川人民出版社,1998年版。

（九）若干典型宣传

60年代前期的典型宣传，比以往任何时候声势更大、更为集中，其中影响较大的有关于我国登山队攀登珠穆朗玛峰的采访报道，关于大寨、大庆的报道和对雷锋、焦裕禄先进事迹的报道。这些报道不仅名动一时，从采访的角度来看，其中有不少的经验和做法对现在的从业人员仍不无借鉴的意义。

1. 对我登山队成功攀登珠峰的采访

1960年5月25日，我国登山队从北坡登上世界第一高峰——珠穆朗玛峰，这标志着人类首次从北坡征服珠峰，当时的新闻媒体对此作了充分的报道，其中新华社记者郭超人采写的通讯《红旗插上珠穆朗玛峰》影响最大，为《人民日报》等多家报纸刊载。这篇通讯的成功，在很大程度上取决于郭超人艰苦卓绝地成功采访。1960年3月17日，他和中国登山队主力队员一起奔赴登山队大本营，开始采访。本次采访的艰难在于气候异常恶劣，采访机会少，在海拔五六千米的山上，空气稀薄，狂风翻滚，记者根本无法离开营地外出采访；而登山队员在返回大本营后，要立即进行治疗，留给记者采访的时间只有1个多小时，如果一味坐等，将很难采写出有质量的报道。时年不过20多岁的新华社西藏分社记者郭超人，采取以下方法来应对这次艰难的采访，一举成名。

首先，他毅然与登山队员一起攀登6 600米高峰，亲身体验，占有大量第一手材料。郭超人放弃在大本营坐待登山队员归来时再采访的办法，先后两次参加高山适应性行军，在到达海拔6 400米的第三号营地后，他又随一支侦察分队继续攀登，到达6 600米的高度，直抵珠峰大门北坳冰墙之下。在攀登过程中，他目睹了珠峰壮丽的自然景观，更感受了登山的个中滋味，密切了与登山队员的接触，进一步了解了他们的思想感情，这为他准确地把握、生动地再现登山队员们的心理活动和精神风貌提供了现实的可能。

其次，采访报道中，他坚持随时随地记日记、笔记。郭超人曾说，这是他采访成功的一个秘诀，从自然景观到人物的言行容貌，随时落笔，有感即写，不求完整，但留启示。事实证明，这些随记为他后来的通讯写作提供了骨干材料，通讯中有些对自然景观和登山史的描写、向顶峰冲刺前行军的一些章节，就是完整地从笔记中摘取的。

再次，高度重视访前的准备工作。尽管郭超人接受采访任务后可以准备的时间非常仓促,他还是尽可能多地阅读摘记了关于喜马拉雅山系的地质、地理方面的书籍,关于外国登山队攀登珠峰以及其他山峰的资料,还有高山气象、植被,以及生理和登山等专业资料。例如,在《红旗插上珠穆朗玛峰》文首,有关珠峰风情和人类活动史、登山史的描写、叙述,不仅丰富了通讯的知识含量,更为登山的成功作了背景铺垫。又如在报道登山队员打通北坳大门时,对地质资料与英国登山队曾在此覆没的史料的信手拈来,更反衬了攀登的艰险与登山成功的意义。在每一次的具体访问前,郭超人更悉心准备,在对突击顶峰的采访中,留给他的采访时间不过两小时,他事先进行了4个小时的准备,阅读突击计划、路线与顶峰的地理、气象资料,根据自己的登山体会拟订含有20个问题的详尽的采访提纲,请登山胜利归来的队员回答,最终,他成功写出《红旗插上珠穆朗玛峰》的核心部分《英雄登上地球之巅》[1]。

2. 对工农业典型大庆、大寨的采访

大庆油田会战自1960年始,经过短短3年的艰苦奋斗,大庆人终于拿下油田,这宣告了我国依靠洋油的历史的终结,我国石油实现了自给,其意义非常重大。1964年1月,人民日报社、新华社组成联合记者组,赴大庆采访。《人民日报》副总编王揖任组长,该报记者凌建华、胡济邦、田流、范荣康、陆超祺,新华社记者冯健、袁木、余志恒等人参加了记者组。他们在采访时进行分工协作,由袁木、范荣康合作采写《大庆精神大庆人》,田流采访王铁人,冯健写1202钻井队,余志恒写1203钻井队等,当时一共决定采写30多个报道题目。同年4月19日,新华社播发袁木、范荣康合作采写的通讯《大庆精神大庆人》,20日各报刊载,这是系统宣传大庆经验的首篇影响巨大的作品。

1964年2月10日,《人民日报》刊登新华社记者莎荫、范银怀的通讯《大寨之路》,介绍山西省昔阳县大寨大队同穷山恶水斗争,改变七沟八梁一面坡的环境,发展农业生产的事迹。这篇通讯运用大量的材料来反映大寨人坚忍不拔的革命精神和移山填海的英勇气概,全文所引用的有人物活动的事实就不下25个,这些丰富的材料当然来自深入的采访。当时曾有人这样评价《大寨之路》:"(其)作者在深入群众,深入实际方面是刻苦的。任何一篇好的新闻报道,无不是记者辛勤劳动

---

[1] 张涛:《中华人民共和国新闻史》,经济日报出版社,1996年版。

的结晶。假若不下些工夫,老老实实深入实际,光想有那么一天写出一篇惊人的杰作来,是绝对不可能的。这里没有什么窍门,也不是作者心灵手巧,唯一的就是他们踏踏实实地做了一些'笨'的工作,为报道打下了坚实的基础。"①

1964 年,毛泽东同志向全国发出"工业学大庆、农业学大寨"的号召,新闻界对大庆、大寨继续进行采访报道。在"文革"中,大寨蜕变成"左"倾错误下的另一个政治典型,报道中掺杂了大量的水分,甚至完全根据政治需要编造,这实在是新闻界的一次大不幸。

3. 对雷锋典型的采访

解放以来,通讯采写的最大突破在人物通讯。突出宣传人民群众中的先进人物与先进事迹,是 20 世纪 60 年代初期宣传报道的最主要的内容之一。在这些报道中,较有影响的是对沈阳军区某部班长雷锋的报道、对大庆油田石油工人王铁人的报道以及对河南兰考县县委书记焦裕禄的报道。

雷锋,幼时成孤儿,后参军,成为汽车驾驶员,表现积极,多次立功。1962 年 8 月,他因公殉职,在他生前,报纸对他的先进事迹就有报道。1963 年 1 月 8 日,《辽宁日报》突出宣传他的事迹,同年 2 月 15 日,《人民日报》报道辽宁开展学雷锋活动的情况,发表该报记者甄为民、佟希文、雷润明采写的长篇通讯《毛主席的好战士——雷锋》,并配发评论员文章。随后,《解放军报》、《中国青年报》等媒体纷纷报道雷锋事迹,发表评论,号召人们学习雷锋,最终,全国掀起了持续的学习雷锋活动的热潮。言行一致、公而忘私、艰苦奋斗、助人为乐,成为家喻户晓的"雷锋精神"。

4. 对王进喜典型的采访

作为新中国工人阶级的典型,大庆石油工人王进喜也受到 60 年代前期媒体的广泛报道,其中《工人日报》记者李冀采写的通讯《工人阶级的光辉榜样——王铁人》,是较有影响的一篇。1965 年冬,李冀再次前往大庆采访王进喜。这一次,他一改前次的做法,不是看材料、听汇报,而是亲身体验,与王进喜一起工作、一起吃饭、一起聊天、一起开会,这样 1 个多月共同生活下来,他发现自己这回真正认识了"铁人"。王进喜为啥要拼命干活?他的精神支柱究竟是什么?真的如此前报道的

---

① 桑齐:《通讯〈大寨之路〉》,载《新闻工作》,1965 年第 3 期。

那样,王仅仅是出于报恩的心理吗?不!李冀发现,王固然有报恩的思想在,但事实上,这种思想已慢慢发展为为中国人争气、不屈服于外来压力、自力更生,一定要把大庆油田拿下来的高度觉悟。正因为如此,王才会喊出"宁可少活二十年,拼命也要拿下大油田"的豪言壮语,李冀认为王进喜的这种精神正是当时的时代精神的写照。由于正确地把握了王进喜的个性特征,李冀的通讯《工人阶级的光辉榜样——王铁人》把大庆油田的这个具有传奇色彩的人物写活了,对大庆精神的挖掘也更深了,全国50多家报纸纷纷转载这篇通讯①。

5. 对焦裕禄典型的采访

河南省兰考县委书记焦裕禄是一位不为名利,不畏艰苦,一心为革命、为人民的好干部,他为带领兰考人民治沙,同穷山恶水斗争而付出了生命。1966年2月7日,《人民日报》发表穆青、冯健、周原采写的通讯《县委书记的榜样——焦裕禄》。这篇被选入中学教科书的通讯,曾令多少读者一掬热泪,心潮难平!穆青曾总结过这次采访,谈到人物通讯采访应注意的几个问题:一是人物通讯必须反映时代精神;二是采访务须实事求是、穷尽真实,因为人物通讯的力量在于真实;三是通讯要在矛盾中凸显人物,所以采访要善于抓矛盾、深挖掘;四是记者要沉到生活中去,与采访对象要忧乐与共,在思想感情上息息相通。只有这样,你才有可能读懂采访对象,真正了解他(她)的内心世界,并将其再现出来。穆青说:"多少年来,我们深深体会到,这种和英雄人物思想感情上的息息相通,水乳交融,有时是掺和着血和泪的,它往往产生一种无论如何都抑制不住的冲动和激情。这是一种巨大的力量。"②正是在这种力量的驱使下,记者才可能在采访中去挖掘别人不曾发现的东西。可以说,这是人物通讯采访的一个最主要的规律。

四、"文化大革命"时期

1966年5月16日,中共中央政治局会议通过了经毛泽东7次审定的《中国共产党中央委员会通知》(史称《五一六通知》),要求全党"高举无产阶级文化革命的大旗,彻底批判揭露那批反党反社会主义的所

---

① 张涛:《中华人民共和国新闻史》,经济日报出版社,1996年版。
② 周胜林:《新闻通讯写作述略》,新华出版社,1985年版。

谓'学术权威'的资产阶级反动立场,彻底批判学术界、教育界、新闻界、文艺界、出版界的资产阶级反动思想,夺取在这些文化领域中的领导权。"①"文化大革命"的大幕从此全面拉开。

新闻界首当其冲,推入被批判之列,成了被"革命"的重要对象。建国17年来的新闻工作经验被认为是"中国的赫鲁晓夫"——刘少奇"疯狂推行反革命资产阶级新闻路线"、"反革命修正主义新闻路线"的毒果,从而统统被加以否定。在十年"文革"中,新闻界虽抗争过、挣扎过,但从鼓动"造反",宣传个人崇拜,到"斗、批、改"宣传;从"批林批孔"影射宣传,到"批邓宣传",历史已证明媒体即便不是始作俑者,但对于运动的推波助澜甚或助纣为虐,实在是难逃其咎。从采访学的角度来反思这段畸态的新闻业务史,很有必要。

(一) 摆布与造假

10年"文革"中,新闻媒介沦为林彪、"四人帮"篡党夺权的舆论工具,新闻报道从其政治目的出发,推行极左路线,在罗织罪名进行大批判、炮制影射文章攻击谩骂之外,根据形势需要,指使记者摆布甚至编造假典型加以报道,也是其惯用的伎俩。这里可以信手拈来许多严重践踏了新闻真实性原则的"假、大、空"报道。

1975年9月17日《人民日报》在头版发表的题为《江青在大寨劳动》的摄影报道,就是记者在江青的授意下,导演出来的。江青一伙由于百般阻挠邓小平主持中央工作受到毛泽东的批评,江青被派到大寨去参加劳动。1975年9月,全国第一次农业学大寨会议在山西省昔阳县召开时,江青与当年树立的典型、大寨的"一面旗帜"——陈永贵一起摆开劳动的架势,事先安排好的记者奉命按动快门,这样,"新闻"便出笼了。

这里,记者虽受到了摆布,但毕竟还是到场了,更有甚者,为达到"事实为政治服务"的目的,许多媒体在记者根本没有到场的情况下,居然直接利用暗房技术来"处理"照片,并将其当作新闻来报道。1976年9月16日,《人民日报》四版(这个版位足以表明造假的心虚还是难以掩饰的)刊登一张毛泽东在十三陵水库工地参加劳动的照片。其实,毛主席当时根本没有到场,报纸竟用12年前拍的毛泽东与当时的北京市长彭真一起劳动的照片做模本,通过暗房处理,将彭真的影像抹

---

① 丁淦林:《中国新闻事业史新编》,四川人民出版社,1998年版。

掉而成①。诸如此类的造假在"文革"期间屡见不鲜。

(二) 对媒介劫难的采访学检讨

1. 原因

历史地看,采访的离奇失真,以至于浮夸造假的原因,既有记者主观的内因,也有新闻制度缺陷的客观外因。一方面,革命的热忱冲淡了独立思考力,冲天的干劲屏蔽了科学求实的精神,于是,"热烈的梦呓"便于记者的笔端、媒介之上频频出现了,几亩、几十亩的产量被当作亩产来报道,几天、几十天的产量被当作一天的产量来宣传。有位记者回忆当时的情景道:"当时的报纸宣传,当时的人的思想,真实与想象,现实与幻想,纷纷然交织在一起。我们是在办报,又好像在做诗;是在报道事实,而又远离现实。"②主观唯心主义的"唯意志论"在新闻报道中表现无遗。另一方面,在"革命"的洪流横扫一切的年代,一切非主流的认识(尽管这种主流可能是人造的,或者媒体造势的表象)、一切不合乎主流意识的行为,均会受到"革命"名义的冲击。在"革命"的大旗下,记者很难不被迫放弃或隐藏独立的思考与"发现"的眼光,不滋生从众心理。

但若就此认为仅仅是新闻工作者主观方面的原因就导致了"大跃进"、"文革"期间的报道失实,那是不公允的。科学、历史地考察的结果只能是当时的制度缺陷是造成报道失实、媒介灾难的根本原因。所有媒体的所有记者在所有的时间都陷入"集体无意识"的状态之中,在现实上可能吗?毕竟,举国之大,浑浊之中有清流,昏聩之中有醒者。正如《人民日报》的一位老编辑说,在"大跃进"的火热年代,调查的没有发言权,不调查的却有发言权。人民日报社的许多记者集体或单独到各地调查、采访,由于深入群众,身历现场,取得大量第一手材料,回到报社据实反映,有的没有受到重视,有的反倒因此挨批,王金凤的无辜入狱就是明证。另一位老编辑在回忆录中也追忆道:"当时对高指标,许多人是有看法的。亩产几千、几万斤,大都知道是瞎说,但在不断'反右倾'、'拔白旗'的压力下,少数人瞎吹,多数人不吭,党报一宣传,谁敢说?"③

---

① 白润生:《中国新闻通史纲要》,新华出版社,1998年版。
② 转引自白润生:《中国新闻通史纲要》,新华出版社,1998年版。
③ 李庄:《人民日报风雨四十年》,人民日报出版社,1993年版。

2. 教训

古人云:"吃一堑,长一智。"如若能通过这一时期采访史的剖析,来领悟三个启示,做到三个结合,则我们今后的新闻采访工作有望做得更好。

三点启示——

第一,政治思想领域既要反右,也要反"左"。在现行新闻体制下,政治思想如果出现了大的失误,新闻事业必然要出现大的偏差。

第二,新闻工作的原则,尤其是真实性原则,无论何时何地都不能动摇。"大跃进"、"文革"中新闻采访最大的失误是违背了真实性原则,这期间的新闻宣传为新闻采访留下的最大教训是:在任何时候、任何情况下,采访必须坚持实事求是的路线,恪守真实性原则。

第三,加强党对新闻工作领导的前提是切实改善党的领导,充分培育党内民主决策机制;对于新闻、文化事业应尽可能给予更大的自为空间,对新闻事业的行政管理必须依法进行。

三个结合——

首先,新闻从业人员要将革命干劲与科学求实精神结合。"大跃进"期间,新闻工作者干劲十足而科学精神欠佳,宣传存在严重的片面性,对社会主义及其经济规律的认识水平不高。对土法炼钢、深耕密植的盲目宣传,反映了他们缺乏自然科学的基本常识。而"文革"期间,林彪、"四人帮"之流所制造的烟幕——某人的话句句是真理,一句顶一万句等等——以及烟幕下的丑行,媒体竟宁信其有,不加拷问。我们实在看不出其时的记者、媒体中有几人还鲜明地坚持着求实、拷问的精神。从吸取教训的角度讲,新闻记者应把革命干劲和求实精神结合起来,特别是在大是大非面前,要多问儿个:这是真相吗?我为什么不能揭示真相①?

其次,独立人格与健康心智结合。不畏威压,不慕名利,保持独立的人格,勇于逼近真实、坚持真理,这对于新闻记者,尤其是非常态政治环境中的记者是十分必要的。走过那段艰难岁月的著名记者王金凤曾说,作为一名无产阶级新闻工作者应当具有坚持真理的勇气,把坚持原则性和坚持纪律性结合起来。"一个记者遇到非常情况,首先要求记者政治上要坚定,不能随风倒,不能当风派……记者完全可以在风浪中

---

① 白润生:《中国新闻通史纲要》,新华出版社,1998年版。

站稳立场,这就要求记者在政治上坚定,不能为了多发表文章而追名逐利。如果有这样的虚荣心,绝对当不好记者。"①在错误路线影响下,如果记者"不能坚持为人民负责到底的立场,丢掉实事求是的精神,一味看领导的眼色行事,你要什么,我报什么",那他们就不可能去真正地调查研究,即便他们仍扛着调查的大旗,"这样的所谓调查研究,只能成为某种错误政策的佐证或注脚,没有它比有它还要好些。"②那么,记者在不正常的情况下,采访应该怎么办?王金凤以自己的亲身经历作答:"必须要求记者具有坚强的党性。只有站在最广大人民一边,站在党的利益一边,才能明辨是非,才能不顾自己的安危。正如田流说过,我们首先是个好党员,才能是个好记者。"③如果我们将其普适化,让它适合更多非党员记者,也许我们可以说:作为一名记者,在政治条件适合的时候他讲真话;对他(她)有利的时候他(她)讲真话,对他(她)不利的时候,他(她)还讲真话——那才是一个真正对得起新闻这一职业的记者,一个为民服务的记者,一个纯粹的记者!

　　第三,新闻体制与法制结合。采访报道的失误固然有媒体、记者自身的原因,但不能否认与党的领导、决策的失误有直接的、根本的联系。众所周知,"文革"时的《人民日报》的报道方针、报道手段正是执行了党中央指示的结果。所以,在强调记者仍需要提高政治业务素质,要敢于如实反映情况,敢于坚持真理的同时,治本的措施还是在于党和政府能否在政治改革的洪流中进一步完善新闻体制,社会能否为新闻业提供更切实的法律与舆论保障。舍弃了后者,只是孤立地、一味地强调"记者的头脑要冷静,要独立思考,不要人云亦云","不要人家讲什么,就宣传什么,要经过考虑"④,那难保不成无源之水、无本之木。

五、改革开放时期

　　1978年12月,中共十一届三中全会的召开标志着我国进入改革开放的新时期,此际的新闻事业既积极报道改革开放这一新生事物,为

---

① 《新时期新闻业务讲座》,军事译文出版社,1988年版。
② 李庄:《人民日报风雨四十年》,人民日报出版社,1993年版。
③ 《新时期新闻业务讲座》,军事译文出版社,1988年版。
④ 《记者头脑要冷静》,载《毛泽东新闻工作文选》,新华出版社,1983年版。

改革鼓与呼,同时也在进行自我改革。"报纸是阶级斗争的工具"的传统观念被摒弃,媒体的政治属性与商品属性、宣传功能、信息功能与娱乐功能,日渐得到承认。新闻采访报道随之发生了变化:开始重视信息量,强调采访,注重新闻价值与时效,批评报道积极、有效地开展和深度报道的崛起是这一时期新闻改革的重要成果。

中国有句古话,叫"名不正则言不顺",在汉文化的思想底蕴里,"名正"是行为合法性的必要前提。所以,综观中国历史便会发现,无论哪朝哪代,对很多问题的拨乱反正都是从正名开始的。经过十年浩劫的媒体,要走上复兴的正轨,从采访的再认识开始,这实在是顺理成章的事。

(一)"采访"正名与采访方法论

南振中在20世纪80年代为新华社记者所作的讲座中,从语义学的角度分析,"采访"中的"采"字有两种含义:一是"摘取";二是"搜集"。"访"字也有两种含义:一是访问、咨询;二是寻觅。从实践的层面概而言之,采访是指新闻工作者搜集和整合新闻材料的活动,它包括了解情况、分析情况、掌握线索、酝酿主题、进一步挖掘和补充材料的全过程①。基于这样的过程分析,几点新认识便显现了:

其一,采访不仅含有"访问"之义,而且含有"搜集"之义。把"采访"单纯理解为"访问",只说对了一半。

其二,无论是"摘取"、"搜集",还是"访问"、"寻求",都含有一种积极探索的精神,因而"采访"是一种主动的行为。

其三,孤立地看,采访是个微观的活动;但若联系地看,作为一种职业行为,它贯穿于记者生涯的全过程,并不是开始于打开采访本终于合上采访本的短暂过程,而是一种历时性活动。

其四,基于以上的认识,采访活动应包括以下内容:① 日常的知识、生活、思想积累;② 广泛了解情况,取得新闻线索;③ 调动、运用各种手段,详尽地搜集新闻材料;④ 综合分析,把感性认识上升为理性认识;⑤ 明确主题思想,完成新闻作品的构思②。

其实,在以上"正名"的背后,人们会发现两个被凸显的方面:采访作为新闻活动的工具性问题和工具的使用方法问题。"笔下的功夫不

---

①② 南振中:《采访琐谈》,载《新闻论丛4》,新华出版社,1984年版。

强照样能当一名出色的记者,但不善于进行访问是绝当不好记者的。"①美国名记者杰克·海敦的这句名言,对20世纪80年代刚刚恢复常态的中国新闻界的影响力,比以往任何时候都显得巨大,采访之于新闻事业的首要性已是不容置疑。

如果说以上总结更多的还是记者从事新闻采访活动近20年的感言,是一种经验的总结,那么,艾丰在20世纪80年代之初,试图从方法论的角度来探讨采访,无疑又是一大进步。

"实践呼吁着理论,采访需要科学指导。这是确定无疑的。"②那什么才是科学的采访,或者说,怎样才能使采访方法具有较高的科学含量呢?艾丰认为,此前的新闻学著作,虽总结了许多采访经验,提出了较为系统的采访原则,积累了较为丰富的资料,对我们有一定的借鉴意义,但从新闻学发展和实际工作的渴求看,目前的研究状况还是相当不能令人满意的。新闻教材,按其本身的任务来看,只是侧重于使人对新闻采访有一般的了解;采访经验的总结多是从实用主义出发,侧重于介绍采访的具体方法,具体的注意事项,而很少对采访中的矛盾及其规律进行深入探讨,更缺乏系统的科学分析。"这样的新闻学,不仅在政治上,而且在业务上,都不能适合我们今天的需要。"③于是,对于采访就提出了新的要求:不仅要有感性的了解,而且要有理性的认识,不仅要有程序性的了解,而且要有规律性的认识;不仅要有对规律的局部的、个别的了解,而且要有对规律的全面的、系统的认识。这就是新闻采访要完成的任务。所谓新闻采访方法论,"是研究新闻采访活动中所包含的矛盾以及正确处理这些矛盾的科学"④。显然,艾丰是将采访方法论当作与基础理论、应用技术并称为新闻学科三大组成部分之一的应用基础理论来定位的。因此,以这一理论的视角来看,采访实质是人的一种认识客观事物的活动,贯穿于采访活动的主要矛盾,是认识主体——记者,同被认识的客体——事实之间的矛盾。简言之,即主观同客观之间的认识与被认识、反映与被反映的矛盾。

(二)批评性报道的重大突破

1981年1月29日,中共中央发布《关于当前报刊新闻广播宣传方

---

① 〔美〕杰克·海敦:《怎样当好新闻记者》,新华出版社,1980年版。
② 艾丰:《新闻采访方法论》,人民日报出版社,1982年版。
③④ 南振中:《采访琐谈》,载《新闻论丛4》,新华出版社,1984年版。

针的决定》,指出:"近年来,许多报纸刊物重视反映群众的意见和呼声,积极开展批评和自我批评,增强了党和人民群众的联系,也提高了报刊和党的声誉。今后要坚持这样做好。各地党委要善于利用报刊开展批评,推动工作。"在此情势下,新闻界积极恢复与加强批评报道,在针砭时弊中推动民主与法制建设。从批评曾是先进典型的石油部长期忽视安全生产,导致"渤海二号"翻沉重大事故的报道,到揭露山西省昔阳县领导的封建家长制统治,大搞所谓的"西水东调"工程;从揭刺"铁老大"——铁路部门黑龙江双城火车站野蛮装卸,到20世纪80年代末披露"官倒"黑幕……新闻界在批评报道方面可谓是突破重围,对推动改革开放中的民主法制建设起到了积极的作用。

　　1979年11月25日,石油部海洋石油勘探局"渤海二号"钻井船由于指挥错误、违规操作,在迁移途中翻沉,造成72人丧身,直接经济损失达3 700多万元的特大事故。事后,石油部领导非但不追究责任,反而谎报情况,定下"突遇大风,不可抗拒"、"指挥无误"、"抢救英勇"的调子,大讲"渤二"不怕牺牲的功绩,开展所谓大总结、大评比、大宣传、大表彰的活动,以此来掩盖事故责任,并且以"注意阶级斗争新动向"、"防止别有用心的人把水搅浑"的大帽子压人,连"事故"二字也不许提起①。1980年7月22日,《人民日报》、《工人日报》同时披露了这一事故。新华社记者夏林、《人民日报》记者李和信在报道中详细介绍了事故发生的经过,指出造成事故的主要原因是"拖航时没有打捞怀疑落在沉垫舱上的潜水泵,以致沉垫舱与平台之间有1米的间隙,两部分无法贴紧,丧失了排除沉垫压载舱里的压载水的条件……严重削弱了该船抗御风浪的生存能力"。记者还根据自己的调查发现:从1975年至1979年间,该局发生的各类事故至少达1 034起,其中重大事故30多起,造成了105人死亡,114人重伤,并且事故发生后,没有发动群众认真总结经验教训,设法解决事故隐患。记者一针见血地指出"'渤海二号'翻沉事故的发生绝非偶然,而是海洋石油勘探局长期忽视安全工作,在海上石油钻井生产中不尊重客观规律的结果"。随后,各媒介对该事故作了大量报道,纷纷谴责石油部领导,呼吁惩罚事故责任者,保障工人人身安全。这次成功的报道,突破了此前所谓先进典型不能批评的禁锢,是经济宣传中的一个转折、"一次大突破"。国务院在处理

---

① 南振中:《采访琐谈》,载《新闻论丛4》,新华出版社,1984年版。

"渤海二号"事故的决定中指出:"一切重大事故均应及时如实报道,不得隐瞒和歪曲。"①从这个意义上讲,对"渤海二号"事故的报道为开展报纸批评打开了一扇大门。

在对"渤海二号"事故的公开报道之前,《人民日报》曾对山西省昔阳县某些领导自己不懂科学技术,却不听取工程技术人员的意见,独断专行,历时四五年,耗资几千万,盲目上马"西水东调"工程的劳民伤财之举,进行了严厉的批评报道。记者在采访中发现,该工程弊端丛生,立项、上马中瞎指挥、主观主义尤其严重。1980年6月15日,《人民日报》在头版显著位置发表"西水东调"工程下马的消息,对某些领导同志的封建家长制作风进行了无情挞伐。此后,媒体对公费医疗中存在的医药报销制度不严,部分医务人员作风不正、因人施药种种弊端,以及铁路等垄断行业的劣质服务诸问题,纷纷批评曝光。

经过20世纪80年代末的一些曲折,批评报道最终强化了坚持正确的导向,在党的领导下进行,必须维护社会稳定的纪律。但不管怎样,我们无法不承认,整个20世纪80年代的批评报道成绩显著,不仅在主流上推动了改革阵痛中的行政、经济等工作的改进,而且,也为90年代直至今天的舆论监督力量的不断壮大,在社会承受力方面、在经验教训等方面,打下了基础。

六、网络发展时期

计算机的问世与互联网的勃兴都是最近几十年的事。1946年,世界上首台计算机在美国诞生。"冷战"时期的20世纪60年代末,美国为应付核战争威胁,开发出分布式计算机网络,开因特网之先河。20世纪80年代,它被推广应用于学术研究领域,20世纪90年代又进一步推广应用于商业领域。随后,网络及其用户飞速发展,若以5 000万受众为单位衡量指标,无线电广播在全球拥有听众5 000万,用了38年时间,电视达到这个数字,也花了13年,而互联网仅用了5年时间。中国网络的发展也反映了这一趋势,1994年,我国作为第71个国家加入互联网,1998年用户为210万,到1999年上半年,几乎翻了一番,据

---

① 《新闻战线》记者:《渤海二号事件报道的意义在哪里?》,载《新闻战线》,1980年第10期。

最新统计,目前中国大陆网民已超过4亿人。

在技术的支撑下,网络整合了报纸、广播、电视三大传统传媒的优势,使以下数端成为可能:首先,实现信息容量极大化。它的信息交流手段从电子邮件到交替闲聊,从远程登录到文件传输,丰富得惊人,并且包罗万象。其次,信息组合多样化。网络将报纸、广播、电视等众多的单个传媒连接成一个既分散又集中的体系,网络受众完全可以自由选择媒介表现形式而不局限于一种信息符号。第三,信息交流自由化。网络突破了时空限制,实现了任何人、任何时候、任何地方、任何形式、同任何人的信息交互性交流。第四,信息传播快捷化。报纸必须等印刷,电视一般来说需要拍摄与剪辑录像,网络可以随事件发生随时上网。正因为因特网具有如此多的优势,所以它成为传播信息的新渠道,并被传媒工作者青睐①。

美国哥伦比亚大学新闻学院和纽约米德博格协会对全美主要传统媒体的新闻从业人员进行的连续5年的调查表明,上网作为获取新闻线索和进行新闻采访的手段,其地位仅次于报纸记者的面对面采访和杂志记者的电话采访②。在美国,电话、电脑、互联网,现被称作记者的"三件宝"。记者利用互联网了解信息、采访新闻、查阅资料,已是一件相当普遍的事情。中国目前虽还没有此类的实证调查,但基本情况与此不会有太大的出入。一种全新的采访方式——网上采访,不仅成为一种时髦,而且成为必须。新闻传播工作者必须完成技术手段的调适与观念上的转型。

网上采访,对习惯传统采访方式的记者来说是一个全新的课题,更是一道绕不过去的坎。与传统新闻采集方式相比,网上新闻采集具有明显的优势,譬如,拥有更丰富的信息资源,获取新闻的速度更快,可对数据进行深度发掘,可以在较短的时间里采访较多的人等等。那么,如何才能搞好网络采访呢?首先,从方法论的角度看,传统媒体的记者必须完成采访方式的调适:学会数字化生存。作为数字化技术代表之一的互联网,对于以获取信息和发布信息为生的新闻记者而言,不仅仅是技术,而且是生存方式。有位记者说:"在今天的记者生活中,我已经

---

① 蓝鸿文、冉晓芹:《网上采访》,载《新闻界》,2000年第2期。
② 匡文波:《网络媒体概论》,清华大学出版社,2001年版。

离不开数字化生存的三件宝:电脑、电话和调制解调器。"①进入互联网,学会数字化生存是记者进入新世纪的必由之路。现在,利用网络采写与发稿,已越来越成为记者必备的一项基本功。如果说的确存在一种手段可以使中国新闻工作者的信息获取水平与渠道一夜之间达到与发达国家记者平等地位,最有可能的就是网络采访②。

其次,记者必须完成观念上的转型。正如蓝鸿文先生所强调的那样,从初步了解因特网采访方式的特点到得心应手地运用它,尚有一段距离。不尽可能缩短这段距离,就谈不上从因特网采访中获益。为此,传统媒体记者首先必须完成向"学习型"记者和"法制型"记者的转型。以因特网为特征的新信息时代对记者的素质提出了更高的要求,一是要加强对信息技术的掌握。记者不需要成为信息技术的专家,但是要成为因特网的熟练使用者,对计算机软硬件、网络的基础知识和使用方法须进行学习。二是掌握外语,提高外语阅读能力。英语仍然是网络的主导语言,不懂英语便无法接触更多的信息,也不可能运用电子邮件对外进行采访。因此,在致力于在因特网上发展中文站点的同时,记者有必要掌握英语这个网络主导语言,否则大量信息会失之交臂,怎能谈得到在网上漫游③? 此外,记者还必须了解并遵守与网络相关的法律、法规。在网上侵权易如反掌,诸如"侵入他人空间",下载别人作品、资料,侵犯他人肖像权、隐私权,不一而足。类似于保密法、《互联网管理暂行办法》等法律法规,都是记者在进入网络空间时必须认真学习和遵守的。

再则,在微观技术上,网上采访有以下轨迹可寻——

1. 利用网络进行信息检索

互联网为我们提供了一个巨大的信息库,它拥有海量信息资源,24小时运转,内容随时更新,而且信息资源是共享的。无论是在2001年4月的中美撞机事件,还是在2001年"9·11"美国遭恐怖袭击事件期间,新华社驻美国采访的一位记者说,他随时准备打开电脑上网,将世界各地对此事的报道搜寻一遍,浏览各同类报道,这样,他心里便有底,

---

① 李希光:《互联网时代逼迫我们重塑自己》,载《中国记者》,1999年第2期。
② 张羽:《试论网络传播与记者传播方式的调适》,载《西北大学学报(哲学社会科学版)》,2000年第3期。
③ 蓝鸿文、冉晓芹:《网上采访》,载《新闻界》,2000年第2期。

就知道下一步该怎么采写了。过去要费多少时间多少工夫才能解决的问题，现在打开电脑就能解决。

2. 利用网络收集背景资料

收集背景资料是采访活动的一个重要环节。此前，记者们收集新闻背景资料，只能去资料室的剪报中去翻，费时费力费心，且效率低下。现在，只需接通网络这个巨大的信息库，就能获得自己想得到的有关资料，互联网是一个取之不尽的信息海洋，现在网上有成千上万个数字化的图书馆、各种类型的数据库，而且还在不断增加。因特网将使全世界的资料库为你所用，不存在资料匮乏的问题，只存在如何找到一种有效的方法，搜索到自己所需的有用资料问题。

3. 利用网上讨论组发掘专题新闻

互联网中大约有13 000个新闻组，涵盖了包括政治、经济、文化、体育等形形色色的话题，既包括最热门的，也包括最冷僻的，参与的人来自世界的各个角落，成为民众畅所欲言的空间。记者在相应的专业组里注册，不断地交流、获取信息，特别有助于相关专题的报道。例如，1998年5月11日至13日，印度在不到48小时之内，连续进行了5次地下核试验，此举不仅引来了世界各国政府和公众舆论的同声谴责，而且在因特网上引发了一场大争论，一些网站还提供了在线投票系统，在全世界的网民中进行民意测验。5月20日，《北京青年报》"网上采访"栏，刊出记者写的《印度核试验激起网民公愤》一文，就是报道外国和我国网民，包括印度本国网民对印度这次核试验所表明的态度。作为一个优秀记者，应该从网站设立的新闻组、BBS公告和聊天室中，学会倾听群众的声音，把握时代的脉搏，确定采访的主题，及时做好下情上达的工作。

4. 利用电子邮件采访

电子邮件是因特网提供给记者又一便利的采访工具，它不仅可以承担起传统的采访工具如纸、笔、录音机、摄像机等等的功能，还可以帮助采访者克服空间障碍，最迅速地进行远距离采访。当遇到面对面的访问存在困难，比如受访者不愿面谈，面谈时间有限，以及空间距离不可逾越等情况时，经济、便捷的电子邮件采访（当然还包括电话采访）实在是一种上佳选择。通过电子邮件，你可以接触到任何一位你感兴趣的客体包括国家元首。但正如美国新闻学者杰克·海敦在《怎样当好新闻记者》一书中所说，"大约90%的新闻是部分或全部地以访问——也就是向人提问题为基础的",因此,不能过分夸大电子邮件的作用,用电子邮件采访,也有许多局限,例如,它缺乏互动性,没有面对面的交流那样容易产生共鸣。在面对面的采访中,主客体的语言、眼神、体态等都在影响对方,主客体的交流是互动的,互动带来的理解和共鸣更易形成和谐的人际关系,从而有利于获得新闻素材。另外,在电子邮件采访中,记者很难辨别采访对象的真实情况,眼睛在采访中的观察、证伪功能不复存在,细节描写也无从谈起。再者,对电子邮件的回答并不一定及时,因为电子邮件是一种非同期传播,你无法控制受访者回答与否以及回复的速度。所以,通过电子邮件进行的采访,只应是一种采访的补充形式。

5. 利用网络进行调查

在网络产生之前,记者常用的调查方式有问卷、个别访问、座谈等,互联网络的出现,为记者对某一事件或情况的调查提供了新的便捷的方式。记者只要将设计好的问卷放到 BBS 上,理论上可以拥有最大量的受众,可以得到最快速的反馈,这无疑是传统的调查方式所不及的。但是,这种新方式也有缺陷:一是真实性问题。由于网络上的交流多以匿名的或化名的方式进行,所以回答的真实程度往往受到影响,这就要求问卷设计必须详尽和科学化。二是可控性差。网络用户是否有兴趣回答问卷,是否愿意花费必需的时间来认真回答问卷,这都是非记者因素所能控制[①]。

第二节 近百年中国新闻写作史述略

一、"五四"时期

"五四"运动的爆发,是中国历史进入到新民主主义革命的转折点,同时也标志着中国新闻事业进入到一个新的历史时期。在这一时期内,新闻写作业务空前发展,在体裁上,诞生了现代杂文、通讯和报告

---

① 蓝鸿文、冉晓芹:《网上采访》,载《新闻界》,2000 年第 2 期。

文学;在文字上,摒弃了传统的文言文,开创了白话文和标点符号;在题材上更是丰富多彩。

1. 新闻日受重视,导语初步运用

长期以来,长篇评论成为报刊的主体,"报纸无评论,便是无灵魂的行尸走肉"成了《时事新报》《中华新报》《民国日报》等多家报纸始终如一的信条。报纸重视评论,这是应当肯定的,但搞成"评论至上",而忽视和降低新闻的作用,致使报纸内容虚弱、空洞,这就有喧宾夺主之嫌了。随着"五四"运动的爆发,一方面,由于内忧外患,人们对于信息的需求激增,要求报道新闻更多、更快;另一方面也由于电报的使用,因其价格昂贵,迫使记者不得不采写短新闻。从这以后,新闻体裁日趋增多,消息写作日趋成熟,例如,《民国日报》1919年6月7日第3版中的38条电讯就全是短新闻。《申报》在1919年5月6日报道关于"五四"运动的一条电讯,就包括了消息写作的基本要素:北京电:今日午后两点,各校发生五个人入使馆界,执旗书"誓死争青岛"及"卖国贼曹陆章"字样。后又拥至曹宅,初报文明。警察弹压,激动人公愤,有举火烧宅者。警察逮捕,被捕甚众。经钱派员慰谕,尚相持未散。东交民巷已戒严。四日下午九点钟。

新闻导语的初步运用,是这个时期新闻写作业务发展的又一大亮点。"五四"运动以后,消息的报道面大大扩张,消息内容越来越丰富,随着交通、通讯的发展,报纸和国内外的新闻媒介接触机会增多,消息来源增加,同一内容的消息往往可以收到几个乃至十几个报社、通讯社发来的稿子。与此同时,一些报纸采用混合编辑法,即把相同内容的稿件编排在一起。这样做,内容是集中了,报道是更客观、公正了,但是过于零碎,无法整合成一个整体印象,带来阅读的不便。为了方便读者阅读,新闻导语便被逐渐使用。上海的《商报》《新闻报》和北京的《晨报》是较早运用新闻导语的。《晨报》1924年9月2日的一则消息《江浙开火之传闻》,报道浙江军阀卢永祥和皖系军阀在上海的冲突,导语是这样处理的:"江浙风云,日益紧急。据昨日各方面所得消息,昆山南翔方面,两军业于前夕(一日)接触。而宜兴方面亦有形势迫紧之说。惟政府方面,以未得官电,尚予否认。兹综合各方报告,分志如下:……"接下来,便把来自各方面的材料在新闻主体部分并列刊出。

2. 述评的涌现

"五四"时期,新闻述评大量涌现。新闻述评就是将"述"与"评"相结合的、夹叙夹议反映国内外重大事件与问题的新闻文体,早在民国初年便已出现。据陶菊隐先生回忆,他1916年在《湖南民报》工作时,因为该报缺少资金,派不出记者采写专电,就每天选录各地报纸的主要内容,综合成一篇"国内大事述评",夹叙夹议,登在头版头条上,不料很受欢迎①。从中不难看出,新闻述评产生的直接原因是因为当时报界竞争激烈,有些报纸由于受自身条件限制,不能在新闻的"速"与"博"方面取胜,便转而将所得到的各种材料加以综合、分析,写成一篇"国内大事述评"或"世界大事述评",力图在深度和广度上有所突破。直到"五四"运动时期,相继出版的《每周评论》、《湘江评论》、《星期评论》、《钱江评论》、《妇女评论》、《武汉星期评论》等大批报刊,才均以"述评"为主要新闻体裁。

3. 报告文学的萌芽

"五四"运动时期,读者对新闻的需求增强了,视野也开阔了,他们不但要求知道发生了什么事,而且要求知道更详细、更具体的新闻内涵。因此,运用文艺表现手法迅速及时报道现实生活中富有典型意义的真人真事的新闻性文体,便顺乎自然地问世了。1919年5月11日,《每周评论》上反映"五四"运动实况的《一周中北京公民的大活动》一文,便初具报告文学真实性、新闻性的基本特征。瞿秋白于1922年到1923年写的反映十月革命后苏联情况的《饿乡纪程》、《赤都心史》,1925年茅盾写的发表于7月5日的《文学周报》第180期的《暴风雨》,叶绍钧写的载于《小说月报》第16卷第7号的《五月三十一日急雨中》等文,均具有鲜明的报告文学性质,但还不能称为真正的报告文学,因而仅可称之为萌芽或雏形而已。

4. 白话文与标点符号的运用

"五四"以前的写作都使用文言文,严重束缚了人们的思想并阻碍了文化的普及。戊戌维新时期,伴随着思想启蒙运动,形成了对文言文的第一次冲击,一批白话报刊纷纷问世,但是,占统治地位的仍然是文言文,彻底改变这一局面的,则是在"五四"新文化运动中。首先大力倡导者当属胡适,1917年,他在《新青年》上发表《文学改良刍议》一

---

① 陶菊隐:《记者生活三十年》,载《新闻研究资料》,1980年第2辑。

文,极力推崇白话文学。这场运动得到了陈独秀、钱玄同、刘半农等许多进步人士的积极支持和响应,钱玄同在致陈独秀公开信中说:"语录以白话高语,词曲以白话为美文,此为文章之进化,实今后言文一致之起点。"①

二、十年内战时期

在十年内战时期,中国新闻事业呈现三足鼎立态势:中国国民党领导下的新闻事业在中国新闻界处于垄断地位,其规模之大、分布之广、体裁之完备,使中国历史上任何统治者的新闻事业都相形见绌;中国共产党的新闻事业在第一次国内革命战争失败时已丧失殆尽,被迫重建自己的新闻事业;私营新闻事业呈现相对繁荣的景象。随着日本侵略的深入,报纸的报道内容和形式出现了诸多变化。

1. 电讯稿的大量使用

国民党为了强化其中央新闻事业,改组并扩充了"中央通讯社",用5年左右的时间基本构筑完成了全国电讯网络。自此,"中央社"既可以通过自己的电台迅速收集国内主要新闻,又可以通过自己的分社采集新闻,迅速播向各地。从1932年开始,"中央社"向全国播发3种电讯稿:面向大都市的电讯稿CAP,每天12 000~15 000字;面向各省地方报纸的电讯稿CBP,每天5 000~8 000字;专供上海、北平、天津、汉口、广州各分社的国外新闻专稿CNG。

2. 国际新闻日益突出

"五四"以前的中国报纸,国际新闻所占篇幅甚少,"五四"以后,随着人们对新闻需求的增长以及国际局势的重要变化,报上的国际新闻日趋增多。

此后,随着日本侵略中国的步骤日益紧逼,更造成对国际状态的关注,于是,国际新闻开始占据新闻版头条地位。

3. 报告文学的时兴

"报告文学"这个称谓译自德文 Reportage 一词,它作为一种新闻文体和文学样式,20世纪20年代在欧美一些国家开始风行。在中国,"五四"以后,报刊上也出现了一些具备报告文学特征的作品,但没有

---

① 《通信》,载《新青年》,第3卷 第1号,1917年3月1日。

采用"报告文学"一词。直到 30 年代,当时,左翼文化团体发起工农通讯员运动,号召作家写反映现实生活的作品,报告文学得到大力提倡。1930 年 8 月,中国左翼作家联盟执委会通过的《无产阶级文学运动的新情势及我们的任务》提出了"创造我们的报告文学"①。1931 年 11 月又在题为《中国无产阶级革命文学的新任务》的决议中指出:"必须研究并批判地采用中国本有的大众文学、西欧的报告文学。"②

1932 年 4 月,作家阿英从上海《时事新报》、《大晚报》、《大美晚报》、《烽火》、《社会与教育》、《太平洋日报》、《时报》等报刊所载描写淞沪战役的作品中选择一部分,编辑成《上海事变与报告文学》一书,由南强书局出版,这是我国最早冠以"报告文学"称谓的结集。但是,30 年代初期的报告文学"还只能说是一种速写,虽然有感情的奔放,却缺乏关于现实事情的细密的研究与分析——常常忽视了事件的历史动态"(周立波语)。这一文体尚未成熟。直到夏衍的《包身工》和宋之的的《一九三六年春在太原》的发表,才标志着报告文学的基本成熟。1936 年 6 月 10 日发表于《光明》创刊号上夏衍所创作的《包身工》一文,采用白描手法,以凝练的笔触,把一群无任何自由、猪狗般生活、牛马般苦役的女工描绘得淋漓尽致。特别是对一个只有十五六岁,但在非人的、超负荷的艰辛劳动中早已成为"芦柴棒"的包身工的描绘,更是对这个"没有光、没有热、没有温情、没有希望……没有法律、没有人道"的社会的无情揭露。

三、抗日战争时期

1937 年 7 月 7 日,抗日战争全面爆发,共产党领导下的《解放日报》、《新华日报》等革命报纸,与国民党统治集团办的《中央日报》、《扫荡报》等报纸,以及"孤岛"时期的"洋旗报"等,由于办报方针、承担任务、读者对象的不同,因而呈现出不同的新闻写作风格。

1. 国民党报刊的新闻写作

抗战初期,由于国民党军队也曾参与对日作战,因此,国民党的报刊暂时结束了长期坚持的"攘外必先安内"的反动宣传,一度进行了抗

---

① 《文化斗争》,第 1 卷,1930 年 8 月 15 日出版,第 1 期。
② 《文化层报》,第 1 卷,1931 年 11 月 15 日出版,第 8 期。

战报道,如1938年4月《中央日报》、《扫荡报》、《武汉日报》对台儿庄大捷的报道,就很鼓舞人心。中央通讯社还派了著名记者曹聚仁带了无线电台上战场,从而及时地发出了新闻。正如刘光炎在《30年来南京报业点滴》中所说:"我国新闻事业,在最近四五年间,实有不少之进步,抗战以来进步更加显著。……在内容方面,具体记述之长篇通讯日多,无意义之社会新闻日渐减少,而几乎绝迹……今日新闻记者之活动范围为内地,为乡村,为战地与前线,昔日新闻习于悠闲与安适,今日新闻记者则多数紧张坚实而勇敢。至于认识时代之使命,重视国家之前途,拥护国策,遵守法令,更与昔日之散漫分歧者不可同日而语。"

然而,到了抗战中期,日寇停止对国民党军队的正面进攻,实行"以华制华"政策,对国民党开始政治诱降活动。在这种背景下,1939年至1943年间,国民党当局连续制造三次反共摩擦,而消极抗日、积极反共的言论也充斥了国民党的各大报刊,特别是《扫荡报》,更是重谈"成于一"、"定于一"等老调,完全认敌为友,站到了中国人民的对立面。

进入抗战后期,国民党报刊上虽有些抗战内容,但不论是言论还是报道都苍白无力,毫无战斗性,而对反共宣传却十分卖力,极尽造谣污蔑之能事,1944年夏对延安及陕甘宁边区的集中报道便是一例。这年的5月至7月间,中外记者西北参观团,赴延安参观访问,其中5位外籍记者在电讯中赞扬了共产党领导的军队和边区,对延安老百姓的生活改善、政治清明、人民有选举权、延安的言论出版自由、适应抗战需要的延安大学以及群众中强烈的抗战意志等,都作了客观公正的介绍。但是,作为《中央日报》的主笔写了一篇歪曲事实的报道,题为《陕北之行》,《中央日报》为它特辟专栏连载,攻击边区没有新闻自由,诬蔑延安《解放日报》是"没有消息"便是好消息,攻击供给制和大生产运动,贬低三五九旅的屯垦成绩,胡说贪污浪费是延安的普遍现象,它连半点新闻的真实性都谈不上。

2.《新华日报》的新闻写作

"皖南事变"以后,国民党当局加剧对《新华日报》的迫害。据统计,1940年12月到1941年5月这短短半年时间,《新华日报》原稿受检免登的竟达260件,1941年1月8日,也就是皖南事变发生后的第3天,送检稿子15件,被扣的竟达11件。针对这日益恶化的局面,周恩来向《新华日报》提出两条要求:"一是要稳,就是不失立场,有时不便说就不说,够分量就行了;二是活,就是不呆板,要巧妙,采取措施,缩小报纸版面",并于1941年元旦起不再每天发表社论。这在《新华日报》写作上是个很大变化,因为自创刊以来,原是天天在头版固定位置刊登社论的。这一举措使许多读者不明就里,为了答复读者,在1月11日《本报三周年》的社论中,专门写了一段话向读者解释,但是这段话被新闻检查所删去了后半截,登出的前半截是:"今年一月以后,本报的代表言论——社论暂不能和读者逐日相见,这绝非我们始愿所及,读者颇有来函相勉,希望我们在每一件事都能畅所欲言……"尽管是未让讲完的半截话,读者看了也能从中理解停发社论的原因。

面对国民党的限制、阻挠和扼杀政策,《新华日报》只能用更加隐晦曲折的方法来宣传党的方针政策,揭露反共顽固派制造摩擦、破坏团结的罪行。他们主要的斗争策略是——

其一,在标题上做文章。编辑、记者开动脑筋,从敌人的大小漏洞中找材料,从一切可以利用的社会活动中选题目,从标题上做文章。一时间《新华日报》上出现了不少内容上寓意深邃、形式上别具一格的好标题和文章。如冯玉祥将军在政治文化工作委员会第二次国际问题座谈会上作了讲话,讲话的题目是《欧战给予我们的教训》。冯将军原是借题发挥,说是欧洲,实指中国,是正告蒋介石要吸取波兰亡国的教训。《新华日报》在给这则消息作标题时,则突出了他讲话的现实意义:

冯玉祥将军演讲
波兰亡国之训
亡于国内不团结
亡于内政不图治

其二,代邮的运用。代邮是《新华日报》对付新闻封锁经常用作透露重要信息的一种方法,那时常看《新华日报》的读者都知道,这些通过"代邮"形式登在报纸上的零星简讯,往往可能就是最有价值的新闻,也容易逃过国民党新闻检查所的检查。

其三,"开天窗"以示抗议。"开天窗"是旧社会报刊编辑部对政府新闻检查的一种抗议形式,即某新闻或言论在临发表时,被反动政府新闻检查机关禁止刊出,报刊编辑于是在版面上留下成块空白,排上"被检"二字,或一字不排,形如窗洞,以示抗议。1940年1月6日,《新华日报》因连送两篇社论《论冬季出击胜利》和《起来,扑灭汉奸!》均被国民党的新闻检查机关无理扣押,便在当天报纸社论位置上,只刊出"抗战第一! 胜利第一!"八个大字,表达了对国民党当局压迫言论的愤怒心情,这是《新华日报》第一次也是以最大的篇幅"开天窗"。"皖南事变"后,《新华日报》"开天窗"发生的频率就更高。

3. 延安《解放日报》改版对新闻文风的影响

1941年5月16日,《解放日报》在延安创刊,这是中国共产党在抗日根据地出版的第一份大型中央机关报。由于长期的教条主义的流毒,资产阶级新闻观念侵蚀,在报刊宣传上出现了严重的"党八股"。

在《解放日报》最初10个月的办报实践中,它未能成为党中央传播党的路线、贯彻党的政策和宣传组织群众的锐利武器。体现在消息写作上,它以最大的篇幅刊登国际新闻,而对于全国人民和各抗日根据地的生活、奋斗缺乏系统的记载,未能对于整顿"三风"加以应有重视,重要的党的消息,放在极不显著的地位。如1942年2月,全党普遍整风学习开始,但全月对此只发了4条消息,而2月1日毛泽东同志在中央党校开学典礼上发表整顿"三风"演说这样重要的消息,只在第三版右下角发了3条三栏题的消息。2月8日中共中央宣传部召集整顿文风的会议,毛泽东在会上作反对"党八股"的报告,这样重要的消息,也只是第三版的左下角登了一条三栏题的消息。

鉴于《解放日报》不能及时指导边区工作,1942年1月24日,中央政治局作出决议:"同意毛主席指出今后《解放日报》应从社论、专论、新闻及广播等方面贯彻党的路线与党的政策,文字须坚决废除党八股。"[①]决议还要求中央各部委(中央同志在内)每月为报纸写社论或专论一篇。3月14日,毛泽东在致周恩来的一份电报中又明确指出了报纸的改进方向:"关于改进《解放日报》已有讨论,使之增强党性与反映群众。"[②]

1942年4月1日,《解放日报》正式改版,在其社论《致读者》中明确指出了改版的目的是要使《解放日报》成为"真正战斗的党的机关报",整个报纸要"贯彻党的路线,反映群众情况,加强思想斗争,帮助

---

① 《中共中央政治局关于给〈解放日报〉写稿与供给党务广播材料的决议》,《中国共产党新闻工作文件汇编》,新华出版社,1980年版,第118页。
② 《毛泽东新闻工作文选》,新华出版社,1983年版,第93页。

全党工作的改进"。

《解放日报》的整风宣传,不是从消息报道开始,而是以评论文章领先。在评论文章的写作有了较大起色后,消息改革便提上了议事日程。一段时间实践以后,消息写作呈现出三个特点:一是采取集纳的形式,把若干条短讯编在一起,标上一个总标题,短小精悍,主题突出,且新闻面广量大,能较快地反映新情况、新经验等。二是以具体的、生活的事实作引导,发挥了党报所特有的指导性。1942年8月4日2版头条消息《联系实际掌握文件精神》,用大量生动的事实,展现了鲁迅艺术学院在整风学习阶段全校师生的讨论热潮,给根据地广大干部群众以极大的指导。三是抓住重大事件,进行集中突出的连续性报道。对陕甘宁边区高级干部会议的报道,便是一例。中共西北中央局从1942年10月19日起,召开边区高级干部会议,历时88天,到1943年1月14日闭幕。这是边区党有史以来召开的最重要最成功的一次大会,也是《解放日报》最集中突出宣传的一个大会。1943年1月31日,《解放日报》用第一版整版和第二版1/3的版面,发表了一条反映大会全程的长新闻,新闻用评述式的写法,既高度概括,又鲜明具体,当天的第二版上,还刊登了一条《大会决议已陆续变成实际》的消息。此后,对这个大会采取连续不断的报道形式,不断发表边区各地委、县委传达贯彻大会的情况,报道大会精神变成实际行动的动人事例,有声有势,有始有终。

4. 通讯与报告文学的昌盛

抗日战争爆发后,通讯与报告文学一跃成为时代的宠儿。"抗战发动以来,社会现实的演变供给了作家们以异常丰富的材料,然而那变动却太急剧、太迅速,竟使作家们没有余裕去综合和概括那些复杂丰富的材料,而且作家生活的繁忙,他们除了写作外,大都还要担负许多实际的救亡工作,而出版条件的恶劣(部分出版业停顿,纸张缺乏,发行困难)也限制了作家写较长的作品;适应着这些客观条件,作家们不能不采取短小轻捷的形式——速写,报告,通讯之类,以把握剧变的现实的断片。"①

这一时期,通讯与报告文学内容空前广泛,有描写抗战正面战场作

---

① 《中共中央政治局关于给〈解放日报〉写稿与供给党务广播材料的决议》,《中国共产党新闻工作文件汇编》,新华出版社,1980年版,第118页。

品,如范长江的《卢沟桥畔》、《走向西战场》、《察哈尔的陷落》、《吊大同》等,这些作品后来与孟秋江、小方、溪印写的十几篇战地报告文学辑为《西线风向》出版。这部作品主要反映了平绥线的战斗情况,王芸生先生评价说,"他们几位出生入死,在战地内跑,随着国军的脚迹,冒着敌人的炮火,记录下可歌可泣可悲可慨的事迹。"这些作品作为历史的记录,确实难得,而且作者们的救国忧民之情洋溢其间;不过叙事比较简略。还有描写这场战争给人民带来深重苦难的作品,如曹白的《这里,生命也在呼吸》、《在死神的黑影下面》、《"活魂灵"的夺取》等篇,写大批无家可归的难民被安排在停了业的电影院、银行中,电影院的业主吝啬地只给开两个电灯,而银行老板干脆拆掉了水电,于是整个装了几百难民的大厅,昏暗,污浊,汗臭,便臭,充满了一屋,难民被称作"猪猡",每天两顿稀饭,不断有人病死,留下成群的孤儿。也有介绍中国共产党和红军的作品,如范长江的《陕北之行》,它第一次全面而生动地介绍了红军长征的全过程,其中有些情节是珍贵的史料,文风朴素真挚,并无"宣传"的痕迹。在抗战时期,反映军民对敌武装斗争的报告文学、通讯作品占很大比重,优秀作品也比比皆是,如周游的《冀中宋庄之战》、沈重的《棋盘陀上五壮士》、丁奋的《没有弦的炸弹》、柯岩的《铡上的血》、吴伯箫的《一坛血》、杨成武的《一个胜利斗争的回忆》、白朗的《八烈士》等,穆青的《雁翎队》更是其中的代表作。

我国的通讯和报告文学作品,历来以写事为主,辛亥革命时期虽出现过一些写人的作品,但写法过于接近传记;抗日以后虽出现了一批写人的作品,但大多涉及军界人士,普通工人、农民的形象难以进入作者的视线;30年代中期开始,虽有不少作品题材涉及工农群众,但还只是笼统地反映他们的苦难生活,而没有聚集到某个普通的先进人物身上。在中国新闻写作史上,第一个用通讯或报告文学体裁为普通人中的先进人物立传的是丁玲。

丁玲曾因《三八节有感》而一度受到批评,后来她回忆说:"在陕北我曾经经历过很多的自我战斗的痛苦,我在这里开始认识自己,纠正自己,改造自己。"她说后来写的一些作品,"是我读了毛主席的《在延安文艺座谈会上的讲话》以后有意识地实践的开端"。她写过战斗、写过秧歌剧,都没有成功,后来胡乔木同志鼓励她去写报道,她参加了陕甘宁边区的合作社,写了《田保霖》一文①。与此同时,欧阳光也写出了通讯《活在新社会里》。这两篇通讯均引起毛泽东的关注,他热情地给作者们写信说:"你们的文章引得我……一口气读完,我替中国人庆祝,替你们两位的新写作作风庆祝。"并且请他们到自己的窑洞来共进晚餐②。

5. 广播稿写作的发展

1938年年底,国民党中央广播电台迁至重庆。这一时期的中央电台成了反法西斯战线的重要宣传阵地,除"党国"大员外,中国共产党的领袖、著名爱国志士及盟国政治家,先后在这方阵地一逞胸志。1939年5月31日,周恩来应中央电台邀请发表《二期抗战的重心》广播讲话。当时,抗日战争已进入相持阶段,日本"三个月内灭亡中国"的美梦已经破产,随即作出战略调整,对国民党政权加紧诱降活动,周恩来在这次广播中,考虑到复杂的政治形势,以巧妙委婉的言词、坚定不移的政治立场和对抗日战争胜利的充分信心,准确地分析了形势,痛斥为虎作伥的汉奸,抨击了以反共代替抗日的反动思潮,宣传了中国共产党关于救亡图存的战略思想。在周恩来的倡导和影响下,彭德怀、邓颖超、吴玉章、郭沫若等先后到重庆等地的广播电台发表多次广播演讲。

此外,中央电台还加强对日本和日本公众的广播,组织日本战俘作广播讲话,并经常播出缴获的不满日本军阀、反对侵略战争的日本家信、笔记等,揭露日本帝国主义罪行,将事件真相公之于众,这对于争取日本公众乃至侵华士兵具有一定的成效;特别到了抗战中后期,随着日本人民的觉醒和日军素质的变化,这种"心战"广播就收到更大成效。对此日本当局非常头痛,日本广播界人士将这座中央广播电台斥为"重庆之蛙"。

虽然,国民党当局在八年抗战中制造了几次反共高潮,这在中央电台的宣传中也有体现,如1940年4月以后,在其节目中取消了《抗战教育》、《抗战讲座》、《抗战歌曲》等节目,停止播出原来作为开始曲的《义勇军进行曲》等,但总体说来,这个"重庆之蛙"曾为中国和世界反法西斯战争的胜利而呐喊,作出了一定的贡献。

---

① 丁玲:《关于〈陕北风光〉》。
② 丁玲:《毛主席给我们的一封信》,载《我的生平创作》,四川人民出版社,1982年版。

1940年12月30日,中国共产党创建的第一座广播电台——延安新华广播电台开始播音,呼号XNCR。中共中央宣传部在1941年5月25日关于电台广播工作的指示中,对广播的报道作了纲领性指示,指出:"1)广播内容应以当地战争及政治、经济、军事、文化、教育等各方面的具体活动为中心,并以具体事实来宣传根据地的意义与作用;2)广播材料应力求短小精彩,生动具体,切忌长篇大论,令人生厌的空谈;3)广播均应采取短小的电讯形式,每节以三百至五百字为适当,至多不得超过一千字。当地负责同志的讲演与论文如有特别重要意义的,应摘要广播,至多亦不超过一千字;4)每节电讯应一次广播完结,不得拖延时日,至多不得超过两天广播的时间"。

延安新华电台在物质异常困难的情况下,本着这一指示,积极宣传党的抗日民族统一战线,对推动抗日根据地的政权建设,揭露皖南事变真相,反击第二次反共高潮均作出了自己的贡献,从1940年年底开播至1943年春停播,前后断断续续播音两年多,时间虽不长,却揭开了人民广播的美好序幕。

四、解放战争时期

抗日战争胜利后,国统区新闻事业的中心向上海、南京一带转移,发展速度也比以往迅速。以报纸为例,国民党中央直接主办的报纸即中央直辖报发展到23家,总发行数约45万份,省级党报主办的报纸27家,总发行数约14万份,此外,国民党人士主办的准党报、县市级党部主办以及国民党军方主办的报纸,也为数众多。与此同时,随着解放区的扩大,解放区新闻事业也出现了迅速发展的局面。但是随着全面内战的爆发,敌我力量的此消彼长,国民党在大陆的新闻事业日益萎缩,直至终结。

1. 综合性消息的广泛使用

消息写作一般是一事一报,综合性消息则是全面、概括反映一个时期或某一重大事件的全局性情况,要求点面结合,分析综合,可以多事一报。综合性消息在20世纪30年代还只是零星出现,到40年代我党办的报纸上才大量使用,到解放战争时期,延安《解放日报》、《东北日报》、《大众日报》等报上,综合性消息已成为消息体裁的主角。综合性消息大致有两大类,一类是报道一个地区、一条战线、一个方面的情况,它往往由许多事件(或事实)构成,一类是集中报道一个事件的全过程及这个事件相关的事情。毛泽东在解放战争时期为新华社写的《东北我军全线进攻,辽西蒋军五个军全部被我包围击溃》、《南京国民党反动政府宣告灭亡》等新闻稿,比较典型地反映了综合性消息写作的特点。

2. 特写的发展

新闻特写,是以描写为主要表现手段,对能反映人和事本质、特点的某个细节或片断,作形象化的"放大"和"再现"处理的一种新闻文体,该文体既不同于一般的消息、通讯,也不同于文学作品,通常归入通讯一类。这种文体早在30年代便初见报端,《晶报》、《立报》、《救亡日报》等报新闻特写尤多。

早期的新闻特写以艳情、凶杀、抢劫为主要内容,上海一些报纸尤其突出。初创时期曾很有生气的《时报》在30年代却依靠这类新闻来支持销量;《申报》、《时事新报》、上海《大公报》等大报在本市新闻中也无一例外地以这类新闻为主体,不厌其详地描写这类事件的细节和现场。写奸情的如《皮箱店主妇与司帐同卧,被丈夫撞破》(上海《大公报》,1936年9月4日)、《华捕奸拐少女案昨宣判,少女哀哀送情郎》(《时报》,1937年5月15日)、《二女遇暴失身》(《申报》,1936年10月1日)等,把有关过程作绘声绘色的描写和叙述;写凶杀的如《闸北区共和路河面捞起蓝布衫女头颅》(《时报》,1937年5月15日)、《无头箱案》(《申报》,1936年10月16日)等,把血淋淋的凶杀场面暴露出来,令人毛骨悚然。这种表现手法,既不是新闻特写题材之必须,也会在一定程度上对读者和社会造成负面影响。

到了解放战争时期,一大批以社会新闻为内容的新闻特写在反内战、反迫害、反饥饿的斗争中发挥了积极作用,深切地反映了劳苦大众的苦难,强烈抨击了反动当局的专制。如1947年2月9日,国民党特务制造上海劝工大楼血案,第二天《文汇报》便刊出《劝工大楼凶焰冲天,倡用国货竟遭毒打》的新闻特写,以劝工大楼的血淋淋现场和许多目击者的叙述,揭露和控诉了国民党特务的暴行,使新闻特写的作用得到了应有的发挥。

3. 三种新闻写作风格

从20世纪30年代后期开始,随着民族矛盾和阶级斗争日趋激化,中国报纸明显地分为三个系统。以《解放日报》、《新华日报》为代表的中国共产党领导的革命报纸;敌占区、国统区在我党影响下的进步报纸,如邹韬奋在香港办的《生活日报》、上海的《文汇报》、香港的《华商报》、南京(后迁入重庆)的《新民报》等;国民党统治集团办的《中央日报》、《扫荡报》等政党、军队报纸。这三种报纸由于立场、办报方针等不同,因而呈现出不同的写作风格——

(1) 革命报纸的写作风格。

共产党领导的报纸不但和商业性报纸有显著区别,而且和以往的政党报纸也有很大不同,它们公开宣布为党的机关报,有明确的政治宗旨,担负着宣传党的路线、方针的任务,形成了观点倾向鲜明、格调严肃庄重、语言通俗易懂的特色。就像赵超构在《延安一月》中所说:"单是报纸上的标题就可以一目了然于共产党喜怒爱憎的表情。"

在文风上,革命报刊上的新闻严肃庄重,一般采取朴实的叙述,描写不多,文字通俗;在内容上,由于处于农村环境、战争环境,因此比较单一,基本上是生产、战争两大类。

(2) 进步报纸的写作风格。

从20世纪30年代末到1949年,进步报纸所处社会环境同以前相比,有了显著变化,也形成了自己独特的写作风格。这主要因为:一方面共产党在全国的影响越来越大,进步报刊越来越倾向于革命;另一方面,国民党的新闻统制越来越严厉,在严峻的控制与反控制斗争中,不得不具有独特的本领。归纳起来讲,进步报纸的写作风格是:观点力求隐蔽,形式活泼多样,文字轻松自然,"善于借用春秋笔法,在表现客观公正、不偏不倚的报道中,表现出自己的立场观点"。如《文汇报》1947年4月8日消息:

胜利以来神经病多
卫生院义务解答

本报南京七日专电 胜利以来,患精神病及轻微心理病者日多。中央卫生院以该项病影响社会秩序以及个人之工作能力,与生活幸福甚巨,特由法院心理卫生室义务解答有关此项病症之咨询……

精神病是一种生理现象,但新闻意味深长地点明"胜利以来"这种病多起来了,抗日胜利了,理当心情愉快,疾病减轻,为什么"精神病"

反而增加了？这种弦外之音，读者自然品味得出来。

（3）国民党报纸的写作风格。

解放战争时期，《中央日报》《扫荡报》等越来越堕落，新闻充满了假话、大话、空话，许多消息纯粹用谎言编成。而谎言往往又不能自圆其说，文章显得语无伦次，广大读者根本弄不清他们在说些什么。且看《中央日报》1949年1月15日关于平津战役的一则报道：

津市激战续进行

中央社天津十四日电 今日为天津保卫战之第二十八日，亦即主力战第九日，林匪一、二、三、七、八、九、十、十二纵队及炮兵纵队围攻天津，虽然遭惨败，仍尚未放弃围攻企图，我军士气旺盛，阵地坚强，联络迅速，匪每次猛攻，彼有死伤累累，自食恶果而已……

这条新闻集假话、大话、空话为一体。众所周知，天津之战，中国人民解放军1月14日下午发起总攻，15日下午天津全城解放，何来国民党军队的"士气旺盛，阵地坚强"之类，实乃奇文共欣赏。

4. 军事通讯写作的一个高峰

军事题材在抗日战争期间已成为通讯的重要题材，到了解放战争时期，它几乎是通讯唯一的题材了。

这是因为，决定中国命运的激烈战争一个接一个，且规模越来越大，广大读者和作者最关心的当然是战争的进程和结局，这自然促成了军事通讯写作高潮的形成。在这期间，最值得肯定的是华山。

解放战争期间，华山作为《新华日报》的随军记者一直活跃在战场上，特别是在东北战场上，他写下了《承德撤退》《风雪中来去》《勇士们》《战线纵横》《解放四平街》《家》《英雄的十月》《总崩溃》等一系列作品，这些作品堪称东北地区解放战争的艺术编年史，真实、生动地再现了艰苦激烈的战斗全程，其中《承德撤退》《解放四平街》《英雄的十月》是其代表作。华山同志采访深入，出生入死，作品既大气又细腻，是在全军将士中享有较高知名度的军事记者。

此外，戴邦的《射击英雄魏来国》、刘白羽的《为祖国而战》、王匡的《西瓜兄弟》、张明的《桌上的表》、汤洛的《鸡毛信》等，也享誉军内外。

5. 毛泽东的新闻写作特色

毛泽东虽然不是一名专业的新闻记者,但他也为我们留下了不少十分精彩的新闻作品,颇具写作特色。这些作品是《周恩来同志返延安》(1945年2月17日)、《爷台山战事扩大》(1945年7月25日)、《我军解放郑州》(1948年10月22日)、《东北我军全线进攻,辽西蒋军五个军全部被我包围击溃》(1948年10月27日)、《中原我军占领南阳》(1948年11月5日)、《我三十万大军胜利南渡长江》(1949年4月22日)、《人民解放军百万大军横渡长江》、(1949年4月22日)、《南京国民党反动政府宣告灭亡》(1949年4月24日)等。这些新闻的主要特色有以下几点——

第一,短小精悍。选取重大事件,写作紧扣主题,使用极其简洁的文字,报告重要事实,这是消息采写所必须遵循的原则,也是毛泽东新闻写作的一个显著特点。这些新闻:《周恩来同志返延安》一文117字,《爷台山战事扩大》一文203字,《我军解放郑州》一文150字,《我三十万大军胜利南渡长江》一文180字,《南京国民党反动政府宣告灭亡》一文420字,其余几篇也大都在千字以内。

第二,直扑事实。阅读毛泽东的新闻作品,几乎找不到多余的文字,均直接报告事实,读者通过作品提供的具体事实和准确数字获得信息,感到真实可信。如《爷台山战事扩大》在导语之后,就直接报道蒋军又增加一个师的兵力进攻我军,且具体指出这个事实的来源一是我侦察员报告,二是据敌军逃兵提供,真实性和可信性顿时凸显。

第三,导语简洁。毛泽东十分重视新闻导语的写作,他主张新闻导语"应立片言以居要",如《爷台山战事扩大》导语仅七个字,《我军解放郑州》导语只十五字,但新闻有关要素及主要事实均已令人感到清晰、明了。

第四,叙评结合。在报道事实的同时,于关键处融入作者的评论,画龙点睛,加强报道的深度,这种叙评或叙议结合的写作方法,是毛泽东极力倡导并经常运用的。早在1931年3月12日,毛泽东在一篇关于《普遍地举办〈时事简报〉》的材料中就指出,写消息"也不是完全不发议论,要在消息中插句把两句议论进去,使看的人明白这件事的意义,但不可发得太多,一条新闻中插上三句议论就觉得太多了,插议论要插得有劲,疲疲沓沓的不插还好些。不要条条都插议论。许多新闻意义已明显,一看就明白,如插议论,就像画蛇添足,只有那些意义不明显的新闻,要插句把两句进去"①。

6. 反对"客里空"运动

1947年6月15日,《晋绥日报》第四版整版刊出了苏联名剧《前线》中有关"客里空"情节的片断,作为反对"客里空"的引子。"客里空"是一个惯于弄虚作假、吹牛拍马的战地特派记者,他从不深入现场,而是呆在总指挥部,胡编乱造新闻,最后终于暴露了马脚,被广大红军官兵从前线轰走了。《晋绥日报》发起的反"客里空"运动,就是借用这个典型揭露不真实的新闻,反对弄虚作假的新闻作风。《晋绥日报》在编者按中指出:"我们的编者作者应该更加警惕,并勇敢地严格检讨与揭露自己不正确的采访编写的思想作风,更希望我们每一个读者都起来认真、负责、大胆地揭发'客里空'和比'客里空'更坏的新闻通讯及其作者,在我们的新闻阵营中,肃清'客里空'。"《晋绥日报》向读者公开进行自我批评,1947年6月25日至27日,以《不真实新闻与'客里空'之揭露》为题,连续刊登自我检查出的失实报道和读者的揭发材料,紧接着,一些记者、作者、通讯员也作了自我揭露与检查。

1947年8月28日,新华社发表社论《锻炼我们的立场与作风》(副题《学习〈晋绥日报〉检查工作》),赞扬并推广《晋绥日报》的经验。社论指出:"《晋绥日报》这次反对'客里空'运动,在人民新闻事业建设过程中是有历史意义的,各解放区的新闻工作单位部门及个人,均应普遍在公开的群众性方式下,彻底检查自己的立场与作风,要开展一个普遍的学习运动。"9月1日,新华社又发表社论《学习晋绥日报的自我批评》,强调:"《晋绥日报》的自我批评是土地改革的一个收获,它必将使新闻的工作更加向前推进一步,这种自我批评不仅各解放区的新闻工作者要学习,而且一切工作部门都应向它学习,以便更加改进自己的工作。"从此,反对"客里空"运动,由一般现象的检查,进入检查立场与作风问题,并和当时的整党运动结合,开展"三查"(查阶级,查思想,查作风)、"三整"(整顿组织,整顿思想,整顿作风)。

反对"客里空"运动,推动了报纸工作的改进,《晋绥日报》创造性运用编者按语是最为出色的,报纸公开反对"客里空"取得了群众的信任,作者、读者来信来稿大量增加。当时土改和解放战争迅猛发展,解放区农村交通不便,要一一调查核对来稿来信的真伪十分困难,为了充

---

① 《毛泽东新闻工作文选》,新华出版社,1983年版,第29页。

分利用来稿,编辑采用了加编者按语的做法,按语或加在一篇稿件的前面或后面,或是三言两语地插在稿件行文的中间,针对稿件中的某一观点和疑难不清的问题,提出编者的意见,或者阐释交代政策,或者表示赞成什么、反对什么,或者提出问题,加以说明或补充,许多按语写得尖锐、泼辣,言简意赅,态度鲜明,很受作者、读者欢迎,希望报纸"发扬这种负责精神"。

五、建国初期

建国前夕,毛泽东曾说过,"'我们熟悉的东西有些快要闲起来了,我们不熟悉的东西正在强迫着我们去做。"就新闻写作来说,也面临着同样的问题:熟悉的题材和写法有些快要闲起来了,不熟悉的题材和写法则强迫着我们去学、去创立。

1. 新闻写作概述

第一,围绕党和政府的工作中心。

这一时期的新闻写作目的十分明确,即一切围绕党和政府的工作中心而进行。1950年6月25日,朝鲜战争爆发,于是,以抗美援朝为主题的报道成为1950年至1953年全国新闻报道的中心。《人民日报》除了在其他版注重这方面内容外,从1950年12月4日起,在第5版特辟《抗美援朝》专刊(先后为旬刊、周刊、半月刊),到1954年9月共出190期。在报道手法上力求生动活泼、丰富多彩,除新闻、评论(广泛采用述评)、通讯外,还有答记者问、首长发布命令或慰问信等。

第二,突出报道重点建设的成就。

经过三年国民经济的恢复,我国开始实行经济建设的第一个五年计划,新闻写作及时配合,运用多样化的报道形式,大力宣传成渝铁路、青藏公路、鞍山钢铁工业基地等一批重点工业的建设。《人民日报》在《建设鞍山的人们》总标题下,发表310余篇通讯,多侧面地反映了农民、转业军人、工长、电焊工、工程师等建设鞍钢的先进人物,体现了"全国支援鞍钢,鞍钢为了全国"的全局思想。

2.《人民日报》1956年改版对新闻写作的影响

1956年7月1日,《人民日报》正式改版。改版是基于两方面的原因:一方面是,改版前的《人民日报》,在每天只有1万多字的新闻容量里,不少是公报新闻和政治动态,大多数新闻是"板面孔说教",读者很不满意;另一方面,社会主义改造基本完成,党中央提出了"百花齐放,百家争鸣"的方针,《论十大关系》对学习苏联经验中的弊端也有了阐述,这些都为《人民日报》的改版提供了良好的外在氛围。

《人民日报》的改版从三个方面进行——

第一,扩大报道范围。在7月1日《人民日报》社论《致读者》中明确提出:"我们是生活在一个充满着变化的世界,各种不同的读者要求从不同的方面了解这个变化着的世界。尽量满足读者的多方面的要求,这是我们的天职。"改版后的第一个月,《人民日报》共刊登新闻2 288条,平均每天74条,在头条新闻中,经济新闻占首位,改变了过去"多谈些政治,少谈些经济"的状况,同时,在第7版首次出现了体育新闻专栏,还增加了社会新闻。

第二,开展自由讨论。《人民日报》在《致读者》一文中称,"报纸是社会的言论机关。在任何一个社会里,社会的成员不可能对于任何一个具体问题都抱有一种见解。党和人民的报纸有责任把社会的见解引向正确的道路。"改版后1个月,《人民日报》收到读者来稿来信3.1万件,比改版前6月份增加9 000件,其中被采用发表的292件,约14万字,平均每天见报约10篇,合计4 000字左右。同时,组织开展了关于百家争鸣的热烈讨论,发表不同观点的文章,第7版的《炎风小语》专栏,三言两语,切中时弊,富有哲理。在第8版的文艺副刊上,刊登了一大批名家作品,所涉广泛,有国际国内的,有文学艺术的,有社会生活的、风土民情的,如茅盾的《谈独立思考》(1956年7月20日)、巴金的《"独立思考"》(1956年7月28日)、曹禺的《埃及,我们定要支援你!》(1956年11月18日)、刘思慕的《从鲍惠尔案看"自由美国"》(1956年10月26日);叶圣陶的《"老爷"说的谁没错》(1956年7月20日)等等,呈现了一派百花齐放、百家争鸣的大好局面。

第三,着力改进文风。在《人民日报》的《致读者》一文中,对新闻写作的文风也大胆提出改进措施,要求报纸上的文字应力求言之有物、言之成理、言之成章,尤其在言论写作上,要求清新活泼、潇洒自由,看不到"八股腔"或"新闻体",文章要写得有条理、有兴味,谈笑风生,文情并茂。

《人民日报》改版为如何办好无产阶级的报刊做出了有益探索,以此为标志和开端,新闻界的改革之风迅即吹遍全国,各地报纸纷纷仿效,从实际出发,改革栏目、文风,一时间,全国新闻界呈现出一片生机勃勃、欣欣向荣的景象。但是，令人遗憾的是，随着反右斗争扩大化，到1957年下半年，这场改革便悄然而止。

3. 通讯写作的勃兴

在全面建设社会主义时期，通讯体裁得到了长足的发展，虽然出现了不少"真实地记录虚假"的失实报道，但还是有不少人保持着清醒或基本清醒的头脑，写出了一些较好的作品，如巴金的《一场挽救生命的战斗》、《文汇报》记者采写的《钢铁战士》等等。值得一提的是1960年2月28日《中国青年报》刊登的《为了六十一个阶级兄弟》(作者王磊、房树民)一文，这篇作品生动地记述了山西省61名民工中毒后，北京军地有关部门的职工、战士、飞行员和司机争分夺秒，紧密配合，终于把药品及时送至，使中毒民工转危为安的事情，宣传了"一人有事，万人相助，一处困难，八方支援"的共产主义精神；在写作技巧上，构思新颖，情节紧凑，扣人心弦，也颇具感染力。

从建国到1966年的17年中，通讯的压轴之作，当属穆青、冯健、周原合写的《县委书记的榜样——焦裕禄》(载于1966年2月7日《人民日报》)。作品把主人公焦裕禄放在三组矛盾冲突中去表现：人与自然灾害，勤奋工作与疾病困扰，艰苦奋斗与特殊化。充分显示了作者的胆识和采写水平。

特别值得提一笔的是，穆青不仅在采访写作上有过人之处，而且在新闻理论上也有诸多建树。他在1963年《新闻业务》第一期上发表了《在工作中感到的几个问题》一文，论述了用散文笔法写新闻的问题："有的同志现在尝试着用散文笔法来写新闻，也是力图创新的一种努力。我觉得，从广义上说，新闻即是散文的一种，因为新闻无非是告诉读者发生了什么事，这件事有什么意义，散文中的叙事义不也是如此吗？既然叙事文可以这样写，也可那样写，为什么新闻就非受一定格式束缚不可呢？为什么散文可以有个人风格，而新闻就只能按照死板公式去套呢？我看只要事实交代清楚明白，在写作上可以突破老一套的公式，不一定非得第一段写导语，第二段写背景、第三段……可以百花齐放，大胆创造。当然，我并不是说新闻写作的一些基本要求都不应用了，如开门见山、短小精炼和一定的客观形式等等，这些都还是适用的，我的意思只是说，对其中某些要求我们不必过分拘泥，比如可以不一定写导语，也可以不一定要有新闻根据，可以夹叙夹议，既有形象的细节描写，又允许有少量的议论和记者的感受，在选择角度的时候，既可以从领导角度来写,也可以从群众角度来写,突破了那些不合理的束缚以后,那一套令人生厌的新闻语言也可能随之改变了。""只要我们彻底解放思想,敢于创造,新闻写作上一定会出现一个新的局面,我不相信新闻就只能有一种写法,既然我们在新闻内容上有了很大发展,为什么要受现有形式的束缚呢?"

穆青提出用散文笔法写新闻,明确强调要突破老一套"新闻写作理论"框框的束缚,是对僵化的"新闻写作理论"的一次挑战。"文革"的到来,使这一理论的实践无法开展,直到20年后,穆青才又有机会对这一理论进行新的补充和发展,并付诸实践。

4. 中国电视新闻写作的诞生

1958年5月1日,北京电视台开始试播,那天晚上播出的新闻节目是中央新闻纪录电影制片厂摄制的反映干部下放的纪录影片——《到农村去》。后来,新影厂的《新闻简报》和长短纪录片成为电视台长期的、经常的新闻节目来源。

1958年5月15日,北京电视台第一次自办新闻节目——播出了4分钟的图片报道《东风牌小汽车》。图片报道是电视台新闻节目的一种形式,图片通常是新华社记者拍摄、电视台编辑加播解说词。同年6月1日,北京电视台第一次播出记者孔令铎、李华拍摄的新闻片——中共中央刊物《红旗》杂志创刊的新闻,后又播放了第一部电视纪录片《英雄的信阳人民》。1958年10月1日,北京电视台首次转播天安门广场的国庆活动,并拍摄新闻纪录片。1959年4月18日,首次转播重大会议的实况,即二届人大一次会议周恩来总理作政府工作报告。

1958年11月2日起,北京电视台的新闻节目有了质的变化,即开始口播《简明新闻》,每次5分钟,由中央人民广播电台提供稿件。但时有时无,断断续续。1960年元旦,北京电视台实行固定的节目表,设立了每周3次的电视新闻栏目,每次10分钟,该栏目内容只有电视台新闻片和纪录片,口播新闻和图片报道是不包括在内的。

在20世纪60年代,中国只有少数高级干部家庭有电视接收机,在公共场所集体收看的电视观众是买票入场的。这一时期,电视台除了重大节日的实况转播或重要活动的新闻报道外,一般新闻纪录片时效甚差,需要送北京洗印的地方台电视片,就更谈不上时效了。电视新闻所反映的社会生活面是比较狭窄的,除了政治、外事活动之外,大多是先进工作经验和模范典型人物的报道。

六、"文化大革命"时期

在"文化大革命"十年动乱这一时期内,我国的新闻事业成为发动和开展"文化大革命"的舆论工具,在林彪、江青两个反革命集团的控制下,又成为他们煽动极左思潮、鼓吹个人崇拜、阴谋篡党夺权的舆论工具。体现在新闻写作上,摒弃了我党长期以来形成的优良传统,取而代之的是假、大、空和一片漆黑。

1. 推行个人崇拜

林彪、江青等人在鼓吹"造反"的同时,也掀起了对毛泽东个人崇拜的狂潮,报刊、广播、电视宣传强化和推动了这个狂潮,形成这个时期新闻事业的一个突出点。

"文革"期间,新闻盛行二段式,即毛主席语录加例子,作者不用注重新闻价值的大小和新闻事实的主次,也不用考虑文章的结构和层次,只靠抄一段语录就能"焊接"上下文。例如,在一篇题为《文艺革命的光辉样板》一文中写道:

> 钢琴伴唱《红灯记》是我国工人阶级领导下斗、批、改的伟大成果,是上层建筑各个领域斗、批、改的光辉样板,它的诞生,再一次向全世界展示了我国无产阶级文化大革命的伟大胜利,显示了毛主席革命文艺路线的伟大胜利!
>
> 毛主席教导我们:"无产阶级必须在上层建筑其中包括各个文化领域中对资产阶级实行全面的专政"……

此外,新闻写作还经常引用毛主席的几句诗词作为开头,形成了一种套话连篇的"文革报刊文体"。请看1970年1月3日《人民日报》第二版《迎接伟大的七十年代》的几则新闻导语:"天地转,光阴迫。全世界无产阶级和革命人民,以无比自豪的心情,送别了六十年代,满怀信心地迎来了伟大的七十年代……""四海翻腾云水怒,五洲震荡风雷激。我们工人阶级满怀豪情,以战斗的姿态迈入了伟大的二十世纪七十年代。放眼全球,展望未来,心潮逐浪高,继续革命的斗志更加坚强……"

2. 典型报道多为政治服务

1969年4月召开的中国共产党第九次全国代表大会,从理论上、组织上、实践上进一步肯定了"文化大革命"。新闻工作也"责无旁贷"地担负起宣传"九大"的工作,为推动"斗、批、改"(斗走资本主义道路的当权派,批判资产阶级和修正主义,改革不合理的规章制度)的开展,中央"两报一刊"反复强调要"抓紧革命大批判"。与此同时,报刊上也陆续报道了一些典型,在为路线斗争服务的口号下,夸大渲染的、虚构编造的、以偏概全的所谓"典型报道"充斥了报刊版面。

"文化大革命"期间的典型报道突出,是由两个因素造成的:一是"四人帮"别有用心编造典型,带有明显的政治目的,往往是用来打人的石头;二是同我们新闻工作中长期对典型报道的片面认识有关。自1942年延安整风运动以来,通过报刊和其他新闻媒介表扬先进人物和先进典型,一向是我们推进各项工作的有效方法之一,也是党和人民新闻事业的重要职能和任务之一。但是先进人物和典型经验应是在群众斗争实践中产生的,而不能是为了某种政治需要而拔高甚至编造出来的。在报道介绍、推广典型经验的时候,也应从实际出发,绝不能将典型经验绝对化、模式化,成为一种万能的典型。

当然,"文革"期间也有一批好的典型报道,如1972年12月29日《人民日报》发表的《人民的好医生李月华》,就是一篇力矫时弊的通讯作品。该通讯忠于事实,写得真挚自然,不去趋时讨好,至今,不少高校新闻院系,仍将该通讯作为好作品向学生推荐。

总的说来,"文化大革命"是一场给党和国家、给全国人民带来深重灾难的内乱,也给中国新闻界带来莫大的混乱。如同"文革"是历史的耻辱一样,"文革"中的"新闻写作"也是新闻业务史上不光彩的一页,它的出现有其历史根源,是可以给我们提供许多经验与教训的,因而是不该把它忘记的,相反应该加以研究,以史为鉴。

七、改革开放时期

中共十一届三中全会的召开标志着中国正式步入社会主义现代化建设时期,与其相适应的是,中国新闻事业也开始拨乱反正。进入20世纪90年代后期,面对日趋多样化的竞争,各报、各台纷纷寻找新的出路,报业集团纷纷成立,广电集团也相继建立,在此大背景下,新闻写作也呈现立体化、多样化的表现手法。

1. 新闻本位的复归

在此期间,新闻媒介开始注意按照新闻规律办事,从1978年11月开始,《人民日报》不再刊登大幅领袖标准像及其"语录";从1979年元旦开始,《人民日报》取消"两报一刊"社论及其"编辑部文章",开始把新闻媒介作为一种阶级斗争工具或者宣传工具逐渐向新闻本位复归的过程,新闻报道的比例不断大幅增长。

2. 新闻文风的改进和突破

"文化大革命"中,由于新闻信息贫乏,大批判文章充斥新闻版面,结果造成了"小报抄大报,大报抄梁效"①、千报一面、千篇一律的局面。粉碎"四人帮"后,新闻界一度力图改变这种状况,1977年1月21日,《人民日报》发表"读者来信"和"编者按",要求肃清党八股,改进文风。但"冰冻三尺,非一日之寒",到1978年5月,《人民日报》仍然严重地存在着"四多三少"的现象,即会议公报多,领袖长篇讲话多,领袖照片多,追悼与怀念文章多,新闻信息少,自己的声音少,读者反馈少。直到1978年年底,新闻界才真正开始重视文风问题,复刊后的《新闻战线》开辟"提倡短新闻"专栏进行讨论。从1979年起,各新闻媒介努力改进文风,短新闻日益增多,新闻信息量明显增加。《解放军报》在1979年9月19日头版头条登了"短新闻十则",率先吹响了短新闻写作的冲锋号。

3. 新闻体裁的多样化

改革开放以后,新闻工作者对报纸体裁和样式作了大胆探索和创新,报纸上出现了非"倒金字塔"结构的散文式结构的新闻,既不像通讯和特写,也不像散文的自然文体。此外,系列报道、连续报道、探察式采访、目击式新闻、现场短新闻等都得到加强。

4. 电视报道着力改革

在经历了"文革"10年的停滞之后,改革开放的春风也吹到了电视屏幕上,加上电视技术飞速发展,社会对新闻的需求激增,电视报道的面貌也急速改观。针对电视片"假、慢、长、空"的现状,电视从业人员提出"新、广、快、短、活"的目标,广大观众眼睛为之一亮。

---

① 梁效:"文化大革命"期间,由北京大学、清华大学组成的大批判写作班子,"梁效"是北大、清华"两校"的谐音。

1978年5月1日,北京电视台改称为"中央电视台",此后,以《新闻联播》为标志的全国性电视新闻广播网在各地方台的配合下初步形成,电视报道立体化的格局也日益清晰。

综上所述,改革开放给中国社会带来巨大变化,中国新闻媒介也由此进入到一个迅猛发展的时期,呈现出勃勃生机。纵观这一时期的新闻写作,我们可以得出以下启示:

第一,在历史转折关头,新闻媒介是时代的记录者、表述者和推动者,但是,受传统观念和习惯势力羁绊,其发展不可能一帆风顺。

第二,随着社会的进步与发展,加上受众对信息需求越来越广、越来越深、越来越活,新闻写作呈现多样化、立体化格局,是必然的趋势,是不以人的意志为转移的。

八、网络发展时期

近二十年来,互联网高速发展并普及,在很大程度上改变着新闻的生态系统与环境,在以互联网为代表的新技术浪潮的推进和市场竞争的持续推动下,新型传播平台不仅要实现新闻资源最优化,而且承担着更深刻、更广泛的改革与创新使命。

1. 短新闻的进一步走俏

新媒体的优势与发展,给传统媒体带来空前的挑战,也带来莫大的机遇。在这期间,受众对报纸等传统媒体新闻传播内容和方式的依赖度极速降低,传统媒体新闻写作的理论与方式已出现短缺,需要在理念、技术和形式等方面不断变革与创新。网络信息非常简洁,加上量大、传播速度快,迫使报纸等传统媒体的新闻也必须尽可能地化繁为简,达到简洁明快的传播效果。况且,中国现代化建设的步子不断加快,广大受众惜时如金,每天用于看报、听广播、看电视的时间越来越少。因此,信息快餐化的传播方式受到普遍欢迎。在相当长的一段时间里,中国新闻界大力倡导短新闻的写作,积极开展现场短新闻竞赛等各项业务活动。

随着时间和实践的推移,新媒体时代的新闻竞争已不再全是"短、平、快"的竞争,受众欢迎的也不再全是快餐文化,"满汉全席"式的深度报道日益受到追捧。况且,时下任何重大事件的报道,互联网等新兴媒体在时效上总胜出纸质媒体,当新闻变旧闻时,报纸再跟在后面发布这些新闻,受众一定大倒胃口。因此,在通常情况下,当某一事件或事实出现时,传统媒体的记者已不再把精力花在抢时间、争速度上,而是渐渐地亮出出奇制胜的法宝,即用心对新闻的背景,也即新闻背后的新闻予以深入挖掘和链接,以深度取胜,以独家新闻报道取胜。

2. 深度报道的勃兴

(1) 深度报道勃兴小史。

深度报道是时代的产物,随时代的发展而发展。在英美,深度报道也叫大标题后报道,在法国则称为大报道。中国的深度报道随着改革开放的时代潮流发展而发展,也是网络等新媒体飞速发展的压力下,传统媒体要保持生存和发展空间的一个重要竞争手段。1985年以前,深度报道及其概念还鲜为人知,但当年获全国好新闻特等奖的《有胆略的决定——武汉三镇的大门是怎样敞开的》,以及《中国青年报》在1985年12月13日至28日连续发表的探讨人才成长规律的《大学生成才追踪记》,使读者初识其庐山真面目。时隔一年,中国新闻界尤其是报坛,刮起了一股深度报道的旋风,成为各报竞争的品牌。《光明日报》发表《一个工程师出走的反思》,《中国青年报》发表《第五代》、《西北地区贫困探源》,《人民日报》发表《温州风情画》,等等,这些报道以其独特的触角和深刻性在读者中引起强烈反响。到1987年,中国新闻界的深度报道已形成高潮,《中国青年报》在这一时代潮中扮演了一个出色的弄潮者的角色,该报发表的《红色的警告》(1987年6月24日)、《黑色的咏叹》(1987年6月27日)、《绿色的悲哀》(1987年7月4日),高屋建瓴地透视大兴安岭火灾的深层背景,振聋发聩。同年该报发表《命运备忘录——38名工商管理硕士(MBA)的境遇剖析》(1987年12月2日),强烈呼吁社会各界重视新型人才。《经济日报》发表《关广梅现象》(1987年5月12日),涉及对社会主义初级阶段改革性质的认识。《人民日报》发表《鲁布革冲击》、《中国改革的历史方位》、《改革阵痛中的觉悟》,探讨重大的、有争议的改革问题。1987年以后,广播、电视借鉴这一报道方式,同样获得了重大突破,以1988年全国电视好新闻奖评选为例,这一年有11个深度报道节目获奖,其中获得特等奖的浙江电视台选送的节目《七号台风袭击浙江》,也是深度报道。可以说,在中国新闻业务史上,1987年是名副其实的"深度报道年",无论是就广度还是就深度而言,这一时期的深度报道都达到了一个巅峰状态,《关广梅现象》、《中国改革的历史方位》在全国好新闻评奖中拔得头筹,标志着这种报道方式已臻成熟。

深度报道在20世纪80、90年代的中国媒介的崛起,从表面上看,是步入商品—市场时代的媒体间竞争使然,但若将这一历史现象放置于社会大背景中去考察便会发现,更深层的原因恐怕还是社会变革的需要。改革使我国延续多年的政治、经济、文化体制、传统观念发生了深刻变化,新事物、新情况、新问题层出不穷,在新旧体制交替转换时期,各种社会矛盾交织、撞击,不同群体的利益重新分配,这些使得人们对改革既充满了希望,又产生了许多困惑。面对纷纭复杂的社会生活,受众不满足于知道这世界发生了什么事,更想知道这些事为什么发生,意味着什么,与自己的关系如何,从而确定自己的下一步行动①。变革社会中的动态时局为深度报道的产生和发展提供了丰富的素材,不同社会群体、个体对于一系列经济、政治社会现象的解读之需,为深度报道的繁荣提供了广阔的市场空间。"需求决定生产"。社会需要促使新闻工作者用新的眼光来观察现实,用新的思路来思考现实,用新的形式来反映现实。在这种情况下,"以今日的事态核对昨日之背景,从而说出明日的意义来"的深度报道便应运而生。

(2) 深度报道的写作要领。

要系统、深入地反映重大新闻事件和社会问题,阐明事件因果关系,揭示实质,追踪与探索事件的发展趋势,要实现将报道对象作为一个整体、一个过程来加以考察,着重回答"为什么"和"怎么样"的目标,深度报道必然对写作提出了更高的要求:求深、求准、求贴近。具体要求有——

第一,着眼整体,博中求深。即记者的眼光不能停留在一时一事一地上,应以系统论的观点,从整体出发,从部分与整体的联系中反映事物,分析事物,认识事物。

第二,精选角度,优化组合。

上世纪八十年代中期深度报道勃兴后,在取得相当大的成果的同时,也出现了大、偏、玄、滥等不良业务倾向。为了提升深度报道的精炼、深刻、科学程度,在新闻写作时,就必须对角度要精心选择,对材料要优化组合。

第三,精增思辨,深化内涵。

---

① 杨清:《深度报道采写误区及对策》,载《柳州师专学报》,1999年第2期。

思辨是文章之魂,是深度报道的重要特性之一,精准的思辨能使深度报道出思想、出观点、出文采,新闻事实与理论思辨若能有机结合,深度报道必然更有深度和力度。

3. 新闻写作的相互借鉴

综观近二十年的历史,网络等新媒体在技术因素上胜过任何一个单一的传统媒体,但传统媒体也绝不会丧失独立存在的价值。在新闻传播活动中,不应忽略起重要作用的非技术因素,即传统媒体长期积累的经验和可信度等。互联网虽然发展迅速,各类网站如雨后春笋般冒出,但时至今日,大多数网站并不具有正式的采访权,传统媒体在信息的丰富性、传播的时效性和互动性等方面又远不如互联网等新媒体,因此,在新闻写作等业务层面有效地建立互动平台,新老媒体互相学习借鉴、共同发展,已成为时代命题。主要表现在两个方面——

一是形式上。由于没有正式的采访权,因此,在相当长的一段时间里,网络的许多信息发布均依赖传统媒体。

传统媒体在网络等新媒体的冲击下,许多劣势凸显,为了求生存、求发展,于是就"借船出海",纷纷与网络结缘,在融合上进行多方面的尝试和成功实践。从形式上讲,中国报业与互联网的合作经历了两个阶段:一是 1995 年至 1999 年下半年,是报纸网络版(也称电子版)建设阶段;二是 2000 年以后,则进入以新闻为主的综合性网站建设阶段,所有报业集团目前的结构几乎均呈"N 报 N 刊一网站"格局,新闻资源在集团内实行共享。现如今,在媒介数字化建设的进程中,报纸内容又以新闻短信、手机报、WAP 网站三种新方式,积极进入手机终端。

广播电视的线性传播方式有信息稍纵即逝、不易保存和查阅等弱点,大凡遇上事件发展过程曲折、以理性与思辨为特点的深度报道,就难以同报纸竞争。但通过与网络新技术的融合,广播电视传播的信息可以在因特网上变成文字,受众可以随时取读和复制。"与网络新技术的融合,使人们领略电子媒介的快速、生动、形象之后,还可以很方便地用下载打印的方式在纸介质上解读和留存信息。技术工具的融合大大拓展了传统媒体的新闻表现形式,使过去受形式制约的某些新闻内容,可以放开手脚展示自己的深广度。"[①]

二是内容上。在具体的新闻内容写作中,传统媒体主动积极地注

---

① 高红玲:《网络媒介带来新闻表现形式的变革》,《新闻爱好者》,2001 年第 3 期。

入诸多网络元素,特别是网络语言个性突出,更具直观性、通俗性,若借用适度和恰当,能使新闻报道更加贴近生活、贴近受众,更加生动活泼、招人喜爱。这些年来,这一类的实践在健康、有效地进展中。

与此同时,越来越多地吸收、整合网络传播内容,以丰富自己的报道形式和内容,也已日益成为传统媒体新闻写作的一个价值取向。在新闻写作中,或是将网络内容引用为自己稿件的新闻根据,然后再将本报(台)记者采集的相关事实陈述其后;或是将网络内容引用为自己稿件的新闻背景,以增强新闻报道的全面性、客观性和真实性。前面有关章节已有较为详细的阐释,这里就不再赘述。

随着媒介融合的不断推进,传统媒体和新兴媒体在新闻报道的形式和内容的互相学习、借鉴上,一定会有更加实质性的发展和突破。

思考题:
1. 学习和了解中国新闻采访写作史的意义是什么?
2. 简述范长江西北采访的过程和意义。
3. 简述斯诺延安采访的过程和意义。
4. 军事记者阎吾的采访有哪些特色?
5. 就采访而言,"文革"给我们留下哪些教训和启示?
6. "五四"时期的新闻写作有哪些变化和发展?
7. 深度报道有哪些写作要领?
8. 穆青倡导新闻散文化的时代背景及现实意义是什么?
9. 网络发展时期新闻写作的变化主要体现在哪些方面?

主要参考文献

1. 方汉奇：《中国新闻事业通史》(第二卷)(第三卷)，中国人民大学出版社
2. 丁淦林：《中国新闻事业通史新编》，四川人民出版社
3. 《毛泽东新闻工作文选》，新华出版社
4. 《新闻工作文集》，解放军报社
5. 商恺：《报纸工作谈话录》，人民日报出版社
6. 李良荣：《中国报纸的理论与实践》，复旦大学出版社
7. 《老新闻·民国旧事卷》，天津人民出版社
8. 张之华：《中国新闻事业史文选》，中国人民大学出版社
9. 王洪祥：《中国现代新闻史》，新华出版社
10. 赵玉明：《中国现代广播简史》，中国广播电视出版社
11. 徐宝璜：《新闻学》，中国人民大学出版社
12. 赖光临：《七十年中国报业史》，中央日报编印上海图书馆藏书
13. 《穆青新闻作品研讨文集》，新华出版社
14. 穆青：《新闻散论》，新华出版社
15. 王铁仙：《瞿秋白论稿》，华东师范大学出版社
16. 范长江：《通讯与论文》，新华出版社
17. 郭超人：《国内通讯选(1949—1999)》，新华出版社
18. 唐弢：《〈申报·自由谈〉杂文选》，上海文艺出版社
19. 《瞿秋白文集·文学篇》，人民文学出版社
20. 方汉奇：《邵飘萍选集》，中国人民大学出版社
21. 《新闻文存》，中国新闻出版社
22. 《大公报与现代中国》，重庆出版社
23. 张锲、周明、何满子：《中国当代文学精选》，北京十月文艺出版社

24. 张春宁：《中国报告文学史稿》，群言出版社
25. 张华、蓝翎：《中国杂文大观》，百花文艺出版社
26. 朱菁：《电视新闻学》，杭州大学出版社
27. 陆晔：《电视时代——中国电视新闻传播》，复旦大学出版社
28. 姚福申：《中国编辑史》，复旦大学出版社
29. 《百年潮》杂志，2001年第7期
30. 马光仁：《上海新闻史》，复旦大学出版社
31. 余家宏、宁树藩等：《新闻学词典》，浙江人民出版社
32. 《我们的脚印——上海老新闻工作者的回忆》（第三辑）
33. 《人民日报的回忆》，人民日报出版社
34. 《新闻记者》，2000年第3期
35. 《新闻战线》，2001年第4期
36. 《新闻实践》，1999年第4期
37. 白润生：《中国新闻通史纲要》，新华出版社
38. 田子渝、白武雄、李良明：《恽代英传记》，湖北人民出版社
39. 王兴华：《新闻评论学》，杭州大学出版社
40. 许焕隆：《中国现代新闻史简编》，河南人民出版社
41. 刘家林：《中国新闻通史》，武汉大学出版社
42. 瞿秋白：《瞿秋白文集》，人民文学出版社
43. 《鲁迅选集·杂文卷》，山东人民出版社
44. 宋军：《申报的兴衰》，上海社会科学院出版社
45. 俞月亭：《韬奋论》，河北教育出版社
46. 范荣康：《新闻评论学》，人民日报出版社
47. 胡文龙：《现代新闻评论学》，四川人民出版社
48. 胡文龙、秦珪、涂光晋：《新闻评论教程》，中国人民大学出版社
49. 《救亡日报的风雨岁月》，广西日报新闻研究室编印
50. 《新华日报的回忆》，四川人民出版社
51. 《新华日报》，1942年1月至1943年12月，上海图书馆近代报刊阅览室
52. 《解放日报》索引，上海图书馆近代报刊阅览室
53. 乔冠华：《乔冠华国际述评集》，重庆出版社
54. 梁家禄、钟紫、赵玉明、韩松：《中国新闻业史》，广西人民出

版社

55. 王敬：《延安〈解放日报〉史》，新华出版社
56. 徐铸成：《徐铸成回忆录》，生活·读书·新知三联书店
57. 《中央日报》，1945年9月至1946年12月，上海图书馆近代报刊阅览室
58. 《文萃》，1946年1月至7月，上海图书馆近代报刊阅览室
59. 中国社会科学院新闻研究所编：《中国共产党新闻工作文件汇编》，新华出版社
60. 《胡乔木文集》第三卷，人民出版社
61. 刘中海：《回忆胡乔木》，当代中国出版社
62. 周胜林、张骏德等：《新闻采访与写作》，复旦大学出版社
63. 《人民日报》，1956年1月至12月，上海图书馆综合阅览室
64. 方汉奇、张之华：《中国新闻事业简史》，中国人民大学出版社
65. 邱沛篁等：《新闻传播百科全书》，四川人民出版社
66. 邓拓：《燕山夜话》，中国社会科学出版社
67. 廖沫沙：《瓮中杂俎》，中国社会科学出版社
68. 马馨麟、马宝珠：《光明日报50年历程》，光明日报出版社
69. 《新闻文存》，中国新闻出版社
70. 方汉奇：《报史与报人》，新华出版社
71. 白润生、龚文灏：《新闻界趣闻录》，复旦大学出版社
72. 申凡：《新闻采访学纲要》，华中理工大学出版社
73. 《陆定一新闻文选》，新华出版社
74. 李庄：《人民日报风雨四十年》，人民日报出版社
75. 韩辛茹：《陆诒》，人民日报出版社
76. 于友：《刘尊棋》，人民日报出版社
77. 萧乾：《我与大公报》，中国文史出版社
78. 周雨：《大公报人忆旧》，中国文史出版社
79. 张友鸾等：《世界日报兴衰史》，重庆出版社
80. 逸文：《世界日报史稿》，重庆出版社
81. 蓝鸿文：《范长江西北采访真的没有拍照片吗?》，《新闻界》，1999年第3期
82. 周胜林：《新闻通讯写作述略》，新华出版社
83. 周胜林：《高级新闻写作》，复旦大学出版社

84. 朱穆之：《论新闻报道》，新华出版社
85. 张涛：《中华人民共和国新闻史》，经济日报出版社
86. 彭正普：《当代名记者》，河南大学出版社
87. 艾丰：《新闻采访方法论》，人民日报出版社
88. 黄瑚：《中国新闻事业发展史》，复旦大学出版社
89. 华山：《朝鲜战场日记》，新华出版社
90. 田流：《我怎样做记者》，人民日报出版社
91. 李峰：《关于新闻采访的探讨》，新华出版社
92. 蓝鸿文：《专业采访报道学》，中国人民大学出版社
93. 《新时期新闻业务讲座》，军事译文出版社
94. 南振中：《采访琐谈》，新华出版社
95. 林枫：《有关新闻价值的几个论点》，新华出版社
96. 程世寿：《深度报道与新闻思维》，新华出版社
97. 许中田：《从策划走向建设》，新闻出版社
98. 甘惜分：《新闻学大辞典》，河南人民出版社
99. 密苏里新闻学院写作组：《新闻写作教程》，新华出版社
100. 顾理平：《新闻法学》，中国广播电视出版社
101. 吕光：《大众传播与法律》，商务印书馆（台湾）
102. 王利名、杨立新：《人格权与新闻侵权》，中国方正出版社
103. 匡文波：《网络媒体概论》，清华大学出版社
104. 刘海贵：《当代新闻采访》，复旦大学出版社
105. 张惠仁：《现代新闻写作学》，四川人民出版社
106. 刘炳文、张骏德：《新闻写作创新与技巧》，上海人民出版社
107. 刘海贵：《中国现当代新闻业务史导论》，复旦大学出版社
108. 刘海贵等：《深度报道探胜——党报—主流媒体发展之路》，复旦大学出版社

后 记

古人云：十年磨一剑。新闻采访与写作这柄"剑"，我则"磨"了近40年。如今，攀到一个高度：《中国新闻采访写作教程》2006年被教育部列为"十一五"国家级规划教材；我主持的"新闻采访写作"课程也于2003年获得上海市首届精品课程。

在这门学科的教学、研究生涯中，40年前，我是师从张骏德、周胜林先生，后又得到丁淦林、夏鼎铭、郑伯亚、陆云帆等先生的指教，在随后的几十年里，我更得到学界、业界诸多同行特别是广大学生、记者、通讯员的支持，借此机会，深表谢忱。复旦大学出版社始终如一地支持我的研究，我的太太和女儿在外文资料的翻译和诸多个案资料的收集上给了我莫大的帮助，在此也一并致谢。

刘海贵

2011年7月于复旦

图书在版编目(CIP)数据

中国新闻采访写作学(新修版)/刘海贵著. —2 版. —上海：复旦大学出版社，
2011.10(2021.11 重印)
(复旦博学·新闻与传播学系列教材)
ISBN 978-7-309-08485-6

Ⅰ.中… Ⅱ.刘… Ⅲ.①新闻采访-高等学校-教材②新闻写作-高等学校-教材　Ⅳ.G212

中国版本图书馆 CIP 数据核字(2011)第 201101 号

中国新闻采访写作学(新修版)
刘海贵　著
责任编辑/章永宏

复旦大学出版社有限公司出版发行
上海市国权路 579 号　邮编：200433
网址：fupnet@fudanpress.com　http://www.fudanpress.com
门市零售：86-21-65102580　团体订购：86-21-65104505
出版部电话：86-21-65642845
大丰市科星印刷有限责任公司

开本 787×960　1/16　印张 24.25　字数 377 千
2021 年 11 月第 2 版第 16 次印刷
印数 148 101—154 100

ISBN 978-7-309-08485-6/G·1027
定价：48.00 元

如有印装质量问题，请向复旦大学出版社有限公司出版部调换。
版权所有　侵权必究

复旦新闻传播类优秀教材目录

新闻学系列

新闻学概论(第四版)	李良荣	36.00
中国新闻事业发展史(第二版)	黄瑚	39.00
中国新闻史新修	吴廷俊	58.00
外国新闻传播史导论(第二版)	程曼丽	33.00
马克思主义新闻经典教程(第二版)	童兵	38.00
马克思主义新闻思想概论	陈力丹	30.00
新闻法规与职业道德教程(第二版)	黄瑚	38.00
新闻传播法学	孙旭培	44.00
新闻理论十讲	陈力丹	30.00
中国新闻采访写作教程	刘海贵	38.00
新闻采访教程(第二版)	刘海贵	28.00
新闻编辑教程	张子让	30.00
新闻评论教程(第四版)	丁法章	36.00
当代新闻采访(第二版)	刘海贵	16.00
当代新闻写作(第二版)	周胜林	20.00
当代新闻编辑(第二版)	张子让	16.00
当代新闻评论	柳珊	26.00
当代报刊编辑艺术	韩松	35.00
当代新闻摄影教程	李培林	34.00
当代西方财经报道	安雅·谢芙琳	25.00
财经报道概论(第二版)	贺宛男	35.00

广播电视、电影系列

当代广播电视概论(第二版)	陆晔等	39.80
中外广播电视史(第二版)	郭镇之	36.00
新编广播电视新闻学	吴信训	32.00
当代电视新闻学	黄匡宇	45.00
电视节目策划学	胡智锋	28.00
电视艺术教程	蓝凡	28.00

电视专题与专栏——当代电视实务教程(第二版)	石长顺	40.00
当代电视新闻采访教程	赵淑萍	35.00
当代电视摄影制作:观念与方法	黄匡宇	39.00
数字电视摄像技术	赵成德	30.00
当代电视编辑教程(第二版)	张晓锋	39.00
电视深度报道教程	季宗绍	38.00
当代广播电视播音主持(第二版)	吴郁	36.00
节目主持人传播	陈虹	25.00
外国电影史教程	黄文达	35.00
电影美学导论	金丹元	35.00
电影阅读方法与实例	葛颖	30.00
纪录片概论	聂欣如	35.00
纪录片解析	陈国钦	28.00

传播学系列

传播学原理(第二版)	张国良	30.00
国际传播学导论	郭可	25.00
当代对外传播	郭可	15.00
传播研究方法	〔美〕基顿	40.00
电子媒体导论	张海鹰	32.00
演讲的艺术(第8版)	俞振伟译	59.80
访谈的艺术(第10版)	龙耘译	48.00
倾听的艺术(第5版)	吴红雨译	32.00
商务沟通	施宗靖译	40.00
网络传播概论新编	张海鹰	28.00
网络新闻编辑学	秦州	27.00
文化产业导论	蔡尚伟	28.00
文化产业创意与策划	严三九	30.00
现代传媒经济学	吴信训	30.00

数字技术与艺术、动画系列

数字新媒体概论	张文俊	34.00
动画概论(第二版)	聂欣如	30.00
动画场景设计	陈贤浩	38.00

广告、公关系列

书名	作者	价格
广告学原理(第二版)	陈培爱	32.00
现代广告学(第七版)	何修猛	36.00
中外广告史新编	杨海军	36.00
广告策划创意学(第三版)	余明阳	40.00
广告创意战略(第九版)	朱丽安妮等	
广告创意思维教程	舒咏平	34.00
广告媒体策划	纪华强	29.00
广告经营与管理	郜明	35.00
现代广告设计(第二版)	王肖生	48.00
广告摄影教程(第二版)	王天平	48.00
广告摄像教程	韩振雷	
品牌学案例教程	杨海军	32.00
商务谈判与沟通技巧(第二版)	潘肖珏	20.00
销售沟通艺术:买卖成功的秘诀	谢承志	24.00